AF325875

EXPOSITION UNIVERSELLE A PARIS

EN 1867

EMPIRE FRANÇAIS

NOTICES

SUR LES

MODÈLES, CARTES ET DESSINS

RELATIFS AUX TRAVAUX PUBLICS

RÉUNIS PAR LES SOINS

DU MINISTÈRE DE L'AGRICULTURE, DU COMMERCE ET DES TRAVAUX PUBLICS.

PARIS

IMPRIMÉ PAR E. THUNOT ET CIE

26, RUE RACINE, 26

1867

NOTICES

MODÈLES, CARTES ET DESSINS

RELATIFS AUX TRAVAUX PUBLICS.

EXPOSITION UNIVERSELLE A PARIS
EN 1867

EMPIRE FRANÇAIS

NOTICES

SUR LES

MODÈLES, CARTES ET DESSINS

RELATIFS AUX TRAVAUX PUBLICS

RÉUNIS PAR LES SOINS

**DU MINISTÈRE DE L'AGRICULTURE, DU COMMERCE
ET DES TRAVAUX PUBLICS.**

PARIS

IMPRIMÉ PAR E. THUNOT ET Cⁱᵉ
26, RUE RACINE, 26

1867

NOTICES

SUR LES

MODÈLES, CARTES ET DESSINS

RELATIFS AUX TRAVAUX PUBLICS.

EXPOSITION UNIVERSELLE A PARIS

EN 1867

EMPIRE FRANÇAIS

NOTICES

SUR LES

MODÈLES, CARTES ET DESSINS

RELATIFS AUX TRAVAUX PUBLICS

RÉUNIS PAR LES SOINS

**DU MINISTÈRE DE L'AGRICULTURE, DU COMMERCE
ET DES TRAVAUX PUBLICS.**

PARIS

IMPRIMÉ PAR E. THUNOT ET Cⁱᵉ
26, RUE RACINE, 26

1867

AVERTISSEMENT

Le ministère de l'agriculture, du commerce et des travaux publics de France avait réuni, pour les expositions universelles de 1855, à Paris, et de 1862, à Londres, des collections de modèles, de cartes et de dessins relatifs à l'art de l'ingénieur, et représentant quelques-uns des ouvrages les plus importants exécutés pendant les années précédentes.

En 1867, l'administration a fait un nouvel appel aux Ingénieurs des divers services ; elle a réclamé le concours du ministère de la marine et des colonies, du gouvernement général de l'Algérie, de la ville de Paris et des compagnies de chemins de fer ; ce concours lui a été accordé avec empressement.

L'intervention administrative n'a eu d'autre objet, dans cette circonstance, que d'offrir un point de ralliement à des démarches qui, faites isolément, eussent eu moins d'efficacité.

Tout en participant aux travaux exposés, chacun conserve donc la responsabilité et le mérite entier de son œuvre.

Il a paru nécessaire d'adjoindre aux modèles, cartes et dessins présentés, une collection de notices donnant sur chaque objet des détails précis, qui en feront mieux comprendre l'utilité, les difficultés et l'importance.

Tel est le but de ce volume, qui se partage en dix sections, savoir :

1re	Section.	Routes et ponts.
2e	—	Service hydraulique.
3e	—	Navigation intérieure. Rivières.
4e	—	Navigation intérieure. Canaux.
5e	—	Travaux maritimes.
6e	—	Phares.
7e	—	Chemins de fer.
8e	—	Ministère de la marine et des colonies. Travaux hydrauliques et bâtiments civils.
9e	—	Ville de Paris.
10e	—	Algérie, et objets divers.

Un catalogue spécial est consacré aux objets exposés par le service des Mines et par les écoles impériales d'arts et métiers.

PREMIÈRE SECTION

ROUTES ET PONTS

I

PONT NAPOLÉON

A SAINT-SAUVEUR (HAUTES-PYRÉNÉES).

MINISTÈRE DE L'AGRICULTURE, DU COMMERCE ET DES TRAVAUX PUBLICS.

Un modèle à l'échelle de 0^m,04.

Disposition générale. — Le pont Napoléon, construit pour le passage de la route impériale n° 21 sur le Gave de Pau à Saint-Sauveur (Hautes-Pyrénées), est formé d'une seule arche en plein cintre de 42 mètres d'ouverture. La longueur du pont entre les dés est de 66^m,20 ; sa largeur entre les faces extérieures de l'ouvrage est de 4^m,90. La voie charretière a 4^m,50 de largeur ; elle est comprise entre deux trottoirs de 0^m,85 placés en grande partie en encorbellement et soutenus par des consoles. Une balustrade en fonte couronne le pont.

La voûte repose directement sur le rocher. La première assise de la maçonnerie est située à 40 mètres au-dessus des basses eaux du Gave; la chaussée est à 65^m,50 au-dessus du même plan de comparaison. Les bandeaux des têtes sont en pierre de taille. La portion de la voûte comprise entre les bandeaux est construite en maçonnerie de moellons bruts schisteux et mortier de ciment de Vassy. L'épaisseur de la voûte à la clef est de 1^m,45. Les tympans sont construits en maçonnerie à joints incertains; ils sont formés de moellons calcaires reliés par un mortier de chaux grasse, additionné d'un dixième de son volume de ciment de Vassy.

Échafaudages et cintres. — La charpente établie pour la construction du pont Napoléon comprenait, outre le cintre et le pont de service placé sur le cintre pour le bardage des matériaux, un échafaudage assis au fond du Gave, et une plate-forme placée au niveau des naissances. L'échafaudage dont il vient d'être question se prolongeait jusqu'à la rencontre du cintre. Il était destiné à supporter la plate-forme établie au niveau des naissances et à prévenir les mouvements du cintre dans le sens perpendiculaire aux têtes du pont.

Le cintre était formé de quatre fermes retroussées. Chaque ferme se composait essentiellement de six arbalétriers s'arc-boutant deux à deux et symétriquement, soit directement, soit par l'intermédiaire d'entraits. Les pièces de cette charpente étaient rendues solidaires par deux cours de moises horizontales et par des clefs pendantes.

Le pont de service sur cintre se composait de chandelles verticales d'une hauteur variable avec leur distance de l'axe de la voûte, et placées deux à deux, dans des plans parallèles à cet axe. Les chandelles étaient reliées par des croix de Saint-André placées dans des plans perpendiculaires aux têtes du pont. Des chapeaux posés sur les chandelles supportaient les rails sur lesquels roulaient les treuils servant au bardage.

L'échafaudage partant du fond du Gave, était composé de six poteaux montants placés deux à deux dans des plans parallèles aux têtes du pont; ils étaient reliés dans deux directions par des croix de Saint-André; enfin des chapeaux perpendiculaires au fil de l'eau, et des moises normales à cette direction, complétaient la triangulation du système.

La plate-forme se composait de poutres horizontales reposant sur des sous-poutres placées soit sur les rives, soit sur la grande palée. Des contre-fiches empêchaient la flexion des sous-poutres.

L'établissement des fondations de la palée a présenté des difficultés particulières. Ce n'est qu'au moment de la fonte des neiges que l'on a pu faire ces fondations. Chacun des six poteaux montants inférieurs a été assis sur une chandelle en sapin maintenue à la partie centrale d'un tronc de pyramide formé de béton de ciment.

Durée des travaux de maçonnerie. — Les bandeaux des têtes ont été posés du 15 octobre au 1ᵉʳ novembre 1860; la maçonnerie de moellons schisteux, pour la partie de la voûte comprise entre les bandeaux des têtes et les tympans, jusqu'au niveau du joint à 60°, a été faite du 5 au 16 novembre; on a décintré la voûte le 16 décembre. Le décintrement a été fait à l'aide de verrins. Le tassement observé à l'aide de deux règles parallèles, dont l'une était fixe et l'autre était attachée à la clef de la voûte, a été inférieur à 0ᵐ,005.

Les travaux ont été repris au mois d'avril 1861, et le pont a été livré à la circulation le 30 juin de la même année.

Dépenses. — Le montant total de la dépense est de 318.636 fr. 97 c.

Cette dépense se décompose de la manière suivante :

Travaux provisoires..............	121.092,22
Travaux définitifs..............	197.544,75
Total pareil......	318.636',97

Les dépenses afférentes aux travaux provisoires se décomposent de la manière indiquée ci-après :

Fondations de la palée...........	7.292',08
Palée..................	4.709,11
Plate-forme au niveau des naissances...	3.819,47
Cintre de la voûte.............	38.905,97
Pont de service sur cintre..........	12.050,75
Cintre des voûtes en décharge.......	1.703,24
Boulons.................	8.533,40
Dépenses en régie.............	24.077,87
Total...........	121.092',22

Le pont Napoléon a été construit, en vertu d'ordres donnés par l'Empereur pendant son séjour à Saint-Sauveur en 1859, sous la direction de MM. Schérer et Marx, ingénieurs en chef des Ponts et Chaussées, par M. Bruniquel, ingénieur ordinaire.

M. Guillemain, conducteur des Ponts et Chaussées, qui a suivi sur les lieux l'exécution des travaux, a beaucoup contribué à assurer la réussite de l'entreprise.

MM. Gariel et Garnuchot étaient les entrepreneurs de ce travail.

II

PONT TOURNANT DE BREST

—

MINISTÈRE DE L'AGRICULTURE, DU COMMERCE ET DES TRAVAUX PUBLICS

Un modèle du pont à l'échelle de 0,02.
Un modèle d'une tour et de son mécanisme à l'échelle de 0,10.

Disposition générale. — Le pont établit la communication entre les villes de Brest et de Recouvrance, séparées par la Penfeld, à une hauteur de 29 mètres au-dessus du zéro de l'échelle des marées. Le passage libre entre le dessous des fermes et le niveau des hautes mers est de $19^m,50$. La distance entre les parements des culées est de $174^m,00$. Les deux volées métalliques, qui occupent cette longueur de $174^m,00$, reposent chacune sur une pile circulaire dont le diamètre au sommet est de $10^m,60$. L'écartement des piles, de centre en centre, est de $117^m,60$: la largeur libre du passage, au moment de l'ouverture des volées, est donc de $106^m,00$ environ. Cette largeur est sensiblement égale à celle du chenal lui-même, qui forme le port militaire, de telle sorte que la construction du pont, qui est situé à l'entrée de ce port, n'a apporté aucune entrave à la circulation des navires de la marine.

Tablier. — Les deux volées qui supportent le tablier, ont chacune une hauteur de $7^m,72$ au droit des piles et de $1^m,40$ à leur extrémité. La largeur de la chaussée est de $5^m,00$ et celle des trottoirs de $1^m,10$. Chaque volée est formée par deux poutres ; chaque poutre se compose d'un longeron haut et d'un longeron bas, en forme de T dans la coupe, lesquels sont entretoisés par des montants et contreventés par des croix de Saint-André ayant en section la forme d'une ╪. Au droit de chaque montant les poutres sont reliées par des entretoises et des croix de Saint-André. Comme les volées, dans leur mouvement de rotation, sont soumises à des efforts de flexion transversale à leur longueur, il était indispensable de les armer fortement dans ce sens. A cet effet on a tiré profit du plancher pour la partie supérieure. Il a donc été formé de deux couches de bois superposées de façon à croiser tous les joints et à constituer un plan rigide. Dans le bas, au contraire, les poutres ont été reliées et armées par un réseau complet d'entretoises et de croix de Saint-André, partant du centre de rotation et s'étendant à toute la longueur du pont.

La culasse des volées a reçu la forme d'une caisse, dans laquelle est logé le contre-poids qui doit faire équilibre à la partie antérieure. Le point le plus difficile, dans la composition des volées, était évidemment l'organisation de la partie qui se trouve au droit des piles, où aboutissent toutes les pressions provenant des charges mortes et toutes les réactions dues à la rotation. Il fallait défendre la charpente contre ces fatigues, et de plus, comme elle devait être assise sur une couronne de galets, il était essentiel d'arriver à répartir la charge, autant que possible, également sur tous les rouleaux. Pour cela, la division des mon-

tants des poutres a été réglée de façon à faire coïncider
deux d'entre eux, dans chaque poutre, avec le milieu des
couronnes et à former ainsi quatre points d'appui principaux, qui ont été renforcés d'une manière spéciale à l'aide
de colonnes. Ces colonnes sont reliées par quatre fortes
croix de Saint-André; en outre, elles sont traversées par
une tour cylindrique en tôle, fortement armée et munie de
plates-formes en haut et en bas. Cet ensemble de pièces
forme ainsi un massif en rapport à la fois avec les poutres
et avec les couronnes de roulement et propre, par suite, à
remplir les fonctions que l'on vient d'indiquer.

Couronnes de roulement. — Le système des couronnes de
roulement est le même, en principe, que celui des plaques
tournantes des chemins de fer. Mais comme il s'agissait d'un
diamètre de $9^m,00$ et d'une charge d'environ 600.000 kilogrammes, il a fallu arriver à des dimensions relativement
considérables pour chaque détail. Les galets sont au nombre
de 50; leur diamètre moyen est de $0^m,50$ et leur longueur
de $0^m,60$. Les couronnes ont été tournées sur leurs faces,
haute et basse, avec un soin exceptionnel, et, à cet effet,
un appareil spécial a dû être construit au Creusot au prix
de 75.000 fr.

Mécanisme de rotation. — La partie dormante des couronnes de rotation porte à sa circonférence extérieure des
dents d'engrenage; à ces dents correspond un pignon dont
l'axe est solidaire avec la couronne de rotation mobile;
cet axe de pignon reçoit son mouvement à l'aide d'une roue
d'engrenage, laquelle est mue elle-même par un deuxième
pignon calé sur l'arbre moteur. Ce dernier est vertical et
monte jusqu'au plancher; là il porte un croisillon armé de
barres de cabestan; c'est sur ces barres qu'agissent les
hommes de manœuvre. Une fois la rotation accomplie, le

croisillon s'abat sous le tablier en bois, et celui-ci se trouve dégagé de suite et prêt à permettre la circulation. Ce mécanisme est à la fois très-simple, très-commode et très-puissant. Il est simple, parce que le nombre d'intermédiaires entre la puissance et la réaction est des plus réduits ; il est commode, parce que du haut du pont les hommes de manœuvres sont juges eux-mêmes des effets de leur action ; il est puissant, parce qu'il permet au besoin d'augmenter dans une forte mesure le nombre d'aides nécessaires aux manœuvres.

Mécanisme de calage. — Pour assurer une grande stabilité au tablier pendant la circulation, on a jugé utile d'ajouter des mécanismes de calage à l'avant et à l'arrière des volées. A l'avant, ce sont des verrous en fer qui se poussent de l'extrémité d'une volée dans l'extrémité de l'autre ; à l'arrière, ce sont des leviers ressemblant aux mâchoires d'un étau qui serait couché horizontalement. Le point fixe, qui est saisi par ces leviers, est formé par une pièce de fonte fortement scellée dans le massif de la culée. Les leviers eux-mêmes tiennent, au contraire, par leur axe à la charpente de la culasse. Il existe deux systèmes de leviers à chaque culasse, et deux systèmes de verrous à la jonction des volées.

En outre, dans le but de soulager, lorsque le pont est en service, les galets de roulement de la charge considérable à laquelle ils sont soumis, on a placé à l'origine de la partie inclinée de chaque volée deux verrins qui s'appuient sur des plaques noyées dans le couronnement de la pile. Chacun d'eux est destiné à soulever l'une des poutres de la volée. Il se compose d'une forte vis fixée à la poutre et d'un écrou portant sur la plaque métallique et dont la tête est une roue dentée. Celle-ci engrène avec un pignon vertical dont l'axe porte une poulie sur laquelle s'enroule une chaîne sans fin. Les chaînes des deux verrins de chaque volée vont passer sur une poulie double montée sur un arbre vertical que met en mouvement un cabestan articulé : celui-ci s'abat et se loge sous le plancher du pont. Avant de livrer le pont à la circulation, on met en action les verrins.

Manœuvres. — Pour manœuvrer les volées, les gardiens commencent par dégager les verrous du milieu du pont, puis les mécanismes de calage aux culées. La rotation est produite ensuite à l'aide du mouvement de cabestan décrit plus haut. Par un temps de calme plat, deux hommes, pour chaque volée, opèrent soit l'ouverture complète du pont, soit sa fermeture, toutes manœuvres comprises, en quinze minutes au plus.

Maçonneries. — Tous les ouvrages de maçonneries ont été fondés directement sur le roc. Les parements des piles sont en pierre de taille de grand appareil ; ceux des culées sont en moellons piqués avec chaînes en pierre de taille aux angles.

Montage du tablier métallique. — Cette opération a été faite sur pont de service, les volées établies parallèlement au chenal. Le montage terminé, les volées ont été rapprochées et se sont rencontrées, à quelques centimètres près, au même niveau. On avait établi les plates-formes en se servant du niveau des hautes marées, comme moyen de fixer leur hauteur.

Réparations. — Pour un ouvrage renfermant un aussi grand nombre de pièces ajustées que le pont de Brest, il convenait de prévoir le cas où une réparation deviendrait nécessaire, soit par suite d'avaries, soit par suite de l'usure même des métaux. Les galets et couronnes de roulement se trouvant, sous ce rapport, dans les mêmes conditions que le restant des mécanismes, il fallait songer au moyen de les isoler, au besoin, de la pression du pont. Pour cela, des dispositions ont été prises pour établir momentanément, sur le massif des piles et au-dessous des fermes, quatre presses hydrauliques capables, chacune, de faire un effort d'environ 200.000 kilogrammes. L'eau est foulée simultanément à ces quatre presses par un seul et même jeu de pompes, qui se place au centre de la tour. Ces pompes sont manœuvrées à bras, comme une pompe à incendie. Lors des expériences de réception du pont, la manœuvre a été faite par huit hommes, et le pont s'est soulevé de quelques centimètres au-dessus des galets en moins de dix minutes. Dans ces conditions, tous les détails du mécanisme de roulement auraient pu se démonter et se replacer sans difficulté.

Études et constructions. — Les premiers projets du pont de Brest sont dus à MM. Cadiat et Oudry, mais le projet exécuté est différent de celui qui avait été d'abord présenté par eux ; M. Oudry en est le seul auteur.

L'ouvrage entier, maçonnerie, charpente et serrurerie, a été exécuté par MM. Schneider et comp. du Creusot, dont M. Mathieu a été l'ingénieur en chef. MM. Maitrot de Varennes et Aumaître, ingénieurs en chef des ponts et chaussées, et Rousseau, ingénieur ordinaire, ont été chargés du contrôle du travail. Les maçonneries avaient été sous-traitées par une société brestoise et ont été exécutées par M. Letessier de Launay, entrepreneur.

Métré. — Le poids des métaux employés à la construction du pont se décompose comme il suit :

Fers de toutes sortes.	860.000 kil.
Fontes ajustées.	340.000
Total.	1.200.000 kil.

Le cube des bois de la chaussée et des trottoirs est de 150 mètres cubes.

Dépenses. — Le pont construit sur la Penfeld a coûté 2.118.835 fr. 10 cent. Cette somme se partage de la manière suivante :

Maçonnerie des piles et culées et de divers ouvrages d'art aux abords.	698.743^f,10
Volées métalliques.	1.180.290 ,00
Cintres et montage de ces volées.	119.710 ,00
Ouvrages accessoires des volées.	54.426 ,90
Somme à valoir pour dépenses diverses.	65.665 ,10
Total égal.	2.118.835^f,10

III

PONT D'ALBI

SUR LE TARN.

—

MINISTÈRE DE L'AGRICULTURE, DU COMMERCE ET DES TRAVAUX PUBLICS.

Un modèle à l'échelle de 0^m,01.

Emplacement. — Le pont construit sur le Tarn, à Albi, pour le passage de la route impériale n° 88, est destiné à remplacer un pont ancien, dont la largeur était insuffisante, et qui se raccordait mal, soit en plan, soit en profil, avec la direction de la route, sur les deux rives.

Le Tarn coule à Albi, dans une profonde coupure, au milieu d'une plaine à deux étages. L'étage de la rive droite est à 18 mètres et celui de la rive gauche à 32 mètres au-dessus de l'étiage de la rivière. La chaussée du pont se trouve, sur la rive droite, à 8^m.20, et sur la rive gauche à 11^m,75 au dessus du même plan ; elle se raccorde des deux côtés, avec le niveau de la plaine, par des rampes, dont la direction est parallèle au cours du Tarn ; sur une certaine longueur, à partir de leur pied, ces rampes présentent, à chaque tête du pont, un tournant brusque masqué par les constructions riveraines, et leur déclivité atteint sept centimètres par mètre.

La direction de l'axe du pont était commandée par celle des voies et promenades publiques existant aux abords : elle fait avec celle des rives, un angle de 74°, et présente dans son ensemble une pente de 0^m,0123 par mètre.

Disposition générale. — Le pont se compose de cinq arches en plein cintre. Leur ouverture est uniformément de 27^m,60 et la distance, d'axe en axe des piles, de 32 mètres ; l'épaisseur des voûtes est de 1^m,30 à la clef et 2^m,20 à la naissance ; la largeur d'une tête à l'autre est de 12 mètres. L'axe longitudinal de la chaussée suit la pente générale de 0^m,0123 par mètre à une hauteur moyenne de 23 mètres au-dessus de l'étiage ; la ligne des centres des arches présente la même pente, et les piles sont couronnées de niveau à la hauteur des naissances de l'arche la plus basse.

Arceaux d'évidement dans les tympans. — Les tympans sont évidés au moyen de trois arceaux en plein cintre de quatre mètres d'ouverture. La ligne des centres de ces arceaux suit la pente générale de 0^m,0123, et leurs surfaces d'extrados sont tangentes au même plan que celles des grandes voûtes.

Ces arceaux sont supportés par deux pieds-droits seulement ; la naissance de chaque arceau latéral ne se trouvant qu'à 0^m,25 au-dessus de l'extrados de la grande voûte qui lui sert de culée. Le parement du pied-droit adjacent à l'arceau central descend jusqu'à son intersection avec la surface d'extrados de la grande voûte adjacente ; la partie de cette surface comprise entre ce parement et la cuée de l'arceau reste apparente dans toute la largeur du pont. Dans cette étendue et au-dessus jusqu'à la clef, la grande voûte est en briques sur toute son

épaisseur ; au-dessous de ce point, au contraire, on n'a fait
en briques qu'un parement ayant une épaisseur moyenne
de soixante centimètres : le prolongement de la surface
d'extrados est seulement indiqué sur la tête par une saillie
de cinq centimètres sur le parement des tympans.

Entre les pieds-droits des arceaux, la maçonnerie de
remplissage est recouverte par un parement de briques présentant la forme d'une voûte renversée de 4 mètres d'ouverture et de 0^m,34 de flèche.

Extrados des grandes voûtes. — Pour placer, d'une part,
la naissance des deux arceaux extrêmes à la même hauteur
au-dessus de l'extrados des grandes voûtes adjacentes, et
d'autre part, les intersections des parements des deux
pieds-droits avec la même surface d'extrados à la même
hauteur au-dessus de l'étiage et du couronnement des piles,
on a dû extradosser les deux moitiés de la grande voûte.
suivant deux courbes différentes ; d'un côté, on a adopté
un quart de cercle de 16 mètres de rayon, dont le centre
est à 0^m,90 au-dessous du centre de l'intrados, et de
l'autre, une courbe à trois centres.

*Division des grandes voûtes en zones pleines et zones vides,
et retraites sur le plan des naissances.* — Chaque arche se
compose de cinq voûtes droites, en retraite de 0^m,731
l'une sur l'autre, sur le plan des naissances. Ces voûtes
sont juxtaposées dans leur partie inférieure, et isolées, au
contraire, l'une de l'autre, dans la partie supérieure.

Ces deux parties sont séparées par le plan du parement
du pied-droit des arceaux d'évidement, qui se prolonge
dans la largeur du vide jusqu'à son intersection avec l'intrados. La largeur du vide est égale à la moitié de celle du
plein.

La largeur totale se décompose donc ainsi :

5 voûtes de 1^m,714.	8^m,570
4 vides de 0^m,857.	3^m,428
Total sensiblement égal.	11^m,998

Les arceaux d'évidement des tympans, au contraire, sont continus dans toute la largeur du pont : leurs naissances sont établies sur trois alignements : sur chaque tête, l'alignement est perpendiculaire à ces têtes sur une longueur de 0^m,857, et le troisième alignement réunit les deux autres. Sur les deux premiers alignements, on a naturellement élevé des voûtes droites; sur les parties voisines du troisième, on a appareillé la brique suivant un appareil orthogonal convergent, disposé de manière que les différences d'épaisseur des assises, ainsi que la flèche de la courbe des lignes d'assises dans la longueur d'une brique, fussent négligeables

Construction au-dessus des zones vides. — De cette manière, on n'a eu à tailler aucune brique en parement, mais seulement à couper, dans le joint, une des briques adjacentes au joint le plus voisin de l'angle des deux alignements. Les culées des arceaux extrêmes, étant interrompues par les zones vides, on en a rétabli la continuité au moyen de pierres de taille recouvrant l'espace vide, et convenablement engagées dans la maçonnerie pleine. Des pierres semblables engagées, soit dans la maçonnerie de remplissage exécutée au-dessus de la partie supérieure des grandes voûtes, soit dans celle des voûtes elles-mêmes, servent de coussinets à des voûtes en arc de cercle, dont les axes sont perpendiculaires aux têtes du pont, et qui recouvrent les zones vides.

Ces voûtes ont 2^m,18 d'ouverture et 0^m,27 de flèche. Leur extrados est tangent au même plan que ceux des grandes voûtes et des arceaux d'évidement. Les trois cous-

sinets les plus rapprochés de la clef sont engagés dans
les voûtes ; ceux des premier, deuxième et quatrième vides
ont été posés un mois avant le décintrement, aussitôt après
l'achèvement des voûtes, et par suite supportent latéralement une pression considérable, et établissent, entre les
anneaux contigus, une liaison assez forte ; les coussinets
engagés dans la maçonnerie de remplissage et ceux de la
troisième zone vide, établissent aussi une certaine liaison
par suite de l'adhérence des mortiers. En outre, les cinq
anneaux sont reliés entre eux par des tirants en fer au
nombre de huit pour chaque arche. Chacun de ces tirants
est traversé par des clefs de deux mètres de longueur
s'appliquant sur chaque tête des anneaux. Celles des anneaux de tête seulement au lieu d'être apparentes sont
noyées dans la maçonnerie.

On a laissé vide, à la clef de chacune de ces petites
voûtes, la place d'une demi-brique. Ces ouvertures servent
à l'écoulement des eaux des chapes et caniveaux du pont.

Piles. — Les piles sont établies sur des massifs de béton
arasés à 34 centimètres au-dessous de l'étiage. Sur le béton
règne un premier socle en pierres de taille de 34 centimètres de hauteur, et un autre socle en trois assises ayant
une hauteur totale de 1^{m},02. Le fût des piles est parementé
en briques y compris les avant et arrière-becs, il est
couronné par une plinthe et des chaperons en pierres de
taille.

Conséquences des dispositions adoptées. — Les dispositions
adoptées pour la construction des voûtes et des tympans
ont réduit notablement le volume des maçonneries et le
poids de la construction, et ont procuré, par suite, une ré-
duction dans la largeur des piles et des massifs de béton.
Elles ont permis, en outre, d'exécuter en briques les têtes

des voûtes. aussi bien que les parties intérieures ; par là, non-seulement la dépense a été diminuée, mais l'aspect de l'ouvrage se trouve plus en harmonie avec les monuments voisins, la cathédrale et l'archevêché, dont les masses tout en briques le dominent. Les seules parties, où la pierre de taille soit employée en élévation, sont en effet les socles et couronnements des piles, la corniche et le parapet, et les quatre murs d'épaulement qui font une saillie de 2^m.50 sur les plans de tête et limitent vigoureusement la partie principale de la construction. Enfin. grâce à ces dispositions. on a pu établir, à très-peu de frais, sur les moises et autres pièces transversales des cintres, des chemins de service garnis de rails, qui se déplaçaient à mesure que la construction s'élevait. permettaient d'amener les matériaux à pied-d'œuvre et facilitaient singulièrement la surveillance.

En revanche, ces dispositions ont l'inconvénient de créer des sujétions de tracé très-multipliées, que l'on a trouvées plus nombreuses encore dans l'exécution qu'on ne s'y attendait; elles augmentent beaucoup la surface des parements, et ces deux circonstances élèvent le prix de revient.

Fondations. — La fondation de chaque pile consiste en un massif de béton reposant à une profondeur de 6 à 7 mètres au-dessous de l'étiage, sur le tuf marneux qui forme le fond de la rivière. Ce massif est enfermé dans une enceinte en charpente, composée de pieux battus dans des trous forés à l'avance dans le tuf, et de vannages formés de madriers horizontaux et de montants verticaux. Ces vannages, assemblés à terre et découpés dans leur partie inférieure, de manière à épouser parfaitement le profil du tuf reconnu au moyen de sondages très-rapprochés, étaient guidés, pendant leur immersion. par des colliers embrassant les pieux, et se plaçaient debout à l'intérieur de la ligne des pieux, sur laquelle la pression du béton les faisait ensuite appliquer parfaitement. Les pieux des deux grandes lignes sont d'ailleurs reliés de deux en deux, près de leur sommet, par des tirants en fer qui s'opposaient, pendant le coulage du béton, à l'écartement des deux lignes opposées. Des enrochements, en blocs de 1.000 kilogrammes au minimum, déposés autour des piles, défendent le tuf contre les affouillements.

Cintres. — On a employé des cintres fixes reposant sur les pieux de fondation et sur deux palées intermédiaires. composées de pieux sabottés et battus jusque dans le tuf à travers la couche de gravier qui le recouvre.

Les boîtes à sable disposées pour le décintrement étaient placées à 5^m,50 au-dessus de la naissance des voûtes. On a cintré à la fois trois anneaux de chacune des cinq arches. Les mêmes bois ont servi ensuite à cintrer les deux anneaux restants.

Dépenses. — Les dépenses pour la reconstruction du pont d'Albi, y compris les indemnités de terrains et la route aux abords sur une longueur totale de 690 mètres, s'élèvent environ à la somme totale de 880.000 fr.

Le projet primitif a été rédigé par MM. Couderc et Garella, ingénieurs en chef, et par M. Cassanac, ingénieur ordinaire : le projet actuel, par MM. Canteloube de Marmiès, ingénieur en chef, et Dusauzey, ingénieur ordinaire : ce dernier projet a été modifié et exécuté par MM. Cassanac, ingénieur en chef, et Dusauzey, ingénieur ordinaire. — M. Arnaud (Jean-Baptiste), conducteur, a été chargé de surveiller les travaux, dont M. Letestu a été l'entrepreneur.

IV

ARCHE D'EXPÉRIENCE EN MAÇONNERIE

EXÉCUTÉE DANS LES CARRIÈRES DE SOUPPES
(SEINE-ET-MARNE).

VILLE DE PARIS.

Un modèle à l'échelle de 0^m,04.

L'avant-projet du pont de jonction de la rue de Rennes prolongée et de la rue du Louvre, comprend, sur l'écluse de la Monnaie à Paris, une arche en arc de cercle de 37^m,886 de corde, de 2^m,125 de flèche, dont l'épaisseur à la clef, sous la chaussée, ne peut être que de 0^m,80; ces dispositions sont motivées par la double obligation de respecter le niveau du seuil de l'hôtel de la Monnaie et d'assurer une circulation facile sur le bajoyer de terre de l'écluse de la Monnaie.

L'expérience représentée par le modèle, avait pour objet de s'assurer s'il était possible de construire une pareille arche en maçonnerie; elle a été exécutée aux frais de la ville de Paris, à la condition que dans le cas où l'opération réussirait, l'État tiendrait compte à la ville de sa dépense en la comprenant dans celle des ponts projetés.

Les travaux ont été entrepris sur le territoire de la commune de Souppes (Seine-et-Marne), dans la carrière dite des Plaines, près Le Boulay.

La voûte a été construite suivant un arc de cercle de $37^m,886$, et de $2^m,125$ de flèche, avec une largeur de $3^m.50$; sur 1 mètre de largeur moyenne, la voûte était extradossée parallèlement et avait une épaisseur de $1^m,10$: pour le surplus de la largeur, l'épaisseur était de $1^m.10$ aux naissances et de $0^m,80$ à la clef; l'augmentation d'épaisseur sur 1 mètre de largeur était motivée par la surcharge que le poids de la corniche doit occasionner aux têtes du pont.

La masse de la carrière avait été disposée pour recevoir les sommiers d'un des côtés de la voûte ; une culée artificielle avait été construite pour recevoir les sommiers de l'autre côté.

Le nombre des rangs de voussoirs était de 77.

Les voussoirs étaient faits avec la pierre la plus résistante des carrières de la localité ; la taille avait été exécutée avec les plus grands soins ; tous les lits et joints étaient parfaitement pleins; les joints en mortier avaient une épaisseur régulière de $0^m,012$.

La culée artificielle avait $3^m,50$ de largeur, $8^m,19$ de hauteur, $15^m,10$ d'épaisseur en bas et $14^m,86$ d'épaisseur en haut. son cube était de $428^{mc},771$ y compris celui des sommiers qui était de $6^{mc},691$; la maçonnerie était hourdée en mortier composé de 480 kilogrammes de ciment de Portland de Boulogne-sur-mer, pour un mètre cube de sable.

Vingt blocs de 1 mètre de hauteur étaient placés debout dans le massif; en outre, la maçonnerie était parfaitement

liaisonnée dans le sens vertical de manière à empêcher tout
glissement.

La maçonnerie de la culée, commencée le 11 août 1864,
a été terminée le 25 septembre.

Le cintre était formé de deux fermes ; chaque ferme re-
posait sur huit points d'appui ; une boîte en tôle remplie de
sable tamisé et torréfié était disposée au droit de chaque
point d'appui. Le cintre a été taillé avec 0^m,05 de surélévation, c'est-à-dire avec une flèche de 2^m.175 ; sa mise en
place a été terminée le 3 octobre 1864.

On a commencé la pose des voussoirs le 27 octobre ; elle
était terminée le 8 novembre ; mais une gelée qui est sur-
venue n'a permis de finir le fichage des joints que le 14
novembre 1864. Le mortier des joints de la voûte a été
composé de 600 kilogrammes de ciment de Portland de Boulogne-sur-mer, pour 0^{mc}.80 de sable tamisé. Les joints de
chacun des voussoirs des naissances ont été fichés les derniers ; ces joints ont été laissés vides de mortier au moyen
de règles en sapin, sur une hauteur de 0^m,05 à partir de
l'intrados pour éviter toute pression sur l'arête.

Le tassement sur cintre a été de 0^m,018 à la clef.

Le 15 mars 1865, on a procédé au décintrement de l'arche en faisant sortir successivement, mais très-lentement et
simultanément, un peu de sable de toutes les boîtes ; au bout
d'une heure, le cintre était complétement détaché de la
voûte ; l'abaissement à la clef produit par le décintrement a
été de 0^m,018.

Les voussoirs de tête, qui ont 1^m,00 de longueur moyenne
et une hauteur régulière de 1^m,10, doivent porter la maçonnerie des tympans, la corniche, le parapet et une largeur
de trottoir de 0^m,60, ce qui, pour une longueur de 38^m,366,
représente un poids total de 133.602 kilogrammes.

Les voussoirs formant la douelle de la voûte, qui ont
1^m,10 de hauteur aux naissances et 0^m,80 à la clef, doivent
porter le remblai des reins et la chaussée, ce qui, pour une
longueur de 38^m,366 et une largeur de 2^m.50, représente
un poids total de 145.472 kilogrammes.

On a exécuté sur les voussoirs de la tête de l'arche d'expérience, un volume total de 86^m,40 de maçonnerie, pesant
1.845 kilogrammes le mètre cube, et représentant par suite
un poids de. . . . .   159.408 kilogr.

La charge ne devant être que de.. . . .   133.602

Il en résultait une surcharge totale de   25.806 kilogr.
soit 672 kilogrammes par mètre carré.

Le surplus de la voûte, qui avait une largeur de 2^m,50, a
été chargé tant en maçonnerie qu'en remblai d'un poids
total de. . . . .   207.576 kilogr.

La charge ne devant être que de. . .   145.472

Il en résultait une surcharge totale de   62.104 kilogr.
soit 647 kilogrammes par mètre superficiel.

Le 6 avril 1865, on a commencé le chargement de l'arche d'expérience. Ce chargement a été terminé le 19 du
même mois, et sous l'influence de la charge il s'est produit
un nouvel abaissement à la clef de 0^m,009. On a alors soumis la voûte à une série d'épreuves qui vont être sommai-
rement indiquées.

Au moyen d'une aiguille dont une extrémité suivait les
mouvements de la clef et dont l'autre extrémité décrivait
sur un cadran un parcours dix fois plus grand, on a pu observer les moindres mouvements de la voûte. On a constaté
ainsi que celle-ci se dilatait et se contractait d'une manière
continue et régulière suivant l'élévation ou l'abaissement

de la température. Le plus grand écart entre les positions extrêmes de la clef a été de 0^m,0205.

La voûte a été soumise au choc d'un poids de 4.975 kilogrammes tombant de 0.30 de hauteur au droit de la clef. Chaque choc a été suivi d'une série d'oscillations allant en diminuant d'une manière continue et régulière et dont l'amplitude maximum a été de 0^m,0028.

On a reconnu que pendant le passage d'un poids de 5.510 kilogrammes, traîné lentement d'une culée à l'autre, la voûte ondulait comme un tablier métallique, et reprenait sa position primitive après le passage de ce poids ; l'abaissement momentané à la clef a été de 0^m,0003.

A la première surcharge de 656 kilogrammes par mètre superficiel, on en a ajouté une nouvelle de 1000 kilogrammes, de sorte que la surcharge totale par mètre superficiel a été portée à 1.656 kilogrammes, et on a constaté un abaissement de 0^m,0012 à la clef. Lorsqu'on a enlevé cette seconde surcharge de 1000 kilogrammes, il s'est produit un relèvement à la clef de 0^m,0043, mais il faut observer que les mouvements dus au chargement et au déchargement se sont combinés avec ceux dus aux variations de température, et que ces derniers ont été plus considérables que les premiers, c'est ce qui explique la différence entre l'abaissement et le relèvement qui viennent d'être annoncés.

Pendant toutes ces expériences aucun joint ne s'est ouvert, et les maçonneries sont restées parfaitement intactes.

La voûte ayant encore sa première surcharge de 656 kilogrammes par mètre carré, on a enlevé successivement diverses tranches verticales de la culée de manière à réduire à 7^m.10 son épaisseur qui était primitivement de 15^m,10. La voûte est néanmoins restée parfaitement en équilibre ; on a observé seulement un abaissement de

$0^m,0063$ à la clef dû, soit à la température, soit à quelque mouvement imperceptible du massif général de la culée réduite.

Ainsi, avec de bonnes fondations, des culées suffisamment fortes et de la pierre ne s'écrasant que sous un poids de 400 kilogrammes par centimètre carré, on peut faire, en maçonnerie de pierre de taille, des voûtes de grande portée, surbaissées au dix-huitième ; mais la construction de pareilles voûtes exige de grands soins dans l'exécution.

La poussée moyenne, c'est-à-dire, supposée uniformément répartie sur la section faite à la clef, serait de $43^k,88$ par centimètre carré pour les têtes du pont et de $34^k,47$ sous la chaussée.

La dépense de cette expérience s'est élevée à la somme de 38.000 fr.

Les travaux ont été exécutés et les expériences faites sous la direction de MM. Féline-Romany et Vaudrey, ingénieurs en chef des ponts et chaussées, et de Lagrené, ingénieur ordinaire.

V

APPAREIL DE DÉCINTREMENT
AU MOYEN DU SABLE.

—

MINISTÈRE DE L'AGRICULTURE, DU COMMERCE ET DES TRAVAUX PUBLICS.

Modèles en grandeur d'exécution.

—

Historique. — L'exécution des nombreux ponts en maçonnerie, construits dans les vingt-cinq dernières années, a naturellement appelé l'attention des ingénieurs sur l'insuffisance des anciens procédés de décintrement des grandes voûtes. Plusieurs systèmes nouveaux ont été successivement expérimentés : deux sont particulièrement passés dans la pratique, le décintrement au moyen du sable et le décintrement au moyen de verrins.

L'application de ce dernier procédé paraît appartenir à M. Dupuit, inspecteur général des ponts et chaussées ; elle est facile à comprendre.

L'emploi du sable, imaginé par M. Beaudemoulin, ingénieur en chef des ponts et chaussées, a été fait de plusieurs manières.

La première application a eu lieu au moyen de sacs dans lesquels le sable était enfermé. Dès l'origine, M. de Sazilly, ingénieur des ponts et chaussées, avait pensé à remplacer

ces sacs par des cylindres en forte tôle. En 1854, à l'époque
du décintrement du pont d'Austerlitz, cette disposition fut
proposée et appliquée par M. Bouziat, conducteur des
ponts et chaussées.

Description. — Entre les retombées des cintres et les
supports inférieurs on place, en correspondance avec chaque
ferme, des cylindres ou manchons en tôle de 30 centimètres
de diamètre intérieur sur 30 centimètres de hauteur. Ils
sont posés sur une plate-forme en bois de 0^m,04 d'épaisseur
et de 0^m,40 de côté. Sur chaque plate-forme se trouve un
disque en bois de 0^m,02 d'épaisseur, d'un diamètre de
0^m,30, servant à fixer le cylindre.

Quatre orifices de 0^m,02 de diamètre, sont percés dans
chacun des cylindres, à 0^m,03 au-dessus de sa base, et
placés à l'extrémité de deux diamètres rectangulaires. On
les ferme par de simples bouchons de liége.

Les cylindres sont remplis de sable, convenablement
desséché, jusqu'aux deux tiers ou aux trois quarts de leur
hauteur, et au-dessus on engage des pistons cylindriques en
bois qui entrent sans frottement dans les cylindres en tôle.

C'est sur ces pistons que repose le cintre.

Quand l'appareil doit rester quelque temps en place, on
garnit les joints entre chaque cylindre et son piston au
moyen de plâtre, afin de mettre le sable à l'abri de l'humidité.

Au moment de décintrer, on enlève les bouchons, on
dégage, si cela est nécessaire, les orifices avec un crochet;
quelques légers coups frappés sur les cylindres activent
l'écoulement.

Le sable s'écoule et les pistons s'enfoncent avec régularité. Le petit cône de sable qui se forme au droit de chaque
orifice, suffit pour interrompre momentanément l'écoule-

ment. qui reparaît aussitôt que le sable a été enlevé. Cette obturation naturelle, que le petit cône de sable reproduit mathématiquement, permet d'opérer par degrés égaux infiniment petits, c'est-à-dire d'obtenir, en quelque sorte, des abaissements différentiels.

Comme on l'a dit. le premier pont décintré avec l'appareil à manchon de tôle a été le pont d'Austerlitz. Depuis cette époque de nombreuses applications de ce procédé ont été faites et ont toujours réussi.

M. l'ingénieur en chef Beaudemoulin a proposé d'apporter aux systèmes employés jusqu'à ce jour divers perfectionnements qui figurent parmi les modèles exposés.

Le premier est applicable aux sacs en toile et consiste dans un ajutage métallique pourvu d'un petit fermoir.

La seconde modification s'appliquerait aux boîtes en tôle, qui seraient munies d'un collier mobile dans un plan horizontal et portant de petites lames de tôle normales à la surface cylindrique de la boîte; en faisant décrire à ce collier un petit arc de cercle, on balayerait le sable accumulé devant les orifices des boîtes. En même temps M. Beaudemoulin propose de substituer des tampons métalliques aux bouchons de liége qu'on a employés jusqu'à ce jour.

VI

PONT DE TILSITT

SUR LA SAÔNE, A LYON.

MINISTÈRE DE L'AGRICULTURE, DU COMMERCE ET DES TRAVAUX PUBLICS.

Un dessin.
Une collection de vues photographiques.

La première communication directe entre la ville de Lyon et la cathédrale fut créée par un pont en charpente construit en 1663. Cet ouvrage, détruit par une crue en février 1711, fut rétabli et dura jusqu'en 1779, époque à laquelle il dut être démoli pour cause de vétusté.

Un pont en pierre de taille, composé de cinq arches en anse de panier, remplaça le pont en charpente. Les travaux, commencés en 1788, interrompus pendant la révolution, puis repris en 1802, furent terminés en 1808. Le nouveau pont reçut le nom de pont de Tilsitt.

Il a fallu des motifs bien sérieux pour faire admettre par l'opinion publique la destruction de cet ouvrage que tout le monde admirait pour sa régularité et pour ses belles proportions. Le pont de Tilsitt présentait à l'écoulement des eaux de la Saône, en temps d'inondation, le plus grand obstacle qu'elles rencontrassent dans la traversée de Lyon. En 1840, la cataracte observée au passage du pont était de 0^m,76. Cette chute ne représentait pas, à la vérité, le remou produit, qui devait être beaucoup moindre, mais elle accusait aux yeux de tous un relèvement considérable du niveau de la crue en amont. Le remou réel déterminé par le calcul devait être d'environ 0^m.48. Au point de vue de la navigation, les inconvénients étaient plus grands encore.

Les travaux approuvés, par le décret impérial du 24 août 1859 pour la défense de Lyon contre les inondations, comprenaient la reconstruction du pont de Tilsitt.

Le débouché linéaire du nouveau pont au niveau des naissances est de 110^m.24, tandis qu'il n'était autrefois que de 104^m,00. Pour une crue de même débit que celle de 1840, et dépassant de 7^m.70 le niveau de l'étiage, la section d'écoulement au-dessus de ce même niveau sera de 816^{mq},00 au lieu de 670^{mq},00, ce qui donne une augmentation de 22 p. 100. On peut supposer, d'après les indications du calcul, que le remou qui était de 0^m.48, sera réduit à 0^m,13.

Au point de vue de la navigation, l'amélioration est encore plus sensible. Les bateaux à vapeur de la Saône ne pouvaient passer sous l'ancien pont dès que les eaux s'élevaient à 1^m,30 au-dessus de l'étiage, ce qui avait lieu moyennement pendant 190 jours par an. Actuellement le passage des plus grands bateaux à vapeur de la Saône est possible tant que la rivière n'est pas à plus de 4^m,27 au-dessus de l'étiage, ce qui arrive moyennement pendant 14 jours par an, alors que la Saône est généralement débordée et que la navigation est partout interrompue.

Dispositions générales. — La reconstruction du pont en pierres de taille était de tous les systèmes celui qui pouvait le mieux assurer le caractère monumental, reconnu comme une condition nécessaire du projet

La solution adoptée a consisté à conserver les fondations de l'ancien pont, à y élever des piles légères et à franchir les travées par des voûtes de pierres de taille, en arc de cercle, aussi surbaissées que pouvaient le comporter, soit les exigences architecturales, soit les conditions de stabilité.

L'ancien pont comprenait cinq arches en anse de panier de 20^m,80 d'ouverture et quatre piles de 4^m,06 d'épaisseur à la ligne des naissances, présentant ainsi entre les culées une distance totale de 120^m,24. Cette distance est la même au niveau des naissances dans le pont actuel.

Les anciennes fondations avaient 4^m,46 de largeur au niveau de l'étiage. On a adopté pour les largeurs des nouvelles fondations à l'étiage 3^m,60. Mais les axes des anciennes piles n'ont pas été conservés. Dans l'intérêt de la navigation, il convenait de donner à l'arche centrale une ouverture et par suite une flèche plus grande, et l'on a dû renoncer par ce motif à composer le pont de cinq arches égales.

L'épaisseur des nouvelles piles aux naissances est de 2^m,50.

Les naissances sont à la hauteur de 7^m,327 au-dessus de l'étiage.

Les arches ont les ouvertures et les flèches ci-après :

ARCHES.	OUVERTURES linéaires.	FLÈCHES.	RAYONS.	RAPPORT des flèches aux ouvertures.
1re et 5e.	21^m,40	2^m,25	20^m,567	1/9,55
2e et 4e.	22 ,30	2 ,55	25 ,652	1,8,75
Arche centrale..	22 ,84	2 ,75	25 ,004	1/8.30

L'ancien pont avait 13^m,73 de largeur entre les têtes.
On a profité de la reconstruction pour augmenter la largeur de la voie. On a pu la porter à 15^m,34 comprenant
une chaussée de 8^m,00 et deux trottoirs de 3^m,67.

*Dispositions de détail et moyens d'exécution. Pont provi-
soire.* — Le pont provisoire, destiné à maintenir le passage
pendant la durée des travaux, était placé à l'amont. Il était
composé de trois fermes américaines reposant sur les murs
des quais des Célestins et de l'Archevêché et sur quatre
doubles palées, établies dans l'axe des piles du pont de
Tilsitt. En avant de chaque palée, était construit un brise-
glace, destiné à protéger non-seulement le pont provisoire,
mais aussi les palées des ponts de service et des divers
échafaudages employés à la reconstruction.

Ponts de service et appareils élévatoires. — Deux ponts de
service avaient été construits l'un en amont et l'autre en
aval du pont de Tilsitt. Leur tablier était à la hauteur de
9^m,60 au-dessus de l'étiage.

Chaque pont portait une voie ferrée pour le transport des
matériaux sur des chariots disposés à cet effet, et en outre
un rail longitudinal destiné à supporter les grues élévatoires desservant tout l'espacement compris entre les deux
ponts.

Les grues élévatoires étaient au nombre de cinq pour
l'exécution des travaux simultanément sur les cinq arches.
Leur portée, égale à l'écartement des rails intérieurs des
ponts de service, était de 20^m,45. La hauteur laissée libre
entre l'étiage et le dessous du pont des grues était de
14 mètres. Chaque grue élévatoire portait deux treuils mobiles mus à bras d'homme.

Enfin, pour hâter et faciliter les approvisionnements, une
machine élévatoire à vapeur avait été installée pour amener

directement sur les ponts de service les matériaux, sans
avoir recours à l'action des grues.

Fondation des prolongements des piles. — Pendant le cours
même des travaux de démolition de l'ancien pont, on a procédé au prolongement des fondations des piles. Ces fondations étaient établies sur des plates-formes en forte charpente
de chêne reposant sur un pilotage régulier dont la profondeur sous l'eau, variable pour les diverses piles, était successivement en partant de la rive gauche de 2^m,45, 2^m,70,
2^m,19 et 1^m,20 sous l'étiage. Les massifs des anciennes
piles conservés au-dessous de l'étiage n'avaient pas une
longueur suffisante pour l'élargissement du pont, et il a
fallu les prolonger à l'amont et à l'aval d'une longueur de
1^m,07.

Les plates-formes en charpente dépassaient de beaucoup
les bases des anciennes piles et les prolongements nécessaires ont pu être entièrement établis sur ces plates-formes.
Ils ont été construits en pierres de taille par épuisement au
moyen de batardeaux et reliés aux massifs conservés par
des encastrements pratiqués dans ceux-ci. Les fondations
des piles actuelles présentent ainsi un fût unique en pierre
de taille reposant sur la plate-forme en charpente de chêne
de l'ancien pont.

Culées. — Les anciennes culées n'avaient que 5^m,40 d'é-
paisseur. Elles avaient été presque complétement démolies
avec le corps du pont, et on n'avait pu en conserver que
les fondations faites avec les mêmes soins que celles des
piles sur des plates-formes en charpente de chêne.

Le prolongement des fondations dans le sens de l'axe du
pont n'a présenté aucune difficulté; l'on a rencontré à peu
près au niveau de l'étiage, une couche de gravier pur, dont
la sonde a fait reconnaître la profondeur indéfinie. La partie

antérieure de la fondation étant complétement sûre, l'on a
assis, sans crainte, le massif de renforcement de la culée
sur ce sol incompressible en immergeant directement le
béton sans épuisement et sans pilotage ; le massif était continué en maçonnerie ordinaire dès que le béton arrivait au
niveau de l'eau.

L'épaisseur du massif de chaque culée devait être de
$12^m,00$.

Sur la rive droite on a rencontré à $13^m,00$ en arrière du
nu de la culée, un massif considérable de maçonnerie de
pierres de taille dans lequel on a reconnu la culée du pont
en charpente construit en 1663. L'on a rempli entièrement
tout l'intervalle situé au-devant de ce massif, dont la profondeur est de $12^m,00$ en moyenne, de sorte que la culée de
rive droite a une épaisseur totale de 25 mètres.

Sur la rive gauche la construction de la culée n'a présenté aucune circonstance remarquable et a eu lieu avec
les dimensions prévues.

Cintres pour la reconstruction du pont. — Les cintres
pour la reconstruction des nouvelles voûtes étaient formés
de onze fermes équidistantes. Des dispositions spéciales
avaient été adoptées pour réserver une passe navigable
dans la deuxième arche de rive droite.

Dans les autres arches, les cintres s'appuyaient sur une
double palée centrale formée de 22 pieux reliés transversalement et longitudinalement par des moises horizontales.
Chaque file de pieux était surmontée d'un chapeau continu
sur lequel étaient placés des potelets qui ont été plus tard
remplacés par des boîtes à sable pour le décintrement. Du
côté des piles et culées les fermes s'appuyaient sur une longrine reposant sur des corbeaux ménagés dans des saillies
de la pierre de taille qui ont été enlevées après l'exécution.

De chaque côté de la palée centrale, les parties essentielles d'une ferme étaient deux arbalétriers assemblés sur un poinçon et reliés entre eux par des moises horizontales formant entrait. Deux moises horizontales reliant les deux poteaux de la palée double, rattachaient ensemble les deux entraits et par conséquent les deux parties de la ferme.

Le cintre de la deuxième arche de rive droite était disposé de manière à laisser pour la navigation une passe de $12^m,20$ de largeur et de $6^m,50$ de hauteur au-dessus de l'étiage. Chaque ferme se composait d'une ferme américaine comprenant deux cours de moises horizontales et un cours supérieur de moises inclinées formant vaux. L'espacement des palées de support était de $12^m,20$.

Il ne passait sous le pont de Tilsitt avant sa reconstruction que des bateaux plats et des radeaux. La passe sous le cintre n'arrêtait donc la navigation qu'avec des eaux de plus de $4^m,50$ au-dessus de l'étiage. Il faut en excepter toutefois les bateaux à vapeur omnibus de la traversée de Lyon, dont le service commençait sur la Saône, et qui était arrêté dès que les eaux atteignaient $3^m,00$ au-dessus de l'étiage.

Voûtes. — Les voûtes ont été construites entièrement en pierres de taille et avec le mortier de ciment à prise lente de Grenoble. Elles ont $1^m,10$ d'épaisseur à la clef et $1^m,30$ aux naissances. Les voussoirs de tête forment bandeau saillant de $0^m.05$ sur les tympans et sont taillés en bossage sur le joint. La hauteur du bandeau mesuré normalement à la douelle est de $1^m,00$ à la clef et de $1^m,20$ aux naissances.

Les plus grands soins ont été apportés à la construction des voûtes et particulièrement à la pose des voussoirs. Pour éviter les disjonctions qui auraient pu se produire dans les

maçonneries par le tassement des cintres, les joints des
naissances ont été laissés vides pendant la durée de la construction et n'ont été remplis qu'après la fermeture des
voûtes.

La pose des voussoirs a été commencée le 20 avril 1864.
Le 14 mai suivant les cinq voûtes étaient terminées et l'on
achevait le fichage des joints laissés libres aux naissances.
Le 25 juin on procédait au décintrement en présence de
M. le sénateur Vaïsse chargé de l'administration du dépar-
tement du Rhône.

Le décintrement a eu lieu au moyen de boîtes à sable
substituées pour cette opération aux potelets supportant les
cintres. Des dispositions spéciales avaient été prises pour
mesurer d'une manière précise le tassement qui pourrait
s'opérer. Les résultats qui sont dus à l'emploi du ciment à
prise lente de Grenoble sont remarquables. Le tassement a
été inappréciable pour les deuxième, troisième et cinquième
arches à partir de la rive gauche.

A la première arche le tassement mesuré à la clef a été
d'un millimètre et demi sur la tête amont et de deux millimètres sur la tête en aval. A la quatrième arche le tassement
a été d'un millimètre à l'amont et à l'aval.

Tympans, corniches et parapets. — Les tympans entièrement en pierres de taille sont élégis par des tableaux en
refouillement et surmontés par une corniche à modillons
couronnée par un parapet évidé.

Époque de la construction et durée des travaux. — Les
travaux de construction du pont provisoire et des ponts de
service ont été commencés le 26 mai 1863.

Le nouveau pont a été livré à la circulation le 15 août
1864.

Nature des matériaux employés. — La pierre de taille

neuve a été extraite des meilleurs bancs des carrières de
Villebois. Les moëllons pour maçonneries ordinaires pro-
venaient des carrières de l'Observance dans Lyon même, et
de Couzon sur la rive droite de la Saône au-dessus de Lyon.
Le sable a été dragué dans le lit de la Saône.

Le mortier pour les piles et les voûtes a été composé
d'une partie de ciment à prise lente, dit de Portland, provenant des usines de M. Vicat, à Grenoble, et de deux parties de sable. Toutes les autres maçonneries ont été faites
avec mortier de chaux du Theil.

Dépenses. — Les dépenses se sont élevées à 1.191.274 fr.,
65. Dans ce total la construction du pont provisoire figure
pour une dépense de 63.075 fr., 75. La démolition de l'ancien pont pour 118.122 fr., 35, et les travaux de reconstruction et de rectification des quais aux abords du pont
pour 129.302 fr., 85.

Les dépenses relatives spécialement à la construction du
nouveau pont se sont élevées à 879.773 fr., 70.

Les travaux ont été dirigés par MM. Kleitz, ingénieur en
chef des Ponts et Chaussées, et Jacquet, ingénieur ordinaire.

VII

PONTS DE PARIS

MINISTÈRE DE L'AGRICULTURE, DU COMMERCE ET DES TRAVAUX PUBLICS.
VILLE DE PARIS.

Un album de photographies.
Une notice historique par M. Féline-Romany, inspecteur général
des ponts et chaussées.

PONT NAPOLÉON III.

Le pont Napoléon III a été construit en 1852 et 1853 :
sa largeur, de 15ᵐ,40 entre les têtes, est partagée en deux
par une cloison : 7ᵐ,74 sont affectés au service du chemin
de fer de Ceinture ; le surplus sert à la circulation ordinaire.

Ce pont est formé de cinq arches en arc de cercle de
34ᵐ,50 d'ouverture et de 4ᵐ,60 de flèche : il comprend
en outre deux passages de 12 mètres de largeur dans le
prolongement des quais. Les piles, les têtes et les corniches sont en pierres de taille ; les douelles et les tympans
sont en meulière smillée ; les voûtes sont hourdées en
mortier de ciment romain ; l'épaisseur à la clef est de
1ᵐ,20.

La construction de cet important ouvrage a donné lieu à une dépense de 2.236.905 fr.

Les ingénieurs qui ont fait exécuter les travaux sont : MM. Couche, ingénieur en chef des ponts et chaussées, et Petit, ingénieur des ponts et chaussées.

PONT DE BERCY.

Le nouveau pont de Bercy a été construit en maçonnerie en remplacement du pont suspendu qui existait antérieurement sur le même point.

Cet ouvrage a 19^m,20 de largeur entre les parapets, dont 10 mètres pour la chaussée et 9^m,20 pour les deux trottoirs ; il est formé de cinq arches elliptiques ; l'arche du milieu a 29 mètres d'ouverture et 8 mètres de flèche ; les deux arches adjacentes ont 29 mètres d'ouverture et 7^m,50 de flèche ; enfin les deux arches de rive ont 28 mètres d'ouverture et 7 mètres de flèche ; les voûtes ont 1 mètre d'épaisseur à la clef et 1^m,20 d'épaisseur aux naissances. Les piles ont 4 mètres d'épaisseur et les culées 7^m,50. Les piles sont fondées comme celles des ponts Saint-Michel, de Solférino, au Change et Louis-Philippe, sur massif de béton coulé dans un caisson en charpente qui a été échoué dans un encaissement dragué ; la culée rive gauche est fondée sur le terrain naturel à 0^m,50 au-dessus de l'étiage conventionnel ; la culée rive droite est fondée sur pieux.

Les avant et arrière-becs des piles et les têtes des voûtes sont en pierres de taille de Souppes ; les parements des tympans sont en Vergelé ; les corniches, les socles et les dés des parapets sont en pierre de Saint-Ylie (Jura) ; les panneaux des parapets sont en fonte ; la douelle des voûtes est en meulière smillée ; les maçonneries sont hourdées en mortier de ciment de Portland.

Les travaux ont été commencés à la fin d'août 1863 ; le nouveau pont a été livré à la circulation le 15 août 1864.

La dépense totale, partagée par moitié entre la ville de Paris et l'État, s'est élevée à la somme de 1.334.877^f,88.

Les ingénieurs qui ont fait exécuter les travaux sont : MM. Féline-Romany, ingénieur en chef des ponts et chaussées, et Savarin, ingénieur ordinaire des ponts et chaussées.

PONT D'AUSTERLITZ.

Le pont d'Austerlitz, construit au commencement du premier empire, a été l'un des premiers ponts métalliques ; il s'est ressenti de l'inexpérience de ce genre nouveau de construction. En 1854, un grand nombre des pièces formant les arcs étaient cassées ; on a dû procéder à la reconstruction des arches ; heureusement l'éminent ingénieur Lamandé, qui avait construit les piles et les culées, les avait établies de manière à pouvoir porter des voûtes en maçonnerie.

Le nouveau pont a 18 mètres de largeur entre les parapets, dont 11 mètres pour la chaussée et 7 mètres pour les deux trottoirs. Il est formé de cinq arches en arc de cercle de 32 mètres d'ouverture, dont la flèche varie de 4^m,67 à 4^m,02, du sommet à chaque rive.

L'épaisseur à la clef est de 1^m,25. Les voûtes sont en meulière hourdée en mortier de ciment romain ; les avant et arrière-becs des piles, les têtes des voûtes sont en pierres de taille ; les parapets sont en fonte.

Les travaux ont été entrepris dans le courant du mois de juillet 1854 : le pont a été livré à la circulation le 8 novembre de la même année ; la dépense, montant à la somme de 951.204^f,08, a été partagée par moitié entre l'État et la ville de Paris.

Les ingénieurs qui ont fait exécuter les travaux sont : M. Michal, ingénieur en chef des ponts et chaussées, directeur, M. de Lagallisserie, ingénieur en chef des ponts et chaussées, et M. Savarin, ingénieur ordinaire des ponts et chaussées.

PONT LOUIS-PHILIPPE.

Un décret, en date du 1er août 1860, a ordonné le remplacement du pont suspendu Louis-Philippe par un pont fixe en maçonnerie établi dans le prolongement de la rue du pont Louis-Philippe. Le nouvel ouvrage a 15^m,10 de largeur entre les parapets, dont 10 mètres pour la chaussée et 5^m,10 pour les deux trottoirs ; il est formé de trois arches elliptiques : celle du milieu a 32 mètres d'ouverture et 8^m,25 de flèche ; celles de rive ont 30 mètres d'ouverture et 7^m,73 de flèche ; les voûtes ont 1 mètre d'épaisseur à la clef et 1^m,50 d'épaisseur aux naissances ; elles sont, ainsi que les piles, hourdées en mortier de ciment de Portland. Les piles ont 4 mètres d'épaisseur et les culées 3 mètres ; les têtes, sauf les tympans qui sont en Vergelé, ont été exécutées en pierre de Saint-Ylie (Jura).

Les travaux ont été commencés à la fin d'août 1860, le pont a été livré à la circulation au mois d'avril 1862.

La dépense, partagée par moitié entre la ville de Paris et l'État, s'est élevée à la somme de 785.065^f,39.

Les ingénieurs qui ont fait exécuter les travaux sont

MM. Féline-Romany, ingénieur en chef des ponts et chaussées, et Savarin, ingénieur ordinaire des ponts et chaussées.

PONT SAINT-LOUIS.

Le décret du 1ᵉʳ août 1860, en même temps qu'il ordonnait la reconstruction du pont Louis-Philippe, prescrivait la construction du pont Saint-Louis, en remplacement de la seconde travée du pont suspendu Louis-Philippe et de la passerelle de la rue Saint-Louis-en-l'Ile.

Le nouveau pont a 16 mètres de largeur entre les parapets, dont 10 mètres pour la chaussée et 6 mètres pour les deux trottoirs. Il est formé d'une seule arche en fonte, en arc de cercle de 64 mètres d'ouverture et de 5ᵐ.82 de flèche. Cette arche est biaise à 78°. Elle est composée de neuf fermes ayant 1ᵐ,10 de hauteur à la clef et 1ᵐ,80 de hauteur aux naissances. Le poids total de la fonte est de 755.927 kilogrammes. La culée de rive gauche a 10 mètres d'épaisseur, et celle du côté de l'île Saint-Louis a 9 mètres d'épaisseur.

Les travaux ont été entrepris à la fin d'août 1860 ; le pont a été livré à la circulation le 20 avril 1862.

La dépense, partagée par moitié entre l'État et la ville de Paris, s'est élevée à la somme de 655.669ᶠ,75, dont 375.000 fr. pour la partie métallique.

Les ingénieurs qui ont fait exécuter les travaux sont : MM. Féline-Romany, ingénieur en chef des ponts et chaussées, et Savarin, ingénieur ordinaire des ponts et chaussées. M. Georges Martin, ingénieur des usines de Fourchambault, a exécuté la partie métallique.

PONT D'ARCOLE.

Le pont d'Arcole a été construit en remplacement d'une passerelle suspendue pour piétons ; il a 20 mètres de largeur entre les parapets, dont 12 mètres pour la chaussée et 8 mètres pour les deux trottoirs.

Il est formé d'une seule arche en arc de cercle et en fer de 80 mètres d'ouverture et de 6^m,12 de flèche, dont les naissances sont à 3^m,13 au-dessus de l'étiage ; cette arche est composée de douze arcs en fer de 1^m,33 de hauteur aux naissances et de 0^m,38 à la clef.

Les travaux ont été entrepris au commencement du mois de novembre 1854 ; le pont a été livré à la circulation le 15 octobre 1855.

La dépense, non compris le raccordement des quais aux abords et l'extraction des fondations de la pile de la passerelle, s'est élevée à la somme de 1.143.000 fr. ; elle a été partagée par moitié entre l'État et la ville de Paris.

Ce pont a été construit sous la surveillance de M. Michal, ingénieur en chef des ponts et chaussées, directeur, et de M. de Lagallisserie, ingénieur en chef des ponts et chaussées, par M. Oudry, ingénieur des ponts et chaussées et ingénieur de la Compagnie des ponts en fer.

PETIT PONT.

Le petit Pont était formé de trois arches fort étroites et de grosses piles, faisant obstacle à la navigation et à l'écoulement des eaux ; il a été reconstruit en 1852 et 1853 : le nouveau pont a 20 mètres de largeur entre les parapets, dont 12 mètres pour la chaussée et 8 mètres pour les deux

trottoirs ; il est formé d'une seule arche en arc de cercle de
51^m.75 d'ouverture surbaissée au dixième, construite en
meulière et mortier de ciment romain.

L'épaisseur à la clef est de 1^m,35.

Cet ouvrage a coûté 385.509^f.42.

Les ingénieurs qui ont fait exécuter les travaux sont :
M. Michal, ingénieur en chef des ponts et chaussées, directeur, M. de Lagallisserie, ingénieur en chef des ponts
et chaussées, et M. Darcel, ingénieur ordinaire des ponts
et chaussées.

PONT NOTRE-DAME.

Le pont Notre-Dame a été reconstruit afin de baisser sa
chaussée de 2^m,70 au milieu, et de la raccorder par une
pente douce, avec le niveau adopté pour la rue de Rivoli
lors de son prolongement.

La largeur du tablier entre les parapets est de 20 mètres,
dont 12 mètres pour la chaussée et 8 mètres pour les deux
trottoirs.

Les piles de l'ancien pont ont été démolies jusqu'au niveau de l'étiage ; on a édifié les nouvelles piles, avec
3^m,50 de largeur, sur les fondations des anciennes. Le pont
est formé de cinq arches elliptiques, dont l'ouverture varie
de 18^m,76 à 17^m,40, et la flèche de 7^m,50 à 7^m,28 ; l'épaisseur à la clef est de 0^m,90.

Les maçonneries sont hourdées en mortier de ciment
romain ; on a utilisé dans la reconstruction les matériaux
de démolition ; les avant et arrière-becs des piles, les
têtes de voûtes, la corniche et les parapets ont été seuls
exécutés en pierre neuve.

La démolition a été commencée dans les premiers jours

du mois de mai 1853, et le nouveau pont était livré à la circulation le 20 décembre de la même année. La dépense s'est élevée à la somme de 983 972ᶠ,86, y compris les raccordements des quais aux abords. Les travaux du pont proprement dit figurent dans ce chiffre pour 713.356ᶠ,37.

La dépense a été partagée par moitié entre l'État et la ville de Paris.

Les ingénieurs qui ont fait exécuter les travaux sont : M. Michal, ingénieur en chef des ponts et chaussées, directeur, M. de Lagallisserie, ingénieur en chef des ponts et chaussées, et M. Darcel, ingénieur ordinaire des ponts et chaussées.

PONT SAINT-MICHEL.

La reconstruction du pont Saint-Michel a eu pour objet de le mettre à l'alignement du boulevard du Palais et de faire disparaître les pentes de sa chaussée.

Le nouveau pont a 30 mètres de largeur entre les parapets, dont 18 mètres pour la chaussée et 12 mètres pour les deux trottoirs. Il est formé de trois arches elliptiques de 17ᵐ,20 d'ouverture ; l'arche du milieu a 6ᵐ,68 de flèche ; celles de rive 6ᵐ,55 et 6ᵐ,38 ; les piles ont 3 mètres d'épaisseur et les culées 6 mètres ; l'épaisseur des voûtes à la clef est de 0ᵐ,70 ; les têtes sont en pierre neuve de Souppes (Seine-et-Marne) ; le surplus des maçonneries a été exécuté avec des matériaux provenant de la démolition de l'ancien pont. Les maçonneries sont hourdées en mortier de ciment de Portland ; c'est le premier pont construit avec ce ciment. Les parapets sont à balustres carrés et en pierre du Jura. Les piles sont fondées sur béton au moyen de caissons sans fond.

La circulation a été interdite sur l'ancien pont le
1er mai 1857 ; elle était rétablie sur le nouveau le 2 décembre de la même année : en sept mois, voûtes, piles et
culées ont été démolies et reconstruites.

La dépense, y compris les raccordements des quais aux
abords, s'est élevée à 743.253f,09 ; elle a été partagée par
moitié entre la ville de Paris et l'État.

Les ingénieurs qui ont fait exécuter les travaux sont :
MM. de Lagallisserie, ingénieur en chef des ponts et chaussées, et Vaudrey, ingénieur ordinaire des ponts et chaussées.

PONT AU CHANGE.

Le pont au Change a été reconstruit afin de le mettre à
l'alignement du boulevard du Palais, d'abaisser son sommet
et d'élargir le quai de l'Horloge.

On a complétement démoli l'ancien pont. Le nouveau
a 30 mètres de largeur entre les parapets, dont 18 mètres
pour la chaussée et 12 mètres pour les deux trottoirs. Il
est formé de trois arches elliptiques en maçonnerie de
31^m,60 d'ouverture, de 7^m,40 de flèche pour l'arche de
rive droite, de 7^m,72 pour celle du milieu et de 7^m,01 pour
celle de rive gauche. Les voûtes ont 1 mètre d'épaisseur à
la clef et 1^m,50 aux naissances ; les piles ont 4 mètres
d'épaisseur, elles reposent sur un massif de béton coulé
dans un caisson sans fond ; les têtes du pont sont en pierre
neuve de Souppes (Seine-et-Marne), le surplus a été exécuté avec les matériaux de démolition ; la maçonnerie des
piles et des voûtes est hourdée en mortier de ciment de
Portland.

Le passage a été interdit le 16 août 1858 sur l'ancien pont.

il a fallu seize mois pour le démolir ; le nouveau pont a été
livré à la circulation le 15 août 1860.

La dépense a été partagée par moitié entre l'État et la
ville de Paris ; elle s'est élevée, y compris la reconstruction
des quais aux abords, à 2.164.974',99 ; dans cette somme
le pont proprement dit figure pour 1.272.331'.38.

Les travaux ont été exécutés sous les ordres de MM. de
Lagallisserie et Féline-Romany, ingénieurs en chef des
ponts et chaussées, et de M. Vaudrey, ingénieur ordinaire
des ponts et chaussées.

PONT NEUF.

Le pont Neuf, dont la construction a été entreprise en
1578 et n'a été terminée qu'en 1604, était arrivé à un
état de vétusté complète, et il a fallu le restaurer entièrement. Les travaux, commencés en 1848, ont été terminés
en 1855 ; les arches ont été abaissées de manière à diminuer les pentes ; le pont a reçu une enveloppe complètement neuve ; les voûtes, les parements des têtes, la corniche et les parapets ont été refaits en totalité ; on a baissé
les trottoirs qui étaient élevés au-dessus de la chaussée et
l'on a établi des pans coupés aux angles des quais. On a
conservé à l'architecture son caractère primitif. Les travaux
ont été exécutés en maintenant constamment la circulation
sur la moitié de la largeur du tablier.

Le pont Neuf est partagé en deux : la première partie, à
partir de la rive droite, a 148^m,32 de longueur divisée en
sept arches, dont la plus grande a 19^m,53 d'ouverture ; la
seconde partie a 84^m,56 de longueur ; elle est composée de
cinq arches, dont la plus grande a 16^m,94 d'ouverture :
ces deux parties sont reliées par un terre-plein sur lequel

se trouve la statue équestre du roi Henri IV. La largeur du
pont, entre les parapets, est de 20 mètres, dont 11 mètres
affectés à la chaussée et 4^m,50 à chacun des deux trottoirs.
Les piles sont couronnées d'hémicycles.

Les travaux de restauration ont coûté.   1.686.779^f,03
Les indemnités pour l'expropriation des
boutiques qui occupaient les hémicycles
des piles se sont élevées à.. . . . .   440.000^f,00

Total. . . . .   2.126.779^f,03

Les ingénieurs qui ont fait exécuter les travaux sont :
MM. Michal, ingénieur en chef des ponts et chaussées, directeur, de Lagallisserie, ingénieur en chef des ponts et
chaussées, et Poirée, ingénieur ordinaire des ponts et
chaussées.

PONT DE SOLFERINO.

Le pont de Solferino a été construit pour faciliter les
communications du faubourg Saint-Germain avec les quartiers de la rive droite ; il a une largeur de 20 mètres entre
les parapets, dont 12 mètres pour la chaussée et 8 mètres
pour les deux trottoirs. Il est formé de trois arches en arc
de cercle et en fonte, de 40 mètres d'ouverture, de 4 mètres
de flèche pour l'arche du milieu et de 3^m,55 de flèche pour
les arches de rive. Les deux piles ont 3^m,25 de largeur,
elles sont fondées sur un massif de béton coulé dans des
caissons sans fond. Chaque arche est composée de neuf
arcs en fonte de 0^m,85 de hauteur à la clef et de 1^m,20 de
hauteur aux naissances.

Les travaux ont été entrepris dans le courant du mois
d'août 1858 ; le 14 août 1859, ce pont était livré à la circulation.

La dépense, partagée par moitié entre la ville de Paris
et l'État, s'est élevée à la somme de 1.089.942^f,35.

Les ingénieurs qui ont fait exécuter les travaux sont:
MM. de Lagallisserie, ingénieur en chef des ponts et chaussées, et Savarin, ingénieur ordinaire des ponts et chaussées. M. Georges Martin, ingénieur des usines de Fourchambault, a exécuté la partie métallique.

PONT DES INVALIDES.

Le pont des Invalides a été construit en remplacement
du pont suspendu de l'allée d'Antin ; il a 16 mètres de largeur entre les parapets, dont 10 mètres pour la chaussée
et 6 mètres pour les deux trottoirs.

Il est formé de quatre arches en maçonnerie, en arc
de cercle ; les arches de rive ont 31^m,86 d'ouverture et
3^m,10 de flèche ; celles du milieu ont 31^m,60 d'ouverture
et 4^m,10 de flèche ; elles ont 1^m,20 d'épaisseur à la clef et
1^m,80 d'épaisseur aux naissances ; elles sont hourdées en
mortier de ciment romain. On a conservé et utilisé les deux
piles et les culées du pont suspendu ; ces dernières ont
été renforcées ; la pile du milieu a été construite entièrement à neuf.

Les travaux ont été entrepris au commencement du mois
de novembre 1854 ; ils étaient terminés dans le courant
de juillet 1855.

Les têtes sont en pierres de taille ; la douelle des voûtes
est en meulière smillée ; les parapets sont en fonte.

La dépense s'est élevée, non compris les raccordements
des quais aux abords, à la somme de 1.053.389^f,53 ; elle
a été partagée par moitié entre la ville de Paris et l'État.

Les ingénieurs qui ont fait exécuter les travaux sont:

M. Michal, ingénieur en chef des ponts et chaussées, directeur, M. de Lagallisserie, ingénieur en chef des ponts et chaussées, et M. Darcel, ingénieur ordinaire des ponts et chaussées.

PONT DE L'ALMA.

Le pont de l'Alma met en communication les voies publiques ouvertes dans les quartiers de Chaillot et des Invalides ; il a 20 mètres de largeur entre les parapets, dont 12 mètres pour la chaussée et 8 mètres pour les deux trottoirs ; il est composé de trois arches en maçonnerie de forme elliptique ; celles de rive ont $38^m,50$ d'ouverture et $7^m,50$ de flèche ; celle du milieu a 43 mètres d'ouverture et $8^m,20$ de flèche ; ces arches ont $1^m,50$ d'épaisseur à la clef ; les piles ont 5 mètres de largeur, elles sont fondées sur pieux. Les culées ont 8 mètres d'épaisseur ; celle de rive gauche est fondée sur le sol naturel à $0^m,30$ en contre-bas de l'étiage ; celle de rive droite est fondée sur pieux. Les têtes sont en pierres de taille ; la douelle est en meulière smillée ; les maçonneries sont hourdées en mortier de ciment romain.

Les travaux ont été commencés le 8 novembre 1854 ; le pont a été définitivement livré à la circulation le 2 avril 1856. La dépense, y compris les raccordements des quais aux abords, s'est élevée à la somme de $2.075.759^f,98$; elle a été partagée par moitié entre la ville de Paris et l'État.

Les ingénieurs qui ont fait exécuter les travaux sont : M. Michal, ingénieur en chef des ponts et chaussées, directeur, M. de Lagallisserie, ingénieur en chef des ponts et chaussées, et M. Darcel, ingénieur ordinaire des ponts et chaussées.

PONT-VIADUC D'AUTEUIL.

Le chemin de fer de Ceinture (rive gauche), établi en vertu d'un décret en date du 14 juin 1861, traverse la Seine à Auteuil sur un pont-viaduc en maçonnerie à deux étages, dont la description spéciale est donnée plus loin. (Voir septième section, *Chemins de fer.*)

NOTICE HISTORIQUE SUR LES PONTS DE PARIS.

Une notice historique sur les ponts de Paris, due à M. Féline-Romany, inspecteur général des ponts et chaussées, et extraite des *Annales des ponts et chaussées* (t. VIII, année 1864), est déposée à l'exposition du ministère de l'agriculture, du commerce et des travaux publics. Elle complète, avec plus de détails, les renseignements qui viennent d'être brièvement rappelés ci-dessus.

VIII

RECTIFICATION DE LA ROUTE IMPÉRIALE
N° 119
PAR LA GROTTE NATURELLE DE L'ARIZE OU DU MAS-D'AZIL
(DÉPARTEMENT DE L'ARIÉGE).

MINISTÈRE DE L'AGRICULTURE, DU COMMERCE ET DES TRAVAUX PUBLICS.

Un atlas composé de :
Deux feuilles de dessins.
Quatre vues photographiques.

Exposé préliminaire. — La vallée de l'Arize, affluent de la rive droite de la Garonne, présente, dans la partie où elle est suivie par la route impériale n° 119 de Carcassonne à Saint-Girons, et un peu en amont de la petite ville du Mas-d'Azil, un accident très-singulier. La route est entièrement barrée par un massif transversal, dans l'épaisseur duquel le cours d'eau passe souterrainement par une grotte naturelle de 400 mètres environ de longueur.

Cette grotte s'ouvre dans des bancs calcaires appartenant aux terrains crétacés supérieurs, et sa formation paraît due à un affaissement du sol, dont le maximum aurait eu lieu suivant une ligne voisine de l'axe du souterrain qui a été la conséquence de ce bouleversement. Il résulte de là que le massif formant barrage offre, à très-peu près au-dessus de la grotte, une dépression dite col du Baudet, qu'on avait mise à profit pour le passage de la route impériale n° 119 ; mais, en raison de l'élévation de ce col au-dessus du niveau de la vallée (72 mètres en aval et 43 mètres en amont), la route n'y accédait qu'au moyen de lacets et avec des déclivités de 0^m,10 par mètre vers l'aval, et 0^m,07 par mètre vers l'amont. Indépendamment de l'imperfection de son tracé, cette partie de la route avait été construite avec une largeur insuffisante, et il y avait ainsi à tous égards nécessité de procéder à sa rectification.

Dispositions générales. — Cette nécessité reconnue, il n'a pu subsister aucun doute sur la convenance d'utiliser la grotte naturelle de l'Arize pour le passage de la rectification.

La grotte de l'Arize ou du Mas-d'Azil s'ouvre en aval comme en amont dans des parois de rochers à peu près verticales. La tête d'aval forme une voûte surbaissée de 52 mètres d'ouverture et de 27 mètres de hauteur. La tête d'amont est une arche majestueuse de 48 mètres de hauteur sur 51 mètres de largeur. A partir de la tête d'aval, le plafond ou ciel de la grotte s'abaisse rapidement sur une longueur de 63 mètres ; ce plafond se maintient ensuite à son maximum d'abaissement sur 87 mètres de longueur, et au milieu de cette partie déprimée il est soutenu par un pilier isolé qui partage la grotte en deux ouvertures distinctes ; le ciel se relève ensuite très-promptement jusqu'à la hauteur de 30 mètres ; puis il monte en pente douce jusqu'au niveau supérieur de l'entrée d'amont de la grotte, formant ainsi une grande chambre de 250 mètres de longueur. Latéralement à cette chambre et sur la rive droite, s'étendent de vastes cavités qui pénètrent assez loin dans le massif où la grotte s'est formée, et qui ont reçu le nom significatif de chambres des chauves-souris.

Tracé, description. — Le point de départ de la rectification a été pris sur la rive droite de l'Arize, à 558 mètres en avant de la tête aval de la grotte ; dans sa partie souterraine, le tracé continue à se développer sur la rive droite du cours d'eau, et sa longueur est de 410 mètres ; entre la sortie de la grotte et son point extrème, la nouvelle route, qui franchit l'Arize au moyen d'un pont en anse de panier de 15 mètres d'ouverture, a une longueur de 732 mètres. Le développement total de la rectification est donc de 1.700 mètres. Entre les mêmes points extrèmes, la longueur de l'ancienne route était de 2.010 mètres. Il en résulte une diminution de parcours de 310 mètres.

Mais ce n'est pas là le seul avantage de la rectification, car d'une part, elle n'offre que des déclivités généralement faibles et dont une seule atteint $0^m,046$ par mètre sur 365 mètres seulement, et elle ne présente qu'une seule contre-pente de $1^m,37$ à la suite du nouveau pont, tandis que l'ancienne route, avec des déclivités atteignant $0^m,10$ par mètre, s'élevait inutilement de 29 mètres ; d'autre part, le nouveau tracé n'admet que des courbes à rayon suffisant et d'un parcours facile ; la vieille route offrait au contraire des tournants vicieux et même dangereux.

En dehors de la grotte, la route a été établie sur une largeur de 7 mètres, avec fossé du côté du déblai et banquette en terre du côté du remblai. Dans l'intérieur de la grotte, le profil transversal est composé d'une chaussée d'empierrement de 6 mètres de largeur entre trottoirs de $1^m,50$. avec parapet du côté de la rivière et murs de clôture fermant les anfractuosités et les ouvertures de cavernes du côté opposé.

Nature du sol ; système de constructions, de fondations ; matériaux. — En dehors de la partie souterraine, la construction de la route n'a rien offert de particulier et qui diffère de tous les travaux du même genre.

Dans la grotte, les travaux ont été conçus et exécutés avec la plus grande simplicité. Tout le long de l'Arize, et sauf à la rencontre du pilier isolé qui soutient la voûte vers l'aval, on a construit sur les enrochements naturels qui constituent le fond du lit, un mur de soutènement à pierres sèches parementé avec soin et surmonté d'un fort parapet maçonné en mortier, que couronne un chapeau arrondi en béton hydraulique. La route elle-même a été ouverte dans les éboulements qui constituaient la rive droite du cours d'eau ; on n'a eu qu'en un très-petit nombre de points à s'attaquer à la paroi même des roches, que recouvraient ces éboulements. Dans la partie déprimée de la grotte vers l'aval, il a été nécessaire d'en attaquer le ciel sur une épaisseur de 2 mètres et une longueur de 87 mètres, pour assurer au-dessus de la route un passage libre de 4^m,80 de hauteur. Ces déblais se sont faits à la mine ; leur exécution n'a rien présenté de particulier que les sujétions résultant de l'obscurité et de la difficulté de s'échafauder. A l'entrée amont de la grotte, le lit du cours d'eau a dû être déblayé d'un mètre environ afin de permettre d'abaisser d'autant le niveau de la route et de réduire la déclivité trop forte qu'elle eût présentée dans cette partie.

Tous les matériaux employés dans les travaux ont été extraits sur place et proviennent principalement des blocs qui encombraient le passage de la grotte et en rendaient la traversée excessivement difficile.

Enfin, les travaux ont été complétés par la construction de deux maisons de garde établies à l'entrée et à la sortie de la grotte, et destinées à loger deux cantonniers, chargés de veiller à la sécurité de la circulation et à l'éclairage de la partie basse et obscure de la grotte pendant le jour, et pendant la nuit de tout le passage souterrain.

Époque et durée des travaux. — Les travaux de la rectification proprement dite ont été entrepris à la fin de l'année 1857 ; ils ont été terminés dans le courant de l'année 1861.

La construction des maisons de garde a été effectuée en 1864 et 1865.

Dépenses. — Le montant des dépenses a été de 186.983 fr., savoir :

Rectification. . . .	Travaux adjugés.	132.000ᶠ	
	Travaux en régie.	28 000	
	Indemnités de terrains et dommages.	9.189	180.183ᶠ
	Frais de personnel.	10.994	
Maisons de garde.	Travaux en régie.	6.694	6.800ᶠ
	Indemnités de terrains.	106	

Résumé. — En résumé, avec une dépense de 110 fr. par mètre courant, on a obtenu un résultat aussi avantageux qu'économique et l'on a réalisé pour la route un tracé normal et régulier.

Les premiers projets comparatifs ont été rédigés en 1851 par M. Richey, ingénieur ordinaire des ponts et chaussées.

Les projets définitifs ont été rédigés en 1857 et 1860, par MM. Lessore, ingénieur en chef, et Gallaup, ingénieur ordinaire des ponts et chaussées.

L'exécution des travaux a été dirigée par les mêmes ingénieurs.

La surveillance des travaux a été confiée à M. le conducteur Lagoute.

Les travaux à l'entreprise ont été exécutés par M. Chantier, adjudicataire.

IX

CARTE DES ROUTES IMPÉRIALES

ET DÉPARTEMENTALES DE FRANCE,

INDIQUANT LE NOMBRE DES COLLIERS ATTELÉS QUI PARCOURENT
JOURNELLEMENT CHACUNE DES PARTIES DE CES ROUTES.

MINISTÈRE DE L'AGRICULTURE, DU COMMERCE ET DES TRAVAUX PUBLICS.

Une carte à l'échelle de $\frac{1}{500000}$.

L'administration des ponts et chaussées fait faire à des intervalles de temps réguliers le recensement des voitures circulant sur les voies de communication dont elle est chargée. Pour y parvenir, on partage les routes en sections d'une certaine étendue, dans chacune desquelles un observateur occupe une station déterminée et note le nombre de voitures et de chevaux attelés qui passent devant lui. Ces observations se répètent pendant vingt et une périodes de vingt-quatre heures, réparties dans le courant d'une année et choisies de manière à comprendre trois fois chaque jour de la semaine et à se partager également entre les diverses saisons.

Le dernier recensement a eu lieu du 30 novembre 1863 au 30 novembre 1864. Les résultats, exprimés par les nombres de colliers attelés circulant sur les diverses sections de routes, sont indiqués sur la carte.

La moyenne générale a été trouvée de deux cent trente-sept colliers, cinquante-quatre centièmes, tant à charge qu'à vide, pour les routes impériales, et de cent soixante-neuf colliers un centième pour les routes départementales.

Malgré l'achèvement d'un grand nombre de sections de chemins de fer, ce résultat, considéré dans son ensemble, diffère très-peu de celui qui avait été constaté lors du précédent recensement exécuté en 1856-1857.

DEUXIÈME SECTION

SERVICE HYDRAULIQUE. — RIVIÈRES.

I

RÉSERVOIR DU FURENS

(LOIRE).

MINISTÈRE DE L'AGRICULTURE, DU COMMERCE ET DES TRAVAUX PUBLICS.
ET VILLE DE SAINT-ÉTIENNE.

Sept modèles.

Système hydraulique du réservoir. — La ville de Saint-Étienne a fait établir une rigole souterraine qui va chercher aux sources du Furens les eaux nécessaires à son alimentation; en même temps elle a concouru à la dépense d'un réservoir, placé au-dessus du village de Rochetaillée, dont les travaux ont été exécutés par l'État. La part de l'État a été fixée à 570.000 fr.; tout le surplus, soit environ un million de francs est resté à la charge de la ville: en échange de ce concours, celle-ci a obtenu le droit de se servir du réservoir afin d'y emmagasiner les eaux excédantes du Furens et de les utiliser en partie pour sa propre consommation, et pour le lavage de ses égouts; et en partie pour augmenter le débit d'étiage du Furens et améliorer ainsi la position des usines de ce cours d'eau.

Le Furens, avant l'ouverture des travaux, suivait le thalweg de la vallée. Un barrage de 50 mètres de hauteur a été construit au point le plus étroit de cette vallée pour former le réservoir décrit dans la présente notice. En même temps, on a ouvert un canal de dérivation où coule aujourd'hui la rivière.

Le réservoir fonctionne de la manière suivante : le niveau auquel la ville de Saint-Étienne peut retenir ses eaux est fixé à 44^m,50 au-dessus du fond devant le barrage; depuis ce niveau jusqu'au maximum de retenue, il y a une hauteur de 5^m,50 sur laquelle le réservoir doit toujours rester vide pour emmagasiner la partie dommageable des crues qui peuvent inonder Saint-Étienne. La crue passée, on vide ces eaux emmagasinées par un souterrain dans le lit inférieur du Furens. Toutes les eaux jusqu'à la hauteur de 44^m,50 au-dessus du fond sont réservées pour l'alimentation de Saint-Étienne et des usines. Afin de les conduire à leur destination, un second souterrain plus bas que le premier est creusé dans le contre-fort contre lequel s'appuie le barrage; dans ce souterrain, bouché à son extrémité du côté du réservoir par une maçonnerie, il y a deux tuyaux en fonte de 0^m,40 de diamètre chacun, traversant cette maçonnerie. Ils reçoivent librement à leur extrémité d'amont les eaux du réservoir et les conduisent dans un puisard au moyen de robinets d'un débit déterminé; l'eau arrivée dans le puisard est affectée au double service des usines et de la ville : à cet effet, un premier canal à ciel ou-

vert, muni à son origine d'une vanne modératrice, permet
de jeter dans le lit du Furens la quantité d'eau de réserve
que l'on veut y amener; un second canal souterrain, muni
également d'une vanne régulatrice, permet d'amener ces
eaux de réserve dans la conduite des eaux de Saint-
Étienne, soit en les y faisant tomber directement par un robinet, soit en les emmagasinant dans un petit réservoir qui
communique lui-même avec la conduite au moyen d'un
tuyau.

En été, l'arrosage des rues et le lavage des égouts doivent
se faire au moyen des ressources du réservoir, les eaux de
sources amenées par l'aqueduc à Saint-Étienne ne suffisant
pas pour assurer ce service. On établit alors la communication de la conduite avec le réservoir par le second des
canaux mentionnés tout à l'heure. S'agit-il d'augmenter
le débit de la rivière dans cette même saison d'été, où les
usines du Furens ont tous les ans d'importants chômages
à subir, on établit en même temps la communication entre
le réservoir et le Furens par le premier canal. L'aqueduc
qui va prendre les eaux du Furens à leurs sources est partout ainsi indépendant du réservoir, avec lequel il ne communique absolument que par le second canal.

Fonctions des prises d'eau de tête. — Les ventelleries placées en tête du canal d'alimentation du réservoir et du
canal de dérivation, qui sert actuellement de lit au Furens,
fonctionnent de la manière suivante.

Dans les grandes crues, lorsque le débit du Furens atteint
93 mètres cubes par seconde, ce qui correspond à 2 mètres
de hauteur à l'échelle d'observation placée en amont des
vannes, la ville de Saint-Étienne commence à être inondée.
Si l'on suppose que la crue arrive, le réservoir étant plein
jusqu'à la hauteur de 44^m,50 de la retenue permanente à

l'usage de la ville, cas le plus défavorable; voici comment on manœuvrera : la ventellerie du canal d'alimentation restera fermée, et la ventellerie du canal de dérivation ouverte, tant que les eaux ne s'élèveront pas au-dessus de cette hauteur de 2 mètres à l'échelle. Toutes les eaux s'écouleront ainsi par le canal de dérivation qui les ramène dans le Furens au-dessous du réservoir.

Dès que les eaux tendront à s'élever à l'échelle au-dessus de 2 mètres, c'est-à-dire, entreront dans la période dommageable de la crue, la ventellerie du réservoir s'ouvrira et se manœuvrera de manière à maintenir la hauteur d'eau de $2^m,00$ à l'échelle ; cela est toujours facile à obtenir, car cette ventellerie est construite de manière à pouvoir débiter la différence 38 mètres cubes (1) entre le débit maximum, 131 mètres cubes par seconde, de la plus grande crue connue et 93 mètres cubes, débit où la crue commence à être dommageable pour Saint-Étienne. La partie dommageable de la crue sera ainsi reçue dans le réservoir, où elle s'emmagasinera dans le vide de $5^m,50$ de hauteur réservé au-dessus de la ligne du niveau permanent qui limite l'usage que la ville de Saint-Étienne est, aux termes de ses conventions avec l'État, en droit d'exercer sur le réservoir.

Il faut dire maintenant comment on manœuvre les ventelleries d'amont pour l'alimentation de cette réserve permanente du réservoir, en le supposant vide comme il arrivera à la fin de chaque été.

On doit assurer d'abord le jeu régulier des usines dans les conditions où elles se trouvaient avant la construction du

---

(1) Chacune des ventelleries a été établie pour débiter 100 mètres cubes par seconde, et c'est aussi sur ce débit qu'ont été établies la pente et la section du canal de dérivation.

réservoir; pour cela, un débit de 350 litres par seconde
est nécessaire. On a marqué sur l'échelle la hauteur d'eau
correspondant à ce débit; tant que le niveau de l'eau
restera dans le lit du Furens au-dessous de cette hauteur,
la ventellerie du réservoir devra évidemment rester entièrement fermée, toute l'eau devant passer par la ventellerie de la dérivation pour arriver aux usines situées en
aval du réservoir. Mais dès qu'il la dépassera, cette ventellerie devra être manœuvrée de manière à maintenir cette
hauteur, et alors toute la partie du débit qui excédera
350 litres par seconde ira s'emmagasiner dans le réservoir
par son canal d'alimentation. Si l'état du cours d'eau qui a
produit cette petite crue tend à se réduire, on fermera progressivement la ventellerie du réservoir de manière qu'elle
soit entièrement fermée lorsque le débit s'abaissera à
350 litres ou au-dessous.

Il est facile de voir qu'en opérant ainsi, on ne prend au
Furens que les excédants non utilisables pour les usines.
Lorsque le cours d'eau débitera plus de 350 litres par
seconde, on emmagasinera le surplus inutile pour les usines
et qui doit leur être rendu en partie en été par le jeu du
canal inférieur. On comprend immédiatement tous les avantages que les usiniers tireront de cette combinaison.

Débit du Furens. Capacités du réservoir. — L'étiage du
Furens s'abaisse à 100 et même 80 litres par seconde dans
les années très-sèches; d'après les jaugeages journaliers
exécutés depuis huit ans à la prise d'eau du réservoir, le
module ou débit moyen par seconde réparti sur l'année
entière serait de 500 litres par seconde. La superficie de la
partie du bassin du Furens, située en amont du réservoir
qui fournit ce débit, est de 2.500 hectares, et la hauteur
moyenne d'eau qui y tombe par an est de 1^m,00.

Le débit des plus grandes crues, depuis dix ans, n'a pas dépassé 15 mètres cubes par seconde ; mais le 10 juillet 1849, une trombe ayant éclaté dans la partie supérieure de la vallée, il en est résulté un débit anormal qui a inondé la ville de Saint-Étienne. C'est ce débit qu'il s'agissait de déterminer approximativement pour fixer la capacité du réservoir destiné à emmagasiner la partie dommageable de cette crue unique et hors de proportion avec ce que l'on avait observé jusque-là.

Il résulte des études auxquelles on s'est livré à cette occasion, que l'inondation de la ville de Saint-Étienne commence lorsque le débit atteint 93 mètres cubes par seconde et que le maximum de ce débit a été de 131 mètres cubes. On en a conclu que la tranche supérieure du réservoir, destinée à rester vide pour attendre une crue, doit avoir une capacité de 200,000 mètres cubes.

On a vu plus haut que la tranche en question était comprise entre les plans horizontaux situés à 50 et à $44^m,50$ au-dessus du fond du réservoir près du barrage et avait par conséquent $5^m,50$ de hauteur. Or il résulte d'un lever très-exact par courbes horizontales du réservoir du Furens, fait depuis l'exécution des travaux, que la capacité correspondant à ce niveau de la retenue permanente, soit à la hauteur $44^m,50$ au-dessus du fond, est de 1.200.000 mètres cubes et que la capacité correspondant à la hauteur de 50 mètres est de 1.600.000 mètres cubes. Il en résulte que la tranche de $5^m,50$ de hauteur, destinée au service des inondations, a une capacité de 400.000 mètres cubes, c'est-à-dire, le double de celle qu'il faudrait pour emmagasiner la partie dommageable de la trombe qui a éclaté en 1849 dans la partie supérieure du Furens. Une crue comme celle de 1849 ne donnerait dans la tranche de réserve

qu'une hauteur de $3^m,00$ correspondant à un cube de
200,000 mètres et à la hauteur de $47^m,50$ au-dessus du fond
d'amont. On voit donc que les choses ont été disposées de
manière à éviter toute espèce de mécompte.

Il résulte des calculs de jaugeages faits depuis huit ans
et de l'expérience des années 1865 et 1866 sur le réservoir même, que la réserve permanente de 1.200.000 mètres cubes se renouvellera deux fois par an, en automne
et au printemps. Le cube à prélever pour le service supplémentaire de la ville de Saint-Étienne ne peut en aucun cas
dépasser 600.000 mètres cubes par an, de sorte qu'il restera à répartir pour les usines entre les chômages d'été et
d'hiver un cube de 1.800.000 mètres; cela ferait un excédant moyen de débit de 120 litres par seconde sur le
débit du Furens pendant six mois de l'année. On voit par
ce chiffre combien l'amélioration apportée à ces usines par
la construction du réservoir sera grande.

Le nombre des usines qui profiteront du nouveau régime
est de soixante-huit.

Disposition du barrage. — Le barrage est établi en courbe
en plan. Le profil a été déterminé, à peu de modifications
près, conformément au type d'égale résistance calculé par
M. l'ingénieur ordinaire Delocre dans un mémoire adressé
aux *Annales des ponts et chaussées*. Un rapport de M. l'ingénieur en chef Graeff a été joint à ce mémoire pour
expliquer en détail les dispositions adoptées dans la construction du barrage du Furens et comparer son profil à
ceux de divers barrages déjà exécutés (1). Il suffit de dire
ici qu'avec le profil adopté, la pression maxima par cen-

---

(1) La commission des Annales a décidé, le 4 juillet 1866, que ces deux
mémoires seraient prochainement insérés.

timètre carré ne dépasse pas 6 kilogrammes dans le barrage du Furens.

Le barrage est entièrement en maçonnerie ordinaire et sans assises réglées, excepté le couronnement qui est en pierres de taille. Il est fondé sur le roc et encastré par sa base et ses côtés, condition indispensable de réussite pour un ouvrage soumis à la pression d'une colonne d'eau de 50 mètres de hauteur.

La mise en eau du réservoir a d'ailleurs bien réussi, et ses bons résultats ont prouvé pratiquement la supériorité du profil théorique employé pour la première fois dans sa construction. Commencé en 1862, le barrage a été terminé en 1866.

Il reste maintenant à indiquer les modèles qui représentent les divers travaux du réservoir.

Le modèle nᵒ 1 représente le plan en relief du réservoir du Furens;

Le modèle nᵒ 2 montre la prise d'eau d'amont;

Le modèle nᵒ 3 représente le barrage;

Le modèle nᵒ 4 donne les dispositions de la tête d'amont du tunnel inférieur;

Le modèle nᵒ 5 indique les dispositions de la tête d'aval du même tunnel;

Le modèle nᵒ 6 donne le dessin de la tête d'amont du tunnel supérieur avec l'indication de la chambre de manœuvre de la vanne qui ferme cette tête, et du système de clapets manœuvrés par la torsion de tiges placées suivant le talus, qui sont destinés à boucher brusquement les orifices de réception des tuyaux du tunnel inférieur en cas d'accident dans la double conduite placée dans ce tunnel;

Enfin, le modèle nᵒ 7 figure les dispositions de la tête d'aval du tunnel supérieur.

Les études et les travaux du réservoir du Furens ont été dirigés par M. Graeff, ingénieur en chef: trois ingénieurs ordinaires y ont pris part avec lui: MM. Conte-Grandchamp, Delocre et Montgolfier. M. Conte-Grandchamp avait dressé l'avant-projet du réservoir du Furens, M. Delocre avait étudié le profil théorique; M. Graeff en a dressé le projet définitif, et M. Montgolfier a eu à faire exécuter tous les travaux, excepté la prise d'eau. Trois conducteurs se sont distingués dans la conduite des travaux: MM. Falkowski, Odin aîné et Duplay. Les entrepreneurs qui ont construit le barrage sont MM. Chomier et Moustier.

TRAVAUX D'ASSAINISSEMENT

ET DE MISE EN VALEUR DES LANDES DE LA GIRONDE.

MINISTÈRE DE L'AGRICULTURE, DU COMMERCE ET DES TRAVAUX PUBLICS.

Un dessin.

Exposé préliminaire. — Toute l'étendue de terrains connue sous le nom général de *landes*, qui se trouve comprise entre la mer et les vallées de la Garonne et de l'Adour, présente une superficie d'environ 8.000 kilomètres carrés, dont la presque totalité, il y a seize ans, était encore inculte et inhabitée. On n'y trouvait de loin en loin que quelques chaumières isolées et quelques bouquets de pin, inaccessibles l'hiver par suite de l'inondation des terrains environnants.

Depuis longtemps de nombreux essais avaient été faits pour la mise en culture de cet immense désert, mais ils avaient tous échoué devant l'insalubrité du pays et la stérilité du sol.

En 1849, à la suite de plusieurs années d'étude du pays, il fut constaté qu'on pourrait assainir toute cette vaste étendue de terrains marécageux par des travaux fort simples, d'une dépense très-minime eu égard à la grandeur des résultats à obtenir, et que cet assainissement aurait pour effet de donner à ces terrains, jusque-là si stériles, une fertilité extraordinaire, qui permettrait de les mettre de suite en culture forestière, moyennant une très-faible dépense.

Les premiers résultats obtenus par des essais pratiques furent reconnus si concluants, qu'une loi fut rendue le 19 juin 1857, pour prescrire l'application de ces travaux d'assainissement et de mise en valeur, à toutes les landes communales des deux départements de la Gironde et des Landes, qui forment la plus notable portion des landes incultes et malsaines.

Ce sont les travaux exécutés en vertu de cette loi, dans le département de la Gironde, qui se trouvent indiqués dans le plan exposé.

Dispositions générales, objet et utilité des travaux. — Les landes constituent un vaste plateau presque entièrement horizontal, composé d'un sol maigre et sablonneux, sans aucune trace d'argile ou de calcaire, d'une épaisseur de $0^m,60$ environ, reposant sur un sous-sol imperméable.

Il n'existe sur le plateau aucune source, aucune trace d'eau à la surface pendant l'été; mais en hiver, au contraire, les eaux pluviales, si abondantes sur ces côtes de l'Océan, s'abattent pendant plus de six mois sur le plateau, et n'y trouvent ni écoulement intérieur, ni écoulement superficiel; elles y restent stagnantes jusqu'à ce qu'elles aient été évaporées par les chaleurs de l'été. Ainsi, l'inondation permanente l'hiver, la sécheresse absolue d'un sable brûlant l'été, tels sont les caractères principaux du terrain.

Qu'on se figure maintenant l'effet de ce passage continuel d'une inondation de six mois à une longue sécheresse

et on aura l'idée de la stérilité du sol pour toute culture,
et de son insalubrité pour les animaux et les malheureux
habitants ; on comprendra quels mécomptes devaient accompagner tous les essais tentés avant qu'on eût pensé à y
faire disparaitre ces deux causes si nuisibles à tout développement agricole.

Description des travaux. — Les travaux d'assainissemen
et de mise en valeur exécutés par les ingénieurs se sont
étendus dans la Gironde sur 49 communes et comprennent une superficie totale de 106.616 hectares.

Une surface plus considérable a été assainie et ense-
mencée par les propriétaires.

Les travaux exécutés par l'administration pour les landes communales, comprennent une longueur de voies
d'écoulement de 925 kilomètres sur lesquels se trouvent
635 kilomètres de canaux neufs et 290 kilomètres de cours
d'eau améliorés et élargis.

Les canaux, tracés suivant la ligne de plus grande pente
du plateau, ont une largeur moyenne de 5 à 6 mètres au
plafond et une pente de $0^m,002$ à $0^m,001$ par mètre.

Pour la partie des landes qui se trouvent sur le versant
de l'Océan et dont les eaux sont arrêtées par la chaîne de
dunes qui longe le littoral, sur une longueur non interrompue de 100 kilomètres, il a été nécessaire d'ouvrir un
vaste collecteur de 12 mètres de largeur au plafond, reliant
les différents étangs et desséchant tous les marais situés
au pied de ce versant, tout en assurant l'écoulement de
toutes les eaux du versant.

La totalité des dunes de la Gironde ayant été entièrement fixée depuis 1863 et se trouvant couverte aujour-
d'hui d'une belle végétation forestière, on a pu ouvrir ces
canaux sans craindre leur ensablement par la marche des

dunes. Ils fonctionnent aujourd'hui et débitent en moyenne 10 mètres d'eau par seconde.

Époque et durée des travaux. — Les travaux d'assainissement des landes communales de la Gironde ont été commencés en 1858 et terminés en 1865.

Les travaux d'ensemencement de 106.616 hectares à mettre en valeur, commencés également en 1858, ne doivent être terminés que cette année. Ils sont aujourd'hui exécutés sur les 11/12 de la surface totale.

Dépenses et résultats. — Le montant total des dépenses pour les travaux d'assainissement des landes communales de la Gironde ne s'élève qu'à 700.000 fr., ce qui fait à peu près 7 fr. par hectare.

Les travaux d'ensemencement n'ont pas dépassé jusqu'ici 8 fr. par hectare, soit pour les 106.616 hectares 852.928 fr.

Ce qui fait un total de 1.552.928 fr.

Il n'a été rien demandé sur cette somme ni à l'État ni au département. Les communes ont couvert elles-mêmes la totalité de la dépense avec le produit de la vente d'une très-faible partie de leurs landes communales assainies.

Dans le rapport à l'appui du projet de loi de 1857, en vertu duquel ont été exécutés ces travaux, on avait évalué à 33 fr. le revenu d'un hectare de landes assainies et ensemencées à 25 ans.

Les exploitations qui ont eu lieu dans ces dernières années ont prouvé que ce chiffre était toujours dépassé et que souvent il était même doublé ; en admettant seulement ce chiffre minimum de 33 fr., cela donnera un revenu d'au moins 3.518.000 fr. qui ira toujours en augmentant à partir de 25 ans, pour une dépense totale de 1.552.928 fr., faite sur un terrain précédemment sans valeur.

Les résultats hygiéniques qu'il était également indispensable de réaliser pour assurer l'exploitation du pays n'ont pas été moins grands.

Une enquête officielle faite en 1865 a établi que les fièvres qui ravageaient précédemment les landes avaient disparu et que l'état sanitaire y était aujourd'hui aussi satisfaisant que dans les pays les plus sains de France.

Cette enquête a constaté encore que depuis l'ouverture des canaux d'assainissement, l'augmentation du nombre des naissances sur celui des décès, avait suivi une progression croissante régulière, et qu'en 1865, elle était de 44 p. 100 en faveur des naissances.

Les travaux d'assainissement et de mise en valeur des landes de la Gironde ont été commencés sous la direction de MM. Malaure, ingénieur en chef, et Chambrelent, ingénieur ordinaire, et terminés sous la direction de MM. Chambrelent, ingénieur en chef, et Lemoine, ingénieur ordinaire. Ils ont été surveillés par M. Courret, conducteur des ponts et chaussées.

III

ÉCHELLE A SAUMONS

SUR LA RIVIÈRE DE VIENNE, A CHATELLERAULT.

—

MINISTÈRE DE L'AGRICULTURE, DU COMMERCE ET DES TRAVAUX PUBLICS.

Modèle réduit à 0ᵐ,04 pour un mètre.

Emplacement et dispositions générales. — L'échelle est construite à 25 mètres de la berge droite de la rivière, dans le barrage en maçonnerie de la manufacture impériale d'armes de Châtellerault.

Ce barrage, dont la crête est à 2ᵐ,50 au-dessus de l'étiage d'aval, est perpendiculaire à l'axe de la Vienne; il a 112 mètres de longueur entre les rives; l'épaisseur au couronnement est de 4ᵐ,50 et le mur de chute est vertical sur toute sa hauteur.

Le système adopté pour l'échelle est celui à gradins et compartiments successifs, avec ouvertures contrariées. L'ouvrage est en maçonnerie et se compose d'un radier, de deux bajoyers verticaux parallèles à l'axe, de deux murs de tête faisant suite, en amont, à ces bajoyers et se recourbant l'un vers l'autre en forme d'avant-bec, d'un mur de

pied en retour d'équerre sur les bajoyers, et de six échelons parallèles au mur de pied. La longueur totale, depuis
l'orifice de prise d'eau entre les deux murs de tête, jusqu'à
celui de sortie dans le mur de pied, est de 19 mètres ; la
largeur hors d'œuvre est de 5 mètres.

L'axe de l'échelle est perpendiculaire à la direction du
barrage.

Utilité de l'échelle. — Les poissons voyageurs qui, chaque
année, remontent de la mer dans la Loire, et de là dans
la Vienne, pour frayer vers les sources et dans les affluents
de cette rivière aux eaux vives et pures. se trouvaient
brusquement arrêtés par le barrage de la manufacture
d'armes. C'était un spectacle curieux que celui des efforts
faits par les saumons pour sauter dans le bief supérieur :
on les voyait s'élever, d'un coup, à 1 mètre, 1^m,50. et
quelquefois davantage au-dessus de l'eau, puis retomber
à demi-brisés, autant par la dépense de force musculaire
que par la hauteur de leur chute. Il était extrèmement
rare. si ce n'est au moment d'une crue, que le poisson
pût franchir la crête du barrage. Aussi, depuis sa construction, c'est-à-dire depuis plus de quarante ans. le saumon,
très-abondant dans la Vienne en aval de Châtellerault,
avait disparu en amont, au grand détriment des popu-
lations riveraines.

Le barrage était bien d'ailleurs le principal ou, pour
mieux dire. le seul obstacle à la remonte, puisque aucun
des ouvrages analogues servant aux usines, dans le surplus
du cours de la rivière, n'a une hauteur infranchissable pour
les poissons voyageurs. La solution du problème à résoudre
pour faciliter la remonte était donc naturellement indiquée ;
et. lorsque le décret du 29 avril 1862 eut confié aux ingénieurs des Ponts et Chaussées le service de la pêche, un

projet d'échelle à construire dans le barrage de Châtellerault fut de suite mis à l'étude.

Résultats obtenus. — A peine l'échelle était-elle terminée, qu'à la première remonte les saumons en franchissaient les gradins ; on en prenait d'une taille considérable dans un filet d'expérience tendu à l'orifice d'amont ; on en constatait la présence, non-seulement dans le bief de la manufacture, mais encore en divers points du cours supérieur de la rivière et même au-dessus de Limoges. Une fois frayé le passage de l'échelle a été, depuis lors, fréquenté par un nombre toujours croissant de poissons voyageurs, saumons, aloses, lamproies ; en sorte que le repeuplement de la Vienne, dans toute sa partie en amont de Châtellerault, semble désormais assuré.

Ce succès paraît devoir être attribué à certaines dispositions d'emplacement et de construction prises à l'échelle de Châtellerault.

Ainsi, au lieu de l'établir à l'extrémité du barrage, en l'accolant à la berge même, dans un endroit peu profond, on a eu soin de la placer à 25 mètres de distance du bord, en pleine rivière, et d'en faire déboucher l'orifice d'aval dans un courant rapide, où la profondeur de l'eau est de 3 mètres et plus. On a en effet observé que le saumon, lorsqu'il cherche à remonter, se tient de préférence éloigné des berges ; on le voit sauter constamment dans les parties centrales de la rivière, soit parce que l'eau y est plus profonde, soit parce qu'il se sent plus en sûreté loin des bords.

En second lieu, on a compris la nécessité d'assurer, surtout en étiage, dans toute l'étendue du radier de l'échelle, une épaisseur d'eau assez grande pour permettre aux gros poissons une natation et une locomotion faciles, au passage d'un compartiment à un autre et dans chaque compartiment lui-même. C'est à quoi on est parvenu en distribuant la pente du radier et en disposant les orifices comme on le voit sur le modèle.

Chaque échelon a 0^m,50 d'épaisseur et de hauteur au-dessus du radier d'amont.

On a donné à l'orifice de prise d'eau une largeur de 0^m,40, tandis que celle de tous les autres orifices inférieurs n'est que de 0^m,30 seulement ; différence qui a pour but d'obtenir, sur les divers points du radier, un tirant d'eau déterminé. Ces orifices sont à ciel ouvert et ménagés, auprès des bajoyers, alternativement à l'extrémité de chaque échelon et du mur de pied, de manière à se contrarier ; les seuils sont dans le prolongement du radier supérieur, celui de sortie est au niveau de l'étiage d'aval.

Les extrémités des murs de tête et de pied, ainsi que ceux de chaque échelon, au droit des orifices, sont arrondies en musoir, pour diminuer la contraction et la vitesse de l'eau et pour faciliter le passage des poissons.

Des rainures verticales, pratiquées dans les joues de l'orifice de prise d'eau, permettent l'introduction d'une ventelle en bois de 0^m,24 de hauteur, au moment des sécheresses, lorsque la manufacture d'armes, afin d'augmenter sa force motrice, installe, sur la crête du barrage, des hausses mobiles de pareille hauteur.

Débit et fonctionnement de l'échelle. — En étiage, c'est-à-dire pour une charge de 0^m,30 sur le seuil de prise d'eau, le volume débité est d'environ 140 litres par seconde ; alors, dans chaque compartiment, la profondeur est de 0^m,37 contre le parement amont de l'échelon inférieur, et de 0^m,31 en aval de la chute précédente, dont le seuil se trouve noyé d'environ 0^m,07, tandis que, dans la traversée de l'orifice correspondant, l'épaisseur de la lame déversée n'est pas moindre que 0ᵐ,25 à 0ᵐ,30. Ces épaisseurs d'eau suffisent pour la remonte des poissons même de forte taille.

A mesure que le niveau s'élève dans le bief, il s'élève aussi dans l'intérieur de l'échelle; et les eaux moyennes, surmontant le couronnement de tous les échelons, s'écoulent, de chaque compartiment dans celui inférieur, comme sur une série de déversoirs successifs.

En tout état de choses, il existe, à l'orifice de sortie, une cascade suivie d'un courant rapide. Guidé par son instinct et attiré par le bruit de l'eau, le poisson s'y engage. Une fois qu'il a pénétré dans le dernier compartiment de l'échelle, il passe, sans hésitation et avec une rapidité extraordinaire, successivement dans tous les autres compartiments supérieurs, et parvient finalement dans le bief d'amont.

La vitesse moyenne de l'eau au passage des orifices de sortie et de distribution est, en étiage, d'environ 1ᵐ,70 ; dans les eaux plus abondantes, par exemple, quand la lame d'eau surmonte de 0ᵐ,10 le couronnement des échelons, cas auquel correspond un débit de 460 litres par seconde, la vitesse est d'environ 2ᵐ,50 à chaque orifice de distribution, et de 2ᵐ,80 à la sortie. Quelque considérable que paraisse la résistance que ces vitesses opposent aux poissons, elle est encore notablement moindre que celles qu'ils ont à vaincre quand ils remontent les rapides des rivières et certaines chutes de barrages.

Époque et durée des travaux. — Le projet a été approuvé par M. le ministre de l'agriculture, du commerce et des travaux publics, le 13 février 1863.

Les travaux, commencés vers la fin de juillet 1864, ont été terminés au mois d'octobre de la même année.

Depuis lors, sauf une légère dégradation du couronnement d'un échelon, causée par la grande crue de novembre 1864 et promptement réparée, il ne s'est manifesté dans l'échelle aucune avarie.

Dépenses. — Le montant total des dépenses a été de 7,217 fr. 77 c.

Le projet a été étudié et dressé par M. Férand, ingénieur en chef des ponts et chaussées ; les travaux ont été exécutés sous sa direction, par M. Parlier, ingénieur ordinaire.

TROISIÈME SECTION

NAVIGATION INTÉRIEURE. — RIVIÈRES.

I

BARRAGE DE MARTOT
SUR LA SEINE (DÉPARTEMENT DE LA SEINE-INFÉRIEURE).

—

MINISTÈRE DE L'AGRICULTURE, DU COMMERCE ET DES TRAVAUX PUBLICS.

—

Un modèle à l'échelle de 0^m,10.

Disposition générale. — Les travaux de la retenue de
Martot ont été exécutés pendant les années 1863, 1864,
1865 et 1866, pour remédier à l'insuffisance du tirant d'eau
sur le busc d'aval de l'écluse de Poses, et sur toute la
partie de la Seine qui s'étend de la borne kilométrique 202
à la borne kilométrique 217. Ils se composent des ouvrages
suivants :

1° Une écluse placée sur la rive droite de 110 mètres
de longueur totale comprenant une longueur utile de sas
de 105 mètres, et de 12 mètres de largeur libre ;

2° Un barrage accolé à l'écluse, de 61^m,50 d'ouverture
libre entre les deux culées, relié au pointis d'aval de l'île

Geoffroy par une digue en maçonnerie arasée au niveau de
la retenue;

3° Un déversoir en maçonnerie surmonté de hausses
automobiles du système de M. l'ingénieur en chef Chanoine, construites en fer et tôle, présentant une ouverture
libre de 70^m,50 entre les culées, et ayant un seuil
arasé à 0^m,90 en contre-bas de la retenue. Les hausses
relevées sont arasées à 0^m,15 en contre-bas de ce même
niveau.

Cet ouvrage relie le pointis d'amont de l'île Geoffroy
avec le pointis d'aval de l'île au Moine;

4° Un grand barrage, dit barrage de Martot, reliant le
pointis d'aval de l'île au Moine avec la rive gauche de la
Seine, et composé de trois passes d'égale ouverture.

Chaque passe présente une ouverture libre de 54^m,60.

L'ensemble de ces ouvrages établit une retenue de
3 mètres à l'étiage.

Barrage de Martot. — *Dimensions générales.* — Le grand
barrage de Martot, de même que le barrage accolé à l'écluse,
est construit dans le système de M. l'inspecteur général
Poirée; c'est un barrage à fermettes mobiles.

Il se compose de deux culées de rives de 6 mètres de
largeur sur 8 mètres de longueur prise dans le sens du
courant de la rivière; de deux piles en rivière de 4^m,10
de largeur sur 8 mètres de longueur, et, comme il a été
dit plus haut, de trois passes de 54^m,60 d'ouverture libre
chacune; ce qui donne pour le barrage tout entier une
longueur de 163 mètres entre les parements intérieurs des
culées, ou 175 mètres entre les talus du fleuve au niveau
de la retenue.

Radier. — Le radier est entièrement en maçonnerie, et
contenu dans un encoffrement de pieux et palplanches re-

cepés et moisés au niveau du seuil, lequel est placé lui-même au niveau du plus bas étiage.

Les deux files de pieux et palplanches battues perpendiculairement au cours de la rivière sont séparées de 10 mètres d'axe en axe. L'épaisseur du radier est en moyenne de $2^m,50$, dimension prise du dessus du seuil à la face inférieure du béton.

Ce radier se compose : d'un massif de béton fait en mortier de chaux hydraulique naturelle et cailloux siliceux;

De maçonnerie de moellons bruts avec mortier de ciment de Portland ou Vassy, faisant arasement au-dessus du béton pour recevoir toutes les maçonneries d'appareil du radier.

L'appareil est formé :

Des pierres du seuil recevant les coussinets d'amont des fermettes et la plaque de heurtoir;

De la plate-bande d'amont du seuil, prolongeant le refouillement nécessaire à l'appui du pied des aiguilles;

Des pierres de coussinets d'aval;

De la plate-bande d'aval.

Tout l'espace compris entre la plate-bande d'amont, et la file de pieux et palplanches d'amont, et entre la plate-bande d'aval, et la file de pieux et palplanches d'aval, est appareillé en meulière piquée.

L'espace compris entre les pierres de seuil et les pierres des coussinets d'aval, et qui forme le plancher de la chambre des fermettes, est rempli en meulière brute avec mortier de ciment, recouvert par un enduit en mortier de ciment de Portland.

Armature du radier. — Toutes les parties du radier sont rendues solidaires les unes des autres au moyen d'armatures en fer ainsi composées :

1° De grands boulons traversant de part en part le radier, d'amont en aval, réunissant deux cours de ventrières placées extérieurement aux files de pieux et palplanches, et passant sur le béton au-dessous de l'appareil en pierre de taille. Ces boulons sont espacés de 5 mètres en 5 mètres.

Indépendamment de ces grands boulons, toutes les parties de l'appareil sont reliées ensemble, et maintenues dans deux sens, l'un perpendiculaire à l'axe du radier, l'autre parallèle à cet axe, par des armatures ainsi composées :

Armature perpendiculaire au radier, parallèle au cours du fleuve. — Deux pièces de fer, dites bâtons de perroquet, terminées en pointe à la partie inférieure, filetées à la partie supérieure et munies dans leur hauteur de deux traverses ou échelons placés perpendiculairement l'un à l'autre, sont posées l'une à l'amont du seuil du barrage, l'autre à l'aval de la ligne des coussinets d'aval.

Le premier échelon est noyé dans le béton et scellé par de la maçonnerie de moellons avec mortier de ciment ; le second échelon est pris sous deux pierres de seuil contiguës l'une à l'autre et dans le joint desquelles s'élève la tige du bâton de perroquet.

Ces deux montants sont reliés ensemble, dans la partie du milieu, par une barre en fer carré terminée à chaque extrémité par un œil dans lequel passe la partie tournée du montant.

Ils sont en outre reliés chacun avec le cours de moises le plus voisin, l'un à l'amont, l'autre à l'aval, au moyen d'une autre pièce de fer carrée, terminée par un œil à l'extrémité qui vient rejoindre le montant, et ayant l'autre extrémité, celle qui traverse le cours de moises, tournée et filetée de manière à ce que le système puisse être tendu et

maintenu invariable à l'aide d'écrous placés extérieurement
aux moises, et serrant sur une plaque de tôle.

Toutes les pièces de l'armature sont placées dans le joint
des appareils de pierres de taille, et espacées de 5^m,30 en
3^m,30. Cet espace forme un ensemble régulier de trois fermettes, qui se reproduit sur toute la longueur du barrage,
sauf près des piles et culées ; sur ces points le premier système d'armature est distant du parement de la pile ou de
la culée de 2^m,70. Cet intervalle comprend deux fermettes.

*Armature parallèle à l'axe du radier perpendiculaire au
cours du fleuve.* — Tous les montants et bâtons de perroquet
sont encore reliés deux à deux, d'un système à l'autre des
armatures transversales, et tant à l'amont qu'à l'aval, par
des barres en fer carré portant un œil à chaque extrémité,
encastrées de toute leur épaisseur dans la pierre d'appareil,
et maintenues au moyen d'un écrou vissé sur l'extrémité
du montant du bâton de perroquet.

Les barres qui viennent rejoindre les piles ou culées sont
exceptionnellement munies à l'une de leurs extrémités
d'une queue de scellement au lieu d'un œil.

Fermeture mobile du barrage. — La fermeture mobile du
barrage est établie au moyen de fermettes en fer à T, espacées de 1^m,40 d'axe en axe, sauf les fermettes extrêmes
qui sont à 1^m,05 du parement des piles ou culées.

Les fermettes ont la forme d'un trapèze : leur hauteur est
de 3^m,35 ; leur largeur de 2^m,48 à la base et de 1^m,40 au
sommet. Le cadre en fer à T est consolidé par un bracon
à croix et deux entretoises horizontales également en fer
à croix ; le tout ajusté et relié par des plaques en tôle.

La base est terminée par deux tourillons retenus dans
deux coussinets en fonte de forme différente.

L'un, le coussinet d'amont, est encastré dans la pierre de seuil, et maintenu dans son encastrement par un boulon vertical reportant tout l'effort d'arrachement exercé sur le coussinet par la fermette, à la partie inférieure de la pierre de seuil.

L'autre, le coussinet d'aval, est maintenu sur le radier à l'aide de trois boulons scellés dans la pierre d'appareil.

Les fermettes tournent autour de leurs bases. Pour les tenir relevées et fixes, on réunit les têtes de deux fermettes par deux barres de fer, l'une appelée griffe d'amont, composée de deux plaques de fer rivées l'une à l'autre et taillées en biseau, appareillées symétriquement de manière à ne pas avoir de sens de pose, l'autre appelée griffe d'aval, en fer rond.

Les griffes d'aval ne servent qu'à relier les fermettes ensemble et avec les piles et culées.

Indépendamment de cet office, les griffes d'amont en ont un autre plus important. Elles servent de point d'appui aux aiguilles, et une notable partie de la pression due à la retenue agit sur ces organes qui la reportent sur les fermettes.

Les griffes sont fixées aux fermettes par un œil dans lequel pénètre un goujon placé sur la tête d'amont de chaque fermette. Pour que la pression considérable que les aiguilles exercent sur les griffes ne produise pas de cisaillement sur le goujon, les griffes portent en outre une petite saillie carrée, s'ajustant parfaitement, à une des extrémités, dans une pièce d'épaulement rivée sur la fermette même et à l'autre extrémité de la griffe, faisant saillie en dehors.

Comme les griffes se superposent par moitié de leur épaisseur, il y a à chaque fermette un de ces appendices butant contre l'épaulement destiné à le recevoir, l'autre faisant saillie au dehors. Le rôle de ce dernier est de présenter, pour les aiguilles, des arrêts espacés de 1^m,10, les empêchant de se renverser latéralement.

Aux extrémités de chaque passe, les dernières griffes saisissent les goujons d'un appareil appelé fausse-tête de fermette, scellée dans la maçonnerie de la pile ou de la culée.

Les aiguilles sont des pièces de sapin de 0^m,08 d'équarrissage, ayant 4 mètres de longueur. Une de leurs extrémités est tournée en forme de tête pour être plus facilement saisie et manœuvrée par les barragistes.

La circulation sur le barrage se fait au moyen de planches de passerelles de 3^m,30 de longueur, portant sur la face inférieure des taquets qui embrassent le fer à T des fermettes et les empêchent de glisser horizontalement. Elles sont en outre maintenues par de petits appareils en fer appelés griffes de passerelles qui empêchent tout mouvement vertical.

La passerelle se compose de trois planches de 0^m,30 de largeur chacune, ce qui donne une largeur totale d'au moins 0^m,90.

Dans ces conditions, la circulation et la manœuvre n'offrent aucun danger.

Perfectionnements. — Le grand barrage de Martot, bien que construit dans le système de M. l'inspecteur général Poirée, présente sur le système primitif d'importantes modifications qui ont permis de produire des retenues beaucoup plus fortes, et par conséquent d'en diminuer le nombre, ce qui est très-important sur des rivières ou des fleuves, où se fait, comme sur la Seine, une navigation à grande vitesse devant soutenir la concurrence d'un chemin de fer.

L'augmentation de la retenue exigeait une plus grande
solidité du radier, et surtout des points d'attache des fermettes.

Ce sont ces raisons déterminantes qui ont conduit M. l'ingénieur Emmery à étudier, avec le concours de M. le
conducteur principal Guillet, le système d'armature pour
le radier, et le nouveau mode de scellement des coussinets d'amont dont il a été parlé plus haut. Ces perfectionnements ont été expérimentés en 1857 au barrage de
Meulan et appliqués dans tout leur ensemble aux barrages
de la retenue de Martot.

Les autres perfectionnements introduits pendant l'exécution des travaux ne s'appliquent, sauf la modification du
système des portes d'écluse, qu'à des points de détail, tels
que :

La section du cadre des fermettes et l'agencement des
entretoises, qui a permis, à résistance égale, de réduire le
poids à 212 kil. malgré une augmentation de $0^m,05$ dans
la hauteur; l'élargissement de la passerelle de manœuvre.

Dépense. — La dépense totale des ouvrages de la retenue
de Martot s'élève à la somme de **2.729.327** fr., 60 c.

La dépense du grand barrage de Martot est de 708.800 fr.,
95 c. ainsi répartie :

Terrassements et dragage	$103.386^f,10$
Batardeaux	81.511 ,29
Radier et fondations	280.710 ,94
Piles, culées et charpente de la fermeture mobile	39.686 ,68
Armatures, fermettes et serrurerie	46.804 ,85
Ouvrages accessoires, perrés	23.528 ,30
Empierrement des abords	3.053 ,96
Régie	130.088 ,83

Ce qui donne, par mètre courant de barrage,
un chiffre de .... $4.050^f,30$

Le projet de la retenue de Martot et les travaux ont été
exécutés par MM. Beaulieu, ingénieur en chef de la troisième section de la navigation de la Seine, et Saint-Yves,
ingénieur ordinaire. M. le conducteur principal Guillet
a dirigé l'ensemble des chantiers. M. Dubos, conducteur
embrigadé, a conduit les travaux de l'écluse, du barrage
accolé, de la digue de l'île Geoffroy et du déversoir automobile de la Blanche-terre. M. Huet, conducteur embrigadé, a conduit les travaux du grand barrage de Martot.
Les entrepreneurs sont : M. C. Garnuchot, pour les maçonneries, M. Joly, pour la serrurerie.

II

BARRAGES A HAUSSES MOBILES

CONSTRUITS SUR LA SEINE EN AMONT DE PARIS.

—

MINISTÈRE DE L'AGRICULTURE, DU COMMERCE ET DES TRAVAUX PUBLICS.

Un modèle à l'échelle de 0^m,10.

Description sommaire. — Chacun des douze barrages exécutés entre Paris et Montereau comprend généralement dans son ensemble :

1° Une écluse submersible par les eaux moyennes ;

2° Une passe navigable munie de hausses mobiles ;

3° Un déversoir régulateur, muni de hausses automobiles ;

4° Une pile placée entre la passe et le déversoir ;

5° Un épaulement pour le déversoir, une maison éclusière et divers autres ouvrages accessoires.

L'écluse a 12 mètres de largeur au plafond et 202 mètres de longueur ; son sas utile a 12 mètres de largeur, 180 mètres de longueur et des talus perreyés, inclinés à 45° ; les deux buses sont au même niveau. les portes sont en charpente et disposées de manière que la chaîne de touage puisse les traverser.

La passe navigable a son seuil à 0^m,60 en contre-bas de l'étiage, elle a de 40^m.40 à 54^m.70 de longueur : par exception, celle du barrage de Melun a 65 mètres.

Elle est munie de 31 à 42 hausses en charpente de 3 mètres de hauteur et de 1^m,20 de largeur, laissant entre elles des vides de 0^m,10 que l'on peut étancher par des tringles.

La retenue affleure le sommet des hausses quand elles sont dressées ; elle procure 3 mètres de mouillage contre le seuil de la passe et au moins 1^m.70 sur le buse de l'écluse du barrage immédiatement supérieur.

Chaque hausse est montée sur un chevalet armé d'un arc-boutant, tous deux mobiles et qui, quand ils sont debout, forment un trépied solide dont le sommet porte la hausse. Chaque hausse a ainsi deux axes de rotation horizontaux, l'un au pied du chevalet, l'autre à la tête de ce même chevalet ; ce dernier est placé entre le tiers et la moitié de la hauteur de la hausse, de sorte qu'une lame d'eau correspondant à un débit d'un mètre au-dessus de l'étiage peut déverser par-dessus la hausse sans la faire basculer.

Lorsqu'on couche ou qu'on relève le barrage, on agit sur chaque hausse dont la charpente tourne, pendant ces opérations, en même temps, sur ses deux axes de rotation.

Le relèvement se fait au moyen d'un treuil placé dans un bateau spécial qui s'appuie successivement contre la pile et contre les hausses déjà dressées.

Pour l'abattage, on se sert de treuils verticaux scellés dans les deux épaulements et faisant mouvoir deux barres à talons tirant successivement et latéralement les arcs-boutants par le pied pour les écarter des heurtoirs.

L'ouverture d'une passe de 40 à 50 mètres se fait en quatre minutes, et il faut environ une heure pour la fermer.

Le déversoir se compose d'une partie fixe formant seuil
et radier, arasée à 0^m,50 au-dessus de l'étiage et portant
des hausses automobiles ; sa longueur est de 60^m,30 à
70^m,10 ; les hausses sont analogues à celles des passes navigables et au nombre de 43 à 50 par déversoir. Elles ont
1^m,95 de hauteur, 1^m,30 de largeur, et laissent entre elles
des vides de 0^m,10. Quand elles sont dressées, leur sommet
s'élève au même niveau que celui des hausses de la passe.
Leur axe supérieur de rotation est placé vers le tiers de
leur hauteur, de manière qu'une lame déversante de 0^m,10 à
0^m,15 les fasse tourner spontanément autour de cet axe,
où elles restent en bascule jusqu'à ce que le niveau de
la retenue se soit suffisamment abaissé pour provoquer
leur redressement spontané. On limite à volonté leur angle
de bascule au moyen d'une chaîne, parce que leur sensibilité pour le redressement spontané, quand la retenue baisse,
dépend de cet angle. Si, par exemple, on règle la longueur
de la chaîne de telle sorte qu'une hausse en bascule soit
inclinée à 45° sur l'horizon, celle-ci se redressera spontanément dès que le niveau de la retenue aura baissé de
0^m,15 au-dessous de son niveau normal fixé à 2^m,40 sur
l'étiage.

Les hausses des déversoirs ne se couchent qu'à l'époque
des hautes eaux ; les passes sont alors ouvertes, et ces hausses ne supportent qu'une faible charge, de sorte qu'au lieu
de se servir de barres à talons pour les coucher, on a trouvé
préférable de pousser par l'aval chaque arc-boutant à
l'aide d'un croc et d'un batelet. Préalablement on a soin de
relâcher les chaînes qui limitent l'angle de bascule.

Le relèvement des hausses de déversoir se fait avec le
bateau de manœuvre comme pour la passe navigable et dans
le même temps, c'est-à-dire à raison d'une minute et demie

par hausse. L'abattage complet prend pour chaque hausse à peu près le même temps.

L'éclusier relève les hausses qui sont en bascule en les poussant avec le pied ; en cinq ou six minutes, il relève un déversoir entier de 70 mètres de longueur.

On trouvera au besoin des explications plus détaillées dans les mémoires publiés par MM. Chanoine et de Lagrené et insérés dans les Annales des ponts et chaussées (nᵒˢ de novembre et décembre 1861 et nᵒˢ de mars et avril 1866).

Quatorze de ces barrages ont été exécutés sur la Seine depuis Conflans (Aube) jusqu'à Paris ; plusieurs autres sont construits ou en construction sur d'autres rivières. Ils sont expérimentés depuis dix ans.

Dépenses d'exécution. — En prenant la moyenne des douze barrages construits sur la Seine entre Paris et Montereau, on obtient les prix de revient détaillés ci-dessous :

Passe navigable (mètre courant) :

Partie fixe.	2.277ᶠ,94
Partie mobile.	794 ,74
Prix moyen d'un mètre courant. . .	3.069ᶠ,68

Déversoir (mètre courant) :

Partie fixe.	1.038ᶠ,01
Partie mobile.	382 ,97
Prix moyen d'un mètre courant. . .	1.420ᶠ,98

Enfin le prix moyen de l'un des douze barrages est de 755.014 fr., 78 cent., en y comprenant l'écluse, les travaux accessoires, les dépenses en régie, etc.

Le système des barrages à hausses mobiles est dû à M. l'ingénieur en chef Chanoine, secondé dans l'exécution par MM. les ingénieurs de Lagrené, Garceau et Boulé et par MM. les conducteurs Nicolle, Papillon, Petit, etc.

III

HAUSSES AUTOMOBILES

DU BARRAGE DE SAINT-MARTIN, SUR L'YONNE.

—

MINISTÈRE DE L'AGRICULTURE, DU COMMERCE ET DES TRAVAUX PUBLICS.

Un modèle à l'échelle de 0^m,10.

Le barrage de Saint-Martin, construit en 1840 pour le service des éclusées de la rivière d'Yonne, comprenait une passe de 70^m,00 d'ouverture bouchée par des aiguilles et des fermettes mobiles du système inventé par M. l'inspecteur général des ponts et chaussées Poirée, et un déversoir latéral en maçonnerie de 150^m,00 de longueur. La retenue habituelle du barrage s'élevait à 1^m,56 au-dessus de l'étiage, soit à 2^m,08 en contre-haut du seuil de la passe et à 0^m,20 du couronnement du déversoir. Elle a été reconnue insuffisante quand on a voulu établir une navigation continue sur l'Yonne. Il a fallu la relever de 0^m,80, ce qui a entraîné la transformation du barrage; ce travail, commencé en 1861, a été fini en 1864.

L'ancienne passe a été partagée en deux parties : la première, destinée à la navigation, a 35^m,10 de longueur : le radier supporte des hausses mobiles du système de M. Chanoine, hautes de 2^m,96 et dont le seuil se trouve à 0^m,40 sous l'étiage ; la seconde partie, destinée à l'écoulement des eaux, présente une longueur de 23^m,80 ; elle est fermée par des hausses automobiles du même système, dont la hauteur est de 1^m,86 et dont le seuil est à 0^m,50 au-dessus de l'étiage.

L'ancien déversoir, dont le couronnement se trouvait placé à 1^m,00 sous la nouvelle retenue, ne pouvait être exhaussé en maçonnerie sans diminuer d'une manière dangereuse le débouché des crues ; il fallait le surmonter d'une partie mobile qui pût s'effacer en temps opportun. Tel est le but qu'ont à remplir les hausses qui font l'objet de cette notice.

La différence entre ces hausses et celles de M. Chanoine consiste en ce qu'au lieu d'être mobile, leur axe de rotation est fixe ; ces hausses ayant d'ailleurs à supporter des efforts moindres que celles des passes navigables ou des déversoirs exécutés sur l'Yonne et la Seine, leur disposition a pu être simplifiée.

Elles se composent uniquement d'un cadre en charpente de 1^m,95 de largeur, recouvert de bordages horizontaux de 0^m,035 d'épaisseur, les assemblages des pièces sont fortifiés par des étriers en fer ; dans la traverse inférieure est noyé un contre-poids en fonte de 40 kilog. environ ; enfin, les deux montants verticaux portent des colliers qui s'engagent et tournent dans des gonds scellés à l'angle des pierres formant le couronnement du déversoir.

C'est au niveau même de la plate-forme de ce couronnement qu'est placé l'axe de rotation. La partie supérieure de la hausse ou la volée s'élève de 1^m,00, c'est-à-dire qu'elle présente une hauteur égale à celle de la retenue nouvelle au-dessus du déversoir. la partie inférieure plonge au-dessous de 0^m.65. Si l'on supposait que la hausse fût réduite à une épaisseur infiniment petite et que la culasse adhérât d'une manière parfaite à la paroi verticale du déversoir. ce serait au tiers même de la hauteur totale de la hausse qu'il aurait fallu placer l'axe de rotation pour qu'elle entrât en bascule au moment où l'eau atteint son sommet ; mais il n'en est pas ainsi en réalité, il s'exerce d'abord sous la traverse inférieure une pression qui tend à accélérer l'abattage, et si cette action est contre-balancée par le contre-poids. il se glisse en tous cas. entre la maçonnerie et la hausse, une couche d'eau qui presse l'arrière de la culasse et tend à renverser la hausse bien avant que l'eau affleure son extrémité supérieure. L'expérience a démontré pour les hausses de Saint-Martin que cet effet ne pouvait être empêché que par un allongement de la culasse équivalant à 30 p. 100 de sa longueur théorique ; ainsi, cette dimension a dû être portée à 0^m.65 au lieu de 0^m.50.

De même que la hausse s'abat sous la simple action de la poussée de l'eau. de même elle se relève spontanément sous l'influence du contre-poids fixé à sa culasse, dès que la hauteur de l'eau d'amont descend un peu au-dessous du centre de suspension, c'est-à-dire du couronnement du déversoir.

Le prix de chacune des hausses mise en place est de 132 fr.

Les hausses ayant 1^m,95 de largeur et étant espacées entre elles de 0^m.05, chacune d'elles correspond à 2^m,00 de longueur du déversoir et à 2 mètres carrés de retenue ; la dépense par mètre courant de déversoir ou par mètre carré de retenue est donc ainsi de 66 fr.

Ce système de hausses automobiles, de l'invention de M. l'ingénieur ordinaire Humblot, a été appliqué avec succès aux anciens déversoirs fixes des deux barrages de Saint-Martin et de Pêchoir sur la rivière d'Yonne, sous la direction de M. l'ingénieur en chef Cambuzat.

IV

BARRAGES DE LA MARNE.

MINISTÈRE DE L'AGRICULTURE, DU COMMERCE ET DES TRAVAUX PUBLICS.

Un modèle à l'échelle de 0^m,10 pour un mètre.

Ensemble des ouvrages. — Sur les douze barrages exécutés pour améliorer la navigation de la Marne entre Épernay et Meaux, deux du système Poirée sont à fermettes mobiles reposant sur un radier en maçonnerie à bain de mortier. Les dix autres sont à déversoir fixe, surmonté de hausses mobiles d'un nouveau système. C'est de ces derniers seuls qu'il sera question ici.

Ces barrages, à une seule exception près, sont entièrement situés en lit de rivière, et l'ensemble de leurs ouvrages se compose d'une écluse, d'un pertuis et du déversoir ; leur chute est au minimum de 1^m,81, au maximum de 2^m,10, et en moyenne de 2^m,04.

Écluse. — L'écluse a 7^m,80 de largeur entre ses bajoyers, 64^m,10 de longueur entre ses plans de tête, et 51 mètres entre les buses. Les bajoyers sont verticaux et ne s'élèvent qu'à 0^m,50 au-dessus des hautes eaux de navigation ; ils sont en conséquence submersibles par les crues un peu fortes.

Pertuis. — Le pertuis est accolé à l'écluse; son ouverture qui est de 15 mètres dans le premier barrage a été portée uniformément à 25 mètres dans les neuf autres; il est séparé du déversoir par une pile en maçonnerie de 12^m,50 de longueur, arasée au même niveau que les bajoyers de l'écluse.

Le pertuis est fermé par des hausses à bascule. Ces hausses, tournant autour d'un axe horizontal placé à peu près à leur centre de pression, sont supportées par des chevalets qui peuvent à volonté, ou rester en place, lorsque dans les crues la hausse vient à effectuer son mouvement de rotation pour démasquer le pertuis, ou s'abattre sur le radier en entraînant les hausses avec eux; un peu en avant de ces dernières, se dresse sur le radier, ou se couche dans son enclave, un système de fermettes destinées à supporter les madriers du pont de service nécessaire à leur manœuvre, ou même en cas de rupture de l'une d'elles, à servir d'appui à un rideau d'aiguilles qui les remplacerait provisoirement. La manœuvre des hausses terminées, les fermettes sont coiffées de petits chevalets en forme d'étriers sur lesquels on reporte successivement les madriers du pont de service qui se transforme ainsi en passerelle élevée au-dessus du plan d'eau de la retenue, et au moyen de laquelle s'établit la communication entre les bajoyers de l'écluse et la pile du pertuis.

Déversoir. — Le déversoir occupe le reste du lit de la rivière, sa longueur est en général de 49^m,50, il s'appuie à l'une de ses extrémités contre la pile du pertuis, et à l'autre contre une culée dont les murs en retour s'enracinent dans la rive.

Ce déversoir, qu'on n'eût pu rendre entièrement fixe, sans exposer la vallée à de fréquentes inondations, se partage à peu près également sur sa hauteur, en partie fixe et en partie mobile.

Partie fixe du déversoir. — La partie fixe se compose, à l'instar des barrages de l'Oise, d'un massif en pierres sèches immergées dans des encoffrements en charpente.

Ces encoffrements sont formés à l'aval par une ligne de pieux battus à $0^m,50$ de distance d'axe en axe et moisés au niveau de l'étiage ; à 5 mètres en amont de cette ligne s'en trouve une seconde dont les pieux espacés de $1^m.50$ d'axe en axe soutiennent également un cours de moises placées au niveau de la crête de cette partie fixe, et ces deux vannages sont ensuite solidement reliés entre eux par de fortes pièces de charpente, placées transversalement de distance en distance et qui ont reçu le nom d'entretoises inclinées. C'est dans les cases ainsi formées, qu'on a immergé les pierres cassées à la grosseur de $0^m,06$ à $0^m,08$ formant le noyau du déversoir, après avoir eu le soin toutefois d'obstruer par des moellons les vides que laissaient entre eux les pieux du vannage d'aval ; tout le massif se trouve ensuite recouvert par un pavage en glacis qui le soustrait à l'action des eaux et dont les matériaux, pour résister par leur propre poids aux sous-pressions accidentelles qui peuvent se produire, n'ont pas moins de $0^m.50$ de queue.

En avant du second vannage, on en a battu un troisième dont les pieux espacés aussi de $1^m,50$ d'axe en axe sont également moisés à peu près à la même hauteur, c'est dans l'espace compris entre ces deux derniers vannages et supporté par leurs moises que se trouve placé l'appareil mobile.

Les intervalles des pieux de ce troisième vannage sont remplis par des panneaux de palplanches jointives, afin de soustraire le pavage du glacis aux sous-pressions auxquelles

il est exposé. Sur l'Oise, en effet, où cependant les chutes
des barrages sont beaucoup moins fortes, mais où cette précaution n'avait pas été prise, des rangées entières de pavés
ont été soulevées et emportées, et l'on n'a pu leur donner
quelque stabilité qu'en augmentant notablement leur queue ;
ici, cet effet n'est pas à craindre, du moins dans l'état normal
des choses ; les minces filets d'eau qui parviennent à se faire
jour par les joints des palplanches, trouvent dans le massif
du déversoir des vides plus que suffisants pour leur livrer
un facile passage, et s'écoulent dans le bief inférieur sans
pouvoir produire la moindre sous-pression.

Partie mobile du déversoir. — La partie mobile du déversoir est surtout ce que présentent de nouveau les barrages
de la Marne ; c'est même le point sur lequel il y a principalement à donner ici des explications détaillées.

Dans les barrages mobiles exécutés jusqu'ici, les manœuvres sont, en général, pénibles, très-délicates et exigent
l'emploi de plusieurs agents ; elles peuvent même parfois
devenir dangereuses et occasionner de graves accidents. On
s'est demandé, en présence de ces inconvénients, si ayant
sous la main une force motrice puissante produite par le
courant ou la chute de la rivière, il ne serait pas possible de
l'utiliser, de façon que pour effectuer les manœuvres du
barrage, l'éclusier n'eût autre chose à faire qu'à en diriger
l'action. Cette question n'a pas paru insoluble, et voici comment on l'a résolue.

L'appareil mobile se compose d'une série de vannes indépendantes les unes des autres et tournant autour d'une
charnière horizontale placée dans leur milieu. La moitié
supérieure est la *hausse* proprement dite, c'est elle qui opère
la retenue, la moitié inférieure, que nous appellerons *contre-
hausse*, n'a d'autres fonctions que d'entraîner la hausse

dans les mouvements qu'on lui imprimera à elle-même.
La contre-hausse est enfermée dans un quart de cylindre horizontal, en tôle, de même longueur qu'elle, d'un rayon égal
à sa largeur, dont l'axe coïncide avec sa charnière et dans
lequel elle peut, par conséquent, accomplir un quart de
révolution. Les parois planes de ce quart de cylindre ou
si l'on veut de ce tambour, ne passent pas exactement
par son axe, l'une, celle qui est horizontale, a été légèrement surélevée parallèlement à elle-même, et l'autre, celle
qui est verticale, a été reculée de même, de manière
à ce qu'elles laissent chacune un vide rectangulaire
entre elles et la contre-hausse lorsqu'elle sera parvenue
dans ses positions extrêmes : celle-ci a d'ailleurs été
légèrement contournée afin de diminuer la surélévation de
la paroi horizontale et l'empêcher ainsi de masquer une partie de la hausse ; enfin les extrémités du tambour sont fermées par deux cloisons en tôle dans chacune desquelles
ont été pratiquées deux ouvertures rectangulaires, correspondants aux vides dont il vient d'être question.

Les tambours ainsi armés de leurs hausse et contre-hausse
sont descendus dans l'intervalle que laissent entre eux les
deux vannages d'amont du déversoir, la convexité de la
partie cylindrique tournée vers l'amont, et reposent sur les
moises de ces vannages à l'aide d'espèces de patins formés par les saillies des parois horizontales supérieures.
Ils sont d'ailleurs serrés les uns contre les autres par des
boulons ; et de fortes rondelles en cuir interposées entre eux
sur les bords des ouvertures de leurs bases, interceptent
toute communication du dedans au dehors et réciproquement.

Si l'on considère maintenant l'ensemble de ces tambours,
on voit que par leur réunion, ils forment au-dessous du

niveau de la crête et sur toute la longueur du déversoir, un tube unique s'appuyant par l'une de ses extrémités contre le parement de la pile, par l'autre contre celui de la culée et qui se trouve divisé par les contre-hausses en deux compartiments longitudinaux.

Appareil moteur. — Immédiatement à l'amont et à l'aval de la partie du déversoir occupée par les tambours, ont été ménagés dans le corps de la pile, deux puits verticaux communiquant par des aqueducs, l'un avec le bief d'amont, l'autre avec le bief d'aval, et ces deux puits ont été, d'un autre côté, mis en communication entre eux au moyen de deux tubes horizontaux en fonte, noyés dans les maçonneries et fermés par des ventelles à chacune de leurs extrémités. Ces tubes se bifurquent au droit des ouvertures pratiquées dans les bases des tambours et viennent en traversant la pile se relier avec ces derniers, de manière à correspondre, l'un avec leur compartiment d'amont, l'autre avec leur compartiment d'aval.

Manœuvre de la partie mobile du déversoir. — Cela posé, si l'on suppose les quatre ventelles des tubes de la pile fermées, toutes les hausses couchées sur le déversoir, et par conséquent, toutes les contre-hausses horizontales, et que l'on vienne à ouvrir la ventelle d'amont du tube correspondant au compartiment d'amont des tambours, l'eau du bief supérieur va immédiatement remplir ce compartiment et pressant ensuite les contre-hausses avec une force correspondante à sa hauteur au-dessus d'elles, les chassera devant elle jusqu'à ce que des heurtoirs placés dans les tambours viennent les arrêter dans leur course à l'instant où les hausses entraînées dans ce mouvement seront arrivées dans une position verticale.

Si maintenant l'on vient à fermer la ventelle d'amont du

tube que l'on avait ouverte. et à ouvrir celle d'aval qui
était restée fermée, l'eau entrée dans le compartiment s'é-
coulera dans le bief inférieur ; les contre-hausses, déchar-
gées de la pression qu'elle exerçait sur elles, ne pourront continuer à maintenir les hausses dans leur position
verticale, et celles-ci, cédant à l'effort qu'elles supportent,
se coucheront sur le déversoir.

Les manœuvres de relevage et d'abattage des hausses se
trouveront donc ramenées simplement à celles de l'ouverture ou de la fermeture de deux ventelles ; de plus, comme
la rapidité avec laquelle elles s'accompliront dépend de
celle avec laquelle aura lieu le remplissage ou la vidange
du compartiment, on conçoit qu'on peut à volonté en gra-
duer la durée de manière à ce qu'elles s'effectuent douce-
ment, sans secousses et sans chocs ; conditions essentielles
au point de vue de l'entretien du mécanisme.

Dans des ouvrages de ce genre, on ne peut guère exiger
la perfection d'ajustement d'une machine à vapeur, et les
hausses étant relevées, des fuites plus ou moins abondantes
ont nécessairement lieu sur le pourtour des contre-hausses.
Si on les laissait s'accumuler dans le compartiment d'aval.
elles ne tarderaient pas à le remplir, à neutraliser par
leurs contre-pressions, les pressions qui maintiennent les
contre-hausses, et les hausses s'abattraient d'elles-mêmes ;
mais pour éviter cet inconvénient, il suffit d'ouvrir la ventelle d'aval du deuxième tube de la pile qui communique
avec ce compartiment, et ces fuites s'écouleront dans le
bief inférieur à mesure qu'elles se produiront ; c'est là le
but principal de ce deuxième tube, et, à la rigueur, on eût
pu se borner à le faire arriver jusqu'à l'extrémité du compartiment ; mais en le prolongeant jusqu'au puits d'amont.
on s'est donné la faculté d'agir avec une très-grande éner-

gie sur les hausses paresseuses lors de l'abattage ; il suffit, en effet, de fermer sa ventelle d'aval et d'ouvrir sa ventelle d'amont, pour que l'eau du bief supérieur s'introduise à son tour dans le compartiment et prenant les contre-hausses à revers, ajoute sa pression à celle que subissent directement les hausses.

Les barrages à lames d'eau déversantes ont l'immense avantage de n'exiger que de rares manœuvres ; car, en général, on n'a à les abattre que dans les fortes crues, et lorsque celles-ci menacent de se changer en débordements. Cependant il n'en est pas toujours ainsi ; la dépression des rives, la proximité d'une usine, celle d'un pont dont les arches sont peu élevées, etc., etc., peuvent ne pas rendre inoffensives de légères fluctuations dans le plan d'eau de la retenue, et exiger, comme au barrage de Courcelles, par exemple, que l'on fasse écouler des crues de $0^m,40$ à $0^m,50$ de hauteur ; mais alors, un grave inconvénient se présente, car l'abattage des hausses sur toute la longueur du déversoir démasquera une ouverture plus grande que celle qui est nécessaire pour le passage de la crue, et le bief supérieur s'abaissera en peu d'instants au-dessous de son niveau normal. L'appareil mobile a reçu pour ces cas particuliers une légère addition dont il reste à parler.

Hausses à béquilles. — Chacune des hausses a été munie d'une contre-fiche ou béquille dont l'extrémité supérieure est fixée par une charnière à l'un de ses bras, tandis que le pied est assujetti à se mouvoir dans une coulisse ou glissière en fonte encastrée dans les entretoises inclinées du déversoir. Une barre en fer à cornières, logée dans une coulisse ménagée à cet effet dans le glacis, un peu en arrière de la position occupée par le pied des béquilles, règne horizontalement d'une extrémité à l'autre du déver-

soir, elle traverse toutes les glissières, et l'une de ses branches, la branche horizontale, en affleure le fond, tandis
que l'autre, la branche verticale, s'appuie contre leurs lè-
vres ; elle est d'ailleurs entièrement libre et peut se mouvoir longitudinalement. Si, dans cet état, l'on vient à faire
aux tubes de la pile la manœuvre d'abattage, le pied des
béquilles rencontrant presque aussitôt la branche verticale
de la cornière, s'arrêtera contre ce heurtoir et les hausses
conserveront leur position verticale ; mais si cette branche
a été échancrée de distance en distance, par des espèces
d'entailles ou de coches rectangulaires et qu'on ait amené
préalablement quelques-unes de ces coches à correspondre
avec les gorges d'un même nombre de glissières, rien ne
s'opposera dans celle-ci au glissement du pied des béquilles,
et les hausses dont elles dépendent s'abattront comme
elles l'eussent fait, sans ces dernières. Il aura donc suffi
d'espacer convenablement ces coches pour que l'on puisse
abattre à volonté, un nombre quelconque de hausses.

Cette ouverture incomplète du barrage souleva toutefois quelques objections ; on fit observer que les hausses
ayant environ 1 mètre de hauteur, si l'on venait a les abattre pour de faibles crues, qui n'auraient pu modifier sensiblement le niveau du bief inférieur, en livrait passage à une
lame d'eau de 1^m,50 à 1^m,60 d'épaisseur qui, véritable
torrent, se précipiterait sur l'arrière-radier avec une force
d'érosion telle que celui-ci ne pourrait y résister, et qu'il
fallait pouvoir abattre un nombre déterminé de hausses,
non pas de toute leur hauteur, mais d'une fraction seulement de cette hauteur, de manière à diminuer l'épaisseur
de la lame et à affaiblir ainsi sa puissance d'érosion. Cette
condition était facile à remplir, car il suffisait d'introduire
dans le glacis des barres à coches semblables à celle qui

vient d'être décrite, en nombre égal à celui des parties dans lesquelles on voudrait fractionner l'abattage complet des hausses. Une seconde barre a paru devoir suffire dans tous les cas et on l'a placée de manière à arrêter les hausses lorsqu'elles se seraient abaissées de la moitié de leur hauteur.

A l'aide de ces deux barres à coches, on peut donc abattre à volonté un nombre déterminé de hausses, soit de toute leur hauteur, soit de la moitié seulement de cette hauteur ; on peut aussi, par exemple, abaisser à volonté la crête du déversoir de 0^m,50 sur toute sa longueur et très-probablement cette manœuvre qui n'exige qu'une seule barre à coches, suffirait à tous les besoins ; cependant pour parer à toutes les éventualités, on en a placé deux au barrage de Courcelles et elles ont été disposées de manière à pouvoir abattre les hausses par multiples de cinq.

Une observation à faire, c'est que les barres à coches ne doivent être manœuvrées que lorsque les hausses sont ramenées ou soutenues dans leur position verticale par la pression de l'eau sur les contre-hausses, afin que le pied des béquilles ne porte pas sur ces barres et qu'on n'ait d'autre effort à vaincre, pour leur imprimer un mouvement longitudinal, que celui résultant de leur propre poids.

Ce mouvement leur est imprimé au moyen de crics placés dans la pile et composés principalement d'un arbre vertical portant à son extrémité inférieure un pignon qui engrène avec une crémaillère fixée à la barre, et à son extrémité supérieure, une roue dentée qui engrène avec le pignon de la manivelle. Un cadran horizontal fixé en outre à cette extrémité, indique, par son déplacement, le nombre de hausses qui s'abattront dans la position où le cric aura amené la barre à coches.

On n'a parlé jusqu'ici que du système de tubes et de ventelles établi dans la pile pour l'abattage ou le relevage des hausses, cet appareil suffit en effet pour effectuer ces manœuvres ; mais néanmoins on en a établi un complétement semblable dans la culée située à l'autre extrémité du déversoir.

Divers avantages résultent de cette addition.

D'abord le volume d'eau jetée dans les compartiments des tambours est deux fois plus considérable et partant, le relevage et l'abattage des hausses plus sûr et plus rapide.

Ensuite, on se crée la faculté de faire dans les tambours, des chasses puissantes qui balayent les vases qui peuvent s'y déposer. Il suffit, en effet, d'ouvrir dans la pile les ventelles analogues à celles qui sont fermées dans la culée ou réciproquement.

Enfin il résulte une conséquence qui n'avait pas été prévue tout d'abord et qui ne laisse pas que d'avoir son importance, c'est la possibilité d'abattre, à volonté, un nombre plus ou moins grand et à peu près un nombre déterminé de hausses par le seul jeu de ces ventelles ; ce qui rend inutile, dans tous les cas, la première barre à coches. On conçoit, en effet, que si, toutes les hausses étant relevées, l'on vient à ouvrir dans la pile la ventelle d'aval et à fermer la ventelle d'amont du tube de relevage, c'est-à-dire de celui qui correspond au compartiment d'amont des tambours, tandis que la disposition inverse continue à subsister dans la culée, on va établir dans ce compartiment un courant, dont les pressions très-fortes près de la culée iront en s'affaiblissant à mesure qu'on s'approchera de la pile, et ne suffiront plus aux abords de cette dernière, pour maintenir les hausses dans leur position verticale ; deux ou trois hausses s'abattront donc ; si, dans cet état de choses, l'on vient à fermer la ventelle d'aval du tube d'abattage de la pile, c'est-à-dire de celui qui correspond au compartiment d'aval des tambours, et à ouvrir la ventelle d'amont, on va établir dans ce compartiment un courant dont les contre-pressions très-fortes, près de la pile, iront en décroissant vers la culée et un certain nombre de hausses s'abattront de nouveau. Entre ces pressions et contre-pressions ou si l'on veut, entre les deux forces contraires, qui agissent à la fois, sur toutes les contre-hausses avec une intensité variable et en sens inverse, dont l'une prédomine à une extrémité du déversoir et l'autre à l'autre extrémité, il se trouvera né-cessairement sur la longueur de ce dernier un point de pas-sage, si l'on peut s'exprimer ainsi, où ces deux forces se-ront en équilibre ; en deçà de ce point, toutes les hausses s'abattront, au delà, elles resteront levées ; mais comme l'intensité de chacune de ces deux forces dépend de l'ou-verture plus ou moins grande des ventelles des tubes, il sera possible, en manœuvrant convenablement ces dernières, de rapprocher ou d'éloigner ce point de passage, et par suite, d'abattre après quelques tâtonnements un nombre de hausses déterminé.

Les dispositions que l'on vient de décrire sont celles qui ont été primitivement adoptées et exécutées en tout ou par-tie dans les deux barrages construits en premier lieu, ceux de Damery et de Courcelles ; mais de notables modifications, qu'il reste à faire connaître, ont été apportées dans celle de huit autres barrages.

Suppression des tambours. — La difficulté de construire des tambours en tôle de grandes dimensions avec la préci-sion de forme nécessaire, pour que le mouvement des contre-hausses pût s'y effectuer dans des conditions conve-

nables, et l'impossibilité d'en défendre contre les ravages
de l'oxydation, celles des parois extérieures engagées dans
le massif du déversoir et continuellement en contact avec
l'eau, firent prendre le parti de supprimer ces tambours.
On remplaça dans ce but le massif en pierres sèches du
déversoir par un massif en maçonneries à bain de mortier,
construit entre deux vannages de pieux et palplanches ; la
forme du glacis fut légèrement modifiée, et sur la crête de
ce dernier, fut ménagée une cavité longitudinale régnant
d'une extrémité à l'autre du déversoir et ayant exactement
pour section, celle que présentaient les tambours. Cette cavité fut ensuite divisée en compartiments d'une longueur
de 1^m,50, égale à celles des contre-hausses, par des diaphragmes verticaux en fonte, remplaçant les bases des tambours et percés comme eux de deux ouvertures rectangulaires ; enfin des plaques horizontales en fonte ou en tôle,
fixées à leur pourtour par des boulons, soit sur les arêtes
des pierres, soit sur les rives supérieures des diaphragmes,
complétèrent la fermeture de ces compartiments dans lesquels furent introduites les contre-hausses qui se trouvèrent ainsi dans des conditions identiques à celles où elles
eussent été dans les tambours.

Simplification dans l'appareil moteur. — Si l'on a suivi
avec attention la description des différentes manœuvres à
exécuter, l'on a remarqué que pour chacun des deux tubes,
lorsque la ventelle située à l'une de ses extrémités est fermée, l'autre doit être ouverte ; rien ne s'oppose donc d'a-
bord à ce qu'on articule l'une de ces ventelles avec l'autre
par un balancier et qu'on diminue ainsi de moitié le nombre de ventelles sur lesquelles il faille agir. Mais ce n'est
pas tout, si au lieu de chaque tube isolé on considère l'ensemble des deux tubes, celui de relevage et celui d'abat-

tage, on remarquera que lorsqu'à l'amont l'ouverture de
l'un est fermée, celle de l'autre est ouverte, et qu'il en est
de même à l'aval ; si donc, on vient à les poser l'un au-
dessous de l'autre, le tube d'abattage, par exemple, au-
dessous de celui de relevage, deux ventelles placées l'une à
l'extrémité d'amont de ces tubes et l'autre à l'extrémité
d'aval, suffiront à la manœuvre des hausses, et comme
leur mouvement devra être en sens inverse, c'est-à-dire
que l'une devra s'abaisser lorsque l'autre se relèvera, rien
ne s'oppose également à ce qu'on les articule. Il en résul-
tera qu'au lieu d'avoir à agir sur quatre ventelles on n'aura
plus à agir que sur une seule. C'est cette disposition qui a
été définitivement adoptée ; elle a permis de remplacer les
deux tubes en fonte par un aqueduc en maçonnerie séparé en deux sections rectangulaires égales, par une simple plaque en fonte.

Une observation importante à faire, c'est que cette disposition des tubes permet de rendre le barrage automobile,
car il suffit d'attacher un flotteur à la tige de la ventelle
d'amont pour que les crues abattent le barrage à leur arrivée et le relèvent en se retirant.

Modèle des barrages. — Dans le modèle, on s'est proposé de faire voir les dispositions principales des déversoirs
avec ou sans tambours; et faisant abstraction des légères
différences qui existent dans les dimensions des parties mobiles, on a donné une hauteur uniforme de 1 mètre aux
hausses et de $1^m,15$ aux contre-hausses. Les hausses adjacentes à la culée sont celles du barrage de Courcelles, en-
fermées dans des tambours et portant des béquilles;
les hausses adjacentes à la pile sont celles du barrage
de Charly, où les tambours et les béquilles ont été sup-
primés.

Époques de construction. — Le barrage de Damery a été commencé en 1855 et terminé en 1858 ; celui de Courcelles a été commencé en 1860 et terminé en 1862 ; les déversoirs des huit autres barrages ont été commencés en 1864 et terminés en 1865.

Durée des manœuvres. — Les manœuvres d'abattage exigent, en général, pour que toutes les hausses soient couchées sur le déversoir d'une minute et demie à deux minutes ; celles de relevage, exécutées immédiatement après, et contre l'effort de la cataracte, exigent de deux à trois minutes.

Dépenses de construction. — Les huit déversoirs construits dans le système modifié ayant ensemble une longueur totale de 473 mètres ont coûté 739.000 fr. environ, y compris les appareils moteurs de la pile et de la culée, mais déduction faite des dépenses relatives à l'établissement de béquilles, ce qui donne pour le prix d'un mètre courant de déversoir à hausses sans béquilles 1.563 fr.

La culée a coûté en moyenne 20.500 fr., si on la considère comme partie intégrante du déversoir, le prix du mètre courant s'élève à 1.910 fr.

Enfin, à l'aval du déversoir a été construit un arrière-radier de 20 mètres de largeur composé de gros blocs en pierres sèches, s'appuyant à l'amont contre le déversoir, à l'aval contre une ligne de pieux demi-jointifs et maintenus dans l'intervalle par neuf lignes de pieux battus en quinconce à 1^m,50 l'une de l'autre ; cet arrière-radier a coûté en moyenne 22.000 fr., si l'on veut encore ajouter cette dépense aux précédentes elle portera le prix du mètre courant à 2.282 fr.

La construction des quatre déversoirs où les hausses sont armées de béquilles, a occasionné une dépense supplémentaire de 3.700 fr. en moyenne par barrage, soit de 75 fr. par mètre courant.

Le système des hausses mobiles appliqué sur la Marne est dû à M. Louiche-Desfontaines, inspecteur général des ponts et chaussées.

Les barrages ont été établis sous sa direction et sous celle de M. Lalanne, ingénieur en chef des ponts et chaussées, qui lui a succédé comme ingénieur en chef de la navigation de la Marne. savoir :

Ceux de Damery, d'Iles-les-Meldeuses et des Basses-Fermes par M. Carro, ingénieur des ponts et chaussées.

Ceux de Courcelles, de Mont-Saint-Père, d'Azy et de Charly par M. Holleaux, ingénieur des ponts et chaussées.

Ceux de Méry, de Courtaron et de Saint-Jean-les-deux-Jumeaux par M. Philbert, ingénieur des ponts et chaussées.

M. Carré, conducteur des ponts et chaussées, a été pour les ingénieurs, dans l'étude des projets comme dans la construction des parties mobiles, un précieux auxiliaire.

V

TRAVAUX D'ENDIGUEMENT

DE LA SEINE MARITIME.

—

MINISTÈRE DE L'AGRICULTURE, DU COMMERCE ET DES TRAVAUX PUBLICS.

Un dessin comprenant :
Deux plans d'ensemble à l'échelle de $\frac{1}{4.000}$ (0^m,01) pour 600 mètres.
Un profil en long comparatif :
A l'échelle de $\frac{1}{50.000}$ (0^m,02 pour 1.000 mètres) pour les longueurs.
A l'échelle de $\frac{1}{100}$ (0^m,01 pour 1 mètre) pour les hauteurs.

—

Historique. — L'amélioration de la navigation de la Seine entre Rouen et la mer a été, depuis le règne de Louis XV, l'objet de la sollicitude de tous les gouvernements.

Cette navigation se faisait en effet dans les conditions les plus désastreuses, et sans la situation exceptionnelle de la ville de Rouen, reliée à Paris par un fleuve d'une navigation facile, le commerce l'aurait certainement abandonnée.

Les bancs de sable, qui obstruaient l'entrée de la Seine, formaient à cette époque autant de posées (1) sur lesquelles les navires devaient venir s'échouer à marée basse pour être rafloués à l'arrivée du flot, au risque d'être quelquefois brisés contre les rives.

---

(1) On nommait posées les fonds élevés de sables vaseux où les bâtiments pouvaient s'échouer sans crainte d'avarie.

Si grands étaient les périls de cette navigation sur certaines traverses (1) que les équipages qui n'avaient pu les franchir avec la marée, quittaient les bâtiments avant le passage du flot pour les rejoindre à un ou deux kilomètres plus haut et continuer leur route vers Rouen, quand leurs navires n'avaient pas sombré.

Il fallait alors quatre jours au moins pour faire le trajet de la mer à Rouen, et les nombreuses épaves que la Seine renferme attestent malheureusement tous les dangers de cette navigation.

Le tonnage des bâtiments était en général de 100 à 200 tonneaux.

Le prix du fret entre la mer et Rouen s'élevait à 10 fr. par tonneaux de 1000 kilogrammes; celui de l'assurance était d'un demi p. 100.

Diverses études furent entreprises dans le but de remédier à cet état de choses, mais aucune d'elles ne fut mise à exécution, et jusqu'en 1846 elles restèrent à l'état de projets. Les plus remarquables sont dues à MM. Cachin, Pattu, Poirée, Frissard, Frimot et Bleschamps : les uns proposaient de construire un canal latéral à la Seine, et les autres d'améliorer le cours même du fleuve par des barrages ou des épis.

M. Frimot imagina de resserrer le lit de la rivière par des digues longitudinales parallèles à son axe et formées de caissons remplis de pierres; M. Bleschamps émit l'idée de remplacer les caissons par de simples enrochements.

Ce système fut mis en pratique en 1848 pour l'amélioration de la traverse de Villequier, haut fond très-élevé,

---

(1) Les traverses étaient des bancs élevés, mais ne découvrant pas de basse mer, qui barraient en divers points la Seine, de travers en travers.

cause de nombreux sinistres. Deux digues longitudinales, espacées de 300 mètres et élevées au-dessus des plus hautes mers moyennes de vive eau, furent construites à partir de l'île de Belcinac. Le résultat des travaux fut de porter immédiatement à 6^m.50 les profondeurs d'eau qui étaient auparavant de 3^m,50 seulement, au moment des pleines mers moyennes de vive eau.

Encouragé par ce résultat, on poursuivit de 1849 à 1853 l'exécution des digues de la rive droite de la Seine, jusqu'en face de Quillebeuf, et l'on fit ainsi approfondir de plus de 3 mètres la traverse d'Aizier.

De 1852 à 1855, deux digues furent construites en amont de Villequier, au sud jusqu'à Caudebec, au nord entre Caudebec et la Mailleraye; ces travaux, joints à l'exécution du dragage du banc des Meules, améliorèrent l'état de cette partie de la rivière et assurèrent à la navigation des profondeurs d'eau de 4^m.50 à 6^m,50 de pleine mer.

En même temps, l'endiguement était prolongé en aval de Quillebeuf jusqu'à la pointe de Tancarville sur l'une et l'autre rive, avec un espacement de 400 mètres entre les digues; et un épi, construit à la pointe de la Roque, enracinait à la côte la digue du sud prolongée jusqu'en ce point. Ces travaux étaient terminés en 1859.

A côté de toutes ces améliorations, l'embouchure du fleuve restait toujours dangereuse pour la navigation, tant à cause des faibles profondeurs qu'elle présentait en aval des parties endiguées, que par suite du phénomène de la *barre* ou *mascaret* qui s'y manifestait avec une très-grande violence [1].

---

[1] Voir chapitre... paragraphe... de la mascaret.

Lors de l'excursion faite sur la Seine Maritime par l'Empereur, le 28 mai 1861, les ingénieurs proposèrent, pour détruire le double danger qui vient d'être signalé, le prolongement immédiat de la digue du nord depuis Tancarville jusque par le travers de la pointe de la Roque. Deux ans après, ils présentèrent le projet du prolongement des digues sur les deux rives, entre la Roque et Berville.

Le chenal très-sinueux et très-changeant, suivi à cette époque sous la côte du nord, entre Tancarville et la pointe du Hode, devait être redressé pour venir passer sous la côte du sud à Berville ; les hauts-fonds si dangereux d'aval devaient disparaître, et, grâce à cet approfondissement du chenal, il était permis de compter sur l'atténuation du mascaret, dont l'existence est due en majeure partie à la présence des bancs de l'embouchure.

Aujourd'hui, les digues espacées de 500 mètres depuis Tancarville sont arrivées à l'entrée de la Rille à 4 kilomètres au-dessous de la Roque, et il reste seulement 2 kilomètres à construire pour les amener jusqu'à Berville.

Mais, dès à présent, la plus grande partie des résultats prévus est obtenue.

En aval de Quillebeuf, la profondeur du chenal, entre les digues et dans la baie, est de 5^m,50 au moins en pleine mer de morte eau, et de 7 mètres au moins en pleine mer de vive eau ; le mascaret a complétement disparu au-dessous de Tancarville, et il a diminué très sensiblement en amont.

Enfin, les navires remorqués par des bateaux à vapeur ou par le touage, peuvent remonter de la mer à Rouen en huit à dix heures et faire le trajet inverse en une marée ou deux au plus ; les transports sur bateaux à vapeur s'effec-

tuent de même à la remonte ou à la descente en une seule
marée.

Le tonnage des bâtiments est généralement de 2 à 300
tonneaux et atteint souvent 400. 500, et même 700 tonneaux (1).

Le prix du fret est descendu à 5 fr. par tonneau de
1000 kilogrammes.

La prime d'assurance est la même pour Rouen que pour
le Havre.

Enfin, dans une récente notice, la chambre de commerce
de Rouen évaluait à trois millions et demi l'économie an-
nuelle obtenue par le commerce et la navigation à la suite
des travaux d'endiguement exécutés jusqu'à ce jour.

Dépenses. — Le tableau suivant résume les lois et décrets
qui ont autorisé les travaux exécutés pour l'amélioration de
la Seine maritime, et les dépenses faites au 31 décembre 1866.

---

1) Le 23 octobre 1866 entraient simultanément dans le port de Rouen le
vapeur Hambourgeois *Urania*, portant 650 tonneaux et calant 4^m,60, et le
vapeur Anglais *Charente*, portant 540 tonneaux et calant 3^m,90.

LOIS ET DÉCRETS.	DÉPENSES au 31 déc. 1866.	OBSERVATIONS.
Loi du 31 mai 1846.		* Cette somme se décompose comme il suit :
Chemins de halage entre Rouen et Duclair.	1.493.112,56	Digues du nord proprement dite 938.311f,44
Digues entre Villequier et Quillebeuf.	2.913.760,55	Ligne du sud entre la Mailleraye et Caudebec. 68.410,97
Décret du 15 janvier 1852.		Rechargement des digues. 31.694,12
Digues entre la Mailleraye et Villequier.	667.795,87	Balisage de la Seine. . 21.819,89
Digues entre Quillebeuf et Tancarville.		Dépenses diverses et personnel. 32.398,64
Décret du 3 août 1853.	} 1.339.791,21	Total pareil. . . 1.092.635,04
Digues entre Quillebeuf et la Roque.		
Décret du 14 juillet 1861.		** Cette somme se décompose ainsi :
Prolongement de la digue du nord en aval de Tancarville.	1.093.532,34 *	Prolongement des digues 808.968,55
Décret du 12 août 1863.		Rechargement des digues. 87.060,00
Prolongement des digues entre la Roque et Berville. . . .	952.736,68 **	Balisage de la Seine. . 10.960,58
Digue de défense de Villequier.	79.976,00	Dépenses diverses et personnel. 45.716,94
Digue du nord entre Rétival et Villequier.	98.900,00	Total pareil. . . 952.736f,68
Digue de défense en aval de Caudebec.	50.000,00	*** Dépense en 1859. 102.131,50
Digue de défense en amont de Caudebec.	47.817,58	— 1860. 480.040,35
Rechargement successif des digues et réparation des dégâts causés par la barre, de 1859 à 1866.	1.830.946,53 ***	— 1861. 272.127,71 — 1862. 109.548,49 — 1863. 66.369,43 — 1864. 203.535,99 — 1865. 141.991,00 — 1866. 143.862,00 Total pareil. . . 1.830.946,53
Totaux.	13.570.572,11	

Système de construction des digues. — La construction des digues se fait à l'aide de blocs naturels extraits dans les bancs calcaires situés sur les deux rives de la Seine, depuis Rouen jusqu'à la Roque.

L'exploitation de ces bancs calcaires a lieu à la mine et par un procédé d'abattage particulier. On creuse au pied de la carrière et dans la roche tendre, des galeries d'une

profondeur variant entre 5 et 10 mètres environ. jusqu'à
ce qu'on rencontre une face de séparation, à laquelle les
ouvriers donnent le nom de *fin* : elle est généralement parallèle ou à peu près au front de la carrière. Dans les piliers
de 1 à 3 mètres de diamètre. qu'on a soin de conserver à
des distances de 6 à 10 mètres les uns des autres, on perce
des trous de mine ; l'explosion des charges de poudre.
déposées dans ces trous de mine, détermine la destruction
des piliers et la chute de la partie supérieure de la falaise
par masses qui atteignent jusqu'à 15.000 mètres cubes.

Les blocs ainsi obtenus ont des dimensions variant de
5 à 80 mètres cubes et même 100 mètres cubes : ils sont
débités en blocs irréguliers de 0^m.40 à 0^m.60 de côté à
l'aide de la mine ou seulement au moyen de pinces et de
coins chassés à la masse.

Leur transport à la rive s'effectue, soit à l'aide de
brouettes. lorsque la distance est peu considérable. soit
quand elle devient plus grande, à l'aide de wagons sur chemins de fer à pentes régulières et à traction de chevaux.

Les blocs sont embarqués à la brouette sur des bateaux
pontés et à voiles. connus sous le nom de gribannes
ou bachots. qui portent de 20 à 50 mètres cubes de matériaux ; leur jauge est de 30 à 70 tonneaux.

Ils sont ensuite amenés à la digue, où ils sont jetés sur
l'emplacement marqué par des balises sans autres précautions. quand il s'agit des parties placées au-dessous du
niveau de basse mer ; mais ils sont débarqués à la brouette,
puis posés avec soin aussitôt que la digue dépasse ce
niveau (1).

―――――――――――――――――

(1) Le prix du mètre cube d'enrochement. y compris extraction, bardage. embarquement, transport à pied-d'œuvre et mise en place, est en
moyenne de 1^f,70.

Ainsi, le corps des digues est construit à pierres perdues, mais leur couronnement et leur talus sont arrimés avec soin, de manière à offrir par l'absence des vides et des saillies, une liaison plus complète et par suite une plus grande solidité.

La largeur des digues en couronne est en général de 2 mètres. L'inclinaison de leur talus est de 45° du côté de terre, de 3 de base pour 2 de hauteur du côté du large ; toutefois cette dernière inclinaison varie beaucoup suivant que les digues sont plus ou moins exposées au mascaret ; elle peut aller jusqu'à 7 et 8 de base pour 1 de hauteur ; mais en général, elle reste comprise entre 2 et 3 de base pour 1 de hauteur.

Leur crête est élevée au niveau des plus hautes mers moyennes de vive eau.

Toutefois, en aval de Tancarville, elles ont été tenues beaucoup plus basses afin de permettre l'épanouissement de la marée, sur les bancs voisins, à l'arrivée du flot ; le couronnement dépasse de 0^m,50 au sud et de 1 mètre au nord le niveau des basses mers de vive eau. Ce système, dû à M. l'ingénieur en chef Emmery, a parfaitement réussi.

Mascaret. — Le phénomène du *mascaret*, auquel les marins de la Seine donnent le nom de *barre*, est particulier à ce fleuve et à un petit nombre d'autres fleuves de l'ancien et du nouveau monde.

Il consiste en un mouvement tumultueux des eaux produit par l'introduction de la marée dans le lit du fleuve.

On le voit naître dans les parties peu profondes, sous forme d'une vague écumante barrant la Seine d'un bord à l'autre et suivie de plusieurs vagues courtes et répétées, qui présentent un creux de 1 à 2 mètres, et se succèdent pendant quelques minutes sans interruption.

Dans les parties profondes, au contraire, il se transforme en vagues plus étendues et plus hautes, qui reçoivent le nom d'*ételles*, elles présentent quelquefois un creux de 4 mètres, et se prolongent souvent pendant plus d'un quart d'heure ; elles n'éclatent jamais, mais elles se développent en rouleaux le long des rives, avec une violence désastreuse pour les ouvrages établis en revêtement.

Le phénomène du mascaret s'est manifesté en Seine, à des époques différentes pendant des périodes plus ou moins longues, paraissant et disparaissant tour à tour.

Son antiquité est incontestable. On en trouve la description dans le plus ancien des écrivains normands, le *Chroniqueur de Fontenelle*, mort vers l'année 834, d'après dom Luc d'Achéry ; dans *la vie et les miracles de saint Romain*, manuscrit dû à Farin, appartenant à la bibliothèque de la ville de Rouen ; saint Romain a vécu vers l'année 630. On la trouve encore dans quelques chartes de l'abbaye de Jumiéges et dans beaucoup d'ouvrages, manuscrits ou imprimés, postérieurs à cette époque.

Mais il en existe un témoin, pour ainsi dire irrécusable : c'est la chapelle de Barre-y-va, érigée en 1216 entre Caudebec et Villequier, et qui a subsisté jusqu'aujourd'hui. C'est là, qu'échappés aux dangers que la barre leur faisait courir, les marins de la Seine venaient déposer les ex-voto que l'on y voit encore.

Aucune explication complétement satisfaisante des causes qui produisent le mascaret n'a été donnée jusqu'à présent. Son existence, toutefois, paraît due à la situation particulière de la baie de Seine, par rapport au double courant littoral qui traverse la Manche de l'ouest à l'est, et de la

Mer du Nord à l'océan ; elle tient surtout à la hauteur des bancs qui se trouvent à l'entrée de la baie et ne permettent l'introduction des eaux de la mer dans le fleuve, que bien après le moment où le mouvement d'ascension de la marée commence à se produire. Le mascaret est en outre singulièrement modifié par la disposition du profil longitudinal du fleuve ; il cesse dans les parties profondes, en donnant naissance à ces vagues longues et plus ou moins creuses, connues sous le nom d'ételles ; il semble renaître au contraire sur les hauts fonds, avec d'autant plus de violence qu'ils sont plus élevés.

Il est d'ailleurs important de le remarquer : si le mascaret est une cause de dépenses pour l'État et pour les particuliers, en raison des travaux qu'il oblige à faire pour défendre les rives, il n'est plus un danger pour la navigation, qui remonte de la mer à Rouen sans le rencontrer et le traverse sans péril à la descente, sur les parties profondes où les bâtiments ont l'habitude de mouiller.

Aussi, depuis l'exécution des travaux d'endiguement, les sinistres sont-ils devenus extrêmement rares ; le plus souvent ils sont dus aux causes qui les produisent à la mer ou dans les fleuves, et particulièrement aux brouillards si épais et si fréquents en Normandie.

La régularisation du profil en long du chenal et l'abaissement du seuil qui obstrue en aval l'entrée du fleuve : tel est donc le double but à atteindre pour détruire ce terrible phénomène. La réalisation partielle de ces deux conditions, a influé déjà de la manière la plus heureuse sur son atténuation.

Alluvions. — L'exécution des endiguements de la Seine a donné naissance à des dépôts de sables vaseux en dehors des digues, dépôts qui se sont élevés rapidement au niveau

des pleines mers de vive-eau et qui, grâce à une puissante
végétation, se sont transformés en prairies d'une valeur
importante.

Leur surface est d'environ 8.600 hectares détaillée au tableau suivant :

DÉSIGNATION des lieux.	DÉPARTEMENTS.		SURFACES totales.	OBSERVATIONS.
	Seine-Inf᷾.	Eure.		
Rive droite.				
De la Mailleraye à Ville-quier.	93ʰ,00		93ʰ,00	
De Villequier à Tancar-ville.	2.020 ,98	»	2.020 ,98	
De Tancarvil e au Hode.	3.169 ,20	»	3.169 ,20	
Rive gauche.				
De la Mailleraye à l'île de Beleinac.	108 ,00	»	108 .00	
De l'île de Beleinac à Quillebeuf.	359 .25	14ʰ.84	374 ,09	
De Quill beuf a la pointe de la Roque.	»	2.313 ,00	2.313 ,00	
De la pointe de la Roque à Berville.	»	522 .90	522 ,90	
	5.750ʰ,43	2.850ʰ,74	8.601ʰ,17	

Le prix de ces prairies est en moyenne de 2,500 fr. l'hectare, leur valeur totale est donc de vingt et un millions
cinq cent mille francs.

Toutefois, l'État a admis que ces terrains devaient être
considérés comme appartenant aux riverains à titre d'alluvions, en vertu de l'art. 556 du Code Napoléon, et il s'est
contenté d'appliquer le principe de la plus-value, inscrit
dans la loi du 16 septembre 1807. Deux décrets, ceux du
15 janvier 1853 et du 15 juillet 1854, ont déclaré appli-
cables aux alluvions des départements de la Seine Infé-

rieure et de l'Eure, les articles 30, 31 et 32 de cette loi.

Les indemnités payées par les propriétaires s'élèvent à la somme totale de 1.288.934 fr. 14 c.; elles ont été réglées « à la moitié de la valeur des avantages que les propriétés avaient acquis (1) » au moment de la remise.

Il reste à recueillir les indemnités de plus-value relatives aux alluvions, situées sur la rive gauche en aval de Quillebeuf et sur la rive droite en aval de Tancarville : elles pourront s'élever à une somme de 2.500.000 fr.

Les indemnités à payer à l'État formeront ainsi un total de trois millions huit cent mille francs environ.

Tel est, dans un rapide aperçu, l'ensemble des travaux d'endiguement entrepris dans la Seine maritime depuis l'année 1848 ; ils doivent être complétés par le prolongement des digues jusqu'à Berville et par l'achèvement des lacunes, laissées sur les deux rives, entre la Mailleraye et Quillebeuf. Il reste aussi à pourvoir à l'entretien des digues construites par la constitution d'un ou de plusieurs syndicats entre les propriétaires riverains, avec le concours de l'État.

Les ingénieurs qui ont pris part à ces travaux depuis 1848 sont: MM. Doyat, Beaulieu, Emmery et Du Boulet, ingénieurs en chef des ponts et chaussées, et MM. Partiot et Godot, ingénieurs ordinaires ; la surveillance des travaux a été faite par M. le conducteur Sadlucki.

____

(1) Décrets des 15 janvier 1853 et 15 juillet 1854.

VI

TRAVAUX D'AMÉLIORATION

DES PASSES DE LA GARONNE MARITIME.

—

MINISTÈRE DE L'AGRICULTURE, DU COMMERCE ET DES TRAVAUX PUBLICS.

Un dessin.

———

Exposé. — L'état de la navigation de la partie maritime de la Garonne, située au-dessous du pont de Bordeaux, a fixé depuis longtemps l'attention de l'administration.

En 1823, à la suite de la perte de deux grands navires qui avait jeté l'alarme à Bordeaux, les ingénieurs de la Gironde présentèrent un projet pour l'amélioration des deux passages les plus difficiles, et plusieurs mémoires furent publiés sur cette question vitale pour le commerce de cette ville. Le conseil général des Ponts et Chaussées repoussa ce projet et invita les ingénieurs à se livrer à de nouvelles études. Cette invitation fut renouvelée en 1838 et en 1839, à l'occasion de l'exécution des travaux de défense de l'extrémité du Bec d'Ambès. Enfin, en 1840, un premier crédit fut ouvert pour procéder à des opérations de levé de plan et de sondages. Ces opérations, qui ont exigé du temps, en raison de l'étendue qu'elles devaient embrasser, ont été complétées par des observations nombreuses sur les mouvements des marées, depuis l'embouchure de la Gironde jusqu'à la limite extrême de la région maritime de la Garonne. A la suite de ces études un avant-projet a été présenté en 1849.

Résultats des études. — Avant d'en indiquer les principales dispositions, il paraît nécessaire de donner quelques renseignements sommaires sur la partie de la Garonne qui intéresse la navigation maritime et sur son régime.

Cette partie s'étend depuis le pont de Bordeaux jusqu'au confluent de la Garonne et de la Dordogne au Bec d'Ambès, sur une longueur de 24.490 mètres. Sa largeur moyenne à haute mer est de 560 mètres dans l'étendue du port de Bordeaux. Elle augmente ensuite assez rapidement et elle est moyennement de 829 mètres jusqu'au Bec d'Ambès. En ce point la rivière se divise en deux bras qui ont ensemble environ 1.300 mètres.

La hauteur moyenne des marées, au-dessus du zéro de l'échelle du pont de Bordeaux, est de 4 mètres en morte eau et de 5^m,24 en vive eau. La plus faible pleine mer de morte eau, trouvée pendant dix ans d'observations consécutives, a été de 3^m,30. Lors des basses eaux de la Garonne, il n'y a pas de différence sensible entre le niveau de la pleine mer à Bordeaux et à l'embouchure de la Gironde, et, dans les plus grandes crues, le surhaussement n'excède guère 1^m,40 au premier point. La hauteur maximum observée depuis 1835 n'a pas dépassé 6^m.56.

La vitesse du jusant est plus forte que celle du flot. La durée du premier est en outre plus que double de celle du second à Bordeaux. Comme enfin la marée se retire plus promptement en aval qu'en amont, lorsque les eaux supérieures arrivent dans la Garonne maritime, elles trouvent les banes découverts et elles se rassemblent dans le chenal sur lequel leur action est alors plus efficace, en même temps qu'elle est plus prolongée. Aussi est-il à remarquer que la route suivie par les navires se tient constamment dans le chenal déterminé par les courants de jusant.

Le lit est formé dans le chenal de sable fin qui offre peu de résistance aux courants. En approchant des rives, ce sable se mélange de vase en proportion d'autant plus grande que la vitesse y est moindre. Les eaux sont généralement très-limoneuses, soit par l'effet des troubles charriés par les eaux supérieures, soit par suite de l'agitation produite dans le lit par les courants et surtout par ceux de flot.

La Garonne maritime présente une succession de parties profondes ou de mouillages et de hauts-fonds ou de barres, qui se trouvent dans l'ordre suivant de l'amont vers l'aval : Mouillage du pont de Bordeaux, barre de Bacalan ; mouillage de Lormont, barre de Bassens ; mouillage de Bassens, barre de Montferrand ; mouillage de Lagrange, barre du Caillou ; mouillage d'Ambès et barre du Bec d'Ambès ; ce qui fait en tout cinq mouillages et autant de barres. Cet état de choses a existé de tout temps. Seulement la profondeur sur les hauts-fonds et l'étendue des mouillages éprouvent, tous les ans, des variations qui doivent être attribuées principalement à l'état des eaux supérieures et qui, dans certains cas, peuvent devenir menaçantes pour la navigation.

Les barres sont constamment dues aux trois causes suivantes : 1° passage du chenal d'un côté à l'autre de la rivière, 2° largeur anormale du lit, 3° divergence des courants de jusant et de flot, qui fait que chacun d'eux tend à s'ouvrir un chenal différent.

A l'époque où ont été commencées les études, il était

généralement reçu à Bordeaux que l'état de la Garonne
maritime allait en empirant chaque année, et qu'avant
longtemps le port deviendrait inaccessible aux grands navires. On avait même cru ce moment arrivé en 1849, époque
où les barres de Montferrand et du Bec d'Ambès avaient
éprouvé un exhaussement considérable. Cependant, l'examen des faits et la comparaison des plans ont démontré qu'il
n'y avait pas eu de détérioration progressive, mais seulement
des variations plus ou moins marquées suivant l'état des
eaux supérieures, qu'en somme la navigation était généralement difficile et devenait même presque impossible pour
les navires d'un tirant d'eau supérieur à 5 mètres, dans
certaines années, comme celle de 1849, où la moyenne du
débit de la Garonne a été remarquablement faible.

Dispositions générales du projet. — Pour améliorer cet
état de choses, l'avant-projet de 1849 proposait de modifier
la configuration des rives, de manière : 1° à adoucir le passage trop brusque des courants d'une rive sur l'autre, 2° à
réunir les eaux dans le chenal suivi par la navigation sur
les points où elles se partageaient entre deux bras, 3° à
faire disparaître les élargissements trop considérables afin
d'obtenir une largeur du lit augmentant graduellement depuis l'embouchure jusqu'à Bordeaux, et proportionnée au
volume d'eau que peut recevoir la partie supérieure de la
région maritime, 4° à rétablir enfin la coïncidence entre les
chenaux creusés par les courants de flot et de jusant

Ces résultats devaient être obtenus au moyen de digues
longitudinales en enrochements à pierres perdues, arasées
à 2ᵐ,50 seulement au-dessus de l'étiage, afin de ne pas
gêner l'introduction du flot, et sur quelques points, au
moyen du recépement des rives et de l'enlèvement d'épis
de défense très-saillants construits par les propriétaires. La

dépense de ces travaux était évaluée à 3.500.000 francs.

Exécution des travaux : 1° *Barre de Montferrand.* — Ces propositions ayant été accueillies favorablement par l'Administration, un projet définitif fut dressé pour l'amélioration de la passe de Montferrand, qui était la plus gênante pour la navigation. Ce projet, qui fut approuvé le 18 janvier 1854, comprenait d'une part la construction d'une digue longitudinale de 2.201 mètres de longueur, entre la rive gauche et l'extrémité aval de l'île Grattequina, qui partage la rivière en deux bras sur ce point, et d'autre part l'établissement d'une digue transversale de 280 mètres, destinée à barrer plus efficacement le bras situé du côté de cette rive.

On obtenait ainsi le triple résultat de rassembler toutes les eaux dans le bras principal, de diminuer l'élargissement du lit au-dessous de l'île, d'obliger enfin le courant de flot, qui se dirigeait de préférence dans le bras de rive gauche, à suivre le chenal du courant de jusant.

Ces travaux ont été exécutés en 1854 et 1855, et ont donné lieu à une dépense totale de 418.261 fr., 05. Ils ont eu un succès complet et immédiat. La profondeur sur la barre, qui était de 1^m,78 au mois de juillet 1853, mais qui s'était réduite à 0^m,97 en 1767 et 1769, à 1^m,24 et même à 0^m,66 en 1849, et à 1^m,32 en 1850, a été portée à 3^m,46 au minimum et à 4 mètres en moyenne de 1855 à 1861. Depuis lors les travaux d'amélioration de la passe de Bassens, qui vient immédiatement en amont, travaux qui ont été entrepris en 1860, ont eu pour effet de faire remonter cette barre et de la joindre à celle de Bassens, de sorte qu'on peut dire en réalité qu'elle a cessé d'exister.

De 1853 à 1860 une somme de 465.349 fr., 41 a été employée : 1° à receper les nombreux épis en enrochements

situés sur les rives de la Garonne et sur l'île du Nord dans
la Gironde, qui faisaient obstacle à la navigation et avaient
une fâcheuse influence sur la direction des courants, 2° à
fermer par des digues les trois passages, compris entre
l'îlot de Macau, l'île Cazeau, l'île du Nord et l'île Verte, qui
divisent l'embouchure de la Garonne en deux bras. La fermeture de ces passages, qui établissaient des communications entre le bras de la rive gauche ou de Macau et le bras
principal de la Gironde, a eu pour but d'appauvrir le premier bras et d'appeler un plus grand volume d'eau dans la
passe du Bec d'Ambès. Ce but a été atteint, car on a remarqué que l'approfondissement de cette dernière passe suivait
les progrès de la construction du dernier barrage entre l'île
du Nord et l'île Verte.

Ce progrès n'ayant pas cependant paru suffisant, un décret du 29 février 1860 a autorisé l'exécution des travaux
projetés pour l'amélioration des passes du Bec d'Ambès et
de Bassens, et y a affecté une somme de 1.900.000 francs.

2° *Barre du Bec d'Ambès.* — Au Bec d'Ambès il fallait
remédier au partage des eaux entre les deux bras, et rappeler dans le chenal principal le courant de flot qui entretenait un petit chenal secondaire le long de la pointe du Bec.
Le projet approuvé comprenait à cet effet : 1° la fermeture
partielle de l'entrée du bras de Macau au moyen d'une digue
longitudinale de 2.786 mètres de développement, dans
laquelle se trouvait ménagé, pour le service de la petite
navigation, un passage de 800 mètres de longueur auquel
correspondait un barrage sous-marin arasé à 3 mètres au-
dessous de l'étiage ; 2° la construction, en prolongement
du Bec d'Ambès, d'un éperon dont la longueur, qui n'était
pas fixée d'une manière définitive, pouvait aller jusqu'à
1.500 mètres.

Ces travaux ont été exécutés de 1860 à 1864. La longueur de l'éperon du Bec d'Ambès, qui a été limitée à 770 mètres, a paru suffisante. Il reste encore à élever à la hauteur de $2^m,50$, fixée par le projet, une partie de la digue longitudinale de 585 mètres de longueur, qui a été arrêtée provisoirement à $1^m,20$; mais l'approfondissement obtenu a fait penser qu'on pouvait différer cet exhaussement.

La profondeur de la barre, qui n'a pas dépassé en moyenne $1^m,92$ pour 15 années d'observation avant 1860, était descendue en 1848 à $1^m,30$, en 1849 à $1^m,63$, en 1850 à $1^m,23$ et en 1859 à $1^m,83$ au-dessous de l'étiage. Depuis l'exécution des travaux, elle est devenue moyennement de $2^m,78$ pour 1864, de $3^m,36$ pour 1865 et de $3^m,08$ pour 1866; ces cotes étant prises dans l'axe du chenal qui ne correspond pas habituellement au point de la plus grande profondeur.

3° *Barre de Bassens.* — À Bassens, tandis que le courant de jusant était repoussé au large par la pointe de Lormont, celui de flot suivait la rive droite et y entretenait un chenal assez profond, mais de peu de largeur. On a construit de 1860 à 1863 une digue longitudinale de 4.800 mètres de longueur pour éloigner le courant de flot de cette rive, et on a exhaussé, jusqu'à une hauteur de 5 mètres, le barrage du bras secondaire compris entre l'île Grattequina et la rive gauche. Ces travaux ayant eu pour effet de rejeter le chenal de jusant vers cette dernière rive, on a été conduit à établir de ce côté une seconde digue longitudinale de 1.788 mètres de longueur, qui vient aboutir à l'extrémité amont de l'île. Cette dernière digue a été exécutée en 1863 et 1864.

La profondeur sur la barre de Bassens n'a été observée d'une manière suivie que depuis 1853, et ne s'est élevée en moyenne qu'à $2^m,02$ pour les 7 années qui ont précédé l'exécution du projet; mais elle est descendue en 1858 à $1^m,84$ et en 1859 à $1^m,42$. L'effet des travaux a été un peu lent à se produire. Pourtant la profondeur a atteint moyennement $2^m,28$ en 1864, $2^m,65$ en 1865 et $2^m,45$ en 1866. L'approfondissement a donc été moins considérable sur cette barre que sur les deux autres, et on sera peut-être conduit à exhausser un peu les digues. Cependant avec une profondeur de $2^m,45$, à laquelle s'ajoutent les 4 mètres de hauteur des marées moyennes de morte eau et les $5^m,24$ des marées moyennes de vive eau, la navigation est parfaitement assurée.

La dépense faite pour ces deux passes, au 31 décembre 1866, sur les fonds du décret du 29 février 1860, est de 1.729.919 fr. 50.

En résumé le montant général des dépenses des travaux exécutés depuis 1854 jusqu'à ce jour, pour l'amélioration de la Garonne maritime, n'excède pas 2.628.453 fr. 68.

Travaux restant à faire. — Il resterait encore à améliorer les barres de Bacalan et du Caillou. La première est située à l'aval du port de Bordeaux et au passage du chenal de la rive gauche sur la rive droite. La profondeur s'y est maintenue généralement au-dessus de $2^m,50$ jusqu'en 1860, sauf en 1820 et en 1858 où elle s'est réduite à $2^m,27$ et à $2^m,20$. Mais depuis 1861, elle a été constamment inférieure au chiffre de $2^m,50$ et elle est même descendue à $1^m,87$, au mois de janvier dernier. Or les grands navires, qui sont presque tous remorqués, ont l'habitude de quitter le port dès que le flot a mis sur le seuil la hauteur d'eau qui lui est indispensable. Ils partent ainsi avec un reste de flot, passent à Bassens et au Caillou à peu près à la pleine mer, et peuvent, en ne perdant pas de temps, arriver à Pauillac dans la marée, avant que l'eau n'ait assez baissé sur les hauts-fonds inférieurs pour pouvoir les arrêter. Ils auraient donc un grand intérêt à ce que le seuil de Bacalan fût assez bas pour qu'ils pussent le franchir à peu près à moitié flot, et c'est ce qui n'a pas lieu avec sa hauteur actuelle.

La barre du Caillou a moins d'inconvénients puisque les navires n'y passent d'habitude qu'aux approches de la pleine mer; mais pourtant elle s'est exhaussée dans ces derniers temps de manière à devenir gênante. Le tirant d'eau, qui jusqu'à 1856 y était de 2ᵐ,83 à 2ᵐ,92 au minimum, est resté depuis lors inférieur à 2ᵐ,50 et est même descendu à 1ᵐ,70 en 1861 et à 1ᵐ,62 en 1866.

Il est du reste à remarquer que les travaux déjà exécutés n'ont pu avoir aucune influence sur ces deux barres et ne sont en conséquence pour rien dans leur exhaussement.

La dépense nécessaire pour les améliorer est estimée à 1.200.000 francs.

Résumé. — En résumé les moyens employés pour l'amélioration des passes de la Garonne maritime ont bien réussi. Les plus grands navires du commerce remontent maintenant sans difficulté à Bordeaux, et il en est résulté que les dimensions des navires qui fréquentent ce port ont notablement augmenté dans ces dernières années. C'est à ce point que l'étendue du mouillage naturel, qui existe dans la Garonne devant Bordeaux, est devenue insuffisante et qu'il est maintenant reconnu nécessaire d'y ajouter un bassin à flot. Enfin les paquebots transatlantiques de la ligne du Brésil, qui ne se sont établis dans ce port qu'avec de grandes appréhensions, n'ont jamais été arrêtés par l'état des passes.

Ces résultats ont d'ailleurs été obtenus moyennant une dépense relativement peu considérable de 2.628.453 fr. 68.

Dessins joints à la notice. — Les deux plans joints à la présente notice sont celui de 1842, date des premières opérations, et celui de 1865, attendu que les sondages généraux de 1866 ne sont pas encore rapportés. La situation résultant des sondes de 1842 était la plus favorable de toutes celles qui ont existé depuis lors, surtout en ce qui concerne es barres de Bacalan, de Bassens et du Caillou. La comparaison avec l'état présent est donc en général désavantageuse. On n'a indiqué par suite, sur le profil en long de 1842, le profil actuel que pour les parties où les travaux ont été exécutés, et on a eu soin de faire connaître en outre les moindres profondeurs sur les barres constatées avant et après l'exécution des ouvrages.

Les Ingénieurs qui ont pris part à ces travaux sont : de 1840 à 1852, MM. Deschamps, ingénieur en chef, Pairier, ingénieur ordinaire ; de 1853 à 1864, MM. Dræling, ingénieur en chef, Pairier, jusqu'en 1856, et Joly, ingénieurs ordinaires ; en 1865 et 1866, MM. Pairier, ingénieur en chef, Joly, ingénieur ordinaire.

VII

NIVELLEMENT SUR LES DEUX RIVES

DE LA LOIRE ENTRE BRIARE ET NANTES.

—

MINISTÈRE DE L'AGRICULTURE, DU COMMERCE ET DES TRAVAUX PUBLICS

Un atlas.

—

Historique. — Après l'inondation de la Loire en 1846, un programme d'études fut dressé par ordre de l'administration supérieure : au nombre des dispositions renfermées dans ce programme se trouvent les suivantes :

Art. 20. — « Il y aura une ligne de bornes repères sur « chaque rive. Il sera pris pour chaque borne de nivelle- « ment une cote de hauteur au-dessus de la mer qui sera « gravée sur la face supérieure.

Art. 21. — « Les zéros des échelles métriques seront « rattachés par des cotes au nivellement général.

Art. 25. — « Toutes les observations de hauteurs d'eau « et autres seront rapportées au nivellement général.

Art. 34. — « Les ingénieurs consigneront les souvenirs « et les repères qui peuvent exister des crues antérieures à « 1847, les traces des ruptures des brèches et de submer- « sion des levées. »

Les bornes repères et les échelles métriques furent installées de 1847 à 1852 : les zéros des nouvelles échelles furent conservés au niveau des anciens, dans chaque localité.

Les bornes repères forment deux séries distinctes, portant un numérotage particulier : le zéro, ou point de départ des bornes, est aux environs de Sully (département du Loiret) sur le méridien de Paris : les bornes qui partant de ce méridien forment la série remontant la Loire du côté de l'Est, sont désignées, indépendamment du numéro d'ordre, par la caractéristique M (montant) : celles qui forment la série descendant la Loire du côté de l'ouest, sont désignées par la caractéristique D (descendant).

Les bornes kilométriques des deux rives forment deux séries. Celle de rive gauche a son point de départ, ou zéro, à la limite amont des départements de la Loire et de Saône-et-Loire : elle se termine à l'Océan, au fort Mindin, en face de Saint-Nazaire : la dernière borne porte le numéro 698. Celle de rive droite se subdivise en autant de séries particulières qu'il y a de départements traversés, la première étant à la limite amont de chacun d'eux et la dernière à la limite aval.

Le programme de 1847 recommandait de rattacher des bornes repères, des échelles métriques et des points isolés, à un plan de comparaison qui est celui de la mer, sans paraître s'occuper d'un nivellement continu représentant le relief naturel ou artificiel des deux rives de la Loire, le sol des vallées, des coteaux, la crête des levées, des banquettes, les lignes enveloppes des plus basses eaux, des crues, etc. : cette lacune ou cette indétermination du programme de 1847 laissait donc le champ libre à l'initiative des ingénieurs : c'était une sorte de concours ouvert pour réaliser au mieux l'idée mère contenue en germe dans ce programme.

De l'année 1849 à l'année 1852, des nivellements furent exécutés sur les deux rives de la Loire, entre Briare et Nantes, et rapportés au niveau de la mer à Paimbœuf, soit à 0ᵐ,27 au-dessus du niveau moyen de la mer à Saint-Nazaire. Toutes les dispositions antérieures à 1852 avaient été prises sur l'initiative de M. Comoy, ingénieur en chef, aujourd'hui inspecteur général des ponts et chaussées, chargé alors du service et auteur de la carte hydrographique du cours de la Loire.

Le 13 juillet 1854, un nouveau programme fut présenté à l'administration supérieure pour l'organisation de cette grande opération du nivellement sur des bases un peu différentes : une décision ministérielle du 5 septembre suivant approuva ce programme, ainsi que le spécimen des profils qui, aux termes de cette décision, devaient être gravés sur pierre et tirés à 250 exemplaires.

Mesures d'exécution du nivellement. — L'opération qu'il s'agissait d'entreprendre comportait un développement linéaire de 400 kilomètres sur chacune des deux rives du fleuve entre Briare et Nantes, et comme le nivellement devait être rattaché au niveau moyen de la mer à Saint-Nazaire, les opérations furent nécessairement prolongées jusque-là. Deux lignes de nivellement de précision furent exécutées, l'une sur la rive droite et l'autre sur la rive gauche : le développement des opérations, compris les traversées de la Loire à tous les ponts, pour rattacher les nivellements des deux rives et les lignes de vérifications secondaires, s'élève ainsi à plus de 1,500 kilomètres.

Le nivellement confié à M. Bourdaloue ne devait comprendre que la détermination des altitudes des bornes repères et des bornes kilométriques, ainsi que des zéros des échelles hydrométriques : ces opérations dites de précision furent exécutées pendant le cours des années 1855 et 1856.

Mais le nivellement des deux rives de la Loire, pour être complet, devait représenter encore d'autres éléments. Il fallait y figurer le sommet des levées et leurs banquettes ; le sol des vallées sur lequel les levées sont assises ; et partout où il n'existe pas de levées, comme cela arrive entre deux vallées consécutives d'une même rive, le relief des contreforts qui s'avancent sur le fleuve ; la ligne enveloppe de l'inondation de 1856, la plus grande de toutes celles dont on ait conservé les traces continues sur tout le parcours du fleuve ; la ligne de la crue de plein bord de 1857 ; la ligne des plus basses eaux de 1858 et 1859 ; le relief mobile du fond de la Loire correspondant à ces basses eaux exceptionnelles ; enfin les hauteurs des inondations les plus remarquables constatées aux différents ponts de la Loire, entre Briare et Nantes.

Les traces fugitives de la ligne enveloppe de l'inondation de 1856, celles de la crue de plein bord de 1857 et celles des plus basses eaux des années 1858 et 1859, furent repérées et relevées kilomètre par kilomètre. Toutes les altitudes du relief des levées, du sol naturel, du fond de la Loire etc., furent relevées par les mêmes opérateurs.

Ces travaux sur le terrain exigèrent six campagnes, de 1855 à 1860.

Opérations graphiques. — Le dessin des profils de chacune des trente-neuf feuilles de nivellement fut exécuté selon le spécimen approuvé par la décision ministérielle du 5 septembre 1854. Les travaux graphiques comme les vérifications des carnets de nivellement furent faits sous la direction personnelle de l'ingénieur en chef de la Loire, par trois conducteurs des ponts et chaussées, MM. Coquillon, Morel et Moreau.

Chaque feuille de dessin, ayant en longueur $0^m,75$ et en hauteur $0^m,55$, comprend le profil de chacune des deux rives pour la partie du fleuve contenue sur chacune des feuilles de la carte de la Loire de même format : chaque feuille porte en titre le numéro correspondant de la série des feuilles de la carte, le nom de la feuille et celui du département.

Plan de comparaison du nivellement. — En exécution de la décision ministérielle du 5 septembre 1854, le nivellement fut d'abord rattaché au niveau moyen de la mer à Saint-Nazaire. Et dès que les minutes des feuilles furent terminées en 1857 et 1858, on se disposa à les faire graver conformément à cette décision. Mais à cette époque, l'administration faisait exécuter, sur les côtes de France, un nivellement général qui devait avoir pour résultat de fixer un plan horizontal unique de comparaison et en l'état, il était prématuré de rapporter les altitudes de la Loire à un autre plan quelconque (décision du 23 février 1858).

Pendant les années 1858, 1859 et 1860, le choix du plan de comparaison définitif demeurant incertain, le travail de la gravure des profils fut nécessairement interrompu.

Une dépêche ministérielle, du 3 juin 1861, fit connaître à l'ingénieur en chef de la Loire que le plan de comparaison adopté définitivement pour le nivellement général de la France, par une décision ministérielle du 13 janvier précédent, était le niveau moyen de la mer à Marseille, correspondant à un plan pris à $0^m,40$ au-dessus du zéro de l'échelle des marées, lequel est à $0^m,747$ au-dessous du niveau moyen de la mer à Saint-Nazaire qui passait à la cote 3 mètres de l'échelle du môle.

Toutes les altitudes des profils de la Loire qui avaient été d'abord calculées relativement au plan de comparaison de Saint-Nazaire, durent être calculées une seconde fois relativement au plan de comparaison de Marseille. Ces altitudes sont au nombre de 13,668 (1).

Gravure des profils du nivellement. — On a dit que des dispositions avaient été prises pour que la gravure des profils fût achevée dans le courant de l'année 1858 : nous avons vu que les incertitudes relatives au choix du plan de comparaison et les calculs qu'il a été nécessaire de faire pour changer toutes les altitudes et les rapporter du plan de comparaison de Saint-Nazaire à celui de Marseille, avaient occasionné des ajournements inévitables qui n'ont plus permis que cette gravure fût terminée avant l'année 1862.

Dépense du nivellement gravé de la Loire. — Les dépenses de personnel, qui sont particulières à cette grande opération, peuvent être évaluées pour la période de 1849 à 1862, à 35.000 fr. Les travaux exécutés par M. Bourdaloue ont été payés 13,762 fr. 12, et la dépense pour la gravure s'est élevée à 13,165 fr. : la somme totale

---

(1) Ces altitudes se décomposent ainsi :

Terrain naturel, levées, banquettes.	9.192
Échelles hydrométriques.	208
Bornes repères.	1.035
Bornes kilométriques.	866
Inondation de 1856.	663
Crue d'octobre 1857.	726
Basses eaux de 1858 et 1859.	978
	13.668

Toutes ces altitudes, calculées deux fois et vérifiées chacune trois fois, représentent plus de 80,000 cotes.

des frais fixes alloués à l'ingénieur en chef a été réglée à 1,500 fr. pour la période de 1854 à 1862.

La dépense de l'opération peut donc être fixée en nombre rond à 64,000 fr. : le développement linéaire du fleuve entre Briare et Nantes étant de 400 kilomètres, la dépense des profils gravés sur les deux rives revient à 160 fr. par kilomètre du cours de la Loire.

Utilité des profils gravés du nivellement de la Loire. — L'utilité des profils gravés du nivellement de la Loire ressort assez explicitement du programme de 1847 : on peut dire qu'il n'y a pas. sur la Loire, une seule question à traiter, quelle que soit son importance, dont la solution ne soit facilitée par la connaissance exacte des éléments consignés sur les profils gravés. Enfin, le nivellement gravé de la Loire permet de représenter le relief des deux rives du fleuve et tous les éléments hydrographiques qui ont une corrélation avec son régime. Au moyen de ce nivellement et de la carte qui l'accompagne, l'on peut restituer la section transversale du val submersible de la Loire en un point quelconque de son cours entre Briare et Nantes.

Ce travail a été exécuté de 1854 à 1862, par M. Collin, ingénieur en chef des ponts et chaussées, avec la collaboration de M. Bourdaloue à qui furent confiées les opérations de précision, et celle de MM. les ingénieurs ordinaires du service de la Loire, Cormier, Richard et Watier (actuellement ingénieurs en chef). Batereau, de Vésian et Sainjon, aidés par les conducteurs de ce service qui furent chargés de tous les nivellements d'ensemble et de détails, ainsi que des sondages du lit du fleuve et de la préparation, sous la direction personnelle de l'ingénieur en chef, des dessins graphiques des trente-neuf feuilles de profils qui composent l'atlas.

VIII

CARTE DES VOIES NAVIGABLES

DE L'EMPIRE FRANÇAIS, DE LA BELGIQUE ET DES PROVINCES DE LA RIVE GAUCHE DU RHIN.

—

MINISTÈRE DE L'AGRICULTURE, DU COMMERCE ET DES TRAVAUX PUBLICS.

———

Une carte.

———

L'auteur de cette carte, M. l'ingénieur en chef Collin, n'a voulu représenter que les voies navigables, différenciées par des tracés particuliers qui font distinguer aisément du premier coup d'œil :

Les parties des fleuves et des rivières qui ne sont pas navigables ; celles qui sont flottables sans être navigables.

Celles qui comportent une navigation naturelle sans ouvrages spéciaux.

Celles sur lesquelles on a créé ou amélioré la navigation au moyen d'ouvrages divers, mais sans écluses à sas.

Enfin, celles sur lesquelles on a créé ou amélioré la navigation au moyen d'ouvrages divers et d'écluses à sas.

Puis les canaux de navigation latéraux aux rivières et les canaux à point de partage.

L'origine de la navigation fluviale.

Celle de la navigation maritime.

Enfin, les gisements houillers.

On a figuré aussi par des traits déliés, les lignes des faîtes des principaux bassins hydrographiques, les limites des états limitrophes et celles des départements français.

L'auteur ne s'est pas borné à représenter sur la carte, les voies navigables de l'empire; il y a rattaché tout le réseau de la Belgique et celui des provinces de la rive gauche du Rhin; cette liaison était naturellement indiquée puisque les voies d'eau de ces divers états sont en communication permanente avec le réseau de celles du Nord de l'Empire, absolument de la même manière que les réseaux des chemins de fer internationaux.

Cette carte est accompagnée d'un texte indiquant la classification administrative des voies d'eau; la navigation naturelle ou artificielle, maritime ou fluviale, la position géographique des origines, le développement des voies, la nature des ouvrages à l'aide desquels la navigation est établie, créée ou améliorée; les dimensions *maxima* et *minima* des écluses; les provenances des combustibles minéraux qui empruntent ces voies d'eau, tant en France qu'en Belgique, et dans les provinces de la rive gauche du Rhin.

Le texte est divisé en cinq sections ou chapitres :

I. — Introduction à l'étude des voies navigables.

II. — Définition des termes techniques.

III. — Voies navigables de l'empire français. —Rivières navigables. — Canaux.

IV.—Voies navigables de la Belgique et des provinces de la rive gauche du Rhin. — Rivières navigables. — Canaux.

V. — Désignation des États traversés par les voies navigables de la Belgique et des provinces de la rive gauche du Rhin. — Rivières navigables. — Canaux.

QUATRIÈME SECTION

NAVIGATION INTÉRIEURE. — CANAUX.

I

PONT-CANAL SUR LA RIVIÈRE D'ALBE.

MINISTÈRE DE L'AGRICULTURE, DU COMMERCE ET DES TRAVAUX PUBLICS.

Un modèle à l'échelle de 0,04.

Système adopté. — Le pont-canal de l'Albe se compose de deux parties essentiellement distinctes, les supports et la superstructure ; les supports sont en maçonnerie, la superstructure est en tôle et fers spéciaux du commerce.

La substitution d'une superstructure métallique horizontale aux voûtes en maçonnerie employées dans l'établissement des ponts-canaux a permis :

1° D'obtenir une étanchéité parfaite et de mettre toute la construction complètement à l'abri des filtrations qui sont toujours pour elle une cause de dégradation et de ruine.

2° De réduire la hauteur de l'ouvrage à son plus strict

minimum, tout en réservant aux crues de la rivière un débouché plus grand et plus facile.

3° Et comme conséquence, de diminuer beaucoup le relief considérable des remblais dans toute la traversée de la vallée; ce qui a procuré le double avantage de placer le canal dans de meilleures conditions de stabilité et d'étanchéité, et de réaliser, en même temps, une économie d'environ 200.000 francs.

Le fer et la tôle, qui ont déjà rendu de très-grands services dans la construction des viaducs, peuvent ainsi en rendre également de très-grands dans celle des ponts-canaux, plus grands encore peut être, car le profil en long des biefs, soumis à l'obligation rigoureuse d'une horizontalité parfaite, ne peut être infléchi aux abords des ouvrages comme celui des autres voies.

Dispositions d'ensemble. — La superstructure du pont-canal de l'Albe a 47^m,60 de longueur et 11 mètres de largeur ; elle se compose essentiellement :

1° D'une voie d'eau de 6^m.80 de largeur contenue dans une bâche ou cuvette en tôle dont les parois verticales remplissent le rôle de poutres;

2° De deux chemins de halage, de 2^m,10 de largeur chacun, placés en encorbellement extérieur de chaque côté de la cuvette.

Le tout repose, par l'intermédiaire de chariots de dilatation, sur deux piles et deux culées, et forme ainsi trois travées dont les ouvertures ont été réglées de manière à réaliser à très-peu près les conditions d'un pont équilibré.

Le vide des ouvertures est de 17 mètres dans la travée centrale et de 12^m,50 dans les deux travées de rive : les longueurs d'appui sont de 1^m,50 sur les piles et de 0^m,90 sur les culées.

En arrière des chariots de dilatation des culées, la superstructure métallique se prolonge de 0^m,50 et pénètre dans
les maçonneries comme un piston dans un corps de pompe ;
une garniture en étoupes goudronnées de 0^m,06 d'épaisseur
est interposée pour assurer l'étanchéité.

Sauf dans cette petite chambre d'étanchement, toute la
partie métallique est complétement isolée des maçonneries,
et il reste partout autour d'elle de larges espaces pour la
libre circulation de l'air et de la lumière, ainsi que pour les
visites et les réparations.

Cuvette. — La cuvette en tôle qui contient la voie d'eau
est de forme rectangulaire avec angles arrondis ; l'eau y occupe une hauteur de 1^m,80.

Les parois latérales de cette cuvette s'élèvent à 0^m,75 au-
dessus du plan d'eau et se prolongent de 0^m,50 au-dessous
du niveau général du fond ; elles ont 0^m,010 d'épaisseur et
forment deux grandes poutres de 3^m,05 de hauteur, qui sont
renforcées : 1° par deux tablettes horizontales de 0^m,40 de largeur et de 0^m,010 d'épaisseur, l'une supérieure, l'autre inférieure ; 2° par des montants ou contre-forts verticaux extérieurs de 0^m,26 de saillie, espacés de 1^m,40 d'axe en axe.

La paroi horizontale qui forme le fond a 0^m,008 d'épaisseur ; elle est relevée sur chaque bord suivant un quart de
cercle de 0^m,70 de rayon et se raccorde ainsi tangentielle-
ment avec les parois verticales ; ce fond repose directement :
1° sur 35 entretoises transversales dont la hauteur est de
0^m,50, sauf près des poutres, où leur dessus se relève pour
épouser exactement la forme circulaire des angles de la cuvette ; 2° par trois cours de longrines longitudinales de
0^m,18 de hauteur, espacées de 1^m,70 d'axe en axe.

Les entretoises s'assemblent, sur 1^m,20 de hauteur, à la
partie inférieure des montants verticaux des deux grandes

poutres; réunies à ces montants, elles constituent des membrures analogues à celles des bateaux, à cette seule différence près qu'elles sont placées à l'extérieur au lieu de l'être à l'intérieur.

Chemins de halage. — Les deux chemins de halage, de 2^m,10 de largeur chacun, sont empierrés et placés en encorbellement de chaque côté de la cuvette, sur de petites voûtes en briques qui sont portées par de grandes consoles extérieures fixées sur les montants verticaux des grandes poutres.

Toutes les consoles sont reliées entre elles, à leurs têtes, par une petite poutre longitudinale de 0^m,50 de hauteur, au-dessus de laquelle s'élève le garde-corps ; elles sont, en outre, énergiquement contreventées, en plan, par un système de croisillons en fer méplat placés sous les traverses horizontales qui forment leur partie supérieure et servent en même temps de retombées aux petites voûtes.

Ces petites voûtes sont surbaissées au dixième, ont une portée de 1^m,40 et une épaisseur de 0^m,11, non compris la chape en asphalte de 0^m,012 qui les recouvre. L'empierrement placé au dessus est en béton maigre et est encaissé entre deux caniveaux en pierre de taille, percés de distance en distance de trous qui traversent les voûtes et laissent écouler les eaux pluviales.

Dispositions accessoires. — Des poutres flottantes en sapin règnent tout le long de chacune des deux parois de la cuvette et les mettent à l'abri du contact des bateaux ; des tampons en liège et cordages sont, d'ailleurs, interposés entre les parois et les poutres pour amortir les chocs.

Les grandes poutres de la cuvette s'élèvent à 0^m,25 au-dessus des chemins de halage et forment ainsi banquette de sûreté ; cette banquette est munie : 1° du côté de la cuvette, d'une lisse en fer rond qui éloigne les traits des bateaux des angles vifs, sur lesquels ils pourraient se couper; 2° du côté du chemin de halage, d'un heurtoir en bois qui arrête le pied des chevaux et les empêche de se blesser contre les fers.

Pour isoler la bâche du restant du canal et pour la vider afin de la visiter, la repeindre et la réparer, on a ménagé dans les maçonneries des culées : 1° des rainures à poutrelles; 2° un petit aqueduc de vidange muni d'une vanne.

Forme générale des fers. — Les grandes poutres, leurs entretoises et leurs montants, les longrines, les petites poutres de tête des trottoirs et les différents membres des consoles ont tous la forme d'un double T.

Les montants verticaux des grandes poutres, les longrines et les traverses horizontales supérieures des consoles, sont des fers spéciaux du commerce, qui sortent des laminoirs avec leur forme complète; les autres pièces sont composées au moyen de cornières qui réunissent leur âme avec leurs tablettes supérieure et inférieure.

Les tablettes ne se composent, en général. que d'une seule feuille de tôle de $0^m,01$ d'épaisseur ; mais elles sont renforcées par une ou plusieurs feuilles additionnelles dans les parties les plus fatiguées, de manière que la résistance soit partout proportionnelle à la fatigue.

Montage et mise en place. — Toutes les pièces de la partie métallique du pont-canal de l'Albe ont été préparées à Paris, dans les ateliers de l'entrepreneur, et expédiées sur les lieux par chemin de fer.

La bâche entière, sauf ses consoles extérieures, a été assemblée et montée sur un terre-plein aux abords du pont; sa mise en place a été effectuée en faisant avancer tout l'ensemble, d'une seule pièce, sur des galets fixes en fonte, mus par des leviers manœuvrés par cinquante hommes : l'opération a duré deux jours.

Charges et travail des fers. — Le poids de la superstructure métallique, de sa charge permanente et de sa surcharge, se compose ainsi qu'il suit :

DÉSIGNATION.	POIDS	
	TOTAUX.	PAR MÈTRE COURANT.
Charge permanente.	kilogr.	kilogr.
Fers de toute nature.	163.740	3.440
Maçonneries et empierrement des chemins de halage.	152.320	3.200
Eau sur 1m,80 de hauteur.	582.630	12.240
Surcharge.		
Sur les chemins de halage, à raison de 200 kilogrammes par mètre carré.	38.080	800
Dans la cuvette, pour mémoire, attendu que les bateaux, déplaçant un poids d'eau exactement égal au leur, ne donnent lieu à aucune surcharge.	»	»
Totaux.	936.770	19.680

Sous ces charges, les efforts maximum supportés par les fers sont, par millimètre carré :

1° De 4 kilogrammes dans les pièces travaillant à la flexion, comme les grandes poutres, les entretoises, etc. ;

2° De 4kil,50 dans celles travaillant à l'écrasement, telles que les montants verticaux situés sur les piles; montants dont, au reste, l'espacement normal de 1m,40 a été beaucoup réduit au-dessus de ces appuis, et n'est que de 0m,70 sur les culées et de 0m,43 sur les piles.

Les conditions dans lesquelles s'opère le travail de toutes

les pièces sont, d'ailleurs, des plus favorables et présentent les plus grandes garanties de sécurité. En effet, si l'on fait abstraction du poids des chevaux haleurs qui est tout à fait négligeable devant la masse totale de la construction, il ne reste qu'une charge morte, toujours invariable de position et d'intensité, sous laquelle les molécules du fer restent constamment en repos dans un état fixe et invariable d'équilibre, au lieu d'être soumises aux alternatives brusques de fatigue et aux mouvements incessants dus aux variations qu'une charge roulante produit dans l'intensité et surtout dans le sens des flexions.

Flexion des principales pièces. — Après l'achèvement des maçonneries des chemins de halage et la mise en eau de la cuvette, c'est-à-dire lorsque la charge a été complète, on a constaté, dans les principales pièces, les flèches ci-après, savoir :

$$\text{Grandes poutres} \begin{cases} \text{travée centrale.} \dots \dots & 0^m,005 \\ \text{travée de rive.} \dots \dots & 0^m,003 \end{cases}$$
$$\text{Grandes entretoises.} \dots \dots \dots \dots 0^m,0025$$

Les parois latérales de la cuvette se sont rapprochées l'une de l'autre, à leur partie supérieure, de $0^m,002$; la partie supérieure de chacune d'elles s'est ainsi déplacée de $0^m,001$.

Ce rapprochement des bords supérieurs des parois latérales de la cuvette est la résultante de deux effets de renversement qui tendent à se produire en sens contraire, l'un vers l'intérieur par suite de la flexion des entretoises, l'autre vers l'extérieur par suite de la pression latérale de l'eau et surtout du poids des trottoirs en encorbellement.

Des expériences préalables, faites à l'usine sur plusieurs membrures de la cuvette, pour constater l'influence de chacune de ces deux causes sur le déplacement de l'extrémité

supérieure des montants verticaux de ces membrures,
avaient accusé les résultats ci-après :

Écart vers l'intérieur. . . . . $0^m,0035$
Écart vers l'extérieur. . . . . $0^m,0025$
____
Différence pareille au déplacement observé. $0^m,0010$

L'encorbellement des chemins de halage, loin d'être nuisible à la stabilité des grandes poutres, lui est ainsi favorable.

Dépenses. — La dépense totale du pont-canal se compose
ainsi qu'il suit :

Maçonnerie et travaux accessoires des abords. .   50.000 fr.
Superstructure métallique. 98.000
____
Total. . . . . 148.000 fr.

La superstructure métallique, présentant $47^m,60$ de longueur, revient ainsi à 2,060 fr. par mètre courant.

Elle avait été adjugée avec un prix de $0^f,65$ par kilogramme pour les fers et de $0^f,45$ pour les fontes. L'adjudication a amené un rabais de 22 p. 100, ce qui a réduit le
prix du fer à $0^f,51$ et celui de la fonte à $0^f,35$.

Le pont-canal de l'Albe a été projeté et établi sous la
direction et d'après les indications spéciales de M. Bénard,
ingénieur en chef, par M. Chigot, ingénieur ordinaire.

M. Rigolet était entrepreneur de la partie métallique.

II

DÉVERSOIR-SIPHON DU RÉSERVOIR
DE MITTERSHEIM.
(CANAL DES HOUILLÈRES DE LA SARRE.)

MINISTÈRE DE L'AGRICULTURE, DU COMMERCE ET DES TRAVAUX PUBLICS.

Un modèle pour l'ensemble, à l'échelle de 0^m,025.
Un modèle de la tête d'un amorceur, à l'échelle de 0^m,10.

Réservoir de Mittersheim. — Le réservoir de Mittersheim
est destiné à l'alimentation de la partie du canal des houillères de la Sarre située au-dessous de la treizième écluse ;
il est formé par une retenue des eaux du ruisseau de la
Naubach sur une hauteur de 8^m,10.

La superficie du réservoir est de 262 hectares ;

Sa capacité totale est de 7.000.000 mètres cubes.

La partie de cette capacité qui peut être utilisée pour
l'alimentation du canal est de 5.800.000 mètres cubes.

Objet du déversoir-siphon. — Cet ouvrage a pour objet
d'évacuer le trop-plein du réservoir de Mittersheim et d'empêcher son plan d'eau de s'élever au-dessus d'une limite
déterminée, lorsque surviennent des crues dont l'intensité variable peut atteindre jusqu'à 6^{mc},50 par seconde.

Description. — Il fonctionne comme un véritable siphon.

dans toute l'acception scientifique du mot, et se compose essentiellement de deux gros tuyaux convenablement recourbés, de $0^m,70$ de diamètre intérieur et $0^m,022$ d'épaisseur, accompagnés de deux petits tuyaux auxiliaires, également recourbés, de $0^m,15$ de diamètre et $0^m,012$ d'épaisseur, qui sont toujours en communication avec eux par la partie supérieure et remplissent le rôle d'amorceurs et de désamorceurs.

Tous ces tuyaux communiquent avec le réservoir par leur petite branche ascendante et plongent par leur branche descendante dans un bassin inférieur, situé à l'aval de la digue ; leur coude supérieur est placé au niveau réglementaire de l'étang.

Chaque gros siphon, muni de son amorceur spécial, forme d'ailleurs un système complet, de sorte que l'appareil est double et se compose de deux parties entièrement semblables, mais complétement indépendantes, dont l'une quelconque peut au besoin être visitée et réparée, sans que l'autre cesse d'être en état de fonctionner.

Tout cet appareil est logé dans un puits couvert qui le met à l'abri de la gelée et des corps flottants ; tous les tuyaux, dont les divers coudes ont un rayon de courbure uniforme de $1^m,44$ sur l'axe, y sont, d'ailleurs, disposés de manière qu'on puisse circuler facilement autour d'eux.

Ce puits, de forme carrée, est adossé au parement amont de la digue ; à sa partie inférieure il est percé de deux ouvertures, l'une dans le mur antérieur, l'autre dans le mur postérieur : la première est généralement ouverte et laisse pénétrer librement l'eau du réservoir dans l'intérieur du puits ; elle ne se ferme qu'en cas de réparations à faire : la seconde, au contraire, est constamment fermée et ne s'ouvre que pour vider soit le puits, soit le réservoir ;

elle sert de bonde de fond et est placée en tête d'un aqueduc de fuite établi sous la digue.

Le mur antérieur du puits est percé, en outre, de deux autres ouvertures placées à 3^m,50 de profondeur au-dessous du plan d'eau réglementaire du réservoir; ces ouvertures servent d'orifices aux branches ascendantes des gros siphons; elles sont circulaires et fortement évasées en forme de pavillons, afin de supprimer la contraction et les pertes de charge qui en résultent.

Enfin, l'extrémité inférieure de la branche descendante de chaque gros siphon et de chaque amorceur traverse, à joint étanche, le mur postérieur, et vient plonger à l'aval dans un bassin dont le plan d'eau est à 0^m,58 en contrebas de celui du réservoir et est maintenu à ce niveau par un petit barrage établi en travers de l'aqueduc de fuite.

Tête des amorceurs. — La tête des tubes amorceurs ne s'ouvre pas directement dans le grand réservoir, comme celle des gros siphons; elle se trouve dans l'intérieur même du puits et y est disposée de manière que son orifice d'entrée ne soit complétement noyé que lorsque le plan d'eau s'élève à plus de 0^m,005 au-dessus de son niveau réglementaire.

Cette tête, largement évasée dans le sens horizontal, est munie d'une cloison ou paroi mobile intérieure qui tourne autour d'un axe vertical et qui permet de réduire ou d'augmenter à volonté l'ouverture de l'entrée, sans produire aucun changement brusque de section et en conservant toujours un évasement progressif bien ménagé.

Tout le système de cette tête peut, en outre, s'élever ou s'abaisser d'une seule pièce dans un joint étanche à dilatation libre.

En employant séparément ou en combinant entre eux

chacun de ces deux moyens de règlement, et en les appliquant d'une manière plus ou moins différente à chacun des deux groupes de siphons, on peut faire varier dans des limites très-étendues la marche et le débit de l'appareil et, par conséquent, l'approprier le mieux possible aux besoins du service et au régime du cours d'eau retenu.

Ce règlement se fait, d'ailleurs, une fois pour toutes, et l'appareil fonctionne ensuite d'une manière tout à fait automatique, sans qu'on ait besoin de s'en occuper.

Marche de l'appareil. — L'appareil est habituellement inactif, parce que, généralement, le plan d'eau du réservoir se trouve au-dessous de son niveau réglementaire ; mais il entre immédiatement en fonction pour peu que ce niveau soit dépassé.

Tout d'abord, et tant que la surélévation n'atteint pas $0^m,005$, l'écoulement ne s'opère que par simple déversement ; mais dès que la hauteur ci-dessus de $0^m,005$ est atteinte, l'amorcement commence.

A ce moment, en effet, l'orifice d'entrée des petits siphons étant complétement noyé, l'appareil cesse complétement d'être en communication avec l'air extérieur ; le mouvement de l'eau entraîne alors tout l'air enfermé dans les petits siphons et aspire celui contenu dans les gros ; il en résulte que la pression de l'air diminue rapidement à l'intérieur et que la vitesse et le débit de l'eau augmentent très-vite. Mais bientôt il se produit un autre phénomène qui empêche la diminution de pression intérieure et l'augmentation correspondante de la vitesse de l'eau de continuer à s'accroître, et qui les arrête à une certaine limite d'équilibre pour chaque hauteur du plan d'eau.

En effet, la vitesse que prend l'eau en entrant dans les petits siphons détermine forcément, aux abords de cette entrée, une petite dénivellation ou dépression partielle dans le plan d'eau; cette dépression, qui s'approfondit de plus en plus sous forme de tourbillon, au fur et à mesure que la vitesse de l'eau augmente, atteint et découvre bientôt une partie de l'orifice des petits siphons; une certaine quantité d'air peut alors rentrer dans l'appareil et y détermine un relèvement de la pression de l'air intérieur et par suite une diminution de la vitesse de l'eau; mais, à leur tour, ce relèvement de la pression intérieure et cette diminution de la pression de l'eau ne peuvent dépasser une certaine limite; autrement la dépression aux abords de l'entrée des petits siphons tendrait à s'effacer au fur et à mesure que la vitesse de l'eau diminuerait, et cette entrée se retrouverait bientôt entièrement noyée; dès lors, il y aurait, de nouveau, de l'air intérieur entraîné sans qu'il y ait d'air extérieur introduit, ce qui reproduirait immédiatement les premiers effets indiqués, c'est-à-dire une nouvelle diminution de pression intérieure et une nouvelle augmentation de la vitesse de l'eau.

Ces deux tendances opposées produisent, après quelques oscillations, un état stable d'équilibre et un régime permanent dans lequel il y a écoulement simultané d'eau et d'air, et dans lequel la pression de l'air intérieur est d'autant plus faible et le débit d'eau d'autant plus fort que la surélévation du plan d'eau est plus grande. Lorsque cette surélévation atteint $0^m,03$, toute introduction et tout écoulement d'air cessent, et les siphons débitent alors à gueule-bée.

Le débit en eau de l'appareil croît ainsi au fur et à mesure que le plan d'eau du réservoir s'élève: il est de 7 mètres par seconde lorsque la surélévation est de $0^m,05$.

A partir de ce moment, le débit évacué par l'appareil est égal et même un peu supérieur au plus fort débit que les crues puissent faire entrer dans le réservoir ; le plan d'eau ne peut plus, par conséquent, s'élever davantage ; sa surélévation maxima au-dessus de son niveau réglementaire est ainsi limitée à $0^m,05$.

Lorsque la crue diminue, puis cesse, les phénomènes s'opèrent dans l'ordre inverse ; le plan d'eau s'abaisse peu à peu, la pression de l'air intérieur s'élève et le débit diminue jusqu'à ce que, enfin, le plan d'eau soit redescendu à son niveau réglementaire, moment à partir duquel l'appareil se désamorce entièrement et rentre dans le repos.

Avantages sur les autres systèmes. — Un des principaux avantages du déversoir-siphon de Mittersheim est d'être un appareil entièrement fixe qui, en temps ordinaire, ne laisse pas échapper la moindre quantité d'eau et qui, en temps de crue et au moment précis du besoin, fonctionne d'une manière tout à fait automatique sans l'intervention d'aucune espèce de manœuvre.

Ce système a paru préférable aux déversoirs ordinaires de superficie, qui laissent perdre beaucoup d'eau par les vagues et qui, à moins d'avoir une grande longueur (inadmissible ici), ne peuvent évacuer les crues qu'au moyen de vannes additionnelles manœuvrées par un garde dont la négligence peut occasionner les plus graves désastres.

Il a paru préférable aussi aux vannes automobiles, dont l'étanchéité est toujours plus ou moins imparfaite, et dont les articulations et autres organes se soudent par oxydation pendant leurs longs intervalles de repos, et se trouvent ainsi, au moment du besoin, dépourvues de toute sensibilité, si même elles ne sont pas alors complétement hors d'état de fonctionner.

L'emploi des siphons fixes pour évacuer le trop-plein des biefs ou réservoirs n'est pas une idée entièrement nouvelle :

elle a été émise, il y a déjà longtemps, par M. l'ingénieur Girard, membre de l'Institut, et a même reçu une première application.

Mais les appareils qui ont été construits se composaient exclusivement de gros siphons dont l'amorcement et le désamorcement complets exigeaient de très-grandes variations du plan d'eau, soit au-dessus, soit au-dessous de son niveau réglementaire, ce qui présente un double inconvénient, parce que, d'une part, le trop grand exhaussement du plan d'eau peut compromettre les digues, et que, d'autre part, son trop grand abaissement fait perdre une portion importante de la réserve d'eau emmagasinée pour les besoins de la navigation.

Ce double inconvénient a été complétement évité dans les appareils de Mittersheim par l'addition des petits siphons auxiliaires qui remplissent le rôle d'amorceur et de désamorceur et qui, pour toutes les phases de leur jeu, n'exigent, ainsi qu'on l'a vu, qu'une variation de $0^m,05$ dans le plan d'eau, c'est-à-dire une variation des plus minimes.

Cette innovation est due à M. l'ingénieur ordinaire Hirsch.

Le déversoir-siphon et les autres ouvrages du réservoir de Mittersheim ont été projetés et construits sous la direction de M. Bénard, ingénieur en chef, par M. Hirsch, ingénieur ordinaire.

Les maçonneries et les terrassements ont été adjugés à MM. les entrepreneurs Schmitt et Dietsch.

La partie métallique a été exécutée et posée par l'usine de Graffenstaden (Bas-Rhin).

Les travaux ont été terminés en octobre 1866. Le réservoir a été entièrement rempli en décembre 1866, et le déversoir-siphon a commencé à fonctionner pour la première fois le 12 janvier 1867.

III

PORTES D'ÉCLUSE

DU CANAL DE SAINT-MAURICE (SEINE).

—

MINISTÈRE DE L'AGRICULTURE, DU COMMERCE ET DES TRAVAUX PUBLICS.

Un modèle à l'échelle de 0^m,10.

Le canal de Saint-Maurice, ouvert à la navigation le 1er juillet 1866, présente deux écluses de 7^m,80 d'ouverture, qui rachètent une chute totale de 8 mètres environ à l'étiage. Les portes de ces écluses ont été construites en 1863 et 1864. Les portes d'aval de l'écluse de Charenton, dont un vantail est représenté par le modèle admis à l'exposition, ont 7^m,60 de hauteur au-dessus du busc.

Ces portes sont en tôle. Elles diffèrent par plusieurs dispositions de détails des portes en métal antérieurement construites; elles en diffèrent surtout par la substitution systématique des fers laminés du commerce aux fers forgés. Un fer à double T de 0^m,30 de hauteur et 0^m,12 de largeur d'aile forme toute la carcasse du vantail, les montants aussi bien que les entretoises. Celles-ci pénètrent dans le flanc des montants, avec lesquels elles s'assemblent par de larges équerres. Un bordage en tôle de 0^m,004 d'épaisseur,

appliqué sur la face d'amont, relie fortement toutes les
pièces de la carcasse. Le bois n'est employé qu'à l'état de
fourrures, en vue de l'étanchement des contacts. C'est ainsi
que le montant-tourillon est garni, sur son aile d'aval,
d'un madrier rectangulaire qui, lorsque le vantail se ferme,
vient s'appliquer à plat contre la pierre de taille du char-
donnet. Aux extrémités du montant-tourillon s'adaptent
deux pièces spéciales, un tourillon et une crapaudine fe-
melle. Le tourillon est un cylindre de $0^m,10$ de diamètre
et $0^m,10$ de hauteur, rattaché à la carcasse du vantail par
une large et forte équerre dont l'une des branches s'applique sur l'âme horizontale de l'entretoise supérieure et
l'autre sur l'âme verticale du montant. La crapaudine est
une pièce analogue en fonte. Des disques reportent contre
le mur de fond de l'enclave, la pression réciproque des deux
vantaux.

L'emploi des tôles du commerce et la simplification des
assemblages ont procuré, avec une rigidité plus grande,
une économie de plus d'un tiers sur le prix des anciennes
portes métalliques. Les portes de l'écluse de Charenton
n'ont coûté qu'un cinquième en sus de ce qu'auraient coûté
des portes en bois établies dans des conditions identiques.

Cet abaissement considérable de prix a supprimé le principal obstacle qui, jusqu'alors, avait limité l'emploi des
portes métalliques à des circonstances exceptionnelles. Les
portes du canal de Saint-Maurice ont formé un nouveau
type ; elles ont été appliquées, dans l'intervalle de 1863 à
1866, à 54 autres écluses dont voici la désignation :

RIVIÈRES OU CANAUX.	DATES DES DÉCISIONS ministérielles approbatives des projets.	NOMBRE des écluses	LARGEUR des écluses.
Seine (en aval de Paris).	5 avril 1862.	1	12^m,00
Basse Marne..	9 juin 1863.	10	7 ,80
Canal de Vitry à Saint-Dizier. . .	16 juillet 1864.	16	5 ,20
Canal des houillères de la Sarre.. .	14 février 1865.	27	5 ,20

Le projet des portes de Saint-Maurice est dû à M. Malé–
zieux, ingénieur ordinaire des ponts et chaussées, qui les a
fait exécuter sous les ordres de M. l'ingénieur en chef Des–
fontaines, puis de M. l'ingénieur en chef Lalanne. Elles
ont été construites par MM. Joly, d'Argenteuil.

CINQUIÈME SECTION

TRAVAUX MARITIMES.

I

DIGUES DU PORT DE MARSEILLE

—

MINISTÈRE DE L'AGRICULTURE, DU COMMERCE ET DES TRAVAUX PUBLICS.

Un modèle de digue, à l'échelle de 0^m,04.
Un plan géométral du port de Marseille.
Une vue perspective du port.

Historique. — Le port de Marseille, à l'époque de la fondation de cette ville, ne se composait que de ce qu'on appelle aujourd'hui l'ancien bassin, dont les dimensions ont dû être de tout temps sensiblement les mêmes.

Pendant très-longtemps le côté *nord* de ce bassin, parfaitement bien abrité contre les vents de *nord-ouest* (mistral) généralement régnant, fut seul utilisé et suffit aux besoins de la cité. Le côté *est* était affecté aux constructions navales, et vers la fin du XVIe siècle on rencontre sur ce point un commencement d'arsenal qui tend à s'étendre vers la rive sud. Cet arsenal va en se développant et prend bientôt, sous Louis XIV, des proportions importantes.

Marseille devient alors port militaire et port marchand.

Mais cette coexistence ne pouvait pas durer : Toulon se présentant immédiatement à côté avec ses deux belles rades et, par conséquent, dans des conditions maritimes tout à fait exceptionnelles au point de vue militaire, devait absorber bien vite cette création similaire et voisine, et rendre Marseille à sa véritable destinée commerciale.

Aussi, vers la fin du xviii⁰ siècle, l'arsenal de Marseille était-il vendu et faisait-il place à un dock rudimentaire qui occupe encore aujourd'hui près de la moitié de la longueur du quai sud de l'ancien bassin.

Les quais autour de ce bassin furent jusqu'à cette époque ce qu'ils sont encore dans la plupart des ports méditerranéens. Ils ne présentaient entre les murs et les maisons qui les bordent, qu'une largeur de quelques mètres pour la circulation des piétons, et de distance en distance, se trouvaient des emplacements plus larges appelés *palissades*, situés en face de rues qui venaient y aboutir et sur lesquels se faisaient toutes les opérations de débarquement et d'embarquement, au moyen d'alléges qui servaient d'intermédiaire entre les quais et les navires.

Le petit port ainsi constitué suffisait au mouvement de Marseille qui se traduisait en 1792, année très-prospère, par un nombre de navires de 5.059, entrées et sorties réunies.

Lorsque après les guerres du premier empire qui avaient arrêté tout mouvement commercial, l'activité de la cité se sentit renaître, on se préoccupa de transformer les conditions dans lesquelles s'étaient effectuées les opérations de débarquement et d'embarquement.

Améliorations exécutées, en cours d'exécution et projetées. — En 1820, on élargit le quai sud de l'ancien bassin.

En 1829, on commença le bassin de carénage.

En 1839, on procéda à l'élargissement du quai nord, et peu à peu disparaissaient ces palissades d'une autre époque pour faire place, sur tout le pourtour du bassin, à des quais de 25 à 30 mètres de largeur moyenne, sur lesquels la circulation des marchandises pouvait se faire dans de bonnes conditions pour l'époque.

En 1844, le port de Marseille présentait un mouvement de 18.293 navires, entrées et sorties réunies, jaugeant ensemble 2.002.364 tonnes.

L'ancien bassin, comme surface d'eau (29 hectares) et comme développement de quai (2.700 mètres), ne pouvait suffire à un pareil mouvement; dès cette époque, il fut admis qu'il fallait conquérir sur la mer les extensions qu'on ne pouvait plus trouver dans l'intérieur.

La loi du 5 août 1844 prescrivait la création du bassin de la Joliette de 22 hectares de superficie et de 2.100 mètres de développements de quais, précédé au nord et au sud par deux avant-ports d'environ 12 hectares chacun.

Ce nouveau bassin fut mis en communication avec l'ancien par un canal de 400 mètres de longueur servant aujourd'hui de formes de radoub provisoires.

Commencé en 1845, il a été terminé vers 1852 et a coûté 15 millions de francs.

L'ouvrage capital de ce bassin est une digue extérieure de 1.100 mètres de longueur par des fonds de 12 mètres en moyenne, destinée à en former l'abri.

Mais ce fut en 1855, lorsque le bassin de la Joliette à peine terminé, toutes les surfaces d'eau se trouvaient de nouveau encombrées, que le problème du port de Marseille fut posé comme il devait l'être. Le gouvernement impérial, entrevoyant nettement tout ce qu'on devait attendre de ce port, demandait un projet d'ensemble propre à en assurer le présent et l'avenir.

Pour répondre complétement à ce programme, on a pensé que les travaux à projeter devaient être disposés de telle façon qu'un ouvrage quelconque terminé pût permettre l'exécution immédiate d'un ouvrage analogue, s'harmonisant avec tous les ouvrages antérieurs et avec lesquels il parût être d'un seul et même jet.

On a, en conséquence, proposé une série de môles intérieurs enracinés à terre, formant entre eux une suite de bassins couverts par une digue courant parallèlement au rivage, qui laisse entre elle et les têtes des môles un chenal permettant une communication commode entre tous ces bassins. Rien n'est plus facile que de comprendre l'addition de nouveaux travaux à ceux qui sont déjà exécutés. Il suffit d'ajouter de nouveaux môles à la suite de ceux qui existent et de les couvrir par un prolongement de la digue extérieure.

Ce projet a été approuvé en principe, et son exécution se poursuit journellement conformément à l'idée qui a présidé à son élaboration.

Un décret du 24 août 1859 dotait Marseille de trois nouveaux bassins (Lazaret, Arenc et Napoléon). Ils sont aujourd'hui entièrement terminés et ont commencé à fonctionner dès 1864. Ils présentent ensemble une surface de 39 hectares et un développement de quais de 4.200 mètres. Deux de ces bassins sont concédés à la Compagnie des docks-entrepôts, qui a élevé sur les terre-pleins qui les bordent et dans les meilleures conditions, des magasins et des hangars aujourd'hui capables de contenir 130.000 tonnes de marchandises, contenance susceptible d'être portée à 150.000 tonnes.

Les travaux du bassin Napoléon et les travaux maritimes pour la création des bassins des docks-entrepôts, ont duré six ans et ont exigé une dépense totale de 19 millions de francs.

Ces travaux n'étaient pas terminés qu'un nouveau décret, à la date du 29 août 1863, décidait à la fois la construction du bassin impérial de 48 hectares de superficie, susceptible de recevoir dans son intérieur des quais présentant un développement de 5 kilomètres, et d'un vaste établissement pour la réparation des navires dans lequel, indépendamment d'un bassin pour les réparations à flot, il sera possible de construire, au fur et à mesure des besoins, douze formes sèches.

Ces travaux sont aujourd'hui en pleine voie d'exécution, et il est à présumer que la partie la plus importante, celle qui concerne les formes de radoub, pourra être livrée au commerce à la fin de 1868. A la même époque, les digues de défense seront terminées ; les quais pour opérations resteront à construire.

Marseille qui n'offrait, il y a vingt ans, au commerce, pour le stationnement et les opérations des navires, que 29 hectares de surface d'eau et 2.700 mètres de développement de quai, présente aujourd'hui 90 hectares d'eau et 9.000 mètres courants de quais ; cette ville possède, ce qu'elle ne connaissait que de nom, de vastes entrepôts placés autour de ses bassins et capables de contenir dès aujourd'hui 130.000 tonnes de marchandises ; elle voit d'autres bassins se créer à la suite, et dans quelques années elle jouira d'une nouvelle surface d'eau abritée de 48 hectares et d'un nouveau développement de quais de 5 kilomètres, devant porter, par conséquent, à 148 hectares la surface d'eau, et à 14 kilomètres son développement de quais. De plus, sur les môles exécutés s'élèveront de nouveaux magasins qui, indépendamment de leur utilité pour l'abri des bassins, pourront permettre l'emmagasinement des nouvelles marchandises que le mouvement progressif des affaires ne saurait manquer d'apporter.

L'ensemble des travaux qui viennent d'être décrits pourra bien suffire pendant un certain nombre d'années encore ; mais il arrivera un moment où ce système de bassins se succédant les uns aux autres devra être complété par un avant-port. Il faut, en effet, en avant de tous les bassins d'opérations, une immense surface d'eau abritée, formant pour ainsi dire une vaste salle d'attente où les navires venant du large puissent toujours entrer, quelles que soient leurs dimensions, mouiller par tous les temps avec sécurité, et ne sortir que pour être dirigés ensuite dans les divers bassins d'opérations.

Cet avant-port remplira à Marseille les mêmes fonctions que remplissent à Londres la Tamise, à Liverpool la Mersey, à New-York l'Hudson, avec ce grand avantage que, tandis que pour les grands navires, qui sont l'avenir de la navigation, Londres est obligé d'avoir Southampton pour succursale ; que la barre de la Mersey, à Liverpool, limite la puissance des navires qui fréquentent ce port ; que la barre de l'Hudson offre le même inconvénient, quoique à un degré moindre, l'avant-port de Marseille et ses bassins pourront recevoir dans les meilleures conditions tous les navires, quelles que soient les dimensions auxquelles atteindra le génie des constructions navales.

C'est en faisant des conquêtes sur la mer que le port de Marseille s'est agrandi et qu'il continuera ses extensions successives. Les digues à la mer ont dû faire par suite et font en effet la partie capitale des ouvrages entrepris et à entreprendre. Le système de construction de ces digues va être l'objet d'une explication détaillée.

Système de construction. — Le système suivi à Marseille pour la construction des digues extérieures destinées à permettre l'extension du port, consiste principalement dans l'emploi de blocs naturels constituant le corps général de ces digues, et de blocs artificiels appliqués à leur revêtement extérieur du côté du large.

Ce système est la conséquence de l'observation des effets de la mer sur les jetées déjà exécutées.

Dans les jetées anciennes, qui, alors, étaient presque exclusivement construites avec des blocs naturels, on remarque qu'elles prennent, du côté du large des talus, très-allongés qui vont, suivant les localités, jusqu'à 10 de base pour 1 de hauteur, depuis le niveau des eaux moyennes jusqu'à 10 mètres au-dessous ; plusieurs d'entre elles ont été, même avec ces talus allongés, revêtues, dans ces derniers temps, avec de gros blocs artificiels, afin de faire disparaître les chances d'avaries.

Les jetées exclusivement en blocs artificiels tiennent au contraire, avec un talus de 45° ; mais à la condition de donner à ces blocs des dimensions suffisantes.

Ces observations ont tout naturellement conduit au système de gros blocs artificiels à l'extérieur et de gros blocs naturels à l'intérieur. Appliqué à Marseille sur une grande échelle, puisqu'il existe aujourd'hui une jetée de 2.200 mètres de longueur par des profondeurs variant de 12 mètres à 22 mètres, ce système peut être considéré comme ayant reçu la sanction de l'expérience. 1.100 mètres courants de jetée terminés depuis dix ans n'ont exigé aucun frais d'entretien.

Blocs naturels. — Dans un double but d'économie et de

solidité, les blocs naturels occupent différentes positions en rapport avec leurs dimensions. Il faut, en effet, au point de vue économique, que tous les produits des carrières soient utilisés ; il faut également ne pas mélanger les petits blocs avec les gros, afin de conserver le plus de vide possible. Il faut, d'autre part, au point de vue de la solidité, disposer les gros blocs de manière à leur faire envelopper les petits. Cette double considération conduit à une classification des blocs en quatre catégories différentes, savoir :

1re catégorie. — Blocs pesant de	2 à	100 kil.	
2e — —	de	100 à 1.300	
3e — —	de	1.300 à 3.900	
4e — —	de	3.900 et au-dessus.	

Au-dessous de la plus petite de ces catégories, les débris de carrières sont utilisés comme galets dans la fabrication des blocs artificiels, et, comme il sera dit ci-après, pour la préparation de l'assiette des fondations des murs de quai.

Dans la digue du bassin Impérial, aujourd'hui en voie d'exécution, les débris de carrières étant en plus grande quantité qu'il ne faut pour la fabrication de tous les blocs artificiels dont on a besoin, sont utilisés pour la construction même de cette digue et placés dans les parties les plus profondes.

Les blocs naturels proviennent des îles du Frioul, situées à 5 kilomètres du port de Marseille. Ils sont extraits au moyen de grandes mines avec puits et galeries. La plus grande de ces mines avait six poches contenant ensemble 26.000 kilog. de poudre, et l'explosion a produit environ 100.000 mètres cubes de blocs. Le feu est mis à ces mines au moyen de l'électricité.

Le chargement des blocs s'effectue par wagons roulant

sur voies de fer, jusqu'au lieu de leur embarquement; divers appareils servent à les placer sur des chalands qui sont remorqués par des bateaux à vapeur et les transportent jusqu'au lieu d'emploi.

Le mode d'immersion de ces blocs varie suivant qu'ils sont destinés aux parties des jetées inférieures au niveau de 3 mètres au-dessous de la surface de la mer, ou aux parties supérieures.

Pour les parties inférieures, les blocs naturels de première et de deuxième catégorie (soit 1.300 à 2.000 kil.), sont immergés au moyen de barques à clapets dont le fond mobile permet, en s'ouvrant, de vider immédiatement la charge.

Les blocs naturels sont immergés au moyen de chalands auxquels on imprime, par un déplacement dans la charge et par l'immersion préalable de deux forts blocs extrèmes, un mouvement de bascule qui fait immédiatement tomber les pierres à la mer.

Pour les parties supérieures exclusivement formées avec des blocs de troisième et de quatrième catégories, on se sert, soit d'une grue tournante installée sur un chaland qui prend les blocs approvisionnés sur un autre chaland placé à côté et qui se déplace au fur et à mesure de l'avancement de la digue, soit d'un échafaudage fixe avec un treuil prenant les blocs sur un chaland et les plaçant sur des wagons roulant sur des voies de fer disposées sur la digue.

Blocs artificiels. — Les blocs artificiels ont tous uniformément les dimensions de 3^m,40 sur 2 mètres et 1^m,50, soit 10 mètres cubes, volume jugé suffisant à Marseille, pour les mers auxquelles ils ont à résister; ils sont employés à l'extérieur, pour le revêtement de la digue et à l'intérieur pour les fondations des murs de quai.

Dans la construction de la digue du bassin Napoléon, on a descendu les blocs à l'extérieur, jusqu'à une profondeur de 8 mètres au-dessous de la surface des eaux. Cette profondeur peut être réduite sans inconvénient, et à la digue aujourd'hui en voie d'exécution du bassin Impérial, on les arrête à la cote de 6 mètres.

Les blocs employés pour la fondation des murs de quai sont placés en parpaing, à joints contrariés et sur une hauteur de 6 mètres au-dessous du niveau des eaux.

L'emplacement, devant servir à l'assiette des fondations en blocs artificiels des murs de quai, est arasé à la cote de 6 mètres avec de petits débris de carrières placés sur une couche de blocs de première catégorie qui, à leur tour, reposent sur des blocs de troisième et de quatrième catégories.

La fabrication des blocs artificiels destinés aux travaux de construction du bassin Napoléon était faite à proximité du lieu d'emploi, sur un emplacement de 20.000 mètres carrés permettant la fabrication de 300 blocs en moyenne par mois et de 375 au maximum. Ils restaient environ trois mois sur le chantier. Le matériel nécessaire comprenait :

1 machine fixe de 14 chevaux,
2 wagons à chaux portant chacun six sacs de 50 kil.,
4 wagons de sable d'une capacité de 0^m,80 cubes,
4 wagons à mortier à trois compartiments d'une capacité totale de 0^m,84,
3 manèges à mortier,
12 wagons à pierrailles d'une capacité de 0^m,46 cubes,
7 bétonnières d'une capacité de 0^m,90,
4 wagons porte-bétonnières,
100 caisses-moules.

Le transport de ces blocs jusqu'au lieu d'emploi, embrassait trois opérations successives :

Levage et transport jusqu'au chemin de fer d'embarquement; traction sur le chemin de fer d'embarquement et
embarquement sur le chaland ; remorquage du chaland
jusqu'au lieu d'emploi.

Le transport, depuis la prise des blocs sur chantier jusqu'au lieu de leur emploi sur la digue, exigeait indépendamment des voies de fer, le matériel suivant :

1 grue mobile de levage et de transport de 4 chevaux,
2 wagons porte-blocs,
1 chariot porte-grue,
1 machine fixe de 4 chevaux pour la traction sur le chemin de fer d'embarquement et la mise sur chalands,
3 chalands de transport,
1 remorqueur.

L'emploi des blocs artificiels a varié suivant qu'ils étaient
destinés, à l'extérieur, au revêtement de la jetée, ou à l'intérieur, à la fondation des murs de quai.

Les premiers étaient employés partie au-dessous de l'eau,
partie au-dessus.

Les blocs à placer au-dessous de l'eau étaient transportés
et immergés au moyen d'un chaland surmonté d'un plan
incliné qui permettait de les lancer simultanément et instantanément, aussitôt après la rotation imprimée à un levier de retenue. Les blocs à placer au-dessus de l'eau
étaient arrimés au moyen d'une mâture flottante qui les
prenait sur un chaland de transport placé à ses côtés.

Enfin les blocs artificiels, servant de fondations aux murs
de quai, étaient placés par une machine analogue à la précédente qui permettait de les superposer exactement les
uns au-dessus des autres, de les disposer ainsi qu'il a été
dit ci-dessus, en parpaing à joints contrariés, sans cale ni
mortier et sur une hauteur de 6 mètres au-dessous du niveau des eaux.

La mâture flottante permettait d'employer mensuellement 270 blocs à l'extérieur et 240 seulement à l'intérieur, à cause des sujétions de pose.

L'emploi des blocs artificiels exigeait donc deux mâtures flottantes et trois chalands.

Composition des blocs artificiels. — Les blocs artificiels sont composés de cinq parties de galets pour trois parties de mortier.

Un mètre cube de mortier comprend un mètre de sable versé à la pelle, sans tassement aucun, et 350 kilogrammes de chaux blutée.

Il entre dans ces conditions 204 kilogrammes de chaux par mètre cube de béton.

Les expériences faites sur une grande échelle, comme celles qui ont été opérées sur des échantillons de petites dimensions que l'on a pu observer très-minutieusement, établissent que les bétons avec mortier de chaux hydraulique du Theil, fabriqués avec soin, résistent parfaitement à l'action décomposante de l'eau de mer dans la rade de Marseille.

L'activité moyenne de travail par mois a été, pour la digue du bassin Napoléon, de 20.000 mètres cubes pour les blocs naturels et de 3.750 pour les blocs artificiels.

Dépenses par mètre courant de digue. — La digue du bassin Napoléon, dans un fond moyen de 17 mètres avec un quai de 30 mètres de largeur, a coûté par mètre courant 9.000 fr.

Celle du bassin de la Joliette, construite dans le même système avec un quai de 18 mètres de largeur et une profondeur d'eau de 12 mètres, a coûté 5.500 fr.

Modèle et dessins exposés. — Le plan géométral du port de Marseille comprend les diverses extensions qui ont été apportées à son bassin primitif, et indique les améliorations nouvelles en cours d'exécution, ainsi que l'amorce de nouveaux bassins similaires, à construire au fur et à mesure des besoins, pour tenir toujours le port de Marseille à la hauteur croissante de son commerce.

Le modèle de digue figurant à l'Exposition universelle de Paris reproduit exactement tous les détails de construction d'une fraction de la digue du bassin Napoléon, depuis le jet des premiers blocs de la jetée initiale de la digue jusqu'à son couronnement par un mur d'abri et par l'établissement des quais et de leurs accessoires.

Les matériaux dont il se compose sont scrupuleusement identiques avec ceux qui ont été employés pour l'exécution des travaux.

La vue perspective ou pittoresque du port de Marseille, exécutée avec une précision presque mathématique, est destinée à représenter à un spectateur placé dans la rade de Marseille et à une hauteur de 1.000 mètres, la configuration générale de la côte située entre les abords du cap Janet et la plage qui termine la grande promenade publique du Prado, les divers bassins qui constituent jusqu'à ce jour le port de Marseille, ainsi que l'amorce de nouveaux bassins, que l'on pourrait ultérieurement construire, enfin les établissements maritimes, la ville de Marseille, ses monuments et les caractères généraux de sa banlieue.

Les travaux du bassin de la Joliette ont été exécutés sous la direction de M. Toussaint, ingénieur en chef des ponts et chaussées, par M. Pascal, ingénieur ordinaire, et les entrepreneurs ont été MM. Dussaud, Barthelou, Rabattu, Mouries et Blanc.

Les travaux du bassin Napoléon ont été exécutés sous la direction de M. Pascal, ingénieur en chef, par MM. André, ingénieur ordinaire, et les entrepreneurs ont été MM. Dussaud frères.

ÉCLUSE DE BARRAGE

DU PORT DE DUNKERQUE AVEC SES PORTES BUSQUÉES ET VALETS, ET SON PONT-TOURNANT.

—

MINISTÈRE DE L'AGRICULTURE, DU COMMERCE ET DES TRAVAUX PUBLICS.

Un modèle à l'échelle de 0^m,04.

Objet du modèle. — Dans les travaux d'améliorations du port de Dunkerque, exécutés de 1856 à 1860, se trouvait comprise, la construction de deux écluses de navigation maritime accolées: l'une à sas, de 13 mètres de largeur, avec sas de 53 mètres de longueur franche, l'autre simple de 21 mètres d'ouverture.

Cette dernière, dite écluse de barrage, munie d'une paire de portes busquées d'èbe appuyées par une paire de portes valets et couverte d'un pont tournant en tôle à deux volées, est celle dont le modèle a été préparé pour l'Exposition.

Écluse. — Les dimensions de cette écluse ont été établies pour permettre le passage des plus grands navires à vapeur à roues que comporte le tirant d'eau du port, c'est-à-dire, les navires du type des anciennes frégates de 450 chevaux, qui calaient un peu plus de 6 mètres d'eau et présentaient environ 20 mètres de largeur.

Il n'a pas été pratiqué de sas à cette écluse, parce que l'écluse voisine en était pourvue et suffisait pour tous les navires dont la largeur n'exigeait pas l'usage de la grande écluse, tandis que ceux qui devaient passer par cette dernière ne pouvaient, en raison de leur tirant d'eau, la franchir qu'au moment de la pleine mer.

Les dimensions les plus importantes de l'écluse sont les suivantes :

Largeur de l'écluse.	$21^m,00$
Longueur de tête en tête, non compris les faux radiers.	$59 ,00$
Épaisseur du radier.	$3 ,00$
Épaisseur maximum du haut radier au droit du busc.	$4 ,60$
Saillie du busc.	$0 ,35$
Hauteur du couronnement par rapport au radier d'aval.	$8 ,09$
Tirant d'eau en vives eaux.	$6 ,35$
Tirant d'eau en mortes eaux.	$5 ,35$

La fondation de l'écluse se compose : 1° d'un massif général en béton, de $1^m,80$ d'épaisseur reposant sur un système de pilots isolés dont les têtes sont noyées de $0^m,40$ dans la couche inférieure du béton ; 2° d'un massif de maçonneries de briques sur une épaisseur de $0^m,85$; 3° et d'un dallage supérieur en pierres de taille de $0^m,35$ de queue, calcaires durs des environs de Marquise (Pas-de-Calais), dont le modèle offre un échantillon de très-bonne qualité.

Toutes les maçonneries de remplissage sont en briques du pays et tous les parements sont en pierres de même provenance que le radier.

Le faux-radier d'amont est composé d'une couche d'argile de $1^m,40$ d'épaisseur, recouverte d'un plancher jointif à recouvrement, chevillé et cloué sur des lierues, formant liens de têtes de files de pieux isolés battus dans l'encoffrement du faux-radier.

Le faux-radier d'aval est composé d'une première couche d'argile de 0^m,90 d'épaisseur moyenne, recouverte d'une couche de fascinages de 0^m,20 d'épaisseur ; sur cette dernière repose une couche de blocailles mélangées de matériaux de démolition et enfin une couche de libages dont les queues, de longueur variable, sont noyées irrégulièrement dans la précédente, ces deux dernières couches présentant ensemble une hauteur de 0^m,70.

Les pilotis de fondation du corps de l'écluse sont des pieux de chêne en grume. Tout le reste des charpentes de fondation, pieux et palplanches de tête des radiers et faux-radiers et files latérales, avec leurs moises supérieures, sont en orme. Les files latérales postérieures du corps de l'écluse qui ont servi à limiter l'encoffrement des fouilles pendant l'exécution de la fondation, ont été arrachées après l'achèvement du radier.

Pour réduire le cube des maçonneries sous les chambres du pont, on y a établi des voûtes accolées derrière les bajoyers, avec pieds-droits reposant sur une fondation en béton reliée à la fondation générale.

Portes. — L'écluse est fermée par une paire de portes d'èbe appuyées par une paire de portes-valets.

Chaque vantail des portes d'èbe a une largeur de 11^m,682 et une hauteur de 8^m,34, son épaisseur au milieu est de 0^m,90. Il est composé d'un poteau tourillon, d'un poteau busqué et de deux traverses, l'une supérieure et l'autre inférieure ; ces quatre pièces, en chêne du pays, forment un cadre vertical qui pivote sur un axe voisin de l'axe de figure du poteau tourillon ; la traverse supérieure est horizontale, tandis que la traverse inférieure est relevée de

0^m.07 au droit du poteau busqué, par rapport à son point d'assemblage avec le poteau tourillon. Un bracon double, des pièces montantes verticales jumelles, aussi en chêne du pays, des écharpes doubles en fer, avec manchons en fonte et écrous de serrage à l'extrémité supérieure, complètent la rigidité du cadre et empêchent la porte de donner du nez dans ses mouvements de rotation ; les bracons sont assez raides pour réaliser la fixité du point d'attache des écharpes du poteau busqué, surtout en raison de la liaison invariable établie au moyen des pièces montantes et des autres écharpes dans la première partie du cadre, qui rend ainsi le reste plus facile à soutenir d'une manière efficace en réduisant sa portée ; les écrous de serrage sont faciles à visiter et à serrer à volonté.

Neuf entretoises en sapin rouge du Nord, des bordages verticaux, en sapin de 0^m,12 à l'amont, en chêne de 0^m,06 à l'aval, et quatre couples de pièces montantes verticales jumelles en chêne du pays, complètent l'ensemble de la charpente de chaque vantail.

Toutes les entretoises sont un peu inclinées, parallèles à la traverse inférieure ; elles sont moisées entre les bracons et les pièces montantes verticales. Ces pièces verticales ont pour effet de renforcer le milieu du vantail et de reporter sur le busc une portion de la pression en déchargeant d'autant les entretoises ; elles sont aussi placées de manière à remplir l'office de coulisses de vannes. Le bordage d'aval est nécessaire pour parer aux effets de ressac auxquels les portes sont exposées, surtout quand la mer tend à monter plus haut que le niveau du bassin.

Les assemblages des traverses et entretoises avec les poteaux sont fixées au moyen des boulons en fer à queue et à moufle, de plates-bandes supérieures et de colliers en fer,

avec manchons en fonte et écrous de serrage au droit du
poteau busqué, de plates-bandes inférieures et équerres
en fer.

Des renforts latéraux intermédiaires entre les entretoises
et traverses, fixés avec des chevilles en fer et protégés
contre tout mouvement vertical et horizontal par des assemblages à tenons et embrèvements avec épaulements inclinés
formant coin dans la face latérale des poteaux, ont pour
effet d'augmenter la largeur des poteaux et la force des
assemblages à tenons des entretoises, tout en réduisant à
$0^m,10$ au maximum la profondeur des mortaises correspondantes, et par conséquent sans trop affamer les poteaux.

Les vannes sont à écrans ; les armatures extérieures des
coulisses sont en fer, en deux parties dans la longueur, de
manière que l'on puisse ouvrir les coulisses au-dessus du
niveau moyen des basses mers de vives eaux, pour démonter et changer les vannes au besoin, sans soulever les vantaux ; c'est dans le même but qu'elles sont disposées de
manière à permettre aux vannes une course ascensionnelle
supérieure à la hauteur des écrans.

Les crics destinés à la manœuvre des vannes sont à
double noix et transmettent le mouvement à la crémaillère
à l'aide de trois pignons et de deux roues intermédiaires ; les
dispositions et dimensions en sont telles, que l'on peut, avec
une puissance de 8 kilogrammes, arriver à un effort de 4 à
5,000 kilogrammes.

Les colliers et crapaudines sont en bronze, sauf les parties
fixes extrèmes des tirants des colliers, qui sont scellées dans
l'intérieur des massifs de maçonnerie.

Au droit de la tête des poteaux busqués sont établies des
petites passerelles de service avec garde-corps à charnières.

Chaque vantail des portes-valets a une largeur de $11^m,27$

et une hauteur variant de 8^m,40 à 6^m,30. Il est composé
d'un poteau-tourillon, d'un poteau battant, de deux tra-
verses, l'une supérieure et l'autre inférieure, avec bracon
double et pièces montantes verticales jumelles, le tout en
chêne, renforcé par des écharpes doubles, boulons à
queue et à moufles, plates-bandes, colliers et équerres en
fer, manchons en fonte, écrous de serrage, formant avec
cinq entretoises en sapin rouge du Nord, un cadre trapé-
zoïdal à claire-voie, combiné suivant le même ordre d'idées
que celui d'un vantail des portes busquées.

La traverse supérieure est horizontale; la traverse inférieure est inclinée formant contre-fiche; les cinq entretoises
sont inclinées comme celles des portes busquées; toutes
ces pièces sont d'un seul morceau.

Les colliers et crapaudines des portes-valets sont établis
dans le même genre, mais suivant des dispositions plus
élémentaires et des dimensions moindres, que celles des
portes busquées.

Les manœuvres des portes d'èbe sont assurées au moyen
de chaînes amarrées sur chacune des faces des poteaux
busqués, vers le milieu de leur hauteur. Ces chaînes
passent sur des rouleaux et poulies de renvoi et s'enroulent
sur des treuils disposés à cet effet sur les terres-pleins
correspondant aux enclaves.

Il n'y a que deux treuils de manœuvre, un sur chaque
terre-plein; chacun d'eux sert alternativement, soit à l'ouverture du vantail de même côté, soit à la fermeture du
vantail du côté opposé. Ils sont disposés comme les treuils
différentiels; les tambours sont formés de deux parties
égales en longueur, mais de diamètres différents, et réglés
dans le rapport des longueurs des chaînes à enrouler et à
dérouler pour un même nombre de tours.

Enfin de petits verrins appliqués contre la face en retour des angles d'enclaves, servent à soutenir les portes busquées ouvertes lorsqu'elles sont logées dans leurs enclaves, et à les empêcher de se déplacer par l'effet des mouvements de la mer.

Le pont, destiné au passage des piétons et des voitures, est à simple voie charretière avec trottoirs. Il est composé de deux volées de 21^m,50 de longueur chacune, qui se manœuvrent simultanément, en moins d'une minute, pour l'ouverture comme pour la fermeture.

Cet ouvrage, construit en 1857, a été l'objet d'un mémoire détaillé, inséré par l'auteur dans le deuxième cahier de 1859 des *Annales des ponts et chaussées*.

Ce pont est tout entier en fer, tôles, cornières et fers en I ou en T, choisis dans les calibres du commerce, à l'exception des boîtes de crapaudines, des paliers, des roulettes et des excentriques, toutes pièces moulées en fonte sans influence sur la rigidité du système. Le bois est seulement employé pour les planches et bordures de la chaussée et des trottoirs.

Chaque volée se compose de quatre longueurs, reposant sur un chevêtre tubulaire; de fers en I pour traverses de chaussées; de traverses de culasse, de volée, de chevêtre et d'appui sur les bajoyers; de deux cours d'entretoises intermédiaires, de plaques de tôle servant, avec les madriers des voies des roues, à relier les longerons deux à deux, d'un plancher garni de bandes de fer sur les chemins des roues pour la chaussée, et de trottoirs en encorbellement contre les longerons extérieurs.

Chaque volée tourne sur un pivot scellé dans la maçonnerie de l'encuvement, sous l'axe longitudinal du pont et à 3 mètres en arrière des parements des bajoyers, de manière à laisser un chemin de halage sur chaque rive, entre les volées ouvertes et les bajoyers de l'écluse. Pendant la rotation, l'équilibre sur le pivot, dans le sens transversal, est assuré par les roulettes du chevêtre et le système est complété par deux autres roulettes fixées sous la culasse, qui ne reposent sur le dallage de l'encuvement que lors de la manœuvre du pont. La rotation s'opère à bras d'homme par les éclusiers, pontiers, qui poussent les culasses en marchant sur le dallage ou sur les tablettes des encuvements. Une seule personne peut mettre une volée en mouvement en soulevant ou poussant la culasse à l'épaule.

Pour permettre ce mouvement, les volées sont susceptibles de basculer sur leurs pivots, de manière à dégager leurs abouts par l'abaissement des culasses, chargées à cet effet d'un léger excédant de poids; cette bascule est conduite, au moyen d'excentriques fixés sous les extrémités des culasses à un axe en fer, qui tourne dans des coussinets en fonte, à l'aide d'une manivelle avec roues et arcs dentés, à l'une de ses extrémités, et d'un bras de levier à l'autre.

Des guides en fer sont fixés sous les culasses dans l'axe du pont. Quand on le relève au moyen des excentriques, ces guides s'engagent en se rapprochant du parement des terre-pleins, suivant de petites rainures ménagées dans ce parement, et la fermeture exacte des deux volées se trouve ainsi immédiatement assurée, sans que l'on ait à compter sur l'adresse ou l'attention des pontonniers.

Lorsque le pont est livré à la circulation de terre, ses culasses portent sur les pivots et sur les excentriques, et l'ensemble des portions de volée qui recouvrent le pertuis de l'écluse forme une voûte en arc de cercle, évidée dans ses tympans et portant, à ses naissances, sur les arêtes des en-

cuvements, taillées à cet effet en coussinets d'appui sur
0^m,10 de largeur suivant la direction du rayon de la courbe
en ce point.

Lorsque le pont est ouvert à la navigation, les extrémités des volées viennent porter sur les logements disposés à cet effet dans les tablettes supérieures des parties
correspondantes de l'encuvement, tandis que les culasses
se trouvent calées sur les excentriques.

Toutes les considérations théoriques et pratiques, qui
avaient servi de base aux études du projet, se sont trouvées
largement vérifiées par les épreuves qui ont été opérées
pendant le cours et à la fin de l'exécution. Et l'expérience
de dix années, tout en consacrant les premiers résultats en
ce qui concerne la résistance et la rapidité des manœuvres,
permet de déclarer que, dans les manœuvres continuelles
de jour et même souvent de nuit, qui ont eu lieu depuis que
ce pont est livré au public, il n'a encore exigé aucune réparation et n'a jamais présenté ni dérangement ni embar-
ras dans son usage, soit pour la navigation, soit pour la circulation de terre.

Dépenses de construction. — Les dépenses d'établissement de cet ensemble d'ouvrages, y compris 160 mètres de
quai des terre-pleins avoisinant l'écluse de barrage, se
sont élevées à la somme de 1.376.214^f,29, ainsi décomposée :

1° Écluse et 160 mètres de quais.

Batardeaux d'enceinte et travaux prépara- toires.	127.298^f,60
Démolition des anciens murs de quai du port, à la marée jusqu'à plus de 3 mètres au-des- sous des basses mers de vives eaux et sur une longueur d'environ 200 mètres.	125.750 .21
A reporter.	253.048^f,81

Report. 253.048f,81

Épuisements par machines à vapeur et établissements des puisards. . . . .   137.830 ,18
80.000 mètres cubes de terrassements et dragages.   76.506 ,87
884 pieux, palplanches et pilotis de fondation.   156.616 ,62
10.143 kilogrammes fers et fontes. . . . . . .   6.102 ,74
6.387 mètres cubes de béton. . . . .   93.136 ,06
11.550 mètres cubes de maçonnerie de briques.   214.828 ,67
1.696 mètres cubes de maçonnerie de pierres
  neuves. . . . .   173.333 ,89
748 mètres cubes de maçonnerie de pierres
  vieilles. . . . .   7.378 ,85
Faux radiers. . . . .   13.542 ,91
6.081 mètres carrés de pavages et empierre-
  ments.   16.907 ,10
Ciments et pouzzolanes, travaux de marée,
  enlèvement des puisards, entretien des
  machines et toutes dépenses accessoires
  faites sur la somme à valoir. . . . .   108.390 ,84
                                                  ————————
     Total pour l'écluse, y compris 160
       mètres de quais. . . . .   1.257.623f,54 ci 1.257.623f,54

2° *Portes busquées et valets et appareils de manœuvre.*

57m,143 charpente en chêne. 15.867f,57
62m,943 charpente en sapin. . . . .   9.921 ,66
24.067k,55 armatures en fer et en fonte. . . .   24.848 ,63
5.211 kilogr. fer pour clous de mailletage. . .   5.211 ,00
1.744k,50 bronze. . . . .   6.785 ,82
15 kilogr. cuivre pour clous de mailletage. . .   61 ,50
1.525 kilogr. plomb laminé et scellements. . .   1.217 ,80
1.616mq,20 calfatage et brayage. . . . . . .   1.697 ,01
2.305mq,34 peinture et goudronnage. . . . . .   1.705 ,41
                                                  ————————
     Total pour les portes. . . . .   67.316f,40 ci   67.316f,40

  Dont :

Portes busquées. 18.000f,00
Portes-valets. . . . .   19.000 ,00
Dépenses communes. . . . .   316 ,40
                                                                 ————————
          À reporter. 1.324.939f,94

Report. . . . . 1.324.939^f,94

Appareils de manœuvre.

3.819^k,50 fers et fontes. . . . .   3.613^f,15
620 kilogr. bronze. . . . .   2.418 ,00
304 kilogr. scellements au plomb. . . . . .   243 ,20

  Total pour les appareils de manœuvre. 6.274^f,35 ci 6.274^f,35

3° Pont tournant.

1re section. — Pièces non fixées aux volées, ou scellées dans les encurements
et aux abords du pont.

1.687^k,900 fers. . . . .   1.654^f,14
13,400 kilogr. acier. . . . .   32 ,83
331 kilogr. fonte. . . . .   194 ,63

  2e section. Volées et toutes pièces qui y sont fixées.

35.137 kilogr. tôles, cornières, fers en T ou en
 I, rivés, ajustés et mis en place. . . . . .   29.692^f,12
3.567^k,30 fers pour boulons, tiges, axes, garde-
 corps, ajustés et mis en place. . . . .   3.495 ,94
6,382 kilogr. fonte ouvrée. . . . .   3.752 ,62
9,947 kilogr. fonte brute pour contre-poids.   2.924 ,42
52^k,60 cuivre ou bronze. . . . .   257 ,74
7^{mc},740 bois de sapin. . . . .   1.107 ,44
5^{mc},352 bois d'orme. . . . .   352 ,98
835 mètres cubes peinture sur les tôles, fers
 et fontes ; trois couches au gris de zinc. . .   531 ,90
274^{mq},77 enduit et peinture sur le bois, huile
 siccative appliquée à chaud. . . . .   107 ,71
274^{mq},77 trois couches de peinture au blanc
 de zinc. . . . .   201 ,96
Dépenses diverses. . . . .   936 ,57

  Total pour le pont. . . . .   45.000^f,00 ci 45.000^f,00

Dépense totale ensemble.

Dépense totale, ensemble, d'installation de
 l'écluse, avec ses portes, son pont, tous ses
 accessoires, et y compris 160 mètres cou-
 rants de quais. . . . .   1.376.214^f,29

Les projets ont été dressés par les soins de M. Cuel, in-génieur en chef des ponts et chaussées, et de M. Plocq, ingénieur ordinaire.

Les travaux ont été exécutés sous la direction de M. De-charme, ingénieur en chef et de M. Plocq, ingénieur ordi-naire.

La surveillance a été confiée à M. Maréchal, conducteur principal.

MM. Bourdon, Standaert et Cie étaient les entrepreneurs pour la construction de l'écluse et des portes, et MM. Malo et Cie, les entrepreneurs pour la construction du pont tournant.

III

GUIDEAUX SERVANT A DIRIGER LES CHASSES

POUR LE REDRESSEMENT DE LA PASSE EXTÉRIEURE
DU CHENAL DE DUNKERQUE.

MINISTÈRE DE L'AGRICULTURE, DU COMMERCE ET DES TRAVAUX PUBLICS.

Un modèle de deux guideaux à l'échelle de $0^m,04$.

On a commencé à Dunkerque, dans ces dernières années, l'application d'un système additionnel à l'effet des chasses, qui n'avait pas encore été employé sur une grande échelle, et qui consiste dans l'idée d'un prolongement momentané des jetées à l'instant de la basse mer pendant la durée des chasses.

Avant cette application, la passe d'entrée du chenal, entre la tête des jetées et les fonds de la rade, présentait toujours une déviation vers le Nord de $20°$ à $25°$ par rapport à la direction Nord-Ouest du prolongement de l'axe du chenal intérieur; l'estran de l'Ouest tendait toujours à s'avancer en doublant la tête de la jetée de l'Ouest et le courant des chasses, ainsi rejeté vers la droite à la sortie du chenal, ne pouvait qu'entretenir la passe déviée, sans la redresser.

Avec les conditions des courants du littoral, qui donnent le maximum de vitesse du flot, portant en travers de l'entrée du port de l'Est à l'Ouest au moment de la pleine mer, cette direction de la passe était aussi mauvaise que possible : les navires, venant toujours de l'Ouest, tant à cause de la disposition des bancs et des fonds aux abords de Dunkerque que du régime des courants, ne pouvaient entrer qu'en manœuvrant en quelque sorte contre vent et marée pour franchir cette passe. C'était donc un des plus graves inconvénients que pût présenter l'entrée d'un port au point de vue de la fréquentation nautique.

Il semblait évident, dans cet état des choses, que, si la jetée basse en enrochements et fascinages, sur laquelle est établie la jetée en charpente à claire-voie de l'Est, eût été prolongée d'environ 300 mètres, l'action des chasses, au lieu de se reporter vers la droite à la sortie du port, aurait attaqué directement les sables qui s'avançaient en prolongement de l'estran de l'ouest jusqu'en face de l'ouverture du chenal, sur une longueur de 350 à 400 mètres au delà de la tête de la jetée de l'ouest.

Mais il était bien certain, d'un autre côté, qu'un ouvrage fixe de ce genre, s'il semblait, de prime abord, devoir être utile pour aider à l'action des chasses en basse mer, serait en même temps nuisible à l'entrée du chenal, par suite des effets du régime général des alluvions dues aux courants de haute mer, et il n'était pas douteux qu'à Dunkerque, comme partout ailleurs, on aurait vu, au bout de peu de temps, l'estran s'avancer encore vers le large, d'une longueur égale à ce nouveau prolongement de jetée; ce qui n'aurait fait, en somme, que reculer encore une fois le mal sans le réduire, tout en amoindrissant d'autant plus l'efficacité des chasses.

La meilleure solution, en théorie, consistait donc dans

une espèce de jetée basse mobile, échouée de basse mer, sur 300 mètres de longueur en prolongement de la jetée de l'est, immédiatement avant la chasse, et susceptible d'être enlevée à mi-marée montante vers le moment de l'étale ou du reversement des courants de marée du littoral.

L'emploi des guideaux, en pratique, constituait la réalisation la plus simple et la plus complète de cette solution.

C'est le système qui est appliqué depuis quatre ans à Dunkerque.

Le matériel employé à cet usage se compose de 30 guideaux de 10 mètres de longueur chacun, construits suivant le modèle des deux guideaux exposés.

Chaque guideau est formé de cinq longrines de 10 mètres de longueur et de $0^m,30$ sur $0^m,30$ d'équarrissage, réunies par dix cours de moises en travers, dont cinq sont armées de sabots en fer à leurs extrémités inférieures.

Un bordage jointif en madriers de $0^m,04$ d'épaisseur moyenne est solidement cloué et chevillé sur les moises supérieures.

Toutes les pièces de bois et madriers ci-dessus indiqués sont en sapin.

Au droit de l'une des longrines supérieures règne une autre pièce de bois parallèle à cette longrine, en saillie sur le bordage, reposant sur les moises supérieures correspondantes et délardée par intervalles, pour recevoir les abouts du plancher de manœuvre.

Au droit de la longrine inférieure règne de même une pièce parallèle formant bordage et reposant aux assemblages sur les extrémités des moises supérieures correspondantes.

Au droit de la longrine supérieure extrême, et seulement au droit de l'intervalle correspondant à chaque paire de

doubles moises en travers accouplées deux à deux, sont établis des blochets, reposant avec assemblages sur les extrémités des moises supérieures, correspondantes en saillie
sur le bordage général, et limitant, avec l'une des pièces ci-
dessus, les ouvertures correspondant aux béquilles d'é-
chouage.

Au droit de la même longrine supérieure extrême, dans
les autres intervalles, sont superposées directement sur
cette longrine des fourrures pour recevoir les autres abouts
du plancher de manœuvre.

Enfin, ce plancher de manœuvre est composé de madriers,
sur lesquels sont clouées de petites pièces de tillacs isolées,
en saillie sur le plancher pour assurer le pied des ouvriers.
Ce plancher est incliné par rapport au plan général du bordage du guideau, de manière à se trouver à peu près horizontal dans la position d'échouage, en vue d'assurer l'assiette et la marche des ouvriers au moment des manœuvres qu'il faut faire pour hâter le renflouement des guideaux par le soulagement graduel des béquilles après la fin
des chasses et vers le commencement de la marée montante.

Toutes ces dernières pièces de bois sont en orme.

D'après les détails qui précèdent, des ouvertures carrées
de 0^m,40 de côté se trouvent ménagées entre les deux longrines supérieures extrêmes et les paires de moises en travers accouplées mentionnées plus haut : ces trous sont destinés à laisser passer des béquilles d'échouage, composées
de pièces de bois de 7 à 8 mètres de longueur et de 0^m,30
sur 0^m,30 d'équarrissage.

Au droit de chaque béquille se trouve installée à demeure
une petite chèvre, avec treuil et manivelles, destinée, d'une
part, à faire plonger les béquilles à la profondeur convena-

ble, au moyen de tire-fonds, poulies coupées, réas et cordages combinés comme l'indique le modèle, d'autre part, à soulager graduellement les béquilles à marée montante, pour aider au renflouement du guideau après la chasse.

Toutes les pièces de charpente composant ces chèvres sont en bois d'orme, renforcées solidement par des équerres et boulons en fer.

Les blochets et les portions de la pièce de bois supérieure, qui limitent les ouvertures destinées à la manœuvre des béquilles d'échouage, sont percés de trous destinés à recevoir les chevilles en fer rond qui servent à maintenir les béquilles tantôt à la profondeur convenable pour l'échouage, tantôt à la hauteur nécessaire pour la flottaison, par le moyen des trous correspondants qui sont ménagés à cet effet dans toute la longueur des béquilles.

Lorsque le temps et les marées sont favorables, et que les conditions de la passe en rendent l'emploi opportun, on arme les guideaux, on les amarre ensemble, comme le modèle l'indique pour les deux qu'il comprend, et on les tient parés, dans l'avant-port, le long de la jetée de l'ouest, où ils suivent les fluctuations des marées, sans danger pour eux et sans gêne pour les mouvements du port.

Deux heures avant la basse mer, on opère le déhalage, on les conduit tous ensemble en dehors des jetées et on les oriente en prolongement de la jetée de l'est, au moyen d'ancres et d'aussières convenablement mouillées pour amener cette espèce de jetée flottante dans la position où l'on veut qu'elle s'échoue de basse mer.

On abaisse les béquilles en forçant sur leurs têtes à l'aide des treuils, et peu à peu, la mer baissant, les guideaux prennent leur position inclinée d'échouage : cent cinquante hommes et quelques canots d'aide sont généralement employés dans les manœuvres d'ensemble.

Tout le matériel une fois échoué, les hommes quittent les guideaux et remontent sur la jetée par des escaliers ou échelles pratiqués à cet effet sur les faces du musoir.

Le moment de la basse mer arrive; on ouvre les écluses de chasses, à l'intérieur du port, et la masse d'eau gonflée, arrivant à la tête des jetées, rencontre, d'une part, la jetée basse ainsi momentanément constituée, qui soutient le gonflement sur 300 mètres au delà des jetées fixes, et, d'autre part, les sables de l'ouest, formant paroi attaquable sur la rive gauche. Cet estran envahissant se trouve ainsi fortement corrodé. et dans une seule marée, on le voit reculer dans l'ouest et la passe se redresser en s'élargissant brusquement d'une étendue que le régime naturel des apports ne peut regagner qu'en plusieurs mois.

Après la fin de la chasse, quand la mer commence à remonter, les ouvriers retournent à leurs postes, chaque escouade soulageant peu à peu les béquilles du guideau qu'elle monte; toute la flotte se retrouve bientôt à flot; l'on évite ainsi d'attendre que la marée soit assez haute pour que ce renflouement s'opère tout à fait spontanément, parce que cette opération spontanée se faisant quelquefois trop brusquement, ou plus brusquement sur certaines parties que sur d'autres, il en résulterait infailliblement des ruptures de béquilles ou d'amarrages et, par suite, des chances de pertes d'hommes et de matériel.

On rentre alors au halage cette longue masse flottante dans l'avant-port le long de la jetée de l'Ouest, où elle passe le temps de la belle saison, toujours armée et prête à fonctionner à tous instants favorables et opportuns.

Les mêmes séries de manœuvres, sortie, échouage, renflouement et rentrée, se produisent quelquefois, suivant les circonstances et les besoins, pendant cinq ou six jours de suite dans une période de vives eaux, et il n'en faut pas plus pour assurer à la passe extérieure une bonne direction que l'on n'avait jamais obtenue avant l'emploi de cette espèce de jetée mobile, qui se conserve, une fois établie ainsi, pendant plusieurs mois, et qui s'est même maintenue pendant toute une année, avec les chasses ordinaires, sans addition de guideaux, par suite de bonnes conditions exceptionnelles de vents qui avaient principalement régné dans cette période.

Ces guideaux ne diffèrent, en définitive, de ceux employés à Honfleur depuis de longues années et décrits dans les cours et ouvrages techniques de MM. Minard et Frissard, que par leurs dimensions et leurs conditions de résistance, et surtout par l'addition des chèvres au droit de chaque béquille.

Dans les anciens guideaux, employés très-efficacement depuis quinze ans à Dunkerque, comme ailleurs, pour aider à l'action des chasses dans l'avant-port, les dimensions sont assez faibles, pour que l'on puisse lever et amener les béquilles à la main et que quatre ou cinq hommes suffisent à la manœuvre presque continue de 80 mètres courants d'épis mobiles ainsi constitués.

Il n'en est plus de même lorsqu'il s'agit de grands et forts guideaux à placer au large des jetées dans des profondeurs de 2 à 3 mètres, en dehors du port, là où, quelque calme que soit la mer, il y a toujours un peu plus de levée et de courant que dans l'intérieur du port d'échouage.

C'est ce qui a conduit à l'installation des chèvres, avec leurs treuils et accessoires.

Le montant total de la dépense de construction de ce matériel, tout compris, avec les outillages et agrès nécessaires à l'ensemble des manœuvres, ancres, chaînes, gaffes, poulies et cordages de rechange, etc., a été de 123.295 fr. pour 300 mètres de longueur, sur des largeurs variables entre 6 mètres et 7^m.50, ce qui permet d'établir comme suit les prix de revient moyens par guideau de 10 mètres ainsi décomposés :

```
Charpente en sapin, 20 mètres cubes. . . . . .   1.500 fr.
      —      en orme, 7 mètres cubes. . . . . .     630
Fer, fonte et clous, 2.200 kilogr. . . . . . . .   1.400
Cordages et poulie. . . . . . . . . . . . . .       150
Calfatage et brayage. . . . . . . . . . . . .       150
Outillages et agrès d'ensemble. . . . . . . .       280
                                               ————————
                    Total pareil. . . . . . . .   4.110 fr.
```

Et par mètre courant de jetée mobile, tout compris, 411 fr.

Les travaux ont été exécutés sous la direction de MM. Decharme et Gojard, ingénieurs en chef, et de M. Plocq, ingénieur ordinaire.

La surveillance a été confiée à M. Maréchal, conducteur principal, et à M. Gauthier, conducteur embrigadé.

MM. Malo et Ce étaient les entrepreneurs pour la construction du matériel.

IV

PORT DE SAINT-NAZAIRE.

MINISTÈRE DE L'AGRICULTURE, DU COMMERCE ET DES TRAVAUX PUBLICS.

Une vue perspective.
Un plan géométral à l'échelle de ₁/₁₀₀₀.

Exposé préliminaire. — Le port de Saint-Nazaire, situé sur la rive droite de la Loire, à l'embouchure même du fleuve, est de création toute récente. Il y a vingt ans, l'emplacement du bassin à flot était occupé par une anse où venaient stationner les bateaux des pilotes et des pêcheurs.

Un môle avec cale de débarquement s'étend depuis la pointe de la vieille ville jusqu'à l'extrémité d'un banc de rocher qui s'arrête brusquement sur le bord des grandes profondeurs de la rade. Il a été construit de 1828 à 1835, pour donner de l'abri aux embarcations et aux petits navires caboteurs. L'extrémité du musoir est signalée par un feu de quatrième ordre.

Au devant du port s'étend la rade de Saint-Nazaire formée par un vaste élargissement du grand chenal de la Loire. On y trouve à mer basse de 8 à 15 mètres d'eau. Son fond, exclusivement composé de vase, présente une très-bonne tenue pour les ancres des navires. L'agitation n'y est jamais très-forte. C'est donc, à tous égards, une excellente rade.

Ouverte en plein aux vents de sud-ouest, elle doit son calme aux bancs de sable qui encombrent la baie de la Loire à l'embouchure du fleuve, et sur lesquels la mer vient se briser. Ces bancs existent surtout sur la rive gauche et laissent le long de la côte nord une passe profonde. A son extrémité vers la mer, au point où l'élargissement de la baie produit une diminution de vitesse des courants, se trouve la barre dite des Charpentiers.

Cet obstacle, situé à 10 kilomètres de Saint-Nazaire et à 2 kilomètres de la côte, ne permet pas aux grands navires d'entrer en Loire à toute heure de marée. Il n'y existe en effet, lors des grandes basses mers, que 3^m,90 d'eau. La carte hydrographique de 1864, comparée à celle levée en 1821 par M. Beautemps-Beaupré, fait voir que la hauteur et la position de la barre n'ont pas varié depuis quarante-trois ans. Les sables qui la composent sont donc arrivés à un état d'équilibre que rien ne semble devoir troubler.

A haute mer de morte eau on y trouve une profondeur d'au moins 7^m,70. En vive eau elle est de 9^m,20.

Une position nautique aussi favorable, placée à l'entrée du vaste bassin de la Loire, ne pouvait pas rester inutilisée. A l'embouchure du fleuve devait nécessairement s'élever une grande place commerciale. Elle s'établit à Nantes à 60 kilomètres de Saint-Nazaire, au point où commence la navigation fluviale.

La basse Loire n'étant pas accessible aux grands navires chargés, on les allégeait dans la rade de Paimbeuf située sur la rive gauche du fleuve à 12 kilomètres au-dessus de Saint-Nazaire, et ils remontaient ensuite à Nantes en profitant des grandes marées.

Les tirants d'eau et les dimensions des navires étaient

alors peu considérables, et l'on ne craignait pas autant qu'aujourd'hui d'augmenter la durée des voyages par des allégements et l'attente des marées favorables. Mais, dans les conditions nouvelles de la navigation, et avec l'active concurrence qui lui est faite de tous côtés, les entraves de la basse Loire n'étaient plus admissibles. On dut songer sérieusement à créer à l'embouchure du fleuve un port qui pût recevoir en tout temps les plus grands navires. Saint-Nazaire remplissait parfaitement ces conditions, il les remplissait seul, on se décida donc à y créer un grand établissement maritime.

La loi du 19 juillet 1845 accorda un crédit de 7 millions de francs pour l'établissement d'un bassin à flot et de ses dépendances où les navires pourraient accéder à toute marée avec un tirant d'eau de 7 mètres.

Les principaux travaux furent achevés à la fin de 1856, et le 25 décembre le premier navire entra dans le bassin.

Description générale du port. — Dans son état actuel, le port de Saint-Nazaire se compose d'un chenal bordé de jetées en charpente et aboutissant à deux écluses qui donnent entrée dans un bassin à flot entouré de vastes quais.

Il n'existe pas d'avant-port. Cette circonstance toute spéciale à Saint-Nazaire (1) tient à ce que la rade est si peu agitée, même par les plus grands vents, qu'elle remplit les fonctions d'avant-port. Les navires viennent y mouiller à l'extrémité des jetées et se font ensuite haler le long du chenal. D'autres fois, et si le bassin est ouvert, ils entrent directement dans le chenal et dans les écluses.

On a dit précédemment que le calme de la rade est dû aux bancs de sable de la baie de la Loire. Il convient d'a-

---

(1) On ne parle ici que des ports à marée.

jouter qu'il est notablement augmenté, dans la partie qui avoisine l'entrée du port, par l'abri du vieux môle et par la forme de la côte. Composée d'une suite de pointes de rocher séparées par des plages où l'effet des vagues vient s'amortir, elle produit l'effet d'un vaste brise-lames et atténue l'agitation.

Nature du sol. Mode d'exécution des ouvrages. — Le bassin et les écluses ont été établis dans une anse à fond de vase au-dessous de laquelle on trouvait à des profondeurs variables, mais toujours supérieures aux fondations, du rocher schisteux très-compacte. On les a construits à l'abri d'une digue d'enceinte exécutée avec des vases prises à son pied et formant batardeau. Son exécution a été difficile, mais elle a fini par très-bien résister à la mer avec un talus de 4 de base pour 1 de hauteur simplement revêtu d'un perré.

Cette digue, élargie avec les déblais provenant du bassin, forme maintenant les terre-pleins sur lesquels on a élevé des cavaliers en terre servant à la fois de fortifications et d'abri contre le vent.

L'établissement de la digue a eu pour résultat de faire avancer et relever progressivement la plage de vase qui atteint à son pied la hauteur des pleines mers de morte eau.

Cotes des principaux ouvrages et des marées. — Avant d'entrer dans quelques détails sur les différents ouvrages du port, il paraît utile de donner, dès à présent, les cotes de ces ouvrages et celles des marées rapportées au nivellement général du port.

Couronnement des massifs élevés sur les bajoyers de la grande
  écluse et tablier des nouvelles jetées. . . . .   10^m,50
Couronnement des écluses et tablier des anciennes jetées. . .   13 ,00

Rails autour du bassin. 14m,40
Couronnement des quais des bassins de Saint-Nazaire et de
   Penhouet. . . . . 14 ,60
Haute mer de vive eau d'équinoxe. . . . . 15 ,08
Haute mer de vive eau ordinaire. . . . . 15 ,50
Haute mer de morte eau. . . . . 17 ,00
Basse mer de morte eau. . . . . 19 ,30
Basse mer de vive eau ordinaire. . . . . 20 ,50
Zéro de l'annuaire des marées. . . . . 20 ,83
Basse mer de vive eau d'équinoxe. . . . . 21 ,00
Zéro de l'échelle de Saint-Nazaire. . . . . 21 ,10
Buse de l'écluse à sas de 13 mètres de largeur. . . . . . . 23 ,10
Fond de la partie sud du bassin de Saint-Nazaire. . . . . . 23 ,20
Fond de la partie nord-ouest de Saint-Nazaire. . . . . 24 ,00
Buse de l'écluse de 25 mètres de largeur. L'écluse à sas aura
   la même profondeur. . . . . 24 ,30
Fond de la partie nord-est du bassin de Saint-Nazaire. . . . 24 ,50
Barre des charpentiers. . . . . 24 ,73
Fond du bassin de Penhouet. . . . . 25 ,00

Chenal. — Le chenal a été ouvert au travers d'une plage de vase qui découvre dans les grandes marées jusqu'à l'extrémité de la jetée sud et, sur la rive nord, jusqu'à une vingtaine de mètres en arrière du musoir, au pied duquel on trouve toujours à mer basse de 2 à 3 mètres d'eau.

Ses rives sont maintenues en dehors des jetées par des enrochements élevés en forme d'épis à 1m,50 environ au-dessus de la vasière. Leurs talus enveloppent la base des fermes et contribuent beaucoup à leur consolidation. Ils forment en même temps brise-lames et empêchent l'agitation de se propager trop énergiquement jusqu'aux écluses, où elle ne manquerait pas de causer de graves accidents aux portes.

Le chenal est creusé et entretenu de manière à ce que les navires y trouvent toujours 7 mètres de profondeur à haute mer de morte eau.

Jetées. — Des jetées en charpente bordent les deux rives du chenal. Leurs fermes sont espacées de 3m,75 d'axe en axe. A l'intérieur comme à l'extérieur, le fruit est d'un dixième.

Le tablier a une largeur de 4^m.50 qui se trouve réduite à 3^m.36 entre les garde-corps. Il est au niveau du couronnement des écluses, soit à 1^m,48 au-dessus des grandes marées d'équinoxe.

Toute la charpente est en bois de sapin de Prusse. Les vers tarets, qu'on ne connaissait pas autrefois à Saint-Nazaires, y ont apparu en 1859. Leurs ravages y sont assez considérables.

La jetée Nord a été faite en 1856. Dans toute la partie qui avoisine l'écluse, on a dû l'établir au-dessus de vases peu consistantes recouvrant, à une profondeur de plusieurs mètres au-dessous des basses mers, un rocher très-dur où les pieux ne peuvent pas pénétrer.

Feu M. l'ingénieur A. Watier, attaché à cette époque au service du port de Saint-Nazaire, adopta pour la fondation de cette partie de la jetée le système qu'il avait déjà employé pour les murs établis en prolongement des bajoyers des écluses. Les fermes furent fixées sur des puits carrés en maçonnerie de 6 mètres de côté, qu'on faisait descendre jusqu'au rocher par leur propre poids en enlevant par l'intérieur les vases sur lesquels ils reposaient (1). Ces puits, arasés à la cote (18^m,00), recevaient les semelles des fermes.

Ce mode de construction a très-bien réussi. Perfectionné et complété par l'emploi de l'air comprimé, il a été em-

---

(1) Les détails de ces puits se trouvent dans la *Collection des dessins et légendes distribués aux élèves de l'Ecole des ponts et chaussées*, t. I, 3e livraison.

On peut également consulter la notice publiée par les soins du ministère de l'agriculture, du commerce et des travaux publics sur le batardeau avec puits établi au port de Lorient, et dont le modèle a figuré à l'Exposition universelle de Londres en 1862.

ployé avec succès aux fondations de beaucoup de grands ponts et d'autres ouvrages analogues fondés au travers de mauvais terrains.

L'extrémité de la jetée nord a été construite sur des pilotis.

La jetée sud n'a été exécutée qu'en 1859 et 1860. Elle est exclusivement fondée sur des pieux de 10 à 12 mètres de longueur reposant sur le rocher.

Ces deux jetées ont été terminées par des musoirs provisoires, construits aussi économiquement que possible, afin de pouvoir les modifier sans regret si on le reconnaissait plus tard nécessaire.

Prolongement et redressement des jetées. — Il est toujours très-difficile de se rendre bien compte à l'avance des dispositions à donner à des jetées, et l'expérience a prouvé qu'il fallait prolonger et redresser celles de Saint-Nazaire pour assurer en toute circonstance les mouvements d'entrée et de sortie des grands navires, et surtout ceux des paquebots transatlantiques à roues.

On ne prévoyait d'ailleurs pas il y a vingt ans, à l'époque où les projets du port ont été conçus, que les navires à vapeur atteindraient des longueurs de 105 mètres et 110 mètres, et que dans certaines conditions de chargement et de marées, les axes de leurs roues arriveraient à dépasser de plus de 3 mètres le couronnement des écluses. On s'est ainsi trouvé conduit à redresser et raccourcir d'une vingtaine de mètres la jetée nord, tandis que la jetée sud a été prolongée de 115 mètres, en suivant une direction plus évasée. Cet ensemble d'ouvrages présente un aspect assez irrégulier, mais il répond, en définitive, très-bien aux besoins de la grande navigation.

Les nouvelles jetées construites en 1866 sont plus haute

que les anciennes de 3 mètres, et sont construites avec une
très-grande solidité. Les fermes ne sont espacées que de
3 mètres d'axe en axe. On a conservé les fruits intérieurs et
extérieurs d'un dixième. La largeur du tablier, entre la pièce
de rive placée du côté du chenal et le garde-corps établi,
du côté opposé, n'est plus que de 2^m,95, ce qui est suffisant pour le service.

Les musoirs ont 8^m,50 de largeur. Au centre est installé
un cabestan.

Toute la charpente a été construite sur pilotis. Les pieux
n'atteignent pas tous le rocher. Ceux qui s'arrètent dans
la vase descendent à 13 mètres au-dessous des grandes
basses mers.

Écluses. — Deux écluses occupent le fond du chenal (1).
Elles ont été entièrement fondées sur le rocher. La plus
grande, construite en vue des paquebots transatlantiques à
roues, a 25 mètres de largeur. C'est une écluse simple à
deux paires de portes dont l'une sert de garantie pour les
cas d'accidents ou de réparation (2). Au point le plus bas
des buscs, qui affectent la forme d'un arc de cercle relevé
de 2^m,50 sur les côtés, on trouve, dans les plus faibles
hautes mers, 7^m,30 d'eau. En vive eau la hauteur est de
8^m,80.

La petite écluse a une largeur de 13 mètres; elle est
munie d'un sas de 60 mètres de longueur qu'on peut faire
fonctionner depuis la mi-marée montante jusqu'à la mi-

----

1 L'une de ces écluses se trouve décrite dans la collection des dessins
distribués aux élèves de l'École des ponts et chaussées. Voir la légende dans
la 3e livraison du tome Ier.

2 Le modèle de ces portes a figuré à l'exposition universelle de Londres en
1862. Leur description se trouve dans la notice publiée à cette occasion par
les soins du ministère de l'agriculture, du commerce et des travaux publics.

marée baissante, c'est-à-dire pendant six ou sept heures. Les buscs sont horizontaux, et la mer y monte de 6^m,10 en morte eau et de 7^m,60 en vive eau.

Chaque fois que les mouvements d'entrée et de sortie des grands navires le demandent, l'écluse de 25 mètres peut rester ouverte pendant deux ou trois heures.

Exhaussement des bajoyers de la grande écluse. — Les couronnements des écluses sont à 1^m,48 en contre-haut des hautes mers de vive eau d'équinoxe, ce qui est bien évidemment trop bas pour les paquebots transatlantiques.

En 1855 et 1856 on a élevé sur les bajoyers de la grande écluse, et à l'aplomb des parements, des massifs en maçonnerie de 2^m,50 d'épaisseur et de 3 mètres de hauteur, destinés à guider les lisses de garde des porte-roues. Au-dessus du vide des chambres des portes, ces massifs sont remplacés par de très-fortes poutres en tôle formant passerelles et servant à diriger les tambours des paquebots.

Bassin à flot. — Les écluses débouchent au milieu du bassin à flot, dont voici les dimensions :

<pre>
1re partie. . . . . { Longueur. 580m
                      Largeur. 160
2e partie. . . . . { Longueur. 140
                      Largeur. 90
</pre>

Sa superficie est de 10^{hect},40.

Toute la partie inférieure a été creusée à des profondeurs variables dans des gneiss schisteux, qui, simplement revêtus sur certains points de placages en maçonnerie, forment le noyau des murs de quai.

On maintient toujours les eaux du bassin à une profondeur égale ou supérieure à celles des faibles hautes mers de morte eau cotées (17^m,00). A ce niveau on trouve les profondeurs suivantes :

En face des écluses et du quai des Frégates. . . . . 7^m,50
Le long du quai de la Marine. . . . . 7^m,10
Entre les quais de la Loire, de la Vieille-Ville et du Commerce. 6^m,20
Entre les quais Watier, Henri Chevreau et Jégou. de. . 6^m,20 à 7^m,00

Le bassin est entouré de vastes quais mis en communication avec la gare du chemin de fer par des lignes de rails.

Le port de Saint-Nazaire, n'étant guère pour le moment qu'un port de transit, presque toutes les marchandises passent directement des navires dans les wagons ou les gabares qui remontent à Nantes, et réciproquement.

Le développement total des quais est de 1.580 mètres. Une grande partie est occupée par des services publics et par la Compagnie générale transatlantique, à qui l'on a concédé les terrains situés en arrière du quai de la marine et du quai Jégou. Elle y a établi les hangars, magasins, ateliers de réparation, parcs à charbon etc., nécessaires pour assurer le service de ses deux lignes du Mexique et des Antilles.

Les différents quais sont ainsi répartis :

INDICATION des quais.	LARGEUR.	LONGUEUR.		SERVICE auquel ils sont affectés.
	mètres.	mètres	mètres	
Quai de la Loire.	45	250		Mis à la disposition du commerce
id de la Vieille-Ville. .	40	160		
id du Commerce. . . .	40	220		
id A. Watier.	30	90		
id H. Chevreau. . . .	17	140		
		860	860	
Quai Jégou	30	90		Réservés à la comp. génér. transatlantique.
id de la Marine. . . .	40	220		
		310	310	
Quai de la Ville Halluard.	Indéterminée Terre-plein entre les deux bassins.		160	Occupé par les travaux des ponts et chauss.
id des Frégates	15		250	Réservé à la marine militaire.
			1.580	

Les 860 mètres de quais attribués au commerce sont complétement insuffisants pour ses besoins, et motivent l'exécution d'un second bassin qu'il attend avec une grande impatience.

Dévasement du port. — En se reportant au commencement de cette notice, on voit que le chenal du port de Saint-Nazaire a été ouvert artificiellement au milieu d'une plage de vase qui tend toujours à se reformer par les apports constants des marées. Il faut donc les combattre sans relâche, et ce problème a été résolu d'une manière aussi satisfaisante et économique que possible.

Au début des travaux, à une époque où il n'était pas possible de se rendre compte de l'importance et de la marche des envasements, on supposait que des chasses seraient suffisantes pour entretenir le chenal à profondeur. On s'aperçut bien vite qu'elles ne produisaient pas d'effet, et force fut d'y renoncer. Il fallait donc en revenir à des procédés mécaniques de curage. Pour les bien comprendre, il est nécessaire d'entrer dans quelques détails sur l'ennemi que l'on a à combattre.

Le bassin de Saint-Nazaire est alimenté, au moment de la haute mer, par les eaux de la rade qui y arrivent très-chargées de troubles vaseux. Après la fermeture des portes, il suffit de quelques heures de tranquillité dans le bassin pour que les vases se déposent sous forme d'un épais liquide dont la densité est de 1,175, celle de l'eau étant 1. Elles se tassent ensuite progressivement, et avec une telle lenteur, qu'elles n'atteignent qu'au bout de dix-huit mois leur densité maxima 1,430, qui est celle des vasières. Pendant le même temps, leur volume se réduit dans le rapport de 2,71 à 1.

L'expérience prouve que si l'on attend plus de deux ou trois mois, les vases deviennent extrèmement gênantes pour les mouvements des navires, et l'on est forcément conduit à les enlever quand leur densité atteint, en moyenne, 1,190. Elles sont alors dans un état de fluidité qui les rend pour ainsi dire insaisissables avec les dragues à godets.

C'est en présence de cette difficulté que l'on songea à pomper les vases, et comme elles ne contiennent que des matières argileuses sans le moindre mélange de sable, le succès fut complet. L'idée première appartient à M. l'inspecteur général Tostain. M. l'inspecteur général Jégou, alors ingénieur en chef, et M. l'ingénieur Leferme l'ont développée et rendue pratique en faisant construire par MM. Gache aîné, Jollet et Babin, constructeurs à Nantes, un bateau pompeur et porteur dont la machine s'attelle successivement sur les pompes et sur l'hélice qui fait mouvoir le bateau (1). On le conduit en rade à 1.000 ou 1.500 mètres du port, et on le décharge en ouvrant des clapets.

Une drague ordinaire à godets sert à curer les parties du port où, par une cause ou une autre, les vases ne sont plus assez liquides pour être pompées, ce qui arrive dès que leur densité dépasse 1,200.

Le matériel actuel a été construit par l'État et fonctionne en régie depuis 1861. Il se compose de trois bateaux pompeurs portant de 220 à 270 mètres cubes de vase, et d'une drague. Les godets de la drague descendent à 9^m,50 sous l'eau. Les bateaux pompeurs sont munis de tuyaux articulés qui aspireraient la vase bien plus bas s'il était nécessaire.

On est aujourd'hui parfaitement fixé sur l'importance et le prix de revient des travaux de dévasement du port. Pour l'entretenir à la profondeur normale que réclament les mouvements des grands navires, il faut enlever chaque année :

1° Dans le bassin (d'une superficie de 10^h,40)   163.000 mét. cubes de vases.
2° Dans le chenal (id.   de 1^h,35)   193.000

Total. . . . .   356.000 mét. cubes de vases.

Ce qui correspond à 1^{mc},55 par mètre carré de bassin, et à 14^m,27 par mètre carré de chenal.

On peut compter que les trois quarts de ces vases sont pompés et que le reste est dragué.

Ces opérations s'exécutent aux prix suivants :

(1) Voir la description détaillée de ce bateau dans la *Collection des dessins distribués aux élèves de l'École des ponts et chaussées*, tome Ier, 5e livraison.

Extraction et transport d'un mètre cube de vase pompée.

Charbon, réparation du matériel et main-d'œuvre 0ʳ,15
Intérêts et amortissement du matériel. . . . . . . 0 ,24

Prix total de revient. 0ʳ,39

Extraction et transport d'un mètre cube de vase draguée.

Charbon, réparation du matériel et main-d'œuvre 0ʳ,35
Intérêts et amortissement du matériel. . . . . . . 0 ,37

Prix total de revient. 0ʳ,72

La dépense à laquelle donnent lieu ces opérations s'élève à 69.000 fr. par an, chiffre annoncé dès 1859 par M. Leferme. Il n'était pas possible, et ce résultat le prouve, d'étudier avec plus de soin que ne l'a fait cet ingénieur, une question aussi délicate et de mieux diriger les travaux du curage.

La vase se dépose aussi en grande abondance sur les radiers et surtout dans les chambres des portes de la grande écluse. On l'enlève avec une drague à bras.

Matériaux employés dans les travaux. — Les moellons proviennent principalement de la carrière de granite de Lavau sur le bord de la Loire. On en a pris dans les carrières de gneiss des environs de Saint-Nazaire et dans les déblais du bassin.

La pierre de taille vient de Lavau. On n'a employé que les chaux de Doué et de Paviers.

Les ciments sont du Médina et du Portland anglais et français.

Dépenses. — Les dépenses auxquelles se sont élevés les travaux proprement dits du bassin de Saint-Nazaire se répartissent ainsi qu'il suit :

Digue d'enceinte.	295.000 fr.
Terrassements et maçonneries du bassin.	5.424.000
Construction des jetées et creusement du chenal.	884.000
Portes d'écluses, vannes, etc.	693.000
Travaux divers.	135.000
Exhaussement des bajoyers de la grande écluse.	145.000
Redressement et prolongement des jetées en 1866.	550.000
Total.	8.126.000 fr.

Nouveaux travaux en cours d'exécution ou projetés. Bassin de Penhouet. — L'insuffisance du bassin à flot de Saint-Nazaire a été bientôt constatée, et l'on décida qu'un second bassin serait construit dans l'anse de Penhouet, à la suite du premier. Le décret du 5 août 1861 a fixé la dépense à 18.500.000 fr.

Par suite de la mauvaise nature du sous-sol, on a été forcé de lui donner une étendue de 22 hectares. Un bassin d'une dizaine d'hectares eût été suffisant pour le moment et plus avantageux. Il eût coûté moins cher et eût été achevé beaucoup plus tôt. Mais les sondages du terrain ont fait reconnaître qu'au-dessous des vases sans consistance, qui composent la partie supérieure et d'où émergent des mamelons granitiques, on trouve le rocher à des profondeurs très-variables. On aura une idée exacte du sous-sol en se figurant une vallée à bords abrupts de 25 à 30 mètres de profondeur au-dessous du niveau des quais, creusée dans le granite et traversant en biais l'emplacement du bassin. On ne pouvait évidemment pas y fonder des ouvrages d'art, et l'on s'est trouvé conduit à donner au bassin une longueur de 1.100 mètres pour retrouver au delà de la vallée vaseuse un bon sol de fondation.

Pour le même motif, et afin de pouvoir construire des murs de quais sur tout le côté *est* du bassin en s'installant sur les rives irrégulières de cette vallée, on a porté la largeur

des deux extrémités du bassin à 230 mètres, bien que celle
de la partie centrale, fixée à 160 mètres comme pour le bassin actuel, suffise amplement aux besoins de la navigation.

Il n'a pas été possible de créer une entrée directe de la
rade dans le bassin de Penhouet. Il eût fallu, pour arriver
aux grandes profondeurs, s'avancer beaucoup vers le large,
et la saillie produite par l'établissement de ce nouveau
chenal aurait indubitablement envasé l'entrée actuelle. On
ne pourra donc entrer dans le second bassin qu'en passant
par le premier.

Travaux en cours d'exécution. — Les seuls travaux en
cours d'exécution aujourd'hui sont l'écluse à sas et la digue
de ceinture.

La digue de ceinture aboutit aux chantiers de la Compagnie générale transatlantique. Elle a été fermée en 1865,
et on l'élargit avec les déblais du bassin pour former les
terre-pleins.

Écluse à sas. — La communication entre les deux bassins
aura lieu au moyen d'une écluse à sas ayant, comme l'é-
cluse actuelle, 25 mètres de largeur et 7^m.30 de profondeur
d'eau en morte eau sur les buses qui sont horizontaux.

Elle est munie de quatre paires de portes permettant de
sasser dans les deux sens, afin d'être complétement maître
du niveau des eaux dans le bassin de Penhouet et d'y prévenir les envasements. La longueur du sas est de 130 mètres.

Deux grands aqueducs de 2 mètres de largeur traversent
les bajoyers d'un bout à l'autre et mettent en communication les deux bassins. Ils servent aux manœuvres du sas,
avec lequel ils communiquent au moyen d'aqueducs secondaires. On y a ménagé des prises d'eau aboutissant à de
petits systèmes d'aqueducs débouchant par des orifices
de 0^m,20 de hauteur au niveau du fond des chambres des

portes. Ils serviront à produire des chasses et permettront de supprimer le dévasement à bras.

Des ponts roulants en tôle servant à la fois au passage des voitures et des wagons, seront établis aux deux têtes de l'écluse.

Les fouilles de l'écluse ont été faites dans des gneiss schisteux mélangés de quartz qu'on a rencontrés à une profondeur de 4 à 5 mètres en contre-bas des quais.

La maçonnerie des parties inférieures des bajoyers est simplement plaquée contre le rocher sur une épaisseur moyenne de 1^m,75. Il n'existe de radier qu'aux têtes de l'écluse à partir des chambres des portes. Dans le fond du sas proprement dit, le rocher restera à nu.

Digue de ceinture. — La digue de ceinture a été exécutée avec les déblais terreux et rocheux de l'écluse à sas. Des wagons les déchargeaient sur les vases de la plage, où ils pénétraient souvent très-profondément. Son sommet est à la cote (13^m,60)

Elle est revêtue, du côté de la rade, par un perré en moellons bruts de 0^m,50 d'épaisseur incliné à quatre de base pour un de hauteur.

Murs de quai. — Des murs de quai ne pourront pas être établis sur tout le pourtour du bassin. Ce qu'on a dit précédemment de la mauvaise nature du sous-sol ne permet pas d'en construire au passage de la vallée vaseuse. Sur ces points-là, c'est-à-dire dans l'angle sud-est du bassin et au milieu du quai ouest, il faudra de toute nécessité les remplacer par des perrés reposant sur d'épais enrochements. Des appontements en charpente y faciliteront l'accostage des navires.

Les murs de quai ont 10^m.40 de hauteur au-dessus du plafond du bassin. Ils sont tous fondés sur le rocher, mais dans des conditions très-variables. Tandis que quelques-uns d'entre eux se composeront d'un simple placage contre le rocher, les autres devront aller le chercher à 10 mètres et même 12 mètres de profondeur au-déssous du plafond du bassin. Dans ces derniers cas on les construira sur arcades, et l'on fondera les piles sur des puits coulés analogues à ceux de la jetée nord.

Formes de radoub. — Trois formes de radoub fondées sur le rocher ont été projetées au fond du bassin de Penhouet avec les dimensions suivantes :

FORMES.	LARGEUR de l'entrée.	LONGUEUR.	PROFONDEUR au-dessous des hautes mers de morte eau.
N° 1	25ᵐ,00	135ᵐ	7ᵐ,30
N° 2	16 ,00	115	5 ,50
N° 3	13 ,00	95	3 ,50

On s'est décidé à transporter la forme n° 2 dans le bassin de Saint-Nazaire, à côté de l'écluse à sas, afin de pouvoir la mettre plus promptement à la disposition du commerce.

Emploi de l'écluse à sas comme forme de radoub provisoire. — L'absence actuelle de tout moyen de réparation pour les navires a conduit à disposer l'écluse à sas de manière qu'elle pût servir de forme de radoub provisoire en attendant l'achèvement du bassin de Penhouet.

Les paquebots transatlantiques dont les coques sont en fer, en ont surtout grand besoin, car, dans l'état actuel des choses, ils sont obligés d'aller se faire réparer et nettoyer dans le port militaire de Lorient.

Prise d'eau. — En créant à Saint-Nazaire un second bassin deux fois plus étendu que le premier, il fallait chercher à en réduire l'envasement aux plus faibles proportions.

Dans ce but on l'alimentera au moyen d'une prise d'eau spéciale débouchant en rade et munie de vannes qu'on ne fera fonctionner que rarement, deux ou trois fois par mois, en choisissant des temps calmes où les eaux des couches supérieures sont très-peu chargées de vase.

La prise d'eau aura 30 mètres de largeur, et les vannes se manœuvreront par abaissement de manière à ne prendre que l'eau de superficie jusqu'à la profondeur que l'on jugera convenable.

Chantiers de construction. — On a réservé entre le bassin et la rade des espaces suffisants pour établir des chantiers de construction. Une partie est déjà occupée par ceux de la Compagnie générale transatlantique qui y a fait construire cinq de ses grands paquebots en fer.

Dépenses. — Les dépenses du bassin de Penhouet ont été évaluées à 18.500.000 fr. composés de la manière suivante :

Acquisitions de terrains.	2.035.400 fr
Digue de ceinture.	500.000
Terrassements.	3.800.000
Écluse à sas de 25 mètres de largeur.	2.900.000
Murs de quai et perrés à l'intérieur du bassin.	1.250.000
Prise d'eau.	500.600
Trois formes sèches.	2.800.000
Travaux divers.	600.000
Emploi de l'écluse à sas comme forme provisoire.	250.000
Frais généraux et dépenses imprévues.	863.600
Total.	18.500.000 fr.

Au 31 décembre 1866, on avait dépensé 4.151.750 fr.

Extension du port de Saint-Nazaire. — On a dû prévoir le moment où les deux bassins de Saint-Nazaire et de Penhouet ne suffiront plus aux besoins de l'avenir. Il sera alors facile, ainsi qu'on l'a d'ailleurs indiqué dans l'avant-

projet du bassin de Penhouet, de construire à leur suite.
et jusqu'à l'embouchure de la petite rivière du Brivet, deux
autres bassins. Le dernier aura une entrée spéciale qui ne
pourra toutefois pas être fréquentée par les grands navires.
attendu que pour y trouver une profondeur de 7 mètres
en morte eau, elle devrait faire vers le large une très-forte
saillie qui modifierait certainement le régime de la rade et
compromettrait l'entrée actuelle.

La digue de ceinture du bassin de Penhouet a été tracée
de manière que son prolongement arrive précisément au
point où se trouverait cette nouvelle entrée du port, par
des profondeurs de 5 mètres seulement en morte eau.
On a dû l'arrêter pour le moment à l'extrémité du bassin
de Penhouet et la raccorder par une digue provisoire avec
le rivage.

Les ingénieurs qui ont concouru à la rédaction des projets et l'exécution des travaux du port de Saint-Nazaire
sont : MM. Cabrol et Plantier comme ingénieurs en chef
directeurs; A. Jégou et Chatoney comme ingénieurs en
chef; de la Gournerie. A. Watier et Leferme comme ingénieurs ordinaires.

M. Morel (Joseph) n'a pas cessé d'être attaché à ces travaux
comme conducteur depuis leur origine.

V

ÉCLUSE DE LA CITADELLE

AU PORT DU HAVRE.

MINISTÈRE DE L'AGRICULTURE, DU COMMERCE ET DES TRAVAUX PUBLICS.

Un modèle à l'échelle de 0ᵐ,04.

Dimensions principales. — Les dimensions de l'écluse de la citadelle ont été calculées, non-seulement en vue d'y recevoir les navires les plus forts usités aujourd'hui, mais encore ceux qui seraient proportionnés aux passes du port de New-York, avec lequel le port du Havre a ses principales relations.

C'est en se plaçant dans cet ordre d'idées qu'on a fixé à 8ᵐ,50 le creux de la passe en pleine mer de mortes eaux, et qu'on a donné à l'écluse 30ᵐ,50 de largeur, dimension reconnue nécessaire pour les bâtiments transatlantiques.

Il n'a pas été pratiqué de sas à l'écluse de la citadelle, pas plus qu'aux autres écluses du Havre, par la raison que, lorsque l'étale de la mer prend fin ou avant qu'elle s'établisse, l'accès du port est impossible aux grands navires, pour lesquels l'écluse a été construite.

Les angles des têtes de l'écluse sont surmontés de dés en maçonnerie, qui ont le double but : 1° d'élever les poteaux rias à la hauteur nécessaire à la manœuvre des transatlantiques; 2° d'empêcher les tambours des roues de coiffer les bajoyers. On n'a pas eu besoin d'en placer à la tête amont, côté droit, parce que le mur du quai du bassin se soude au bajoyer, comme un ajutage, et rend plus facile la direction des manœuvres.

Les dimensions les plus importantes de l'écluse sont les suivantes :

Largeur de l'écluse	30^m,50
Longueur de tête en tête (côté sud)	108 ,25
Épaisseur du bas radier	3 ,00
Épaisseur du haut radier	4 ,00
Hauteur du couronnement général par rapport au haut radier	13 ,00
Hauteur des dés en maçonnerie par rapport au couronnement général	2 ,50
Longueur d'une enclave des portes	18 ,10
Profondeur de la même enclave	3 ,50
Épaisseur maxima des culées	11 ,50
Épaisseur en face des encuvements du pont	16 ,00
Profondeur de l'encuvement du pont	14 ,78
Tirant d'eau dans les vives eaux	10 ,70
Tirant d'eau dans les mortes eaux	9 ,00

Mode de fondation. — L'écluse a été fondée sur un radier général en béton de ciment de Portland, reposant sur le sol naturel. La mauvaise qualité de celui-ci a obligé de donner au radier une forme courbe, dans le but de présenter une assiette plus large aux bajoyers, dont la masse aurait pu déterminer un tassement sans cette précaution. La courbe générale est formée de deux demi-anses de panier réunies vers l'axe de l'écluse par une ligne droite. Il n'y a donc de courbure sensible que vers les parties des angles que les navires ne peuvent pas accoster.

Portes de l'écluse. — L'écluse est pourvue de deux paires de portes d'èbe destinées à faire chacune au besoin, par

exception et sans le concours de l'autre, le service du
bassin, et destinées, en temps ordinaire, à partager la
charge. L'importance du bassin à flot, son étendue, ses travaux ne permettent pas d'y faire descendre l'eau au niveau
des basses mers, et l'on n'a pas cru être assez garanti contre une pareille éventualité par une seule paire de portes.

Chaque vantail a une largeur de 17^m,50 et une hauteur
de 9^m,80. Son épaisseur au milieu est de 1^m,90. Il est composé de deux poteaux réunis par de nombreuses entretoises, liées par des gournables en bois, des fiches en fer,
deux grandes écharpes, des frettes, des étriers, des équerres
et des boulons. Deux roulettes, dont on peut relever ou
abaisser le niveau, lui servent au besoin de point d'appui.
Deux ventelles et un pont de manœuvre complètent son
système. Il est mis en mouvement par deux treuils, destinés
l'un à son ouverture, l'autre à sa fermeture. Une porte-valet
est destinée à le tenir clos et à empêcher son batillement
sous l'effet du ressac, vers le moment du plein, par les vents
du large.

Chaque entretoise est composée de six pièces de sapin de
Prusse, superposées. Deux, formant l'entrait, sont rectili-
gnes; les quatre autres, formant la partie cintrée, ont été
courbées à la vapeur. Les entretoises sont juxtaposées sur
toute la partie inférieure de la porte. Elles sont liées par
les bordages et par de fortes pièces de sapin allant de l'entretoise supérieure à celle inférieure, et remplissant, comme
un noyau, l'intervalle des entraits et des courbes.

La flèche du busc est calculée pour que les courbes
des deux vantaux ne forment qu'un seul arc, quand les
portes sont fermées. Son rayon est de 32^m,70.

Pont sur l'écluse. — Le pont, destiné au passage des
piétons et des voitures, est à double voie avec trottoirs. Il

est composé de deux volées de $29^m.58$ de longueur chacune, qui se manœuvrent simultanément, en deux minutes
pour l'ouverture, et en trois ou quatre minutes pour la fermeture.

Chaque volée tourne librement sur un pivot à tête d'acier,
coiffé d'une crapaudine en bronze faisant partie de la volée.
Le lest de la culée est calculé de manière que le centre de
rotation soit à peu près au centre de gravité de la masse,
avec une surcharge légère du côté de la culée. Pour ouvrir
le pont, on soulève un peu la culée au moyen de crics ad-
hérents appelés verrins, on retire les cales qui la supportaient ; on desserre les verrins, et la culée opérant un léger
mouvement de bascule, s'appuie sur une roulette. Les pontiers n'ont alors qu'à pousser à la main, pour faire tourner
la volée. Deux autres roulettes, placées à droite et à gauche
du pivot, modèrent l'oscillation transversale de la volée en
mouvement. La manœuvre des deux volées s'opérant ensemble, l'ouverture du pont ne dure, comme nous l'avons
dit plus haut, que deux minutes, employées plus spécialement à tourner les crics ou verrins.

La clôture du pont se fait par la même manœuvre, opérée
dans l'ordre inverse.

Dépenses. — L'écluse, les portes et le pont ont été évalués ensemble à la somme de 3.468.340 fr.

Les ingénieurs chargés des travaux de l'écluse, depuis
l'origine des projets jusqu'à l'achèvement des ouvrage ont
été : MM. Bouniceau, ingénieur en chef des ponts et chaussées ; Lemaître, ingénieur ordinaire des ponts et chaussées.

Les entrepreneurs étaient : MM. Escarraguel (Jacques) et
Monet, pour l'écluse ; Escarraguel (Adolphe), Roulet et
Dallieu, pour les portes ; Perrin, pour le pont.

VI

PORT DE COMMERCE DE BREST

(PORT NAPOLÉON).

—

MINISTÈRE DE L'AGRICULTURE, DU COMMERCE ET DES TRAVAUX PUBLICS.

Un modèle à l'échelle de 0,04 par mètre.
Une vue panoramique.
Un album de dessins.

Historique. — La ville de Brest, avec sa rade magnifique, était, jusqu'à ces derniers temps, complétement dépourvue d'un port de commerce ; et cependant, chaque année, mille navires environ, portant de 90 à 100.000 tonnes, y venaient prendre mouillage, tant pour les besoins du commerce proprement dit que pour ceux de la marine militaire. Ils étaient reçus dans la partie antérieure du port militaire située dans la Penfeld, et l'on mettait, par tolérance, à leur disposition une longueur de quais de 309 mètres.

Cette situation, qui était à charge à la marine de l'État aussi bien qu'au commerce, se trouvait presque forcément maintenue pour deux motifs.

D'abord la ville de Recouvrance, située sur la rive droite de la Penfeld, était dépourvue de toute communication avec Brest, située sur la rive gauche ; ensuite la position de Brest, si favorable au point de vue nautique, était loin de présenter les mêmes avantages pour les communications par terre.

L'établissement d'un pont tournant sur la Penfeld, et la construction d'un chemin de fer reliant Brest à tous les grands centres, sont venus lever les deux obstacles essentiels à la construction d'un port de commerce en dehors de la Penfeld ; aussi le gouvernement de l'Empereur se mit-il en mesure de satisfaire immédiatement à un besoin qui, en raison de la position exceptionnelle de la rade de Brest et de la navigation transatlantique, s'élevait à la hauteur d'une question nationale.

D'accord sur le point de départ ainsi que sur le but à atteindre, tous les esprits ne le furent pas sur la situation que devait occuper le nouveau port de commerce ; mais après plusieurs enquêtes et de nombreuses discussions, on reconnut que l'anse de Postrein, indiquée par le maréchal de Vauban et choisie par plusieurs ingénieurs, depuis 1785, dans divers projets, devait être préférée aux autres points de la rade de Brest, et la création du port de Postrein, qui reçut depuis le nom de port Napoléon, fut autorisée par décret impérial du 24 avril 1859. Ce décret, qui laissait indéterminé l'aménagement intérieur, reçut son complément par un autre décret du 26 avril 1862, et enfin, lors de l'inauguration du chemin de fer de Rennes à Brest, le 25 avril 1865, S. E. M. Béhic, ministre de l'agriculture, du commerce et des travaux publics, délégué par S. M. l'Empereur, reconnut qu'il était utile d'agrandir le port proprement dit, en reportant le bassin à flot plus à l'est. Cette disposition qui, sous les autres rapports, n'apporte aucune modification essentielle au projet approuvé, a été

l'objet d'études complètes, et l'on en a tenu compte dans
la description qui va suivre.

Emplacement. — Le port Napoléon a été établi sur le
banc de Saint-Marc, qui s'étend à l'est du port militaire
au pied du plateau assez élevé sur lequel se trouvent la
ville de Brest et ses dépendances : ce banc, formé d'une
alluvion ancienne, commence un peu en amont de l'embouchure de la Penfeld, confine aux grands fonds de la rade et
au chenal qui fait suite à la rivière de Landerneau ; il ne
présente que quelques pieds de profondeur au-dessous des
plus basses mers ; mais le sol est facile à draguer et le rocher se trouve à des profondeurs variables, et toujours
assez considérables pour n'inspirer aucune inquiétude relativement au mouillage des plus grands navires.

Cet emplacement, qui était également adopté dans les
projets antérieurs, présente les avantages suivants :

Il est contigu à la ville de Brest et s'y relie facilement au
moyen de rampes douces ; il permet l'arrivée du chemin
de fer sur les terre-pleins, ainsi qu'une communication
de niveau avec l'arsenal ; il n'emprunte rien aux grands
fonds de la rade, et par suite, ne peut avoir d'influence sensible sur le régime des eaux ; enfin, s'il oblige à des dragages assez considérables pour augmenter le mouillage,
il permet en même temps d'utiliser ces dragages en remblais pour la formation des terre-pleins qu'il faut entièrement conquérir sur la mer.

Description générale. Digues d'enceinte. — En laissant
de côté pour un instant le bassin à flot qui doit se placer naturellement derrière la digue qui ferme le port à
l'est, ainsi que l'indique le plan général, et en se bornant
aux travaux qui s'achèvent en ce moment, le port Napoléon
se trouve renfermé entre la terre du côté du Nord, et

trois digues qui, en raison de la direction des abris qu'elles procurent, ont reçu les noms de digue de l'Ouest, digue du Sud et digue de l'Est.

La digue de l'Ouest est enracinée à l'angle sud-est de la fortification dite du Château, et sa direction forme avec le nord un angle de 41° 30': elle a une longueur de 530 mètres, et se termine par un rentrant de 50 mètres de longueur sur 40 mètres de profondeur, destiné à amortir une partie de l'agitation des lames près de la passe; elle termine du côté du large un terre-plein qui a 70 mètres de largeur et qui correspond, du côté de l'intérieur, à un quai vertical de 425 mètres de longueur; à son extrémité sud un musoir reçoit un fanal.

La digue Sud présente une longueur de 930 mètres: sa direction fait, avec la direction *est*, un angle de 13 degrés vers le nord; son extrémité *ouest* recouvre de 200 mètres environ la digue de l'Ouest et se recourbe légèrement de manière à masquer, avec cette dernière, l'intérieur du port des vents de sud-ouest qui sont les plus violents et les plus persistants de la rade. L'intervalle laissé entre ces deux digues présente une largeur de 140 mètres et forme la passe principale d'entrée et de sortie du port, dont l'axe longitudinal est dans le sens des courants et des vents régnant habituellement. Le musoir ouest de la digue du Sud reçoit un fanal qui, avec celui de la digue de l'Ouest, indique parfaitement l'entrée: enfin on a ménagé à la partie supérieure, un peu en amont, un élargissement qui est destiné à l'établissement d'une batterie.

La digue de l'Est part de la pointe de Poulic-al-or et s'arrête à 125 mètres de la digue du Sud, formant ainsi un chenal pour les courants, et une passe secondaire directement opposée à celle dont il a été question ci-dessus, et

qui peut servir à l'entrée et à la sortie des navires, qui
sont toujours assurés de trouver à marée haute assez d'eau
sur le banc de Saint-Marc. Cette digue qu'on a construite,
dès le commencement des travaux, pour abriter le port
du côté de l'est, doit disparaître presque entièrement,
comme l'indique le plan, pour être incorporée aux terre-
pleins et être pénétrée par l'écluse du bassin à flot ; son
extrémité sud seule sera conservée.

Port à marée. — Le port à marée, qui se trouve renfermé entre les digues dont il vient d'être question, présente une longueur moyenne de 750 mètres et une largeur moyenne de 600 mètres. La surface d'eau, en ayant
égard aux diverses traverses, se trouve être d'environ
39 hectares, et en défalquant 9 hectares environ pour tenir
compte des parties qui correspondent aux passes, il reste
une surface utile de 30 hectares qui, sauf quelques petites
portions qui vont être signalées, doit présenter un mouillage de 7^m,50 lors des plus grandes basses mers tout à fait
exceptionnelles (1).

Comme on peut le voir sur le plan, trois traverses, dirigées normalement au quai de rive, forment quatre divisions
ou bassins qui sont désignés sous les noms de bassin n° 1,
bassin n° 2, bassin n° 3 et grand bassin du Nord-Est.

Les bassins n° 1 et n° 3 comprennent chacun un petit port
d'échouage, correspondant au quai de rive et à deux
amorces de quais transversaux de 60 mètres de longueur
chacune, de telle sorte que ces deux petits ports d'é-
chouage, fermés par des remblais arrêtés et régalés à

____

(1) Le dragage doit se faire à 7 mètres au-dessous du zéro du maréographe, la plus basse mer restant à 0^m,60 au-dessus de ce zéro ; les plus
petites hautes mers de mortes eaux sont à 5^m,40 et les plus grandes vives
eaux à 8^m,20 au-dessus de ce même zéro.

2 mètres au-dessus de zéro, représentent une surface de près de 1 hectare, et sont desservis par 400 mètres de quais.

Les autres quais comportent le mouillage général du port, sauf ceux des deux premières traverses, aux abords desquels, ainsi que pour le bassin n° 2, le dragage a été arrêté à 6 mètres au-dessous de zéro.

Les traverses n° 1 et n° 2 ont 133 mètres de longueur et 55 mètres de largeur moyenne ; la traverse n° 3 a 115 mètres de largeur et une longueur de 200 mètres d'un côté et de 165 mètres de l'autre ; elle renferme, dans son milieu, un platin de carénage qui présente 45 mètres de largeur sur 120 mètres de longueur, et une cale pour le débarquement des bois, de même longueur et d'une largeur de 10 mètres.

Bassin à flot. — Le bassin à flot, placé à l'est du port à marée, présente une longueur de 600 mètres sur 200 mètres de largeur, et l'on doit y pénétrer par une écluse à sas de 25 mètres de largeur. Le projet de ce bassin n'est pas encore définitivement approuvé.

Terre-pleins. — Afin de créer des emplacements suffisants pour les exigences du commerce et grouper autour des bassins une population maritime, on a dû écarter les quais de rive du coteau et remblayer une portion du banc de Saint-Marc. Les terre-pleins ainsi conquis sont assez considérables et présenteront une surface de 70 hectares après l'achèvement des travaux ; ils recevront et reçoivent déjà les constructions nécessaires aux divers besoins, après le prélèvement fait pour les quais et les autres voies de circulation, parmi lesquelles il faut compter un chemin de fer qui met la gare maritime en communication avec l'arsenal, et qui passe en tunnel sous le château.

Gare maritime. — Le chemin de fer qui dessert la ville de Brest (1), dont la gare est établie sur le plateau qui domine la rade à 43 mètres au-dessus du niveau de la mer, se divise à une distance de 4 kilomètres de ladite gare, et une branche, destinée au port de commerce, vient aboutir, après un parcours de 3 kilomètres, à la gare maritime dont l'emplacement se trouve ménagé près de Poulic-al-or, partie au moyen d'excavations dans les rochers et partie par des remblais dans la mer. La longueur de cette gare est de 610 mètres et sa largeur de 90 mètres, en présentant une surface de 5 hectares et demi ; elle communique avec l'arsenal par le chemin de fer dont il a été question ci-dessus, et se relie par des voies ferrées avec tous les quais du port.

Dépenses et situation des travaux. — Les travaux, commencés en 1860, étaient assez avancés en 1865 pour qu'on pût délivrer le port militaire des sujétions dues à la présence du commerce, en même temps que l'ouverture du chemin de fer permettait aux transatlantiques de toucher à Brest, en profitant des bureaux et magasins qui ont été établis par leur administration sur la traverse n° 2.

Aujourd'hui le port, abrité par ses digues, offre un refuge assuré aux navires qui veulent y pénétrer. Les terrepleins et les quais sont terminés jusqu'à la traverse n° 3, y compris son quai ouest ; les autres parties sont en voie d'exécution, et les terre-pleins s'augmentent chaque jour des produits du dragage, qui est déjà assez avancé pour que l'entrée du port et les quais construits soient accessibles à toute marée.

____

(1) Ce chemin de fer, qui appartient à la compagnie de l'Ouest et qui se dirige vers Rennes, en suivant le littoral nord, reçoit à Landerneau le chemin d'Orléans, qui va à Nantes en suivant le littoral sud.

Dépenses. — L'estimation des dépenses était de 16 millions de francs, et un peu plus des deux tiers sont absorbés. La dépense prévue sera probablement augmentée d'une manière notable par l'extension donnée au port; mais il y aura lieu de tenir compte en dédommagement de la valeur des surfaces considérables pouvant être aliénées, valeur qui aura une assez grande importance, quand l'achèvement du port à marée et son creusement complet permettront au commerce de Brest de profiter largement des précieux avantages de sa position si remarquable à la pointe occidentale de la France.

Mode d'exécution et marche des travaux. — On a dû commencer par remblayer une certaine portion de grève pour obtenir l'emplacement de chantiers et de magasins, ainsi que pour l'établissement d'un chemin le long du coteau, reliant les montagnes de Poulic-al-or avec la pointe du château. Pour les surfaces destinées aux chantiers et aux magasins, on a mis à profit les produits des excavations de l'intérieur de l'arsenal et tous autres remblais qu'on a pu se procurer d'une manière ou d'autre, pendant qu'en excavant les parties avancées des montagnes de Poulic-al-or, on exécutait le chemin de rive dont il vient d'être parlé. Plus tard, quand on put se mouvoir entre Poulic-al-or et la pointe du château, c'est-à-dire entre les deux extrémités du champ de travail, on organisa, sur une large échelle, l'exploitation des montagnes qui devaient fournir des remblais, des moellons et des blocs naturels de défense.

En même temps qu'on disposait des chantiers sur les premiers terre-pleins obtenus, on construisait, au centre des travaux, un port d'abri provisoire, non-seulement pour sauvegarder le matériel naval qui était nécessaire, mais encore pour recevoir les divers apports par mer qui, pendant assez longtemps, furent les seuls faciles. Un autre port fut également établi, vis-à-vis l'usine à gaz, à proximité des carrières, pour servir à l'embarquement des produits de ces carrières, moellons et blocs naturels. On commença ainsi, presque immédiatement, le chemin d'accès à la ville de Brest, formé de deux rampes, l'une communiquant à la place du Château, et l'autre allant vers la gare et le faubourg ; la rampe vers la place du Château, pénétrant à travers les fortifications, donna lieu de la part du génie militaire à la construction d'une porte à deux voies d'un beau caractère.

Des trois digues, celle de l'Ouest fut commencée la première. Eu égard à la grande largeur du terre-plein qu'elle devait défendre, elle pouvait être établie sans préoccupation du dragage intérieur : sa construction d'ailleurs était très-simple ; on la formait d'un corps d'enrochements ordinaires incliné, du côté du large à 2 1/2 de base pour 1 de hauteur et recouvert d'une couche de gros blocs naturels. Une portion des produits des excavations faites dans l'arsenal fut employée dans les fondations et jusqu'à une petite hauteur, car malheureusement les bâtiments qui les transportaient exigeaient un grand tirant d'eau ; le corps proprement dit de la digue fut construit au moyen de pierres quartzeuses disséminées sur le pourtour de la rade ; ces pierres, qui avaient l'avantage d'être très-lourdes et très-résistantes, étaient apportées par des bateaux de pêche qui se livraient en très-grand nombre à cette industrie et qui, déployant une grande activité, y trouvèrent de notables profits malgré des prix assez peu élevés. Les blocs naturels de défense, de grosseur variable, mais généralement d'un poids moyen d'environ 1.200 kilogrammes,

étaient apportés par des chalands en bois pontés, ou dans
les compartiments de chalands en tôle dont il sera parlé
plus loin.

La digue du Sud, dont la largeur était réglée seulement à 10 mètres en crête, nécessitait un dragage à sa base
vers l'intérieur du port, pour que son enracinement ne pût
pas être attaqué et bouleversé lors du dragage ultérieur.
Ce dragage partiel consistait dans un sillon de 18 mètres
de largeur à sa base avec des talus à 45 degrés; la
drague devait atteindre une profondeur minimum de 8 mètres au-dessous de zéro. Comme le banc de Saint-Marc, à
l'emplacement de la digue du Sud, est en général à 2^m,50
environ au-dessous de zéro, la profondeur du sillon dans
le banc était en moyenne de 5^m,50 et restait à 1 mètre au-
dessous du dragage général du port, qui descend, comme
il a été dit, à 7 mètres au-dessous de zéro (1). Ce sillon fut
rempli d'enrochements suivant un profil convenable, et
après cette préparation la digue fut construite entièrement
comme celle de l'Ouest, en ce qui concerne la partie extérieure, et en ménageant à l'intérieur un talus de 45 degrés
destiné à être perreyé. Le revêtement extérieur en gros
blocs s'arrêtait à la cote 7 mètres au-dessus du zéro et
la digue était terminée, jusqu'à la cote 9 mètres, par une
petite maçonnerie, établie suivant le profil du dessin et
couronnée d'un parapet.

La digue de l'Est qui devait, ainsi qu'on l'a dit, disparaître presque entièrement dans les remblais, a été formée,
comme un simple remblai rocheux ordinaire, au moyen de

(1 Comme il est souvent question de ce point zéro, on rappelle qu'il se
rapporte à l'échelle du maréographe et qu'il est à 0^m,60 au-dessous des plus
basses mers.

wagons chargés en carrière et par les soins de l'entrepreneur des excavations des montagnes. Comme la partie
ouest de la digue est située dans l'intérieur du port, et
que la partie extérieure n'est pas très-exposée, on s'est
dispensé de revêtir les talus en gros blocs.

Les travaux dont il vient d'être question, pour la formation des terre-pleins, les rampes d'accès et les digues furent commencés dans le courant de l'année 1860 et continués parallèlement. La construction des murs de quai
vint un peu plus tard, d'abord parce que les remblais
n'étaient pas assez avancés et ensuite parcequ'il fallait se
procurer un outillage spécial. Cependant, une fois que le
système à suivre fut complètement arrêté, on put disposer le mur de quai de rive du bassin n° 1 qui, se rap-
portant à un port d'échouage, n'exigeait pas l'immersion
de blocs artificiels. Ce mur de quai, assez bien abrité par
les premières parties·de la digue de l'ouest, vint s'ajouter
aux deux ports précédemment cités et, pendant un temps
assez long, tous les moyens d'action se concentrèrent autour de ces trois points, mais d'une manière plus particulière, pour l'exécution des maçonneries, près du mur de
quai ci-dessus aux abords duquel on établit un vaste hangar pour emmagasiner le ciment de Portland, dont on devait faire un usage presque exclusif.

Les divers travaux du port Napoléon, entrepris sur une
vaste échelle, ont présenté par cela même une certaine importance ; ainsi l'exploitation des carrières avec l'emploi
des grosses mines, la construction des digues avec l'embarquement et l'arrimage des gros blocs naturels, l'exécution du dragage avec le relevage des vases, tous ces travaux
ont offert nécessairement un assez grand intérêt au point
de vue des détails d'exécution. Cependant l'emploi de

moyens connus et déjà mis en pratique ayant suffi à atteindre le but, on pense qu'il n'y a pas lieu d'y insister. La construction des murs de quai, au contraire, a donné lieu à un système de fondation spécial, et ce système va être exposé avec quelques détails, quand on aura parlé du matériel naval, qui, sous plusieurs rapports, doit être considéré comme en faisant partie.

Matériel naval. — Le matériel naval, qui a servi et qui sert aux diverses opérations nautiques, est composé d'un assez grand nombre de petits bateaux, provenant pour la plupart du bac de la Penfeld, supprimé après la construction du pont tournant; de cinq chalands ordinaires en bois, dont deux pontés pour le transport aux digues des gros blocs naturels; de quatre chalands en tôle, construits spécialement pour atteindre divers buts, et enfin, d'un petit remorqueur. Un modèle de chaland en tôle, est figuré dans la représentation de l'immersion des blocs de fondation des quais et il est utile d'en faire ici une rapide description.

Sa longueur est de 28 mètres sur 6^m,20 de largeur; cinq rangées de puits réunis deux par deux et séparés par une cloison verticale, servent à recevoir des produits du dragage, des moellons ou des gros blocs naturels; ces puits servent aussi pour le levage des blocs artificiels, destinés à la fondation des murs de quai, blocs qui sont transportés et mis en place par ledit chaland.

Son tirant d'eau à vide est de 0^m,80 et de 1^m,75 en pleine charge de 125 tonneaux utiles, représentant environ 80 mètres cubes de moellons.

Chaque puits a 2^m,50 de longueur, sur 2 mètres de largeur et 1^m,80 de profondeur, les parois en sont verticales et les deux portes en tôle qui le ferment, laissent une ouverture complétement libre, en s'abattant des deux côtés sans dépasser le dessous horizontal du chaland. Pour ouvrir ces portes il suffit de faire tourner en même temps deux tiges verticales, situées aux deux extrémités du puits, ces tiges retenant les portes, au moyen de mentonnets, les portes, s'ouvrent naturellement par l'éloignement des mentonnets. Pour remettre les portes en place on se sert d'une grue, dont le palan saisit de petites chaînes, liées aux extrémités de chaque porte et en les soulevant, soulève également les portes qui sont de nouveau fixées par les mentonnets.

Ce chaland a permis d'atteindre le but qu'on se proposait en les faisant construire et qui se trouvait indiqué par la nature des travaux, savoir :

1° Porter un chargement assez considérable, 125 tonneaux ;

2° Avoir un tirant d'eau aussi faible que possible, pour élever les enrochements ou les remblais à une assez grande hauteur, et pour venir saisir les blocs artificiels dans les meilleures conditions ;

3° Etre disposé convenablement pour recevoir les appareils de levage des blocs artificiels et mettre ces blocs en place avec précision ;

4° Offrir un moyen de recevoir et de verser facilement les gros blocs naturels, ce que les parements verticaux des puits ont permis de faire ;

5° Enfin présenter, après l'ouverture des portes, tous les avantages du faible tirant d'eau, en n'admettant aucune saillie des portes au-dessous du plan inférieur du chaland, et en évitant, par cela même, toutes les difficultés résultant d'un échouage avec des portes engagées dans des enrochements ou des remblais.

Fondation des murs de quai. — Le système adopté pour

la fondation des murs de quai à grand mouillage, comporte essentiellement quatre opérations successives, qui sont les suivantes :

1° Un dragage à 8 mètres au-dessous de zéro et même parfois à 9 mètres quand on pouvait atteindre le rocher à cette profondeur, dragage qui se terminait du côté du remblai par un talus à 45 degrés ;

2° Le remplissage de la fouille par un enrochement, disposé de manière à être perreyé du côté du port, et arasé horizontalement à $4^m,50$ ou 4 mètres, suivant les cas, au-dessous de zéro ;

3° L'établissement sous l'eau, des talus perreyés et de la plate-forme horizontale destinée à recevoir les blocs artificiels ;

4° La mise en place de deux rangées de blocs artificiels directement superposés et présentant, ceux de l'assise inférieure, 3 mètres de largeur, sur 3 mètres de hauteur et 5 mètres de longueur, et ceux de l'assise supérieure, la même largeur ainsi que la même hauteur et une longueur de $4^m,70$; la hauteur de chacun de ces blocs a été parfois seulement de $2^m,75$.

Après l'accomplissement de ces quatre opérations on obtenait, dans la partie supérieure de la deuxième assise des blocs, une base arasée, après tassement, à $1^m,50$ au-dessus de zéro, ce qui permettait de continuer le mur de quai par les moyens ordinaires, lors des basses mers de vives eaux : seulement, on n'établissait le parement qu'assez longtemps après, quand tous les tassements avaient produit leur action. A cet effet, on laissait, sans maçonner, une épaisseur de $0^m,70$ au parement, en ayant soin de ménager, dans le massif exécuté, des arrachements pour la liaison future. Ce système a donné d'excellents résultats.

Dragage. — Comme le dragage des fouilles précédait naturellement le dragage général du port, on avait soin de prolonger la fouille, assez en avant de l'emplacement du mur, pour n'avoir point à s'en approcher trop près, lors des dragages ultérieurs. Du côté des remblais, on dépassait, seulement de quelques mètres, l'aplomb intérieur des blocs, avant de commencer les talus : mais, dépense à part, il y a intérêt à augmenter cette largeur, pour écarter les inconvénients dus aux éboulements, soit avant le versement des enrochements, soit après ce versement.

La vase argilo-sableuse du banc de Saint-Marc, eu égard à l'ancienneté de sa formation, présente assez de consistance pour pouvoir se maintenir, étant coupée, sous un talus de 45°, lorsque les profondeurs ne sont pas trop considérables ; aussi on a pu pousser le dragage jusqu'au rocher, même au delà de 8 mètres au-dessous de zéro ; mais quand ce rocher dépassait de plusieurs mètres cette dernière cote, on s'y arrêtait pour éviter les éboulements, toujours difficiles à enlever, et pour économiser les enrochements. Les tassements, lents et réguliers de ces enrochements sous la pression de la maçonnerie, n'entraînaient aucun inconvénient et finissaient par s'arrêter.

Enrochements. — Les enrochements étaient formés de moellons de gneiss triés, provenant des escarpements de la montagne du Salou dans l'arsenal, ou de moellons semblables pris dans les carrières de Poulic-al-or ; les premiers étaient apportés par les gabarres de la marine militaire, qui, eu égard aux grandes profondeurs d'eau dans les fouilles, pouvaient toujours opérer leur versement, quand l'emplacement leur permettait de manœuvrer facilement, ce qui n'était pas toujours possible, à cause de leur grande longueur : les seconds étaient apportés par les chalands en tôle qui ont été décrits ci-dessus, et qui venaient se charger à quai, dans le port de Poulic-al-or, au moyen de versements directs des wagons dans leurs puits. L'opération du versement des enrochements dans les fouilles, était très-délicate et demandait beaucoup d'attention, pour aller toujours du centre des fondations à droite et à gauche, en ayant soin d'éviter, d'un côté, les éboulements des talus et de préparer convenablement, de l'autre, la risberme, pour ne pas donner aux plongeurs trop de travail, soit pour enlever les moellons en excès, soit pour en apporter de nouveaux : dans tous les cas, on préférait laisser quelques lacunes à remplir, par des versements ultérieurs, que d'avoir à déblayer des tas mal versés.

Dressement des surfaces sous l'eau. — Pour dresser convenablement les surfaces supérieures des enrochements et régler les talus de la risberme perreyée, du côté du port, on employait des ouvriers plongeurs qui, munis de scaphandres, descendaient et travaillaient sous l'eau. Pour les guider dans leur travail on commençait à disposer des gabarits formés de pièces de bois ferrées, assemblées entre elles au fond de l'eau et dressées de manière à ce que le plongeur pût régler ses surfaces au moyen d'une simple verge rectiligne promenée sur les cadres.

Les scaphandres employés étaient des scaphandres Cabirol, qui ont donné d'excellents résultats. Deux ateliers travaillaient simultanément, et chacun d'eux a maintenu, presque continuellement, pendant plusieurs années deux plongeurs en travail. Chaque plongeur restait environ deux heures sous l'eau, et, assez souvent, il faisait une nouvelle station dans la même journée. Un des ateliers était monté sur un chaland et l'autre sur un petit navire réduit à l'état de ponton; mais chacun de ces bateaux était couvert et présentait un petit bureau, ainsi qu'une chambre chauffée pour les plongeurs sortant de l'eau. Chaque homme, outre sa paye ordinaire, recevait un salaire supplémentaire de $0^f,04$ par minute passée sous l'eau; quelquefois, mais exceptionnellement et à de rares intervalles, dans des moments pressés, le travail était continué pendant la nuit au moyen d'une lampe sous-marine, système Cabirol, qui, dans les nuits sombres, pouvait éclairer suffisamment à 5 et 6 mètres de rayon. Ce travail se faisait en régie et était conduit avec beaucoup de soin, aussi pendant toute sa durée il ne s'est produit aucun accident.

Mise en place des blocs. — Pour mettre les blocs en place on dispose, sur un chaland en tôle, quatre pièces de bois de $0^m,40$ de hauteur et $0^m,20$ de largeur, et on les réunit deux par deux au-dessus de deux couples de puits, on laissait entre elles un vide de $0^m,40$ pour faire passer les chaînes de suspension. Sur ces pièces de bois on place quatre treuils-verrins qui correspondent chacun à la partie du bloc qu'il doit soulever et à un puits dont les portes sont ouvertes. Chacun d'eux est muni d'une chaîne de Gall qui supporte une tige en fer dont l'extrémité est en forme de T ; on y adjoint un petit palan pour retirer la chaîne et le T dans l'intérieur du puits. Des planches sont d'ailleurs disposées sur les supports en bois, de manière à faciliter la manœuvre qui exige, pour les plus grandes forces, quatre hommes par treuil, c'est-à-dire deux à chaque manivelle.

Lorsque le chaland est garni de ses appareils on l'amène, à marée montante et quand la hauteur de l'eau le permet, au-dessus du bloc à enlever, bloc qui, soit par sa construction, à demeure dans un des ports d'échouage, soit après sa descente de la cale, présente sa partie supérieure à la cote 5 mètres environ au-dessous de zéro. Quand le chaland

correspond bien au bloc, on descend les quatre T dans les
rainures verticales pratiquées dans ce bloc, on fait subir à
chacun d'eux un quart de révolution, on laisse glisser un
petit disque en fer pour empêcher tout dérangement, et, au
moyen des treuils, on roidit les chaînes. Le bloc alors est
en prise, et, à mesure que la marée monte, le chaland s'im-
merge, jusqu'au moment où la partie immergée est assez
considérable pour déterminer le soulèvement.

Quand le bloc est bien détaché de sa base, on conduit le
chaland, soit au moyen du remorqueur, soit en le touant, à
l'emplacement qu'il doit occuper; là, on le fixe dans la position convenable, en se guidant sur des lignes d'opération
établies à terre avec un grand soin ; et, quand la mer a
baissé suffisamment pour qu'on puisse bien vérifier avec
une tige la position des blocs déjà mis en place, il suffit de
virer les treuils avec ensemble, en redoublant d'attention
au moment où le bloc va toucher le fond. Si, par hasard,
on commet une erreur dans le placement, il suffit de relever le bloc avec les treuils et de rectifier la position. Avec
un peu d'habitude cette opération s'exécute avec une grande
régularité : les blocs sont superposés parfaitement l'un sur
l'autre, laissent entre eux un intervalle libre de $0^m,05$ environ et présentent dans leur ensemble une surface supérieure convenablement arasée.

Dans les conditions qui précèdent et qui suffisent pour le
travail, on pouvait procéder au transport des blocs quinze
jours au moins par mois, et, pour avoir une direction plus
sûre dans la pose, on profitait de toutes les marées de vives
eaux favorables, en travaillant le jour et la nuit, au lieu
d'employer deux chalands, ce qui n'est arrivé que très-rarement. On transportait ainsi 30 blocs en moyenne par
mois et on fondait 45 mètres courants de murs de quai. Les

plus grands blocs soulevés cubaient 45 mètres cubes et pesaient à l'air environ 100 tonnes; mais la facilité et la sûreté des opérations ont prouvé que le système est susceptible d'être appliqué à des blocs bien plus considérables, et qu'il peut être avantageusement utilisé, avec les modifications convenables, dans un grand nombre de travaux hydrauliques importants. Le modèle exposé représente l'opération qu'on vient de décrire.

Construction des blocs. — On a commencé par construire les blocs sur des plates-formes en bois recouvertes d'une légère couche de sable, dans les emplacements réservés aux ports d'échouage et remblayés, en enrochements et petits galets, jusqu'à près de la cote 2 mètres au-dessus de zéro. Les premiers furent établis avec des rainures extérieures, pour être enlevés par des chaînes en fer, comme à Marseille, à Cette, etc.; mais on ne tarda pas à reconnaître, que pour le travail à exécuter, l'emploi des chaînes était, sinon impossible, au moins entouré des plus grandes difficultés, et qu'en égard à la grosseur des blocs et à l'emploi du mortier de ciment de Portland, on pouvait facilement pratiquer dans ces blocs des points de suspension avec des tiges verticales mobiles, présentant le grand avantage de pouvoir relever les blocs même après leur mise en place. On a été ainsi conduit à pratiquer dans chaque bloc, non loin des angles, quatre rainures verticales rectangulaires de $0^m,12$ sur $0^m,40$, terminées par une pièce en bois de $0^m,60$ sur $0^m,50$ et $0^m,10$ d'épaisseur, encastrée dans la maçonnerie à $0^m,30$ de la base du bloc, pénétrée par le prolongement de la rainure et garnie de tôle à sa partie inférieure pour la prise du T de la tige; un petit vide, de $0^m,50$ sur $0^m,40$ et de $0^m,30$ de hauteur, sert de chambre pour les mouvements du T.

La maçonnerie était faite en moellons, avec mortier de
ciment de Portland, comprenant 425 kilogrammes de ciment
pour un mètre cube de sable, ce qui équivaut, à très-peu
près, à quatre de sable pour un de ciment : on y apportait
le plus de soin possible, et les angles étaient établis avec des
moellons choisis et smillés.

Cale des blocs. — En construisant les blocs, sur des grèves
d'échouage, on était obligé de faire un travail de marée, et
à chaque abandon du travail, il fallait rejointoyer avec du
ciment à prise rapide, et recouvrir la partie supérieure; de
même qu'à chaque reprise on devait nettoyer soigneusement les surfaces : on perdait ainsi beaucoup de temps et
beaucoup de mortier; de plus, les maçonneries mûrissaient
moins vite qu'à l'air, et les jonctions aux diverses reprises
pouvaient, malgré toute la surveillance, laisser à désirer :
en un mot, il était évident qu'il y aurait plus de sécurité à
construire les blocs hors de l'eau.

Pour y arriver, on a établi une cale de glissement de
115 mètres de longueur, inclinée à 0^m,06 par mètre, sur
laquelle sont disposées des plates-formes mobiles destinées à
recevoir les blocs : ces plates-formes sont descendues après
la construction des blocs en glissant sur la cale, entraînées
par des chaînes sans fin, mises en mouvement par une locomobile. Quand le bloc est descendu assez bas, le chaland
vient le prendre, comme il a été dit ci-dessus, et la plate-
forme flottant peut être remontée sur la cale au moment
convenable. La cale peut contenir à la fois 28 à 30 blocs.

Cette cale est composée de trois cours de longrines espacées de 2^m.37 d'axe en axe : ces longrines, disposées
suivant la pente ci-dessus, sont légèrement bombées à leur
surface supérieure, reliées fortement entre elles et supportées par de petits massifs en maçonnerie.

La plate-forme ou ber, destinée à recevoir la maçonnerie des blocs, est un cadre en bois, solidement construit, recouvert d'un plancher et appuyé sur les longrines par trois pièces, dirigées dans le même sens, creusées légèrement en dessous pour correspondre au bombement des longrines et empêcher les déversements latéraux ; chaque ber mesure 5 mètres entre les faces extérieures des pièces longitudinales extrêmes et 3 mètres dans l'autre sens ; le plancher saille un peu de tous les côtés pour faciliter les manœuvres et recevoir le mortier qui s'échappe.

Les longrines extrêmes de la cale portent, de distance en distance, de petits rouleaux sur lesquels vient reposer une chaîne sans fin, qui, enroulée dans sa partie supérieure sur le barbotin d'un treuil-verrin, vient embrasser, à l'extrémité inférieure de la cale, un rouet en fonte, pour rejoindre le treuil-verrin en passant par un petit canal souterrain.

Lorsqu'on veut descendre un bloc, on met la chaîne en prise de chaque côté du ber, en la soulevant un peu et la liant à une armature en fer, dont une partie est fixée sur le ber, et l'autre, mobile, est destinée à tendre la chaîne d'aval, de manière à établir des deux côtés un tirage normal à la cale : comme de plus les maillons de la chaîne, présentant environ 0^m,03 de diamètre, étaient un peu faibles et s'allongeaient sous la tension quelquefois brusque des blocs, qui prenaient trop de vitesse, sans parler des allongements dus à la température, on réduisait le mou trop considérable de la chaîne d'amont au moyen d'un ridoire très-simple.

A chaque mouvement de bloc, on avait soin de lubréfier les surfaces de glissement des longrines, et lorsque le bloc n'obéissait pas à la traction des chaînes, soit au commencement du mouvement, soit à la suite d'arrêts, dus aux tassements de la cale ou à quelque obstacle accidentel, il suffisait de pousser le bloc en arrière, au moyen d'un verrin. Les tassements dont il est question ont donné beaucoup d'ennui dans les commencements : une cale semblable, en effet, demande à être établie sur un sol d'une résistance à peu près absolue, et ici, malheureusement, elle était forcément établie sur un massif d'enrochement, reposant lui-même sur le banc de Saint-Marc.

Quand les bers étaient débarrassés des blocs, ils venaient flotter à la surface ; on les réunissait, et lorsque la partie supérieure de la cale était débarrassée, on profitait d'une marée haute pour les remettre sur la cale, et on les remontait facilement chacun à la place qu'il devait occuper.

Treuils. Verrins. — Les treuils employés à soulever les blocs, ainsi que ceux qui ont pour but de les manœuvrer sur la cale, sont établis d'après le même principe ; seulement, les premiers portent une chaîne de Gall qui entoure une roue à cames, tandis que les secondes portent un barbotin sur les empreintes duquel viennent se loger les maillons d'une chaîne ordinaire ; ils présentent ce précieux avantage que sous des pressions très-fortes de la chaîne, il ne se produit pas d'entraînement lors même qu'on n'a pas les arrêts ordinaires ; seulement, il importe que les bâtis latéraux soient très-solides et fortement reliés entre eux.

Le treuil, pour soulever les blocs, consiste en une roue, de 1 mètre environ de diamètre, mue par une double manivelle avec laquelle elle est en relation par une petite roue ordinaire d'engrenage ; la roue motrice commande un arbre portant en son milieu une vis sans fin ; cette vis sans fin engrène avec une roue munie d'un engrenage hélicoïdal, et l'arbre de cette roue porte le tambour sur lequel vient se fixer la chaîne de Gall : à chaque tour de manivelle cette chaîne effectue un mouvement de $0^m,0025$. La surface des dents, en prise avec la vis sans fin, s'obtient, comme dans l'engrenage connu sous le nom d'engrenage de White, en disposant l'hélice de base et la surface extérieure de chaque dent de manière à obtenir une action constante, telle que celle qui serait due à un très-grand nombre de dents très-petites et très-rapprochées.

Le modèle et les dessins exposés pourront suppléer à ce que cette notice déjà fort longue peut présenter d'incomplet.

Les ingénieurs des ponts et chaussées qui ont été chargés de dresser les projets du port Napoléon et d'en diriger l'exécution, sont :

M. Maitrot de Varennes, ingénieur en chef, du 1er juillet 1856 au 1er juillet 1866 ;

M. Planchat, ingénieur en chef, depuis le 1er juillet 1866 ;

M de Carcaradec, ingénieur ordinaire, du 1er octobre 1855 au 1er avril 1865 ;

M. Fenoux, ingénieur ordinaire, depuis le 15 juillet 1864.

Parmi les conducteurs qui ont secondé les ingénieurs, on doit citer : MM. Lombard, Guinemant, Simon, Tourbiez et Goubaux.

Les entrepreneurs ont été :

MM. Le Tessier de Launay, pour les excavations des montagnes de Poulic-al-Or et le dragage intérieur du port, entreprises qu'il continue encore aujourd'hui.

M. Grandhomme, pour les maçonneries des quais et des digues ;

M. Leconte. pour les rampes d'accès ;

M. Castor, pour les dragages partiels de la digue du Sud et des quais.

Il est juste de rappeler que parmi les avant-projets rédigés antérieurement par divers ingénieurs, celui présenté en 1855 par M. Garet, ingénieur ordinaire, sous la direction de M. Lepord, ingénieur en chef, a servi de point de départ à la décision ministérielle du 5 avril 1856.

Cette décision a reconnu la nécessité du port de Postrein et elle a tracé finalement le programme du projet d'exécution qui a été présenté à la fin de 1856 et qui a d'ailleurs été modifié ensuite à plusieurs reprises par le conseil général des ponts et chaussées.

VII

PRÉSERVATION DES BOIS CONTRE LES RAVAGES DES TARETS

ET

ATELIER DE CRÉOSOTAGE DU PORT DES SABLES-D'OLONNE.

MINISTÈRE DE L'AGRICULTURE, DU COMMERCE ET DES TRAVAUX PUBLICS.

Deux atlas.
Une notice manuscrite.
Divers échantillons de bois soumis à l'action du taret.
(Voir l'exposition dans le parc.)

La préservation des bois contre les ravages des tarets est une des questions qui depuis longtemps préoccupent le plus vivement les ingénieurs des travaux maritimes. Des expériences sur divers procédés de conservation se poursuivent dans plusieurs ports, en Angleterre, en Écosse, en Belgique, en Hollande ainsi qu'en France. Un atelier spécial a été établi en 1864 au port des Sables-d'Olonne pour le créosotage des bois, et des essais déjà nombreux ont donné des résultats favorables à ce procédé.

Tous les détails relatifs à ces essais sont exposés dans une notice manuscrite, due à M. Forestier, ingénieur en chef des ponts et chaussées, chargé du service des ports maritimes du département de la Vendée; cette notice, accompagnée d'un atlas et d'échantillons des bois expérimentés, est déposée dans l'enceinte de l'exposition du ministère des travaux publics, et tenue à la disposition des personnes que ce sujet peut intéresser particulièrement.

SIXIÈME SECTION

PHARES ET BALISES.

I

MÉMOIRE SUR L'ÉCLAIRAGE ET LE BALISAGE
DES CÔTES DE FRANCE.

—

MINISTÈRE DE L'AGRICULTURE, DU COMMERCE ET DES TRAVAUX PUBLICS.

Un volume de texte in-quarto et un atlas in-folio.

Mémoire sur l'éclairage et le balisage des côtes de France, par M. Léonce Reynaud, inspecteur général des ponts et chaussées, directeur du service des phares et balises, etc., publié par ordre de S. Exc. M. Armand Béhic, ministre de l'agriculture, du commerce et des travaux publics. — Paris, imprimerie impériale, 1864.

II

PHARE DES ROCHES-DOUVRES.

—

MINISTÈRE DE L'AGRICULTURE, DU COMMERCE ET DES TRAVAUX PUBLICS.

Modèle en grandeur d'exécution dans le parc.

Le plateau des Roches-Douvres est le plus avancé au nord des innombrables écueils qui rendent si dangereuse la navigation des côtes de Bretagne. Il est situé à peu près à égale distance entre l'île de Bréhat et l'île de Guernesey, à vingt-sept milles marins environ, au large du port de Portrieux.

La nécessité d'établir un phare sur ce point est reconnue depuis longtemps; mais la construction d'une haute tour en maçonnerie dans des parages où la mer est habituellement très-grosse parce que les courants de marée y sont de grande intensité, devait présenter beaucoup de difficultés et exiger par suite des dépenses considérables, alors surtout qu'on ne pouvait disposer que de bateaux à voile qui, obligés de prendre par le travers, à l'aller comme au retour, des courants qu'ils n'auraient pu surmonter, eussent été fréquemment condamnés à des voyages infructueux. Les constructions en fer et la navigation à vapeur ont paru résoudre le problème, et dans sa séance du 24 janvier 1862, la commission des phares a proposé de signaler les Roches-Douvres par un phare de premier ordre à feu scintillant. Elle voyait en même temps l'établissement d'un feu flottant aux abords d'un plateau voisin, celui des Minquiers, non moins redouté par les navigateurs.

Ces propositions ont été accueillies par M. le Ministre de l'agriculture, du commerce et des travaux publics; le phare des Minquiers est allumé depuis le 25 décembre 1865, on exécutera en 1867 la base en maçonnerie sur laquelle doit s'élever celui des Roches-Douvres, et ce dernier édifice, qui est actuellement monté dans l'enceinte du Champ de Mars, sera mis en place l'année suivante.

La roche appelée à le recevoir est située à peu près au milieu du côté sud du plateau, elle s'élève au niveau des hautes mers, et le soubassement en maçonnerie de l'édifice doit avoir $2^m,10$ de hauteur. La tour métallique a $48^m,30$ de hauteur depuis son pied jusqu'au niveau de la plate-forme supérieure et $56^m,15$ jusqu'au sommet de la lanterne. Son diamètre, qui est de $11^m,10$ à la base pour le cercle inscrit, est réduit à 4 mètres au sommet.

Le foyer de l'appareil d'éclairage dominera de 53 mètres le niveau des plus hautes mers.

Un escalier en fonte occupe le centre de l'édifice, les magasins et logements de gardiens sont distribués au pied de la construction, et sont surmontés de deux galeries intérieures où pourraient être recueillis des naufragés et où coucheront les ouvriers que des circonstances exceptionnelles pourront appeler à passer quelques jours dans le phare.

Les logements se composent d'un vestibule, dans lequel sont arrimées les caisses à eau, d'un magasin, d'une cuisine, de trois chambres de gardiens et d'une chambre réservée pour les ingénieurs en tournée d'inspection.

Une soute à charbon est ménagée dans l'épaisseur du massif au-dessous de la cage de l'escalier.

La plupart des phares métalliques exécutés jusqu'à présent sont formés de feuilles de tôle plus ou moins épaisses qui sont rivées entre elles. Ce système n'a pas paru devoir être adopté ici ; en premier lieu, parce qu'il fait reposer la solidité de l'édifice sur une enveloppe, qui, grandement exposée à l'oxydation, ne peut être de longue durée, surtout si l'entretien est négligé ; en second lieu, parce que la pose des rivets et le mode de construction exigent des ouvriers spéciaux et des échafaudages difficiles à établir sur une roche de dimensions restreintes. On s'est donné pour conditions :

1° De rendre l'ossature de l'édifice indépendante de l'enveloppe extérieure, de la mettre à l'abri des embruns de mer, qui sont une cause énergique d'oxydation, d'en faciliter la visite et l'entretien, et de réduire autant que possible l'étendue des surfaces qui pourraient retenir l'humidité ;

2° De disposer la construction de telle sorte que la tour pût s'installer sans échafaudages montant de fond, et sans qu'il fût nécessaire de poser un seul rivet sur place.

On s'est attaché d'ailleurs à ne pas admettre de pièces de telles dimensions qu'il en résultât des difficultés d'embarquement, d'arrimage à bord ou de montage.

Seize grands montants, composés chacun des quinze panneaux sur la hauteur, constituent l'ossature de la construction. Chaque panneau est formé de fers à simple T, assemblés, consolidés et rivés de manière à être parfaitement solidaires, et à ne pas se prêter à la déformation sous les plus fortes actions qu'on puisse prévoir. Ces panneaux se boulonnent les uns sur les autres, et des entretoises, appliquées tant au dedans qu'au dehors et également boulonnées, maintiennent les montants dans leurs positions. Enfin, sur ces dernières entretoises et sur les faces extérieures des montants, s'appuient les feuilles de tôle constituant l'enveloppe, dont les joints sont couverts par des plates-bandes en fer, et qui sont fixées par des boulons.

Chaque montant porte à son sommet une console en fonte, au-dessus de laquelle est établie en encorbellement la plate-forme qu'exige le service extérieur de la lanterne, et repose à son pied sur un grand patin également en fonte, que saisissent six boulons de scellement en fer, et qui sera noyé dans un massif de béton.

Des cloisons en briques entourent les chambres; celles de l'extérieur sont tenues à $0^m,05$ de l'enveloppe en tôle, de manière à abriter efficacement. Une aire en béton élève le sol à $0^m,40$ au-dessus du couronnement du patin en fonte, et un plancher en maçonnerie, reposant sur de petites solives en fer, forme le plafond.

Une chambre de service est ménagée au sommet de la tour ; elle communique avec la chambre de la lanterne par une échelle de meunier en fonte, ainsi qu'il est d'usage.

L'escalier de la tour est en fonte avec limons en fer. Le limon extérieur est boulonné contre les montants qu'il rencontre, et il contribue ainsi à la rigidité du système. Une demi-révolution de l'escalier correspond exactement à la hauteur d'un panneau, soit $3^m,20$.

La porte d'entrée est exécutée en chêne avec ferrements en bronze; tous les châssis des fenêtres sont en fer laminé.

Les fers à T, pliés suivant les angles du polygone, pour former l'arête extérieure des panneaux, ont $0^m,18$ sur $0^m,10$. Ils pèsent 31 kilogrammes le mètre. Ceux qui constituent les trois autres côtés des panneaux ont $0^m,20$ sur $0^m,10$ et pèsent 35 kilogrammes par mètre. Les panneaux des trois premiers rangs ont chacun une écharpe en diagonale, laquelle est composée d'un fer méplat de 0^m,14 sur 0^m,014 assemblé, au moyen de rivets, avec deux fers à T de 0^m,130 sur 0^m,065. Cette écharpe, rivets compris, pèse 44 kilogrammes par mètre.

Les entretoises sont formées de fer méplat de 0^m,080 sur 0^m,016 du poids de 9^k,689 par mètre.

L'épaisseur de la tôle diminue depuis l'étage inférieur, où elle est de 0^m,010, jusqu'au sommet, où elle est réduite à 0^m,007.

Les couvre-joints sont exécutés en fer plat de 0^m,011 d'épaisseur.

Les dépenses de la construction métallique, y compris le montage et le démontage dans le champ de Mars sont évaluées ainsi qu'il suit :

16.880 kilog. de fonte ordinaire à 0^f,40.	6.752^f,00
47.090 kilog. de fonte ajustée à 0^f,55.	25.899 ,50
219.380 kilog. de fers et tôle à 0^f,70.	153.566 ,00
20.450 kilog. de fers ajustés à 1^f,40.	28.630 ,00
1.065^k,50 de bronze à 6^f,20.	6.606 ,10
5.100 mètres superficiels de peinture au minium à deux couches à 0^f,75 le mètre.	3.825 ,00
Menuiserie, ferrures des portes et fenêtres et objets divers à régler à prix débattus.	2.000 ,00
Total.	227.278^f,60
Somme à valoir pour dépenses imprévues.	22.721 ,40
Montant total de l'estimation.	250.000^f,00

Ingénieurs : MM. Léonce Reynaud, inspecteur général des ponts et chaussées, directeur du service des phares et balises, et Émile Allard, ingénieur en chef des ponts et chaussées.

Constructeur : M. Rigolet.

III

TOURELLE DE FEU DE PORT.

—

MINISTÈRE DE L'AGRICULTURE, DU COMMERCE ET DES TRAVAUX PUBLICS.

Édifice sur la berge de la Seine.

La plupart des entrées de ports sont signalées par un feu de faible intensité, qui est allumé au sommet d'une tourelle en maçonnerie construite sur le musoir de la jetée, et il importe de réduire autant que possible le diamètre de ce petit édifice afin de ne pas entraver la circulation. La tôle de fer est donc préférable sous ce rapport à la pierre de taille, et elle a en outre le mérite de rendre facile le transport de l'édifice lorsque les circonstances obligent à prolonger la jetée.

Un type a été adopté par l'administration des travaux publics pour les tourelles de ce genre, lesquelles s'exécutent à Paris. L'une d'elles est placée sur la berge de la Seine.

Elle a 8 mètres de hauteur depuis le sol jusqu'à la plate-forme, $1^m,71$ de diamètre à la base et $1^m,49$ au sommet.

Sa section est octogonale et elle est formée de montants en fer à T dont les branches, pliées suivant l'angle voulu, se

profilent au dehors et y forment couvre-joints. Les pan‑
neaux en tôle sont boulonnés sur eux.

Les fers à T ont 0^m,18 sur 0^m,10 et pèsent 30 kilo‑
grammes par mètre courant. Les feuilles de tôle ont 0^m,006
d'épaisseur. Le prix de la construction s'élève à 9.000 fr.,
non compris le transport et la mise en place.

Ces tourelles sont peintes en blanc, de même que les
têtes des jetées, afin de se bien détacher sur les terres.

Ingénieurs : MM. Léonce Reynaud, inspecteur général
des ponts et chaussées, directeur du service des phares et
balises, et Émile Allard, ingénieur en chef des ponts et
chaussées.

Constructeur : M. Rigolet.

IV

PHARE DES TRIAGOZ.

—

Modèle à l'échelle de 0^m,04.

Le phare des Triagoz est destiné à signaler l'écueil de ce nom, situé dans la Manche, à l'est des Sept-Iles.

Il est représenté par un modèle en relief.

Cette construction est décrite ainsi qu'il suit dans le *Mémoire sur l'éclairage et le balisage des côtes de France.*

« Le phare des Triagoz (troisième ordre) est établi sur
« un rocher isolé en mer, mais cette base s'élève au-dessus
« du niveau des plus hautes eaux (8 mètres), et permettait,
« par conséquent, d'autres dispositions que celles des
« phares dont la base plonge dans la mer.

« L'édifice consiste en une tour carrée, avec cage d'es-
« calier en saillie sur l'une de ses faces. Au niveau du sol
« est un vestibule accompagné d'un magasin de chaque
« côté, et conduisant à l'escalier. Trois chambres, dont une
« réservée pour les ingénieurs, s'élèvent au-dessus du rez-
« de-chaussée. Elles sont voûtées en arc de cloître et sont

« munies de cheminées. Au sommet de la tour est la cham-
« bre de service, qui sert en même temps de magasin pour
« les objets redoutant les atteintes de l'humidité, et d'où
« part l'escalier en fonte qui aboutit dans la chambre de
« la lanterne.

« Une plate-forme épousant la forme du rocher entoure
« l'édifice ; on y accède au moyen de rampes d'escalier,
« qui se développent sur le flanc de la roche, et ont leur
« point de départ du côté où l'accostage est le plus facile.
« Sous sa partie antérieure sont ménagés des magasins
« pour dépôt de bois et autres matières, et un petit réduit,
« établi à son extrémité, vient ajouter encore au phare
« d'utiles dépendances.

« Le plateau des Triagoz est très-étendu ; il a près de
« quatre milles de longueur, de l'est à l'ouest, sur environ
« un mille de largeur ; mais on n'en voit émerger que des
« têtes isolées, même par les plus basses mers. Le rocher
« choisi pour recevoir la construction est la pointe la plus
« élevée du côté sud, et limite, par conséquent, vers le
« nord, le chenal que suit la navigation côtière. Il présente
« au midi une paroi presque verticale, et il se prolonge, en
« s'abaissant à l'opposé, de manière à former à mer basse
« une petite crique ouverte à l'est. C'est par là et pendant
« trois à quatre heures de mer basse qu'il est le plus ac-
« cessible. La profondeur d'eau qui est de 20 mètres, dans
« les plus basses mers, au pied du rocher du côté du sud,
« augmente rapidement à mesure qu'on s'éloigne ; le fond
« est de roche et les courants de marée sont d'une telle
« violence sur ce point, qu'on a dû renoncer à l'espoir, qui
« avait été conçu d'y maintenir un navire au mouillage
« pendant la belle saison, pour servir au logement des
« ouvriers.

« On a donc dû installer une cabane dans la partie ré-
« pondant au vide de la tour, immédiatement après avoir
« dérasé le sommet de la roche. Elle entourait un mât ver-
« tical, placé au centre de la construction et armé d'une
« corne à sa partie supérieure pour le montage des pierres.
« Le débarquement des matériaux s'opérait au moyen de
« mâts de charge semblables installés sur le rocher, l'un
« à l'entrée de la petite crique du nord, l'autre sur l'extré-
« mité sud-est de la roche. Il s'opérait avec promptitude
« toutes les fois que l'état de la mer permettait l'accos-
« tage.

« La construction est exécutée en moellons avec chaînes,
« socles, encadrements et corniche en pierres de taille de
« granit. Les parements de ces pierres présentent de vigou-
« reux bossages rustiqués. »

Les moellons de parements entre les angles en pierres de
taille sont en granit rouge de Ploumanac'h. La pierre de
taille provient de l'Ile-Grande. Elle est d'un gris bleuàtre et
d'un grain fin. Ce contraste de couleurs fait ressortir vigoureusement les lignes de la construction que bien peu de
personnes sont appelées à voir de près.

Les travaux ont été commencés en 1861 et terminés
en 1864. Ils ont présenté de sérieuses difficultés, surtout
dans la première campagne où, chaque jour, l'atelier a
dû être ramené du chantier à terre, à 21 kilomètres de
distance.

La violence de la mer est telle que, depuis l'achèvement
de l'édifice, les lames ont plusieurs fois couvert en grand
toute la plate-forme inférieure et projeté l'embrun jusqu'à
la hauteur de la plate-forme supérieure.

Néanmoins la construction a pu être terminée sans accident, et sans qu'aucun des ouvriers ait été blessé.

La dépense totale s'est élevée à 300.000 fr. environ.

Les travaux ont été exécutés en régie sous la direction de MM. Dujardin, ingénieur en chef, et Pelaud, ingénieur ordinaire, rédacteur du projet, et sous la surveillance assidue de MM. Abgrall, conducteur, et Perron, chef d'atelier.

V

PHARE DE LA BANCHE.

—

MINISTÈRE DE L'AGRICULTURE, DU COMMERCE ET DES TRAVAUX PUBLICS.

Trois modèles à l'échelle de 0^m,04.

Le phare de la Banche, commencé en 1861 et allumé le 15 août 1865, est situé à l'ouest-sud-ouest de l'embouchure de la Loire, à 9.500 mètres de la terre la plus voisine, à 13 kilomètres du Pouliguen et à 24 kilomètres de Saint-Nazaire, les seuls ports où l'on pût préparer et embarquer les matériaux.

Il est établi sur le banc du Turc, d'une superficie d'environ 4 hectares, qui n'émerge que de quelques décimètres dans les plus basses mers, et fait partie du grand plateau de la Banche, lequel court du nord-ouest au sud-est sur une longueur de 7 kilomètres avec des largeurs variables de 1.500 à 2.500 mètres, en séparant le chenal du nord de celui du sud. Ce plateau, sur lequel il ne reste que de 1 à 5 mètres d'eau de basse mer, est parsemé de roches en saillie et constitue le plus sérieux danger de l'entrée de la Loire. Il est d'ailleurs, comme tous ceux de la seconde ligne d'écueils de cette portion des côtes de France, formé de roches calcaires des terrains tertiaires.

Les courants ne sont pas très-forts dans le voisinage du plateau, mais les grandes lames de l'Atlantique qui viennent aborder cette sorte de barrage sans avoir jusque-là rencontré aucun obstacle, acquièrent une telle violence que, durant l'hiver qui a suivi l'achèvement des maçonneries, les paquets de mer ont non-seulement franchi la hauteur de la tour et la corniche très-saillante qui la couronne, mais sont venus disloquer la charpente, cependant très-solide, de la toiture conique provisoirement établie au-dessus de la tourelle.

A la grande distance où le phare devait se trouver des ports d'embarquement des ouvriers et des matériaux, on ne pouvait songer à rentrer après chaque marée. Il fallait, sous peine de perdre un temps précieux et de se laisser entraîner par suite dans des dépenses considérables, faire mouiller dans le voisinage, autant du moins que l'état de la mer le permettrait, la petite flottille d'embarcations employée à la construction. Cette flottille se composait de deux gabares de 40 et 50 tonneaux de jauge, d'un petit sloop à vapeur de 10 chevaux et de trois grands canots dont un de sauvetage. La nécessité de pouvoir sortir à toute marée du port du Pouliguen, ou d'y trouver au besoin un refuge, ne permettait pas d'employer d'embarcations d'un plus fort tonnage.

Le banc du Turc, à moins d'un calme tout à fait exceptionnel, ne peut être abordé qu'en un seul point, dans le nord. C'était en conséquence dans le voisinage de ce point qu'on avait primitivement choisi l'emplacement du phare; mais lorsqu'on a voulu préparer l'encastrement des fondations, on a reconnu que ce qui semblait du rocher en place n'était qu'un amas d'une grande épaisseur de moellons calcaires d'assez fortes dimensions arrachés par la mer au plateau de la Banche, et agglutinés par un sable plus ou moins vaseux. Il fallait à tout prix cependant s'établir sur le noyau solide du banc, et ce n'est que tout à fait dans le sud, à 95 mètres du point de débarquement, sous l'action directe de la mer du large, qu'on a pu le rencontrer à des hauteurs variant de 0^m,90 à 0^m,20 seulement en contrebant des plus basses mers de vives eaux.

La surface de ce rocher était résistante, sans beaucoup de fissures, et paraissait au moins assurer de bonnes fondations ; mais quand on l'a attaqué pour encastrer les premières assises, on a constaté qu'en bien des points cette résistance diminuait rapidement, que le rocher devenait de plus en plus tendre, et se transformait même parfois en une sorte d'amas de matières calcaires non agrégées, d'une consistance analogue à celle d'un sable vaseux. Sous ces amas, à des profondeurs variant de 0^m,60 à 2^m,10, on retrouvait heureusement le rocher solide, et quand il a été démontré par de nombreux sondages qu'ils ne constituaient pas une couche générale, qu'ils ne remplissaient que des poches plus ou moins importantes, on s'est résigné à les rechercher avec le plus grand soin, à les vider autant que pouvaient le permettre les batardeaux qu'il fallait établir à la hâte à chaque marée, le plus souvent avec le goëmon qu'on avait sous la main, puis à les bloquer à bain de mortier de ciment de Portland jusqu'à des profondeurs qui ont atteint 2 mètres en contre-bas des plus basses mers.

Pendant qu'on exécutait ces laborieuses fondations, on avait à se préoccuper de l'approche des matériaux nécessaires à la construction de la tour. On ne pouvait songer à engager les embarcations au sud du banc pour leur faire accoster l'ouvrage, et on a dû prendre le parti d'établir, en travers même de ce banc, une digue d'un peu plus de

100 mètres de longueur, dont le couronnement, porté à
0^m,50 en contre-haut du niveau moyen de la mer, était assez large pour recevoir une voie de fer destinée à conduire
au pied du phare les matériaux débarqués sur le musoir
nord que devaient accoster les embarcations et où une grue
serait installée. Cette digue, tracée nord et sud, tangentiel-
lement à un cercle de 10 mètres de rayon concentrique à la
tour, suivait à son extrémité sud ce cercle sur environ
120 degrés, en abritant aux débuts les maçonneries contre
la lame du sud-ouest et les premiers efforts de la marée
montante. Exécutée assez rapidement avec les moellons
mêmes du banc et des ciments à prise rapide, elle a été
terminée en même temps que les fondations qui, commencées le 14 mai 1862, après deux mois de recherches et de
sondages, étaient à la fin de la campagne élevées de 1 mètre au-dessus des plus basses mers.

Ce résultat, qu'on n'avait obtenu qu'en restant au mouillage tant que la mer permettait de tenir, pour ne pas
perdre une seule des heures si peu nombreuses dont on
pouvait disposer dans les conditions où on se trouvait
placé, assurait l'achèvement relativement rapide de l'ouvrage.

Le phare était projeté d'après le type des phares en mer
de troisième ordre, et devait consister en une tour en maçonnerie dont le soubassement à courbure elliptique eût
reposé sur un massif de fondation de 1^m.60 d'épaisseur.
Mais en présence de la mauvaise nature du rocher, il a paru
prudent de réduire la hauteur de la tour et d'augmenter
de 1 mètre l'épaisseur du massif de fondation en le maçon-
nant avec mortier de ciment de Portland à parties égales de
ciment. En agissant ainsi, on a eu pour but non pas de
diminuer le poids de la tour, puisque le cube des maçon-

neries est resté sensiblement le même (1.224^m.83 au lieu de 1.228^m,67), et que d'ailleurs la pression exercée par centimètre carré était déjà faible (1^k,68), mais bien de réduire la longueur du bras de levier de la puissance qui tend au renversement dans les coups de mer, et d'établir cette tour sur un véritable monolithe suffisamment solide pour ne pas se rompre en présence d'inégalités de résistance du sol de fondations. La hauteur totale de l'ouvrage est de 26^m,525, et le plan focal de l'appareil se trouve établi à 21^m,225 au-dessus des plus hautes mers, ce qui suffit pour la portée assignée au feu.

La tour qui renferme une cave, un vestibule, une cuisine, deux chambres de gardiens et la chambre de service, est, à part de légères modifications de détails dont les modèles seuls permettent de bien se rendre compte, couronnée et aménagée comme toutes celles des phares de troisième ordre en mer.

Le seuil de la porte d'entrée du vestibule n'est qu'à 2 mètres au-dessus des plus hautes mers, mais comme cette porte est placée au nord, à l'abri des lames du large, elle n'est que très-rarement atteinte par la mer et jamais de manière à inspirer des inquiétudes. Il a seulement fallu se réserver la possibilité de protéger la fenêtre qui lui fait face, et l'on a eu recours à cet effet à un volet logé dans une feuillure et formé d'une planche de cuivre épaisse montée sur un cadre en bronze, qui épouse la double courbure du parement du soubassement.

Tous les escaliers sont en fonte avec limons en tôle. On a substitué aux voûtes en pierres de taille, ou en briques, qui séparent d'ordinaire les étages, des planchers formés de poutres en tôle et cornières dont les vides sont remplis de maçonneries de briques. On a cherché non-seulement à obtenir ainsi un volume d'air plus considérable dans les chambres, mais encore à contribuer à la consolidation de la partie creuse de la tour, maintenue d'ailleurs par trois ceintures en fer de 0^m,050 d'épaisseur sur 0^m,070 de hauteur noyées dans la maçonnerie à différents niveaux.

L'appareil catadioptrique donne un feu fixe rouge.

Comme on l'a fait jusqu'ici pour les phares de troisième ordre en mer, on avait prévu l'emploi, en parement dans la partie pleine, en entier dans la partie creuse, de pierres de taille de granit de grandes dimensions. Ces matériaux devaient provenir des carrières des bords de la Loire, mais aucun entrepreneur ne s'étant, lors de la mise en adjudication, présenté pour soumissionner cette fourniture difficile, les ingénieurs ont été autorisés à la faire en régie, en substituant toutefois, partout où cela semblait possible sans inconvénients, aux pierres de haut appareil, de petits matériaux que l'on chercherait à se procurer sur la côte voisine de la Banche.

Le couronnement du massif des fondations a été exécuté en granit très-dur de la carrière de Lavau, qui approvisionne les travaux du port de Saint-Nazaire ; la corniche, le couronnement du phare et le soubassement de la lanterne, ont été établis en très-beau granit de la carrière de la Conterie, près de Nantes. Dans le surplus de l'édifice, le granit de la côte a été exclusivement employé, tant en parement extérieur qu'en parement intérieur, sous formes de moellons taillés de 0^m,225 de hauteur d'assise, 0^m,50 de longueur de queue moyenne (sans descendre au-dessous de 0^m,40) et de 0^m,40 à 0^m,55 de longueur, sauf pour les encadrements des ouvertures où il a reçu de plus fortes dimensions.

Les travaux. fourniture, transport et emploi des matériaux. ont été exécutés entièrement en régie.

Les dépenses se sont élevées à 374.280^f,85 y compris
l'appareil d'éclairage.

Le phare de la Banche a été projeté et exécuté sous la
direction de M. Chatoney, ingénieur en chef des ponts et
chaussées, par M. Leferme, ingénieur des ponts et chaussées.

Les travaux ont été conduits par MM. Salley, conducteur.
et Butat, agent secondaire.

VI

PHARE DE LA NOUVELLE-CALÉDONIE.

—

MINISTÈRE DE LA MARINE ET DES COLONIES.

Un modèle à l'échelle de 0ᵐ,04.

Le phare que représente ce modèle a été installé en 1865 sur l'îlot Amédé, à 13 milles de Port-de-France, dans la Nouvelle-Calédonie.

Il est entièrement exécuté en fer, suivant des dispositions analogues à celles du phare des Roches-Douvres, qui ont été décrites plus haut.

Il a été fondé sur un massif en béton dans lequel ont été noyés les patins en fonte qui supportent les montants.

La tour a 45 mètres de hauteur depuis le niveau du sol jusqu'à la plate-forme de couronnement, et le foyer de l'appareil à feu fixe qu'elle supporte domine de 50 mètres le niveau des plus hautes mers.

Les dépenses de la construction métallique se sont élevées, y compris montage et démontage à Paris, à la somme de 228.706ʳ,75 laquelle se compose ainsi qu'il suit :

Fonte ordinaire pour patin des fondations et socle du rez-
de-chaussée 82.093 kilog. à 0^f,40. . . . . 32.837^f,20
Fonte ouvragée pour porte, corniche, escaliers, 45.887^k,48
à 0^f,55. . . . . 25.238 .11
Fers et tôles, 193.466^k,89 à 0^f,70. . . . . 135.426 ,82
Fers ajustés pour chambranles, châssis, rampes, etc., 17.872^k,97
à 1^f,40. . . . . 25.022 ,16
Peinture au minium à trois couches, 5.059^m,23 à 1 fr. . . . . . 5.059 ,23
Bronzes, main courante en acajou, vitrage, modèles, etc. . . . 5.123 ,23
                                                               —————
                                      Total. . . . . 228.706^f,75

On ne pouvait songer à élever une construction en maçonnerie sur un îlot désert, dans une colonie dépourvue
de ressources. et l'installation de la tour métallique a même
présenté d'assez grandes difficultés ; mais elles ont été très-
habilement surmontées par M. Bertin, conducteur des ponts
et chaussées, chargé de la direction du travail. Le nouveau
feu, qui est appelé à rendre les plus grands services à la
navigation, a été allumé pour la première fois le 15 novembre 1865.

Les travaux ont été exécutés par ordre de M. le ministre
de la marine.

Auteurs du projet :

MM. Léonce Reynaud, inspecteur général des ponts et
chaussées, directeur du service des phares et balises, et
Émile Allard, ingénieur en chef des ponts et chaussées.

Constructeur de la tour métallique et du modèle, M. Rigolet.

VII.

PHARE DU CRÉAC'H

(ILE D'OUESSANT).

MINISTÈRE DE L'AGRICULTURE, DU COMMERCE ET DES TRAVAUX PUBLICS.

Une feuille de dessins à l'échelle de 0^m,04.

Le phare du Créac'h est établi sur la pointe ouest de l'île d'Ouessant. Il est destiné à signaler, mieux que ne le faisait l'ancien phare placé sur l'extrémité orientale de l'île, un atterrage que viennent reconnaître non-seulement les navires qui veulent entrer à Brest, mais encore la plupart de ceux qui, arrivant de la haute mer, cherchent l'entrée de la Manche.

La construction se compose d'une tour de 43 mètres de hauteur depuis le niveau du sol, et de bâtiments de servitudes contenant le magasin, les pièces réservées aux ingénieurs, et trois logements pour les gardiens et leurs familles. Un passage couvert relie la tour aux servitudes. Une cour de service est établie en arrière des bâtiments.

À l'intérieur la tour présente un vide cylindrique de 4 mètres de diamètre dans lequel est établi un escalier en vis à jour, composé de cent quatre-vingt-quatre marches et for-

mant cinq révolutions et demie environ. Cet escalier est
éclairé par dix-huit croisées, et se prolonge par une échelle
en fonte jusqu'à la chambre de service. Une seconde échelle
de fonte met en communication cette chambre avec celle
de la lanterne, dont le diamètre est aussi de 4 mètres et
dont le pourtour est revêtu de dalles en marbre.

Les servitudes se composent d'un corps de logis présentant 42 mètres de longueur sur 7^m,70 de largeur, et de
deux pavillons en aile.

Les logements des gardiens sont parfaitement isolés les
uns des autres. Chacun d'eux se compose d'une cuisine,
d'une chambre et d'un cabinet situés au rez-de-chaussée, et
de la partie correspondante des greniers. Un escalier spécial pour chaque gardien conduit au grenier dont il a la
jouissance; chaque logement possède aussi ses dégage-
ments particuliers, tant sur la cour antérieure que sur la
cour de service.

Les appartements réservés se composent d'une chambre
et d'un cabinet pour l'ingénieur, d'une chambre et d'un
cabinet pour le conducteur.

Le phare est approvisionné d'eau au moyen de deux citernes qui recueillent l'égout des toits et qui sont situées
l'une dans la cour antérieure, l'autre dans la cour de
service.

Indépendamment de ces travaux qui constituent l'établissement même du phare, et qui ont fait l'objet d'une
entreprise, l'exécution de cet ouvrage en a exigé d'autres
assez importants et qui ont été faits en régie : tels sont la
construction d'un petit port et l'ouverture d'une route de
3 kilomètres, pour faciliter le déchargement et le transport
à pied d'œuvre des matériaux qui arrivaient par mer du
continent.

Le phare du Créac'h a été établi sur un plateau de roche granitique préalablement dérasé. Sauf le soubassement, la corniche et les encadrements des ouvertures, il est entièrement construit en moellons bruts revêtus d'un enduit de ciment de Portland. Jusqu'à la naissance de la corniche, la maçonnerie de la tour a été exécutée avec du mortier de chaux hydraulique de La Rochelle ; mais le couronnement de l'édifice a été entièrement maçonné avec du ciment de Portland. Les appareils de pierres de taille de la tour sont en granit de Kersanton ; ceux des servitudes, en granit de l'île.

Les maçonneries de la tour ont été complétement exécutées sans aucun échafaudage extérieur et en faisant tout le service du montage des matériaux par le vide de l'escalier. Ce travail n'a donné lieu à aucun accident.

La charpente des servitudes est en chêne de fortes dimensions ; elle supporte du reste une toiture très-lourde. Cette toiture est formée d'abord d'un lattis en briques tubulaires posées sur les chevrons, puis d'une couverture en tuiles creuses maçonnées sur ce lattis. Ce système résiste parfaitement aux ébranlements du vent, et a l'avantage de préserver très-bien les édifices des variations de température de l'air extérieur. Commencés en 1860, les travaux ont été terminés en 1863.

Les dépenses se sont élevées à 363.596',51, y compris l'appareil d'éclairage.

Le projet du phare du Créac'h a été dressé par M. de Carcaradec, ingénieur ordinaire. Les travaux ont été exécutés sous la direction de MM. Maîtrot de Varennes, ingénieur en chef, et Rousseau, ingénieur ordinaire.

Conducteur, M. Delachienne ; entrepreneur, M. Tritschler.

VIII

PHARE DE CONTIS.

—

MINISTÈRE DE L'AGRICULTURE, DU COMMERCE ET DES TRAVAUX PUBLICS.

Une feuille de dessins à l'échelle de 0^m,04.

Le phare de Contis est situé sur le littoral des Landes, à peu près à mi-distance entre le phare du bassin d'Arcachon et celui de Biarritz. Il a été établi dans le but de signaler aux navigateurs une côte inhospitalière, à 900 mètres de la laisse des hautes mers, sur le sommet d'une dune arasée à 11^m,50 au-dessus du même niveau.

La tour, qui a 36^m,50 de hauteur, est entièrement séparée des logements et magasins auxquels les circonstances locales obligeaient à donner un assez grand développement. Elle est fondée sur un massif de béton de sable compris dans une enceinte de pieux et palplanches.

La difficulté des transports dans le sable plus ou moins mouvant des dunes obligeait à réduire autant que possible l'emploi de la pierre de taille, et l'on avait espéré que la majeure partie de la construction pourrait être exécutée en briques, à la fabrication desquelles paraissait se prêter un banc d'argile affleurant à proximité du phare ; mais on n'a pu parvenir à créer une usine dans des conditions acceptables, et l'on a dû substituer aux briques du moellon ferrugineux qu'on a trouvé dans la lande à une distance de quelques kilomètres. La maçonnerie ainsi formée a été revêtue, tant au dehors qu'au dedans, d'un enduit en mortier de Portland.

L'escalier de la tour a été exécuté en fonte avec limons et garde-corps en fer.

L'isolement du lieu et l'absence de voies de communication ont créé à cette entreprise de sérieuses difficultés. Commencés en mai 1861, les travaux n'ont été terminés qu'en novembre 1863. Le phare a été allumé pour la première fois le 20 décembre de cette dernière année.

Les dépenses se sont élevées à la somme de 283.681^f,68, y compris l'appareil d'éclairage.

Le projet a été rédigé et exécuté par M. F. Ritter, ingénieur des ponts et chaussées, sous la direction de M. l'ingénieur en chef Pairier.

Les travaux ont été conduits par M. Roussoulet, conducteur des ponts et chaussées.

IX

PHARE DU CAP SPARTEL

(MAROC).

EMPIRE DU MAROC
ET MINISTÈRE DE L'AGRICULTURE, DU COMMERCE ET DES TRAVAUX PUBLICS

Deux feuilles de dessins aux échelles de 0^m,01 et de 0^m,02.

Les abords du cap Spartel, qui est situé au sud de l'entrée du détroit de Gibraltar, avaient été le théâtre de nombreux sinistres, lorsque, en 1852, M. Jagerschmidt, gérant de notre consulat à Tanger, proposa d'élever un phare sur ce point. Il paraissait difficile de demander un travail de cette nature au gouvernement marocain, qui, ne possédant pas de marine, pouvait ne s'y reconnaître aucun intérêt, et pouvait même, jusqu'à un certain point, se montrer peu disposé à accueillir une mesure dont l'effet devait être de priver ses sujets du bénéfice, fort immoral assurément, mais assez considérable, qu'ils retiraient des épaves roulées sur leurs plages. Un concours des puissances européennes le plus intéressées dans la question était regardé comme nécessaire pour surmonter les résistances prévues, subvenir aux dépenses de l'entreprise, et assurer plus tard l'entretien du feu.

Soumise à la commission des phares, cette idée y fut

accueillie avec chaleur, et énergiquement appuyée. Malheureusement le concert préalable qu'il s'agissait d'établir souleva des difficultés, et le succès paraissait douteux, sinon impossible, lorsqu'en 1860, de nuit et par une grosse mer, la frégate brésilienne *Doña Isabel*, montée par un nombreux équipage et par les élèves de la marine du Brésil, vint se briser près du cap qu'elle n'avait pu reconnaître. Ce sinistre, plus douloureux qu'aucun des précédents, car deux cent-cinquante hommes y trouvèrent la mort, émut profondément l'opinion publique, rappela le projet présenté, et provoqua l'intervention d'une haute influence dont la sollicitude pour les intérêts généraux de l'humanité n'a jamais été vainement invoquée. Grâce à elle, l'Empereur du Maroc, non-seulement donna son assentiment à la mesure, mais encore s'engagea à subvenir aux dépenses de la construction, sous la seule condition que la France chargerait un de ses ingénieurs de la direction des travaux.

Cette mission, qui était jugée difficile et devait rencontrer bien plus d'obstacles encore qu'il n'était donné d'en prévoir, fut confiée à M. Jacquet, conducteur des ponts et chaussées attaché au service des phares, qui se rendit immédiatement sur les lieux.

Dès le mois de juin 1861, une exploration faite à bord du bâtiment de la marine française *le Coligny* lui avait permis de déterminer l'emplacement à assigner au phare. D'accord avec le commandant de ce navire, il fixa son choix sur un petit plateau s'élevant à 70 mètres à pic du côté de la mer, à 500 mètres environ dans le nord-est de la pointe du cap, d'où l'on découvre un horizon étendu, tant du côté du large que dans la direction du détroit, et où l'on n'a point à redouter les brumes intenses qui couronnent parfois le sommet de la montagne.

L'endroit se trouvait offrir quelques ressources en fait
de matériaux de construction, et elles ont été d'autant
plus précieuses que des sentiers abrupts et à peine tracés
étant le seul moyen de communiquer avec Tanger, le centre
de population le plus rapproché, les transports ne pouvaient
s'effectuer qu'à dos d'âne, étaient fort dispendieux et n'admettaient pas d'objets d'un poids un peu considérable.

Le plateau est entouré de roches d'un grès fin, d'une
dureté suffisante et facile à travailler; à peu de distance
au-dessous on a découvert un dépôt calcaire apte à fournir
d'excellente chaux; à proximité encore se sont rencontrés
de l'argile plastique et un amas de sable siliceux; enfin
deux sources légèrement ferrugineuses, qui paraissent ne
jamais tarir, sourdent de la roche à quelques mètres au-
dessus de la plate-forme. Mais pour tirer parti de ces ressources, il fallait, dans ce désert, installer une exploitation de carrières, une chaufournerie, une briqueterie, des
logements pour l'ingénieur et les ouvriers, un service de
vivres, etc.; et l'ingénieur n'avait à sa disposition que des
hommes pris dans la campagne, réunis et retenus de force,
fréquemment renouvelés, peu habiles et surtout fort peu
désireux de concourir au succès d'une œuvre qu'ils ne
comprenaient pas, et qui était dirigée par un infidèle dont
les ordres leur étaient transmis par des interprètes sans
autorité. Il y a bien au Maroc des maçons qui ne manquent
pas d'un certain art, qui exécutent assez habilement cette
ornementation pleine de gracieuses fantaisies d'où l'architecture mauresque tire ses principaux effets; mais on ne
pouvait attendre d'eux la solidité de construction qu'exigeait un phare exposé à des pluies diluviennes et aux plus
violentes tempêtes. Les tailleurs de pierre ignoraient l'u-
sage de l'équerre et n'admettaient pas qu'on pût mettre en

œuvre des morceaux de telle dimension qu'il ne fût facile
à un homme de les transporter. Enfin les charpentiers n'em-
ploient jamais que des madriers et ne se doutent pas de ce
qu'est un assemblage. On aurait pu sans doute se procurer
des ouvriers en Espagne, mais la main-d'œuvre est à trop
bas prix au Maroc pour que le haut fonctionnaire qui avait
les travaux dans ses attributions ait pu se résoudre à ac-
corder des salaires comparativement exorbitants, alors
surtout que la nécessité ne lui en paraissait pas bien
établie.

Le gouvernement français vint au secours de l'ingénieur,
en lui envoyant à la fin de 1861 un appareilleur et un
tailleur de pierre, et plus tard deux autres ouvriers.

Enfin, grâce au dévouement et à l'énergie de l'ingénieur,
cet important travail, exécuté dans des conditions si défa-
vorables, était complétement terminé en 1864, et un feu
fixe de premier ordre était allumé au sommet de la tour, le
15 octobre de la même année.

Afin d'assurer la régularité de l'entretien du phare, une
convention a été passée entre le Maroc, d'une part, et les
représentants des puissances au nombre de dix qui s'y sont
reconnues intéressées, de l'autre, savoir : la France, l'Angleterre, l'Espagne, l'Italie, l'Autriche, la Belgique, la
Hollande, le Portugal, la Suède et les États-Unis d'Amérique.

Ces puissances contribuent aux dépenses chacune pour
1.500 francs par an, et leurs représentants à Tanger, réunis
en commission, statuent sur toutes les mesures à prendre
dans l'intérêt du service. Les gardiens du phare sont eu-
ropéens : ils ont une garde marocaine qui est composée
de quatre hommes et d'un caïd, et est à la solde de la commission consulaire.

L'édifice consiste en une tour carrée au dehors, circulaire au dedans, située sur l'un des côtés d'une cour entourée de portiques sous lesquels sont ouverts et éclairés les logements et magasins. Ces salles sont voûtées et couvertes en terrasse. Elles ne sont percées au dehors que de très-étroites ouvertures, de sorte que, la porte étant fermée, les gardiens sont à l'abri des surprises nocturnes et pourraient même résister aux attaques des indigènes de manière à permettre aux secours de Tanger d'arriver en temps utile.

M. l'ingénieur Jacquet a tenu un compte aussi exact que possible des dépenses faites par le Maroc, dépenses dans lesquelles il avait eu la prudence de ne pas intervenir, et qui étaient réglées et soldées par un agent spécial, un amine. Il les évalue à la somme de. . . . .   256.138 fr. y compris l'acquisition de l'appareil lenticulaire, qui a été fourni par MM. L. Sautter et compagnie.

Les dépenses supportées par le gouvernement français se sont élevées à la somme de.   65.736

Total des dépenses. . .   321.874 fr.

X

PHARE DU GRAND-ROUVEAU.

MINISTÈRE DE L'AGRICULTURE, DU COMMERCE ET DES TRAVAUX PUBLICS.

Une feuille de dessins à l'échelle de 0^m,04.

Le phare du Grand-Rouveau est établi sur le point culminant de l'îlot de ce nom, lequel fait partie du petit archipel des îles d'Embiez, dernier prolongement occidental de la presqu'île de Sicié. Il a été construit dans le double but de signaler au loin ces atterrages, et d'éclairer le mouillage du Brusc, à l'entrée des ports de Saint-Nazaire et de Bandol.

Le feu est blanc, fixe. L'appareil est lenticulaire de troisième ordre.

L'édifice se compose d'une tour centrale, carrée, de 13^m,20 de hauteur. En arrière est le magasin du phare; à droite et à gauche sont des ailes dans lesquelles sont distribués les logements de gardiens et une chambre réservée aux ingénieurs en tournée.

Cet édifice peut être considéré comme présentant un type des dispositions adoptées pour les phares de troisième ordre établis sur terre.

Les fondations de l'édifice reposent sur la roche schis-

teuse qui constitue l'îlot. Les soubassements, les perrons
extérieurs, les chaînes d'angle, les encadrements des portes
et fenêtres, les corniches, l'escalier vis-à-jour, et le couronnement de la tour carrée, ont été exécutés en pierres de
taille de Cassis. Cette pierre est blanche avec quelques
veines rosées; elle est très-dure et susceptible d'un beau
poli. Le surplus des parements vus est exécuté en moellons
calcaires piqués, tirés du Cap de la Cride entre les ports de
Bandol et de Saint-Nazaire. Ces moellons sont d'un gris tirant légèrement sur le violet, et le contraste des deux couleurs produit un excellent effet.

On a employé exclusivement dans cette construction la
chaux hydraulique de Faverolles ou des Pomets, près de
Toulon, et le ciment de Serrebourges, près de Gap.

Les dépenses de construction se sont élevées à la somme
de 104.890^f,81, y compris l'appareil d'éclairage.

Commencés en 1861, les travaux ont été terminés en
1863.

Le projet a été rédigé et les travaux ont été exécutés
par M. Lonclas, ingénieur ordinaire des ponts et chaussées,
sous la direction de M. Camme, ingénieur en chef.

Conducteur, M. Vigne.

XI

PHARE DE LA CROIX.

—

MINISTÈRE DE L'AGRICULTURE, DU COMMERCE ET DES TRAVAUX PUBLICS.

Une feuille de dessins à l'échelle de 0^m,01.

La grande passe de l'entrée du Trieux (Côtes-du-Nord) est signalée par deux feux qui sont établis, l'un sur les hauteurs de Bodic, à gauche de l'embouchure, l'autre sur une roche isolée en mer à 2.000 mètres du rivage, la roche La Croix. L'un et l'autre phare n'étant appelés à envoyer de rayons lumineux que dans un espace angulaire très-restreint, consistent en réflecteurs paraboliques qui sont installés dans les chambres supérieures devant des fenêtres ouvertes dans la direction de la passe. Les feux sont scintillants à très-courtes éclipses, de manière à ne pouvoir être confondus avec aucun de ceux des environs.

La roche La Croix dont le sommet dépasse à peine le niveau des plus hautes mers d'équinoxe, présente, entre des faces presque verticales de tous côtés, un plateau irrégulier dans lequel on a pu strictement inscrire la base circulaire de la tour. Celle-ci est divisée en quatre étages surmontés d'une plate-forme formant le seul promenoir dont puissent disposer les gardiens. Le rez-de-chaussée sert de vestibule et de magasin ; le premier étage. de cuisine, le second de chambre pour les deux gardiens ; le troisième renferme la chambre de service et l'appareil d'éclairage.

L'escalier a dû être reporté dans une tourelle accolée à la grande tour. et fondée à 5 mètres en contre-bas du plateau sur lequel celle-ci repose.

Afin de laisser la partie la plus élevée de l'édifice dans l'axe même indiqué par les feux, on a arrêté l'escalier à la hauteur du troisième étage, on ne pénètre donc sur la plate-forme supérieure que par une échelle mobile établie dans la chambre de service.

L'édifice est tout entier construit en pierres de taille de granit provenant de l'Ile-Grande. Les matériaux ont été préparés dans un chantier installé au fond du petit port de Loguivy. à l'est de l'entrée du Trieux. Un chemin de fer les amenait à un embarcadère spécial, où ils étaient char-gés sur des gabares qui allaient mouiller au pied même de la roche La Croix. Ce trajet ne présentait pas de difficulté, car la mer est rarement dangereuse dans ces parages. Mais la violence des courants est telle que l'aller et le retour ne pouvaient se faire qu'à des heures déterminées de la marée. On ne pouvait soumettre à ces conditions le trans-port, sur la roche, des ouvriers chargés de la construction ; ils ont été installés sur un petit navire mouillé à demeure près du rocher. Une fois seulement, cette embarcation a rompu ses amarres, et a été obligée de se réfugier à Lo-guivy.

Le système de montage des matériaux, qui est d'une grande simplicité, a déjà été employé dans plusieurs cir-constances analogues.

Un mat de charge avec corne oblique, établi sur une saillie de rocher du côté du chenal où accostaient les gabares, prenait les matériaux à bord, et les déposait par un mouvement tournant sur quelques pointes dressées en plate-forme. Un autre mât semblable était dressé dans l'intérieur de la tour du phare, et fixé à l'aide d'une charpente intérieure qui s'élevait successivement sur les naissances de la voûte de chaque étage, au fur et à mesure de la construction.

Ce mât était placé, non au centre de la tour principale, mais plus près de l'axe de la tour de l'escalier. De cette manière, les matériaux repris sur la plate-forme de dépôt, pouvaient être apportés par la rotation de la corne sur l'une ou l'autre tour, fort près du lieu de pose. De plus, cette disposition, en laissant libre l'axe central de la tour, a permis d'y installer un appareil de vérification de pose formé d'un rayon mobile autour du centre qui était repéré du haut en bas de la construction par un fil à plomb.

Les travaux de maçonnerie, commencés en mai 1865, ont été terminés à la fin de 1866. Ils n'ont éprouvé de temps d'arrêt que par suite des tempêtes de cette dernière année, qui ont, pendant de longs intervalles, complétement interdit l'arrivée des approvisionnements de pierres de taille de l'Ile-Grande.

Sauf la fourniture et la préparation des matériaux, les travaux ont été entièrement exécutés en régie sous la direction de MM. Dujardin, ingénieur en chef, et de la Tribonnière, ingénieur ordinaire, et sous la surveillance assidue de M. le conducteur Beaugrand.

XII

FEU FLOTTANT DE RUYTINGEN.

—

MINISTÈRE DE L'AGRICULTURE, DU COMMERCE ET DES TRAVAUX PUBLICS.

Un modèle à l'échelle de 0^m,06.
Une feuille de dessins à l'échelle de 0^m,00375.

Deux feux flottants sont mouillés dans la rade de Dunkerque : le premier en venant du nord, celui de Mardick, est à feu fixe rouge ; le second, désigné sous le nom de *Ruytingen*, présente un feu également rouge, mais à éclipses qui se succèdent à des intervalles de trente secondes. Vus l'un par l'autre, ils donnent le gisement de la rade de Dunkerque, depuis son entrée à l'ouest jusqu'à une certaine distance à l'est du port ; vu par le phare de Dunkerque, le feu de Ruytingen signale aux navigateurs venant de l'ouest la direction à suivre pour arriver à l'entrée de la rade, et vu par celui de Gravelines, il jalonne un chenal large et profond que suivent les navires venant du nord.

Ces deux feux sont allumés depuis le 15 novembre 1863.

Le modèle exposé est celui du feu flottant de Ruytingen.

Les dimensions principales du navire sont :

Longueur totale sur le pont en dedans de la contre-étrave et des jambettes de l'arrière, 25 mètres ;

Largeur totale sur le pont, au maître bau, de dedans en dedans de la membrure, 6ᵐ,50 ;

Creux au maître bau, du dessous du pont à la virure de vaigrage contre la carlingue, 3ᵐ,75 ;

Hauteur d'entre-pont, 2ᵐ,30.

Le tonnage est d'environ 150 tonneaux.

Le bâtiment est mouillé sur fond de sable par 14 mètres d'eau de basse mer.

On a adopté, pour l'ancrage, le système dit d'affourchage, comme offrant plus de sécurité, vu la station du navire, au droit d'un plateau sous-marin peu profond, où la mer se démonte très-vite dans les gros temps, et comme le plus favorable pour les cas où il s'agit de signaler des directions, attendu que ce mode de mouillage permet de limiter davantage le rayon d'évitement du navire. Il faut en effet allonger la touée dans les gros temps ; et dans ce système chaque branche d'affourche venant s'y ajouter, il n'est pas nécessaire de donner à la chaîne d'itague autant de développement que si elle était amarrée sur une ancre isolée. Le navire fait ainsi ses manœuvres successives d'évitement, sous l'action alternative des courants de flot et de jusant, en tournant autour de l'émérillon d'affourche sur lequel viennent se réunir, d'une part, la chaîne d'itague, et, d'autre part, les deux branches de l'affourche.

Les ancres sont à une patte, du poids de 1.200 kilogrammes chacune, placées dans la direction du maximum d'intensité des courants de marée, à 125 brasses de distance l'une de l'autre, et réunies par des chaînes d'affourche de 0ᵐ,038, de longueur telle que l'on puisse amener l'émérillon à l'écubier du navire et le visiter pendant le temps des basses mers de vives eaux ; la chaîne d'itague, de même calibre, est susceptible d'être filée dans les tempêtes sur 55

à 60 brasses de longueur et d'être abraquée à bord presque
tout entière dans les beaux temps, de manière que les évi-
tages se produisent sûrement sur l'émérillon, sans déterminer dans la chaîne des coques compromettantes pour la
sûreté du navire; chaque ancre est empennelée avec un
corps mort de bouée mouillé dans le sens et en dehors
de l'affourche, à 50 brasses de distance. avec chaîne de
0^m.02 et surmonté d'une bouée dont la chaîne flottante est
de 0^m,03 sur 18 brasses de longueur.

La feuille de dessins, jointe au modèle, donne l'ensemble
et les détails de ce système d'ancrage, à l'échelle de
0^m.00375 par mètre pour l'ensemble. et de 0^m,05 et 0^m,10
par mètre pour les détails.

Les formes du navire, un peu allongées, sont combinées
de manière à offrir peu de prise quand il est debout à la
lame: à l'avant. très-fines par le bas, elles sont évasées
par le haut, de manière à rejeter les eaux qui s'élanceraient
sur le pont; la section au droit du maître couple est presque
rectangulaire: la quille principale, plus saillante que dans
les navires ordinaires, et des quilles latérales de petit fond,
placées de chaque côté sur la majeure partie de la longueur du navire, ont pour objet de réduire l'amplitude du
roulis.

Les logements et magasins sont établis dans l'entre-
pont, qui est disposé de manière à satisfaire convenablement au séjour de l'équipage, à la conservation des approvisionnements du bord. au service du feu et à celui du
bâtiment.

A l'arrière se trouve la corderie, puis le salon, dit carré
des officiers, dans lequel donnent l'office, une petite pièce
renfermant la pharmacie et les articles de timonerie, quatre
cabines, l'une pour le capitaine, une autre pour le second

et deux pour les ingénieurs et conducteurs, qui peuvent être obligés de coucher à bord suivant les circonstances de temps et de service.

Au centre sont distribués, de part et d'autre d'un vestibule dans lequel débouche l'escalier, les divers magasins ainsi répartis, savoir :

A tribord, de l'arrière vers l'avant : la cambuse, une petite salle à manger pour le service ordinaire des officiers, puis le magasin aux approvisionnements de peinture et outils de nettoyage ;

A bâbord, de l'arrière vers l'avant : la lampisterie, renfermant les caisses à l'huile, balances, armoires et tous ustensiles et approvisionnements nécessaires au service de l'éclairage, puis l'atelier du charpentier.

Dans le vestibule central, au pied du mât, se trouve la machine de rotation, solidement fixée au pont inférieur et aux barrots du pont supérieur, commandant un arbre vertical qui transmet le mouvement à l'appareil d'éclairage hissé vers le haut du mât pendant la nuit.

A l'avant est le poste de l'équipage, sur lequel s'ouvrent les cabines des matelots ; puis, dans les formes extrêmes de l'avant, sont arrimées les poulies et apparaux nécessaires aux manœuvres du navire.

Sur le pont, au pied du mât qui porte la lanterne, est une cabane, qui la reçoit pendant le jour et permet de faire à couvert le service de l'appareil. Une petite écoutille, ménagée dans le pont sous cette cabane, sert à faire arriver les lampes et les réflecteurs du magasin de l'éclairage et du vestibule jusqu'à l'appareil, ou réciproquement, sans passer par l'escalier et sur le pont, de manière à éviter les chances d'avaries dans les temps de pluie ou les coups de mer.

Le reste du pont est garni, à l'avant par le vireveau, les écubiers, les orifices des puits à chaînes et les bittes de retenue ; au centre par les pompes, les charniers, le capot de l'escalier ; à l'arrière par le treuil de hissage de l'appareil d'éclairage, un petit mât d'artimon pour aider, au moyen d'une voile correspondante, à l'orientation du navire dans les mauvais temps, et enfin le gouvernail et sa barre.

Les bouteilles sont à l'avant, dans des cabanes placées à tribord et à bâbord contre les lisses de batayolles.

Les puits à chaînes sont à peu près au centre du navire, dans la cale, en dessous de l'entre-pont, l'un à tribord destiné à la chaîne d'itague, l'autre à bâbord destiné à une troisième ancre de sûreté, qui est toujours tenue en veille, amarrée au droit du bossoir de bâbord et toujours prête à mouiller, la chaîne correspondante étant de $0^m,035$ et parée à filer à tout instant par l'écubier de bâbord.

Les caisses à eau, en tôle, sont arrimées dans la cale, sous l'entre-pont, à l'arrière des puits à chaînes, épousant les formes inférieures du navire. Leur capacité ensemble est de 2.500 litres.

Le reste de la cale est garni de la quantité de lest nécessaire aux bonnes conditions de stabilité du bâtiment.

Les quilles principale et latérales, avec les fausses quilles, sont en orme, ainsi que les pièces du bordé extérieur de petit fond et la lisse supérieure de batayolles.

Les ponts supérieur et inférieur sont en sapin rouge de Riga, ainsi que les menuiseries et les détails de distribution et d'emménagement d'entre-pont.

Tout le reste de la coque est en chêne.

L'ensemble de la membrure se compose de trente-cinq couples (non compris le couple d'arcasse), dont sept à l'avant et onze à l'arrière sont dévoyés.

Les équarrissages des membrures correspondent aux échantillons généralement adoptés, dans les constructions maritimes du commerce, pour des navires de 500 à 600 tonneaux, bien que le tonnage de celui-ci ne soit que de 150 tonneaux.

Les mailles ont 0ᵐ,60 d'axe en axe des membrures.

La coque est doublée en cuivre rouge et feutrée entre bordage et cuivre.

Tous les clous et chevilles du bordé extérieur, depuis la quille jusqu'un peu au-dessus de la flottaison, sont en cuivre rouge ; les clous du pont sont en cuivre jaune fondu : tous les autres clous et chevilles, tant à l'intérieur qu'à l'extérieur, sont en fer galvanisé. Toutes les chevilles, frappées de dehors à aller en dedans, sont rivées, savoir : celles qui arrivent dans l'entre-pont, sur plaques, celles qui arrivent dans la cale, sur viroles. Les chevilles à bout perdu sont barbelées.

Le navire est gournablé en cœur de chêne jusqu'à hauteur des préceintes.

Le mât a une hauteur totale d'environ 17 mètres au-dessus de la ligne de flottaison ; il est de fortes dimensions, de forme cylindrique pour la partie correspondante à la course de la lanterne, solidement haubanné et étayé.

L'inventaire du navire comprend une voilure simple en proportion avec la mâture, destinée à l'appareillage en cas d'accidents pour chercher refuge dans les ports voisins ou pousser le navire au plus haut des plages, s'il est jeté à la côte par quelque tempête soufflant du large.

L'appareil d'éclairage se compose de huit photophores de 0ᵐ.37 d'ouverture, illuminés par des lampes à niveau constant, consommant 60 grammes d'huile de colza par heure, et dont la flamme est placée au foyer du paraboloïde.

Le maximum d'intensité du faisceau lumineux émané d'un de ces appareils peut être évalué à 100 becs dans la pratique ; la divergence dans le plan horizontal est de 30 degrés environ. La portée lumineuse dans l'axe est de 14 milles 2/10 dans les circonstances ordinaires de l'atmosphère.

Chaque lampe repose sur une petite chaise en fer, à laquelle elle est assujettie par deux agrafes, et porte son réflecteur qui lui est fixé de la même manière. Elle est disposée de telle sorte que le centre de gravité du réservoir supérieur se trouve sur la même verticale que celui du godet inférieur, lorsque le réflecteur est dans sa position normale. Cette position, c'est-à-dire l'horizontalité de l'axe, est assurée au moyen d'un poids en plomb placé sous le godet. Afin qu'elle se maintienne dans les mouvements du navire, chaque réflecteur est suspendu de manière à pouvoir osciller dans toutes les directions ; la chaise qui le supporte peut tourner autour de deux axes placés dans le même plan, dont l'un est parallèle et l'autre normal à celui du paraboloïde. L'amplitude du mouvement dans l'une ou l'autre direction ne peut pas dépasser 60 degrés.

Les colliers de suspension des huit appareils sont fixés sur un cercle horizontal en bronze, qui roule au moyen de galets sur un cercle fixe en même matière, dont la section est en forme de cornière. Les frottements latéraux qui tendraient à se produire sont réduits par de petits galets horizontaux. Le cercle fixe est supporté par les quatre montants qui constituent l'ossature de la lanterne du côté du mât. Le cercle mobile est mis en mouvement par une grande roue dentée fixée sur sa face supérieure. Cette roue, dont les dents sont tournées du côté du mât, engrène avec un pignon placé au sommet d'une tringle verticale en fer creux

que fait tourner la machine de rotation par l'intermédiaire
d'une roue dentée et d'un autre pignon. Cette machine est
mue par un poids qui descend à frottement doux entre
quatre cornières directrices en fer. Elle est placée sous le
pont, au pied du mât, comme il a été dit plus haut.

La tringle de transmission du mouvement est enveloppée
sur toute sa hauteur, à partir du pont, par un demi-cylin-
dre en cuivre rouge, qui est fixé à un tasseau cloué sur le
mât. Elle porte à son pied une tige en acier qui tourne sur
une pierre d'agate, encastrée au sommet d'un verrin,
lequel permet de l'élever ou de l'abaisser d'une petite
quantité. Elle est divisée en plusieurs parties sur sa hauteur, et ses fragments sont réunis par des boîtes qui les
rendent solidaires, en ce qui est du mouvement de rotation, mais leur permettent de se dilater ou de se contracter,
sans qu'il en résulte de modification dans la hauteur totale.
et de suivre le mât, sans arrêter le mouvement, quand il se
courbe un peu, sous l'action d'un tempête. Une petite porte
s'ouvre dans l'enveloppe cylindrique de la tringle, en face
de chacune des boîtes de dilatation.

Lorsqu'on hisse la lanterne, sa roue dentée peut ne pas
engrener immédiatement avec le pignon; cette dernière
roue est alors soulevée par la première, et est appuyée sur
elle par un ressort à boudin, qui l'oblige à redescendre
dès que, par suite du mouvement de la machine, les dents
de l'une et de l'autre roue se trouvent en position convenable.

Il importait de se réserver la faculté de ne pas élever la
lanterne à toute hauteur pendant les très-gros temps, et on
se l'est assurée de la manière suivante : un pignon semblable à celui du sommet est fixé à mi-hauteur de la tringle, et cette dernière pièce, ainsi que la grande roue dentée

de l'appareil, est maintenue dans une position déterminée, quand on veut monter ou descendre la lanterne, de telle sorte que rien ne s'oppose au passage et qu'on peut s'arrêter à l'un ou à l'autre des pignons. On enlève les arrêts avant de mettre la machine en mouvement.

La lanterne est de forme octogonale : elle a $1^m,48$ de diamètre, entre deux montants opposés, sur 1 mètre de hauteur, la corniche non comprise. Vitrée à sa partie supérieure sur $0^m,46$ de hauteur, elle est formée partout ailleurs en feuilles de cuivre, et, de deux en deux panneaux, elle est ouverte dans le bas par une porte à deux vantaux. Les glaces des panneaux dépourvus de portes peuvent s'abaisser en dehors : leurs encadrements glissent à cet effet dans des rainures latérales ménagées sur les montants. C'est par les portes que s'effectue le nettoyage intérieur des glaces ; on abaisse une glace pour allumer, enlever ou remettre les réflecteurs et les lampes, etc.

Le renouvellement de l'air est assuré au moyen de huit ventilateurs pratiqués dans le fond de la lanterne, que des opercules mobiles ouvrent plus ou moins ; le dégagement des produits de la combustion a lieu par des cheminées encapuchonnées, disposées de telle sorte que l'air extérieur ne puisse pénétrer dans la lanterne avec assez d'impétuosité pour nuire à la tenue des flammes. Les capuchons sphéroïdaux de ces cheminées sont, à cet effet, percés de trous, que des opercules annulaires mobiles ouvrent plus ou moins suivant les conditions de l'atmosphère.

La lanterne glisse sur le mât, en appuyant ses quatre montants intérieurs sur autant de tasseaux directeurs, et deux de ces montants portent des joues qui embrassent le tasseau correspondant. Deux tringles verticales en fer traversent la lanterne ; ces tringles sont maintenues par un écrou sur le cercle inférieur et sont saisies à leur sommet par la chaîne de suspension. La lanterne est entièrement exécutée en bronze, sauf les panneaux qui sont en cuivre rouge.

La machine de rotation, qui met en mouvement la partie mobile de l'appareil, est analogue à celles qui sont employées dans les phares à terre ; elle est mue par des poids, et sa marche est régularisée par un volant pendule.

Les dépenses de premier établissement, y compris l'appareil d'éclairage et divers frais accessoires, se sont élevées à 125.000 francs.

Les dépenses annuelles d'entretien sont évaluées à 26.500 francs.

Les travaux de construction et d'établissement ont été dirigés par MM. Gojard, ingénieur en chef, et Plocq, ingénieur ordinaire, rédacteur du projet, et ils ont été surveillés par MM. Brandt et Debacker, conducteurs des ponts et chaussées, et Wittevronghel, capitaine du navire. Le navire a été exécuté par M. G. Malo, et l'appareil d'éclairage l'a été par M. Henry-Lepaute.

Le modèle a été confectionné par MM. Derycke et Wesemael, de Dunkerque.

XIII

PHARES ÉLECTRIQUES.

—

MINISTÈRE DE L'AGRICULTURE, DU COMMERCE ET DES TRAVAUX PUBLICS.

Mécanismes et appareils lenticulaires installés dans le parc.

Trois choses principales sont à considérer dans un phare alimenté par la lumière électrique : le mode de production des courants, le mécanisme destiné à régulariser la marche des charbons, l'appareil appelé à réunir ainsi qu'il convient les rayons lumineux émanés du foyer.

Production des courants. — La machine magnéto-électrique qui produit les courants est composée de cinquante-six aimants en fer à cheval distribués dans sept plans verticaux équidistants. sur les arêtes d'un prisme à base octogonale. et de six disques portant chacun seize bobines. qui passent entre les groupes d'aimants et tournent autour de l'axe du prisme. Les pôles des aimants alternent sur chacune des rangées horizontales. de sorte qu'une bobine est toujours placée entre deux pôles opposés et qu'un courant s'établit dans le fil qui la constitue dès qu'elle approche d'un aimant pour se renverser dès qu'elle s'en éloigne. Les courants partiels de même nature se réunissent

et sont alternativement transmis à la lampe du régulateur
électrique par l'un et l'autre fil conducteur. Le maximum
d'intensité correspond à une vitesse de rotation de 350 à
400 tours par minute et le sens du courant, dans le régulateur, s'intervertit alors près de 100 fois par seconde.
Dans les premières machines de ce genre qui ont été établies, les courants étaient saisis par un commutateur, et
marchaient toujours dans le même sens. C'est à M. Joseph
Van Malderen, contre-maître de la compagnie l'Alliance,
qu'est due l'heureuse idée de supprimer cet organe qui
était une complication et une cause de déperdition. Des expériences comparatives faites à Paris en 1865, par les ingénieurs des phares, sur une machine magnéto-électrique
anglaise munie d'un commutateur et la machine française,
ont établi que l'effet utile de la première était environ les
45 centièmes de celui de la seconde.

Les aimants sont de la force de 60 kilogr. pour ceux
qui sont compris entre deux rangs de bobines et de celle de
30 kilogr. pour ceux des extrémités de la machine.

Les machines exposées ont été exécutées par la compagnie
l'Alliance.

Le mouvement est communiqué par une machine à vapeur à haute pression de la force de cinq à six chevaux,
quand la tension de la vapeur dans la chaudière est
portée à 6 atmosphères. Il suffit d'une tension de 5 atmosphères pour assurer la vitesse normale à deux machines.
Cette machine a été fournie par M. Rouffet aîné, constructeur à Paris.

Dans les phares électriques, il y a deux machines à vapeur et deux machines électriques, afin que le service ne
puisse être entravé par le dérangement d'un des mécanismes, et l'on profite des deux machines magnéto-élec-

triques pour augmenter dans les temps de brume l'intensité de la lumière.

Lampes ou régulateurs électriques.—Ces mécanismes ont pour objet de rapprocher les charbons l'un de l'autre à mesure qu'ils se consument, sans leur permettre d'arriver au contact. Un électro-aimant que traversent les courants alternatifs en est le moteur.

Un régulateur Foucault est placé dans l'un des appareils lenticulaires exposés, et un régulateur Serrin dans l'autre.

Le premier est décrit ainsi qu'il suit par son célèbre inventeur :

« Le dernier appareil régulateur de la lumière électrique
« donné par M. Foucault, n'est qu'un perfectionnement
« de celui qu'il a imaginé en 1849, à une époque où l'on
« faisait encore mouvoir les charbons à la main.

« Ce nouvel appareil est caractérisé par la propriété de
« maintenir les charbons polaires à la distance voulue, en
« opérant automatiquement l'avance ou le recul, suivant
« que cette distance devient accidentellement ou trop pe-
« tite ou trop grande.

« Le principe consiste à placer les charbons sous l'ac-
« tion de deux rouages respectivement affectés à les faire
« mouvoir dans un sens ou dans l'autre. Les deux derniers
« mobiles symétriquement ramenés en regard l'un de
« l'autre, sont mis en rapport avec une même détente d'é-
« lectro-aimant qui, s'inclinant à droite ou à gauche, laisse
« défiler l'un ou l'autre rouage et qui dans la position
« moyenne les tient enrayés tous les deux. Mais pour faire
« en sorte que ces deux rouages mis en mouvement par
« des forces distinctes puissent agir sans conflit sur les
« porte-charbons en se subordonnant l'un à l'autre, on est
« conduit à recourir au rouage planétaire, si utile en pra-

« tique pour faire la somme ou la différence de deux mou-
« vements indépendants. Les deux rouages sont donc re-
« liés par un système à roue satellite, qui leur permet
« d'agir ensemble ou séparément dans leurs sens respec-
« tifs.

« Cette combinaison. qui semble résoudre la principale
« difficulté, exige pourtant comme complément indispen-
« sable, que l'on apporte une certaine modification à la
« détente placée sous l'action de l'électro-aimant.

« L'armature en fer doux. disposée comme elle l'est or-
« dinairement, se trouve par rapport aux forces qui la sol-
« licitent, dans un état d'équilibre instable, sollicitée à se
« précipiter sur l'un ou sur l'autre des arrêts qui limitent
« sa course, sans pouvoir jamais séjourner entre deux. Un
« pareil état de choses aurait amené dans l'appareil une
« perpétuelle oscillation, par suite du fonctionnement al-
« ternatif des deux rouages.

« Pour éviter cet inconvénient, l'auteur a eu recours au
« répartiteur de M. Robert Houdin, par lequel on rend
« plus ou moins stable, à volonté, l'équilibre de l'arma-
« ture. Au lieu d'agir directement sur celle-ci, le ressort
« antagoniste de l'attraction magnétique s'applique à l'ex-
« trémité d'une pièce articulée en un point fixe, et dont
« le bord façonné suivant une courbe particulière, presse
« en roulant sur un prolongement de l'armature, qui re-
« présente ainsi un levier de longueur variable.

« On voit alors l'armature rester flottante entre ses deux
« arrêts, et sa position est à chaque instant l'expression de
« l'intensité du courant de la pile. Tant que cette intensité
« conserve la valeur voulue et corrélative de la distance
« gardée entre les charbons polaires, les rouages sont
« maintenus au repos tous les deux, et ils ne se mettent

« l'un ou l'autre en marche qu'au moment où le courant
« devient trop fort ou trop faible.

« Comme on le voit cette solution de la question posée
« diffère essentiellement de celle qui consistait à suspendre
« un des charbons polaires sur l'armature elle-même ; car
« ici la fonction du recul s'exerce avec la même amplitude
« que l'autre, et loin de compromettre la fixité du point
« lumineux, elle assure la stabilité de la lumière pro-
« duite, en rendant presque insensibles les variations de
« la distance interpolaire. »

Le régulateur Serrin est décrit en ces termes, dans le
mémoire sur l'éclairage et le balisage des côtes de France :

« Deux porte-crayons sont fixés chacun à une tige ver-
« ticale qui se meut dans une gaîne. Ces tiges sont réliées
« l'une à l'autre de manière que celle du bas monte quand
« l'autre descend, ce à quoi cette dernière est sollicitée par
« son poids. Ce mouvement est modéré et régularisé par
« un volant avec engrenages. La gaîne du porte-crayon in-
« férieur est supportée par un double parallélogramme ar-
« ticulé, lequel est muni d'une petite tige d'arrêt, qui,
« suivant qu'elle s'abaisse ou s'élève, embraye une des
« roues et arrête le mouvement, ou la laisse libre et permet
« par suite aux charbons de se rapprocher. Ce parallélo-
« gramme est soumis à l'action de deux forces opposées :
« l'une, produite par un ressort à boudin, tend à le soule-
« ver ; l'autre, due à deux électro-aimants que traverse le
« courant, tend à l'abaisser, en attirant une armature fixée
« à la partie inférieure de cette pièce.

« L'appareil est réglé de telle sorte que, quand les
« pointes des charbons sont à la distance voulue pour la
« production de la lumière, l'engrenage est embrayé, ce
« qui assure l'immobilité des porte-crayons. Cette distance

« augmente par suite de la combustion, le courant s'affai-
« blit, l'électro-aimant perd de sa puissance, le parallélo-
« gramme obéit au ressort et soulève la tige d'embrayage,
« les porte-crayons se mettent immédiatement en mouve-
« ment, se rapprochent, et ne s'arrêtent qu'au moment où
« le courant a repris assez d'intensité pour déterminer un
« nouvel embrayage.

« Le courant qui passe par les électro-aimants est celui
« qui saisit le charbon inférieur.

« Quoique les courants passent alternativement par l'un
« et par l'autre charbon, l'expérience a démontré que le
« charbon du bas s'use un peu plus vite que l'autre, dans
« un rapport qui varie parce que la matière n'est pas par-
« faitement homogène, et qui paraît être à peu près celui
« de $\frac{108}{100}$. On a réglé en conséquence les diamètres des
« poulies sur lesquelles passent les chaînes appelées à
« rendre solidaires les mouvements des deux tiges, de ma-
« nière que la position du foyer lumineux ne change pas,
« ou du moins ne varie qu'entre des limites très-restreintes.
« Cet effet n'a été constaté qu'en dernier lieu, et on ne
« l'avait pas évalué d'abord à sa juste valeur.

« L'usure des charbons aurait pour effet d'altérer le
« rapport existant entre les poids de l'une et l'autre tige,
« et par suite le mouvement du système. On a remédié à
« cet inconvénient au moyen d'une petite chaîne frappée à
« l'une de ses extrémités sur la tige inférieure et à l'autre
« sur un point fixe ; la tige en supporte une partie d'autant
« plus longue que les charbons sont plus courts.

« D'autres dispositions de détail doivent être mention-
« nées :

« 1° Un bouton agissant sur un bras de levier, qui saisit

« deux poulies de renvoi de la chaîne des deux tiges, per-
« met de relever ou d'abaisser le foyer lumineux, dans les
« limites que comporte la pratique, et cela sans interrompre
« le mouvement du mécanisme ;

« 2° Un autre bouton agit sur le ressort à boudin, de
« manière qu'on puisse régler facilement la machine, sui-
« vant l'intensité du courant. Il est évident que le ressort
« doit être d'autant plus tendu que le courant dont il est
« l'antagoniste est plus énergique ;

« 3° Des arrêts convenablement placés en divers points
« du système limitent l'étendue des mouvements ;

« 4° Une espèce de petite potence, tournant autour du
« sommet de la gaine supérieure, permet de placer très-
« régulièrement les charbons dans la position et à la dis-
« tance voulues, et l'on peut amener le charbon du haut
« exactement dans l'axe de l'autre, au moyen de boutons
« qui font mouvoir son porte-crayon dans toutes les direc-
« tions horizontales ;

« 5° Les porte-crayons seraient exposés à se brûler si,
« par suite de la consommation des charbons, ils se rap-
« prochaient trop l'un de l'autre, et la machine est établie
« de telle sorte qu'ils sont encore éloignés de 0^m,06 quand
« ils sont parvenus à la limite de leur course ;

« 6° Une boîte en cuivre enveloppe tout le mécanisme
« et le soustrait aux atteintes de l'humidité et de la pous-
« sière. »

Ce dernier régulateur est employé, depuis 1863 à l'éclairage des phares de la Hève.

Appareils lenticulaires de divers caractères. — La lumière électrique n'a été appliquée jusqu'à présent qu'à des
feux fixes, mais il est évident qu'elle peut s'adapter aux
phares à éclipses moyennant certaines dispositions. Le-

trois appareils lenticulaires qui figurent à l'Exposition ont été adoptés par la commission des phares après avoir fonctionné sous ses yeux ; ils produisent des feux de divers caractères.

Une première question se présentait, c'était celle de savoir si l'énorme surcroît de lumière que donne l'électricité doit être entièrement consacré à augmenter l'intensité des éclats, ou s'il ne serait pas préférable d'en consacrer une partie à prolonger leur durée. Il a paru que ce dernier système devait être préféré, tant parce qu'il permet d'attribuer aux feux de nouveaux caractères, que parce qu'il semble plus favorable aux intérêts des navigateurs, qui ont reproché quelquefois aux éclipses d'être trop longues, aux éclats d'être trop courts.

Augmenter la durée des apparitions lumineuses et réduire par cela même celle des éclipses, exige que les lentilles soient placées de manière à donner plus de divergence qu'il n'y en a dans les appareils ordinaires. Mais si l'on avait recours à des lentilles annulaires, analogues à celles des phares à éclipses, la divergence se produirait aussi bien dans le sens vertical, où elle réduirait en pure perte l'intensité lumineuse, que dans la direction horizontale, la seule où elle soit utile, et l'on a dû donner la préférence au double système de lentilles qui est en usage dans la plupart de nos feux fixes variés par des éclats. Un appareil à feu fixe pour maintenir la divergence verticale en de justes limites, et un tambour formé de lentilles à éléments verticaux disposées de manière à donner la divergence horizontale jugée la plus convenable : telle est la solution qui a été proposée par les ingénieurs du service des phares.

L'un des appareils exposés est destiné à produire un feu scintillant.

Il se compose d'un appareil à feu fixe de 0^m.30 de diamètre qu'enveloppe un tambour formé de dix-huit lentilles à éléments verticaux, embrassant chacune un angle de 20 degrés, et ayant une divergence horizontale de 6° 40'. La durée des éclats qu'il produit est par conséquent moitié de celle des éclipses. Les éclats se succèdent de deux en deux secondes.

Le second appareil présente un feu fixe varié par des éclats qui se succèdent de minute en minute et sont suivis et précédés d'éclipses de très-courte durée. Il se compose d'un appareil à feu fixe, comme celui du précédent, autour duquel tournent trois lentilles à éléments verticaux embrassant chacune un angle de 60 degrés, également espacées sur la circonférence et donnant une divergence horizontale de 5° 30' environ.

Les caractères de ces deux appareils diffèrent par les intervalles des éclats de ceux qui ont été adoptés pour les phares alimentés à l'huile. Il n'en est pas de même pour le troisième appareil, qui produit un feu à éclipses se succédant de trente en trente secondes. Cette dernière disposition a été adoptée par la commission des phares dans le but de faciliter le développement de l'éclairage électrique, auquel s'opposent deux motifs principaux :

1° La plupart des puissances maritimes ont déjà établi des phares de premier ordre sur tous les points de leur littoral qu'il est le plus essentiel de signaler, et il est difficile de se résoudre au sacrifice d'appareils d'éclairage d'un prix fort élevé, dont l'intensité excitait l'admiration et était jugée bien suffisante par tous les navigateurs jusque dans ces derniers temps, et auxquels, d'ailleurs, la découverte d'un autre mode de production de la lumière pourrait enlever toute leur valeur;

2° La multiplicité et la complication relative des mécanismes font craindre que le nouveau système ne présente pas assez de sécurité pour qu'on puisse, sans quelque imprudence, l'appliquer sur des points isolés où les ressources font défaut et où la surveillance des ingénieurs ne saurait être très-active.

La solution admise consiste à conserver l'ancien appareil et sa lanterne et à installer l'appareil électrique sur la plate-forme extérieure, dans la hauteur du soubassement de la lanterne, lequel est percé d'une ouverture, de manière que le service puisse se faire de l'intérieur. On ne touche pas davantage à l'état de choses existant. Le phare est-il à éclipses, un simple renvoi de mouvement permet à la machine de rotation de faire tourner à volonté l'un ou l'autre appareil. Un des organes qui concourent à l'éclairage électrique vient-il à se déranger, une lampe à une mèche est mise immédiatement au foyer de l'appareil à huile, où elle est bientôt remplacée par une lampe à mèches multiples. Au bout de quelques minutes, le phare redevient ce qu'il était avant l'avénement de la lumière électrique, et, s'il perd de son intensité, ce n'est pas au point de compromettre la sécurité des navigateurs.

Il suit de là qu'il y a lieu de conserver au phare son caractère.

Une feuille de dessins rend compte de ces dispositions pour un phare appelé à éclairer près des trois quarts de l'horizon. Elles seraient inadmissibles si la lumière devait être répandue sur toute la circonférence; mais cette condition est tout à fait exceptionnelle, et même la plupart de nos phares ne découvrent pas beaucoup plus de 180 degrés.

L'appareil se compose d'un feu fixe qu'enveloppe un tambour formé de huit lentilles à éléments verticaux embras-

sant chacune un angle de 15 degrés, et laissant à découvert
les trois anneaux catadioptriques inférieurs de la partie fixe,
de telle sorte que les éclipses ne soient pas totales. La divergence horizontale est réglée à 18 degrés, d'où il résulte que la
durée des éclats est de douze secondes, tandis que celle des
éclipses est de dix-huit secondes.

Le même appareil s'appliquerait à des phares à éclipses
de minute en minute ; la durée des éclats serait portée alors
à vingt-quatre secondes.

Intensités lumineuses. — Les intensités lumineuses des
éclats de ces trois appareils peuvent être évaluées ainsi qu'il
suit, en admettant que celle du foyer équivant à 200 becs
de carcel, lorsqu'une seule des machines est en mouvement.

CARACTÈRE DU FEU.		INTENSITÉ des éclats.	
		Moyenne.	Maximum.
		Becs.	Becs.
Feu scintillant..........................		13.500	20.000
Feu fixe varié par des éclats. . . . { Feu fixe. . . .		5.000	5.000
/ Éclats.		49.000	73.500
Feu à éclipses de 30" en 30".		10.000	15.000

On doublera ces intensités lorsque, dans les temps de
brume, on mettra les deux machines en mouvement.

Dans les phares de premier ordre alimentés à l'huile, les
plus fortes intensités pour ces trois caractères de feux ne
s'élèvent respectivement qu'à 2.450, 4.000 et 2.525 becs.

Ces trois appareils ont été exécutés par MM. L. Sautter
et compagnie, constructeurs de phares à Paris.

XIV

ECLAIRAGE ÉLECTRIQUE DES PHARES

DE LA HÈVE.

—

MINISTÈRE DE L'AGRICULTURE, DU COMMERCE ET DES TRAVAUX PUBLICS

Sept feuilles de dessins exposés dans l'édifice consacré aux appareils électriques.

— —

Après avoir été l'objet d'expériences poursuivies pendant trois années, à Paris, par les ingénieurs du service central des phares, la lumière électrique a été appliquée, en 1863 et à titre d'essai, à l'un des phares à feu fixe qui signalent le cap de la Hève, près du Havre. Les résultats obtenus ont été satisfaisants : le phare électrique s'est montré plus brillant que l'autre dans toutes les circonstances atmosphériques, et les accidents ont été rares, de courte durée et de telle nature qu'on pouvait se promettre d'en prévenir le retour. L'administration des travaux publics a décidé en conséquence que les deux phares seraient éclairés suivant le nouveau système, et cette mesure a été mise à exécution à partir du 2 novembre 1865.

Les machines magnéto-électriques et les machines à vapeur qui les mettent en mouvement sont installées dans deux salles disposées à cet effet, au centre du bâtiment servant de logement aux gardiens.

Les machines à vapeur, au nombre de deux, sont des machines du genre locomobile de la force de six chevaux, timbrées à six atmosphères ; elles mettent en mouvement les machines magnéto-électriques au moyen de courroies sans fin et d'un arbre intermédiaire.

Les machines magnéto-électriques ont été fournies par la compagnie l'Alliance. Elles sont au nombre de quatre, et sont semblables à celles dont il a été parlé plus haut et qui sont placées dans le petit édifice consacré aux phares électriques.

Ces machines sont groupées deux à deux de manière à permettre de faire lumière double par les temps brumeux. Dans les conditions ordinaires une seule machine à vapeur est en feu, et elle conduit une machine magnéto-électrique de chaque groupe. Quand on veut doubler l'intensité lumineuse, les deux machines à vapeur sont en feu, et chacune d'elles conduit les deux machines magnéto-électriques destinées à l'un des phares ; à cet effet, l'arbre de transmission intermédiaire est composé de deux parties que l'on désembraye alors, et les deux machines magnéto-électriques du même groupe sont embrayées l'une avec l'autre. Suivant que l'une ou l'autre des machines magnéto-électriques affectées à l'un des phares ou que toutes deux marchent, il y aurait lieu de changer les points d'attaches des fils conducteurs ; pour remédier à cet inconvénient et éviter les erreurs qui pourraient en résulter, M. Joseph Van Malderen, contre-maître de la compagnie l'Alliance, a imaginé un commutateur auquel sont fixés à demeure les fils venant des machines magnéto-électriques et le câble conducteur allant au phare. Il suffit alors de tourner ce commutateur et d'en fixer les branches dans la position convenable pour que les courants passent ainsi qu'ils le doivent, et aucune erreur n'est possible, car les branches du commutateur sont fixées dans les diverses positions qu'elles doivent occuper au moyen d'une petite fiche qui est placée au-dessous du numéro de la machine magnéto-électrique en mouvement si l'on fait lumière simple, ou qui maintient les deux branches du commutateur verticales si l'on fait lumière double.

Le câble conducteur se rend dans les phares par un conduit souterrain, puis il s'engage dans la cage de l'escalier pour arriver à la lanterne.

La lanterne de chacun des phares est établie en saillie sur l'un des petits côtés d'une chambre de forme octogonale, qui a été substituée à la lanterne de premier ordre qui couronnait autrefois l'édifice. Cette chambre et sa lanterne sont divisées en deux parties sur leur hauteur, et l'on a pu ainsi superposer deux appareils d'éclairage, afin qu'on n'ait pas à craindre une extinction de quelque durée dans le cas où l'un d'eux éprouverait une avarie.

Les appareils d'éclairage sont catadioptriques, de $0^m,30$ de diamètre. Ils éclairent les trois quarts de l'horizon.

Il y a deux régulateurs Serrin par appareil; ils sont supportés par des rails qui permettent de les mettre rapidement à la place qu'ils doivent occuper et où ils saisissent immédiatement le courant.

Une petite lentille, placée dans l'angle mort de l'appareil, renvoie contre la paroi opposée de la chambre une image amplifiée de la lumière, qui permet au gardien de juger sans fatigue s'il s'est produit, malgré le régulateur, une déviation appréciable dans la hauteur du foyer lumineux. Le régulateur est disposé de manière qu'il est facile de remédier au mal sans interrompre l'éclairage.

Ainsi que dans la salle des machines magnéto-électriques, on a voulu éviter les erreurs auxquelles pourrait donner lieu un déplacement obligé des fils de transmission, et l'on a disposé, dans la chambre de la lanterne, un commutateur qui, par un mouvement de bas en haut ou par un mouvement inverse du haut en bas, permet de faire passer immédiatement la lumière d'un étage du phare à l'autre.

Un système de sonnerie électrique avec cadrans indicateurs a été installé entre les phares, la salle des machines et les logements des gardiens, afin de faciliter le service.

Les eaux de pluie recueillies sur les toitures ou les cours asphaltées se rendent dans des citernes d'une contenance totale de 175.000 litres; elles servent aux usages journaliers des gardiens et à l'alimentation des machines à vapeur; dans cette dernière circonstance, elles sont montées dans une bâche au moyen d'une pompe mise en mouvement par les machines.

L'intensité lumineuse des phares de la Hève était évaluée à 630 becs de carcel quand ils étaient éclairés à l'huile; elle s'élève aujourd'hui à 5.000 becs quand une seule machine magnéto-électrique est en mouvement pour chacun d'eux.

Les lanternes et les appareils d'éclairage qui, surmontaient autrefois ces phares, ont été utilement placés sur d'autres points.

Toutes ces dispositions ont été arrêtées par les ingénieurs du service central des phares.

Les travaux ont été exécutés par M. l'ingénieur ordinaire Quinette de Rochemont, sous la direction de M. l'ingénieur en chef Hérard.

Les machines magnéto-électriques ont été fournies par la

compagnie l'Alliance, et installées par le contre-maître, M. Joseph Van Malderen.

Constructeurs des appareils lenticulaires : MM. L. Sautter et compagnie.

Constructeur des régulateurs : M. Serrin.

XV

APPAREIL DE PREMIER ORDRE

A FEU SCINTILLANT.

—

MINISTÈRE DE L'AGRICULTURE, DU COMMERCE ET DES TRAVAUX PUBLICS.

—

Appareil installé au sommet du phare destiné aux Roches-Douvres,
dans le parc.

———

La commission des phares voulant que le phare des
Roches-Douvres présentat un caractère bien tranché, de
nature à prévenir toute confusion, a décidé qu'il consiste-
rait en un feu scintillant dont les éclipses, se succédant de
quatre en quatre secondes, auraient une durée à peu près
double de celle des éclats. Il n'a pas encore été établi
d'appareil de cet ordre avec de semblables dispositions.

L'appareil lenticulaire consiste en un tambour polygonal
de 24 côtés. La lentille dioptrique et les deux lentilles catadioptriques de chaque face sont placées sur le même axe
vertical. Leur divergence dans le plan horizontal est de
5° environ, et l'intensité de l'éclat qu'elles produisent peut
être évaluée à 2.475 becs.

La machine de rotation est installée au-dessous de l'appareil et a exigé des dispositions particulières pour im-

primer au tambour une vitesse telle qu'il accomplisse une révolution entière en 1′ 36″.

L'appareil, l'armature et la machine de rotation ont été exécutés par M. Henry-Lepaute, constructeur de phares à Paris.

XVI

APPAREIL DE FEU DE PORT

ALIMENTÉ A L'HUILE DE SCHISTE.

—

MINISTÈRE DE L'AGRICULTURE, DU COMMERCE ET DES TRAVAUX PUBLICS,

Appareil installé au sommet d'une tourelle en tôle sur la berge
de la Seine.

L'huile de schiste ou de pétrole convenablement rectifiée
donne plus de lumière sous un même volume et est plus
économique que l'huile de colza. Elle est employée aujour-
d'hui à l'éclairage de tous ceux de nos fanaux dont les dispositions admettent ce nouveau combustible. L'appareil
exposé se compose de six lentilles annulaires, en partie
dioptriques, en partie catadioptriques, qui produisent des
éclats se succédant de vingt en vingt secondes.

Les éclats sont colorés en rouge; s'ils étaient blancs,
leur intensité s'élèverait à 200 becs environ.

Cet appareil a été exécuté par MM. L. Sautter et Compagnie, constructeurs de phares à Paris.

L'huile de schiste qui alimente ce fanal a été livrée par
MM. Jules Barse et Compagnie, fournisseurs du service des
phares.

XVII

APPAREIL CATOPTRIQUE A FEU SCINTILLANT.

—

MINISTÈRE DE L'AGRICULTURE, DU COMMERCE ET DES TRAVAUX PUBLICS

Appareil installé au sommet de l'édifice consacré aux appareils électriques.

Beaucoup de feux de direction, n'ayant à éclairer que dans un espace angulaire très-restreint, ont pour appareil un simple réflecteur parabolique. Ce sont des feux fixes. Mais il est quelques circonstances où ils peuvent être confondus avec d'autres phares du voisinage ou avec les feux allumés sur les navires au mouillage. On remédie à ces inconvénients sans changer d'appareil en faisant passer rapidement et à intervalles égaux un écran devant le réflecteur. Ce système a été appliqué pour la première fois en 1865 au phare de Patiras (Gironde), et les navigateurs en ont paru très-satisfaits.

L'appareil exposé consiste en un réflecteur parabolique de 0^m,50 d'ouverture et un écran vertical auquel une petite machine de rotation imprime un mouvement circulaire.

Le feu est fixe, varié par de très-courtes éclipses qui se succèdent de quatre en quatre secondes.

Cet appareil a été exécuté par M. Henry-Lepaute, constructeur de phares à Paris.

Tous les appareils d'éclairage dont on vient de parler ont été exécutés suivant les projets et sous la direction de MM. Léonce Reynaud, inspecteur général des ponts et chaussées, directeur du service des phares et balises, et Émile Allard, ingénieur en chef des ponts et chaussées.

Le verre provient de la manufacture de Saint-Gobain.

XVIII

TYPES DE BOUÉES EN TÔLE.

MINISTÈRE DE L'AGRICULTURE, DU COMMERCE ET DES TRAVAUX PUBLICS.

Modèles à l'échelle de $0^m,20$.

La plupart des bouées de notre littoral maritime ont été
établies suivant l'un ou l'autre de ces types. Les quatre
premiers numéros représentent des bouées de balisage, le
cinquième appartient à une bouée d'amarrage.

Les bouées en tôle sont plus dispendieuses que les bouées
en bois, en ce qui est des frais de premier établissement,
mais elles sont plus durables; leur entretien est moins onéreux et elles se prêtent mieux aux formes les plus diverses.

On a adopté la forme sphérique pour la partie immergée
des bouées de balisage parce que c'est celle qui, à surface
égale, enveloppe le plus grand volume, et réduit, par conséquent, à un minimum la surface inutile à la visibilité.
En outre, le flotteur est stable, pourvu que son centre de
gravité soit un peu au-dessous de celui de la sphère, et il
est facile de satisfaire à cette condition au moyen d'un lest
convenablement calculé. Enfin la forme sphérique offre
moins de résistance à l'action des vagues que la plupart

de celles auxquelles on pourrait être tenté de s'arrêter, et elle est facile à exécuter dans toutes les grandes usines.

La partie supérieure de la bouée est en forme de cône tronqué, et le sommet du cône est remplacé par un voyant dont les dispositions varient. L'objet de cet appendice est d'augmenter la portée, et surtout de donner à la bouée un caractère distinctif qui vient s'ajouter à ceux que déterminent les couleurs et les inscriptions.

Le corps de la bouée est divisé en deux parties par une cloison étanche, de manière à ne pas couler lors même qu'il serait crevé par un choc ou donnerait lieu à quelques infiltrations. Un tuyau vertical, fermé par un tampon taraudé à sa partie supérieure, permet de vider à la pompe l'eau qui s'introduirait dans le compartiment inférieur. Deux trous d'homme sont pratiqués sur la bouée, l'un au sommet, l'autre dans la cloison étanche.

L'organeau auquel se fixe la chaîne de retenue est pris dans la même masse de fer forgé que le culot, en forme de calotte sphérique, sur lequel se rivent les feuilles de tôle de la partie inférieure.

Le lest est en fonte, et il se compose de plusieurs plateaux amovibles qui sont boulonnés de manière à être solidement maintenus. Il ne dépasse pas 750 kilogrammes dans les plus fortes bouées. On le réduit, suivant que la profondeur d'eau est plus grande et le courant moins fort. Quand il a été convenablement réglé, la bouée se maintient sensiblement verticale dans les circonstances de mer les plus habituelles, et ne s'incline guère qu'à 45° sous les plus fortes actions des vents et des courants.

Une ceinture en bois d'orme entoure la bouée à hauteur de son plus grand diamètre, qui est à peu près au niveau de la ligne de flottaison. Elle est destinée à garantir le coffre des chocs de corps flottants et de ceux qui peuvent se produire dans les transports.

Les formes les plus habituelles des voyants sont celles de la sphère, de cônes simples ou doubles à génératrices droites ou courbes et de rectangles ou de triangles pleins ou diversement évidés se croisant à angle droit.

Le système d'ancrage le plus habituellement employé pour ces bouées consiste en un corps mort en fonte dont le poids varie avec la force de la bouée, la nature du fond et la violence des courants. On est descendu à 300 kilogr. pour de petites bouées mouillées sur fond de sable et l'on a dû s'élever jusqu'à 3.000 kilogr. sur quelques points. Ces corps morts s'exécutent en fonte, sous forme de culots, avec la face inférieure légèrement creusée de manière à être plus adhérente sur les fonds de sable ; les uns sont établis sur plan carré, les autres sur plan circulaire. En quelques circonstances, surtout pour les plus fortes bouées mouillées sur fond de roche, on leur a donné la forme d'ancre à champignon. On a recours à l'affourchage sur deux ancres à une patte quand il y a intérêt à réduire autant que possible le cercle d'évitage du flotteur, ou quand la bouée est mouillée sur fond de roche par de très-forts courants. Enfin, dans le bassin de Saint-Nazaire, dont le plafond est formé par une aire de béton que recouvre une légère couche de vase déposée par le fleuve et où il était essentiel d'éviter toute saillie prononcée, on a adopté des corps morts en fonte très-plats pour maintenir les bouées d'amarrage ; des boucles latérales permettent de les soulever quand on veut les changer de place. Leur poids est évalué à 5.350 kilogrammes.

Une partie de chaine de 2 à 8 mètres de longueur, suivant les circonstances, est fixée à demeure à la bouée et, au moyen d'une manille, au reste de la chaîne. Le boulon de la manille est elliptique et est maintenu par une ou deux goupilles coniques dont la tête est recouverte de plomb. On n'admet plus d'émérillon, organe inutile quand le flotteur a la forme d'un solide de révolution et qui avait donné lieu à des accidents.

Les dispositions de ces types ont été arrêtées par M. Léonce Reynaud, inspecteur général des ponts et chaussées, directeur du service des phares et balises; et M. Degrand, ingénieur ordinaire.

La plupart de ces bouées ont été exécutées dans les ateliers de M. Joly, à Argenteuil.

Les modèles exposés ont été établis par M. Luchaire, ferblantier-lampiste du service des phares.

N° 1. *Bouée à cloche.* — Le coffre de cette bouée est surmonté d'une armature en fer sur laquelle sont fixées des lattes en bois de 0^m,01 d'épaisseur, qu'enveloppe une feuille de tôle à leur partie supérieure. Dans l'intérieur de l'armature est une cloche en bronze avec marteaux mobiles, et le sommet est couronné par un voyant au-dessus duquel s'élève un prisme triangulaire garni de miroirs. L'enveloppe ne descend pas jusqu'au pied des montants, afin de laisser libre passage aux lames qui viennent déferler sur le coffre. Les miroirs ont pour objet de renvoyer par réflexion les rayons émanés du soleil ou des phares voisins. Ils sont encadrés en bronze.

Le coffre de la bouée a 2^m,43 de diamètre sur 1^m,70 de hauteur.

Le sommet du prisme de miroirs domine de 4 mètres environ la ligne de flottaison.

La tôle de la partie inférieure a 0^m,009 d'épaisseur; celle de la partie supérieure et de la cloison étanche n'a que $0^m,005$. Le lest est du poids de 500 kilogrammes lorsque la longueur de chaîne ne dépasse pas 10 mètres. La ligne de flottaison est alors à $0^m,12$ environ au-dessus de l'arête inférieure de la ceinture en bois.

La chaîne d'amarrage est exécutée en fer de $0^m,034$. Elle pèse 25 kilogrammes par mètre hors de l'eau.

Le poids moyen des bouées de cette espèce peut être évalué à 2.200 kilogrammes avec manille, le lest non compris.

Elles coûtent environ 2.300 fr., savoir :

Tôles et fers, 1.896 kilogr. à $0^f,90$	$1.506^f,40$
Fonte pour lest, 500 kilogr. à $0^f,25$	$125,00$
Bronze pour cloche, armature de miroirs, collet de pompe, 54 kilogr. à $5^f,50$	$297,00$
Ceinture en bois et lattes	$90,00$
Peinture, etc.	$81,60$
	$2.300^f,00$

N° 2. *Bouée ordinaire.* — Cette bouée a $2^m,38$ de diamètre sur $3^m,20$ de hauteur de coffre. Le sommet de son voyant domine de 4 mètres environ la ligne de flottaison.

La tôle de la partie inférieure a $0^m,009$ d'épaisseur ; celle de la partie conique et de la cloison étanche est réduite à $0^m,005$. Le lest est représenté complet. Il place la ligne de flottaison à $1^m,15$ au-dessus du centre de l'organeau ou à $0^m,13$ au-dessus de l'arête inférieure de la ceinture en bois, quand il y a 10 mètres de chaîne flottante.

La chaîne d'amarrage est exécutée en fer de $0^m,034$.

Le poids moyen de cette bouée est de 2.000 kilogrammes environ, le lest non compris, mais avec la manille. Elles coûtent près de 2.000 fr., savoir :

1.840 kilogr. de tôle et fers, à 0f,90. . . . .   1.656f,00
750 kilogr. de lest en fonte, à 0f,25. . . . .   187 ,50
3,30 de bronze pour collet de la pompe et tube à air à
    5 ,50. . . . .   23 ,10
Ceinture en bois. . . . .   40 ,00
Peinture, etc. . . . .   70 ,00
                                                            ——————
                                                            1.976f,60

Cette bouée est désignée dans le service des phares sous le nom de *bouée ordinaire* n° 1.

N° 3. — Le n° 2 désigne une bouée de même forme, mais de dimensions moindres, qui n'a que 1^m,82 de diamètre sur 2^m,50 de hauteur de coffre et dont le voyant domine de 3^m,30 la ligne de flottaison. Son enveloppe en tôle a 0^m,007 d'épaisseur dans la partie sphérique et 0^m,004 au-dessus.

Le lest complet est du poids de 150 kilogrammes. La chaîne d'amarrage est en fer de 0^m,030, et pèse 20 kilogrammes par mètre. Une de ces bouées coûte environ 1.000 fr., savoir :

990 kilogr. de tôle et de fer, à 0f,90. . . . .   891f,00
150 kilogr. de fonte pour lest, à 0f,25. . . . .   37 ,50
3,20 de bronze.   23 ,10
Ceinture en bois. . . . .   30 ,00
Peinture, etc. . . . .   38 ,40
                                                    ——————
                                                    1.020f,00

N° 4. *Petite bouée.* — Cette bouée est employée partout où il n'est pas nécessaire d'avoir une forme très-apparente et où la profondeur d'eau n'est pas grande. Elle a 1^m,50 de diamètre sur 2 mètres de longueur, ne porte pas de voyant, et est exécutée en tôle de 0^m,006 par le bas et de 0^m,004 par le haut. Elle n'a pas de lest. La ligne de flottaison est à 0^m,76 au-dessus du centre de l'organeau, quand il y a 10 mètres de chaîne, et elle s'élève de 0^m,005 environ par

mètre de chaîne suspendue, tant qu'on se maintient dans
les limites convenables. La chaîne est en fer de 0^m,025, et
pèse 14 kilogrammes par mètre hors de l'eau et 12 kilogrammes environ dans l'eau.

Il y a un trou d'homme sur la partie conique de la bouée
et un autre sur la cloison étanche, laquelle est placée à
hauteur de la ceinture.

Une de ces bouées pèse 540 kilogrammes et coûte environ 500 francs, manille comprise.

N° 5. *Bouée d'amarrage.* — Cette bouée a été exécutée
sur diverses dimensions; celle que représente le modèle a
1^m,80 de diamètre et autant de hauteur totale. Elle est formée
de tôle de 0^m,006; la tige de traction a 0^m,06 de diamètre.
et le tube qu'elle traverse n'a que 0^m,08 d'ouverture; elle
est saisie à sa partie supérieure par un écrou portant organeau, qui s'appuie sur la bouée et presse le collet du bas
contre le pied de cet ouvrage. Il n'y a pas de cloison
étanche, et le trou d'homme est ouvert dans la partie immergée, afin d'être soustrait aux chocs des embarcations.

La chaîne flottante est à mailles courtes en fer de 0^m,032.

Le poids d'une bouée de ce genre peut être évalué à
775 kilogrammes et son prix à 600 francs.

XIX

BOUÉE-BATEAU.

MINISTÈRE DE L'AGRICULTURE, DU COMMERCE ET DES TRAVAUX PUBLICS.

Un modèle à l'échelle de 0^m,20.
Et une feuille de dessins.

Les bouées en forme de bateau ont l'avantage d'offrir moins de prise au courant que les autres et de se mieux prêter au remorquage. Elles ont l'inconvénient d'être plus dispendieuses. On ne les admet que sur les points où les courants sont très-forts et où il est nécessaire d'avoir un signal très-apparent.

La bouée que représente le modèle a été exécutée en 1861, sur les dessins de M. l'ingénieur Leferme, par MM. Jollet et Babin, constructeurs à Nantes, et signale depuis cette époque le banc de la Lambarde à l'embouchure de la Loire. Elle a 5^m.35 de longueur, 3^m,25 dans sa plus grande largeur et 1^m.50 de creux. Son sommet s'élève à plus de 5 mètres au-dessus du niveau de la mer. Les tôles ont 0^m,008 d'épaisseur dans le fond et au pourtour et 0^m.005 à la partie supérieure ; elles sont assemblées à clins et rivées sur une membrure très-légère formée de cornières de 0^m,05 espacées de 0^m,625. Une cloison étanche, perpendiculaire à l'axe longitudinal, divise le flotteur en deux

compartiments indépendants. Une feuille de tôle épaisse
de 0^m,020, fixée verticalement suivant le même axe, au
moyen de bandes formant de chaque côté cornière, constitue un puissant gouvernail, qui a pour but de ramener
constamment la bouée debout à la lame. Un anneau à
l'avant pour recevoir une aussière de halage et quatre poignées établies de chaque côté, pour permettre au besoin à
des naufragés de se réfugier sur la bouée, complètent le
flotteur. Il n'y a aucun lest.

Ce flotteur porte une armature formée principalement
de huit montants en fer forgé de 0^m,042 sur 0^m,022 qui se
courbent avant de se réunir, pour soutenir au-dessous de
leur point de jonction, l'anse d'une cloche en bronze pesant
70 kilogrammes et, au-dessus, la tige d'un ballon de
1 mètre de diamètre, surmonté lui-même d'un miroir à six
pans, dont le sommet se trouve établi à 4^m,60 du flotteur.
Des bandes en tôle mince, de 0^m,0015, enveloppent les
montants, sur lesquels elles sont rivées, afin de rendre
l'ensemble plus apparent de recevoir l'inscription réglementaire.

Pour fixer la chaîne d'amarrage, qui est exécutée en fer
de 0^m,040, un œil est ouvert sous le flotteur dans la triple
épaisseur du gouvernail et des cornières de jonction, un
peu sur l'avant, mais assez près du prolongement de l'axe
de l'armature, qui est lui-même perpendiculaire aux lignes
d'eau, pour que, à raison du poids de la chaîne, l'inclinaison de cette armature ne varie que très-peu avec la hauteur
de la marée. Cet œil, garni d'une bague en acier, reçoit le
boulon avec écrou et goupille rivée à chaud, d'une menotte suivie d'un nabot, puis d'un bout de chaîne de 7 mètres de longueur en fer de 0^m,040. Ce bout de chaîne est
considéré comme faisant partie de la bouée, à laquelle il est

fixé à terre et qu'il doit toujours accompagner. Il porte à sa
partie inférieure une menotte qui se maille elle-même sur
l'itague. Le boulon de cette dernière menotte est elliptique,
sans saillies et simplement maintenu par deux goupilles
coniques dont la tête, noyée d'un centimètre, est recouverte
de plomb chassé d'un coup de masse dans une cavité en
forme de tronc de cône renversé. Ce système d'amarrage,
combiné de façon à pouvoir placer ou changer la bouée rapidement et sans difficultés, même par d'assez grosses
mers, est le seul d'ailleurs qui, dans une expérience de
plusieurs années, n'ait jamais manqué.

La bouée pèse, tout compris, 4.665 kilogrammes et a
coûté, à raison de 1^f,10 le kilogramme de fer, 5.131^f,50.

XX

BOUÉE-BALISE.

MINISTÈRE DE L'AGRICULTURE, DU COMMERCE ET DES TRAVAUX PUBLICS.

Un modèle à l'échelle de 0^m,20.

Plusieurs des écueils placés sur le littoral du Morbihan sont signalés par des bouées semblables à celle que représente le modèle, laquelle est mouillée sur le *Goué-Vas*, dans le passage de la Teignouse. Ces bouées ont le mérite d'être peu dispendieuses et d'être faciles à remorquer : elles conviennent très-bien sur tous les points où il n'est pas nécessaire d'avoir un signal susceptible d'être vu à grande distance.

La partie immergée du flotteur a la forme d'un cône de 1^m,35 de diamètre et 2^m,16 de hauteur, terminé à son sommet par un culot en fonte réuni à la tôle au moyen d'une frette en fer forgé. Ce culot est traversé par une tige en fer carré de 0^m,04, dont l'extrémité porte une menotte qui reçoit la chaîne, laquelle est exécutée en fer de 0^m,03.

Le cône inférieur est réuni par une partie cylindrique de 0^m,25 de hauteur à un tronc de cône, lequel est assemblé à sa base supérieure avec un autre tronc de cône de forme allongée, qui constitue le voyant de la bouée. Ces

deux parties sont réunies au moyen de deux cornières
entre lesquelles est placée une cloison de séparation ; deux
rondelles en caoutchouc en assurent l'étanchéité. Les cornières sont réunies par des boulons, ce qui permet de sé-
parer facilement le voyant de la bouée proprement dite,
quand on veut visiter celle-ci.

Un trou pour vider l'eau, lequel est fermé par une che-
ville en bois, est ménagé dans la partie inférieure de a
bouée ; deux poignées de sauvetage sont en outre établies
sur ses côtés.

L'épaisseur des tôles est, pour la partie inférieure, de
0^m.005, et pour la partie supérieure ou voyant, de 0^m.004.

La bouée a une hauteur totale de 6 mètres et s'élève de
3^m.90 au-dessus de l'eau. Son diamètre maximum, à la
ligne de flottaison, est de 1^m,35 ; le diamètre du voyant est
à la base, de 0^m,57 et au sommet de 0^m,34.

Cette bouée pèse 800 kilogrammes et a coûté 880 fr.

L'auteur du projet est M. Gouëzel, conducteur des ponts
et chaussées à Belle-Ile, qui en a surveillé l'exécution sous
les ordres de MM. Plassiard, ingénieur en chef, et Guibert,
ingénieur ordinaire.

M. Gouëzel a imaginé en outre diverses dispositions
très-ingénieuses pour reconnaître la force à donner aux
chaînes des bouées, ainsi que pour les saisir et les fixer.

Le même conducteur a inventé un siphon à cuvette qui
est utilement employé pour le transvasement des huiles de
schiste, et fait partie de l'exposition du ministère de l'agriculture, du commerce et des travaux publics.

Constructeurs des bouées : MM. Allard et Pommeraye, à
Nantes.

XXI

TOUR-BALISE DE L'ÉCUEIL LE BAVARD.

—

MINISTÈRE DE L'AGRICULTURE, DU COMMERCE ET DES TRAVAUX PUBLICS.

Un modèle à l'échelle de $0^m,10$.

La tour-balise du Bavard, commencée le 29 avril 1865 et terminée le 30 août 1866, est située au sud-ouest de la pointe de Devin (île de Noirmoutier), à 5,600 mètres environ de la côte, à l'extrémité la plus au large du plateau des Bœufs.

Les courants de marée sont assez forts sur ce point, et leur direction est très-variable par suite de la proximité de l'île d'Yeu, du goulet de Fromantine, de l'îlot du Pilier et de l'entrée de la Loire, qui tendent à modifier les courants principaux de flot et de jusant.

La mer y est parfois d'une violence extrème, parce que les grandes lames de l'Atlantique arrivent sur le plateau sans avoir rencontré jusque-là aucun obstacle de nature à diminuer leur puissance. On en donnera une idée en citant ce fait que souvent, dans les gros temps, les paquets de mer s'élèvent au-dessus de la coupole du phare du Pilier, qui domine de 32 mètres le niveau des plus hautes mers.

Aussi le plateau des Bœufs est-il un écueil des plus dangereux sur lequel on a à déplorer chaque année de nombreux sinistres, et il était important d'en signaler la pointe la plus avancée en mer.

Le niveau moyen de l'aiguille du Bavard sur laquelle on a dû s'établir ne dépasse que de 0^m,30 les basses mers de vives eaux ordinaires.

La construction est entièrement exécutée en moellons. Elle est pleine en maçonnerie, a 9^m,25 de hauteur sur 5^m,60 de diamètre à la base et 4^m,40 au sommet, est surmontée d'une balise en fer de 2^m,35 de hauteur, se terminant par une sphère de 0^m,70 de diamètre, et porte quatre échelles de sauvetage.

Elle est munie d'une sonnerie de l'invention de M. Foucault-Gallois, mécanicien à l'île de Ré, qui avait déjà été appliquée avec succès à la tour de Richelieu, à l'entrée du port de La Rochelle et dont le système est très-simple. Voici en quoi il consiste :

Un flotteur en cuivre porte une longue crémaillère en bois, avec armatures en cuivre, dont les dents ou cames agissent sur les extrémités inférieures de deux bras de levier dont les extrémités supérieures sont des marteaux frappant sur une cloche fixée au sommet de la tour, toutes les fois que les extrémités inférieures des bras de levier sont soustraites à l'influence des cames de la crémaillère.

Le flotteur, qui se meut dans un puisard ménagé dans les maçonneries et qui est fermé par des portes en forte tôle galvanisée, est mis en mouvement par les ondulations constantes de la mer dont la transmission est facilitée par de nombreuses ouvertures ménagées dans la porte inférieure.

Le flotteur est cylindrique et terminé par deux calottes sphériques: il porte un système de trois galets se mouvant dans des glissières de fer galvanisé encastrées dans les maçonneries, et dont un est placé normalement aux deux autres, afin que le frottement de glissement soit toujours remplacé par celui de roulement quelle que soit la face des glissières avec laquelle ces appendices soient en contact.

Dans le même but, les dents de la crémaillère sont remplacées par des galets roulants sur ceux que portent aussi les extrémités inférieures des bras de levier marteaux.

La crémaillère est formée de deux tiges reliées à leurs extrémités par des traverses horizontales et entre lesquelles passe un double système de galets à plans normaux portés par un chariot, encastré dans la maçonnerie et destiné à diriger les mouvements de la crémaillère qui, lorsqu'elle s'élève au-dessus de la tour, y est soutenue par une plaque en fer galvanisé munie de galets pour diminuer le plus possible les frottements.

Pour arrêter le mouvement ascensionnel de la crémaillère, le chariot est muni d'un taquet avec matelas en caoutchouc, placé de manière que le flotteur puisse s'élever à 0^{m},95 au-dessus des plus hautes mers de vives eaux d'équinoxe.

La cloche, qui complète le système de sonnerie et qui pèse 250 kilogrammes, est supportée par un pied à trois branches scellées dans le couronnement de la tour. Ce pied porte en son milieu un axe autour duquel on peut faire tourner la cloche, afin qu'elle ne soit pas toujours frappée aux mêmes points.

Conformément aux instructions qui régissent la matière, la tour est peinte en rouge au-dessus du niveau des hautes mers, avec couronne blanche portant le nom de l'écueil.

Cette tour a été exécutée en régie en même temps que

trois autres établies dans la baie de Bourgneuf sur les écueils dits le grand Sécé, les Pères et Pierre-Moine.

Le seul point de départ qu'offrît la localité pour l'embarquement des ouvriers et des matériaux était le port de Noirmoutier distant du Bavard de près de 50 kilomètres, et la durée du voyage, qui a été souvent de quatre heures et demie, n'a jamais été inférieure à trois heures.

Le matériel maritime dont on disposait se composait de cinq embarcations du pays, appelées yoles, tenant parfaitement la mer, pouvant porter de cinq à six tonneaux et montées par un matelot et un patron.

Ces yoles, chargées des matériaux, outils, apparaux et ouvriers nécessaires, étaient remorquées par un petit bateau à vapeur appartenant à l'administration.

Les rochers sur lesquels devaient être établies les quatre tours ayant des hauteurs différentes par rapport au niveau de la mer, on avait organisé le travail de manière à aller :

Au Bavard, dans les grandes marées;

Au grand Sécé, dans les états intermédiaires de la marée;

A Pierre-Moine, pendant les mortes eaux;

Et enfin aux Pères, dont l'accès était le plus facile, toutes les fois qu'on ne pouvait pas aller ailleurs.

Chaque yole a été affectée pendant toute la durée des travaux au même service : elle portait toujours la même nature de matériaux, les mêmes apparaux et les mêmes ouvriers; elle occupait enfin toujours la même place dans les convois comme dans les mouillages, si bien que chacun des marins et ouvriers avait été très-promptement au courant de ce qu'il avait à faire et qu'il n'y avait de possible ni confusion, ni perte de temps, chose si précieuse quand on n'a, comme dans l'espèce, que quelques heures au plus pour débarquer, organiser un chantier, travailler, rembarquer personnel et matériel et enfin partir en temps opportun.

La tour du Bavard à été construite en quatre-vingts marées et deux cent quarante-cinq heures de travail, soit en moyenne trois heures quatre minutes par marée.

Si l'on rapproche le temps moyen pendant lequel on a pu travailler à chaque marée de celui de la durée moyenne de chaque voyage, aller et retour, qui n'a pas été de moins de sept heures, et si l'on remarque que souvent on est parti du port de Noirmoutier sans avoir pu aller jusqu'au Bavard ou sans avoir pu y accoster, on comprendra dans quelles circonstances exceptionnelles a été établie cette tour et quelle influence l'éloignement du point d'embarquement a dû avoir sur la dépense.

Les travaux ont été entièrement exécutés en régie, sauf la fourniture des moellons qui a été l'objet d'une entreprise.

Les dépenses de construction des quatre tours se sont élevées à 106.000 fr. et l'on estime que celle du Bavard entre environ pour 40.000 fr. dans cette dépense.

Les travaux ont été exécutés sous la direction de M. Forestier, ingénieur en chef des ponts et chaussées, par M. Revol, ingénieur ordinaire.

MM. Dantony, conducteur des ponts et chaussées, et Charles Brémaud, chef d'atelier, chargés de la surveillance, ont prêté aux ingénieurs un précieux concours.

XXII

BALISE D'ANTIOCHE.

MINISTÈRE DE L'AGRICULTURE, DU COMMERCE ET DES TRAVAUX PUBLICS.

Un modèle à l'échelle de 0^m,10.

Le rocher d'Antioche est un écueil très-dangereux situé dans le pertuis qui sépare les îles de Ré et d'Oleron, à un mille environ nord-nord-est de la pointe de Chassiron.

De 1811 à 1856, dix-neuf navires, y compris une corvette de l'État, ont touché et fait naufrage sur cet écueil, qui n'était signalé que par une simple balise en fer, souvent renversée par la mer et par les abordages, et qui n'était pas d'ailleurs suffisamment apparente. La balise actuelle a eu pour but de remédier à l'insuffisance de la balise ancienne.

Les abords du rocher étant presque toujours difficiles, la construction d'une balise en maçonnerie eût été très-longue et très-coûteuse ; ces motifs firent prendre la détermination de recourir à une charpente en fer.

La balise consiste en quatre montants en fer rond de 0^m,14 de diamètre, dirigés suivant les arêtes d'un tronc de pyramide quadrangulaire, et reliés solidement entre eux ainsi qu'à un pieu central en fer également rond ayant 0^m,10 de diamètre.

Les montants formant les angles de la pyramide sont espacés de 4^m,85 d'axe en axe à la partie inférieure et de 2^m,50 à la partie supérieure qui se trouve à 7 mètres au-dessus du rocher.

Cet ensemble, qui constitue la base de la balise, est surmonté d'une construction du même genre, de forme carrée et ayant 3 mètres de hauteur.

Enfin, le tout est terminé par une pyramide de $2^m,50$ de hauteur couronnée par une sphère de $1^m,30$ de diamètre.

Toute la partie supérieure de la balise est garnie de feuilles de tôle posées à claire-voie dans le but de rendre l'édifice plus apparent.

Le rocher d'Antioche étant composé d'un calcaire jurassique de résistance insuffisante pour maintenir le pied des montants, on les a fixés au moyen de coins, dans des manchons en fonte scellés eux-mêmes dans le rocher à l'aide de maçonnerie en ciment.

Le sommet de la balise s'élève à $13^m,80$ au-dessus du rocher et à $10^m,47$ au-dessus des plus hautes mers.

Le pieu central porte des échelons qui montent jusqu'à la base de la pyramide où l'on a établi un plancher destiné à servir de refuge aux naufragés.

Les dépenses se sont élevées à $20.947^f,90$, répartis ainsi qu'il suit :

```
13,434 kilogr. de fer forgé à 0f,95 l'un, y compris peinture
    au minium, montage et démontage à l'usine et transport
    dans un port de l'île d'Oleron. . . . . . . . . . . . . . .   12.762f,30
1.976 kilogr. de fonte à 0f,60 tout compris. . . . . . . . . .    1.185 ,60
Façon des trous de scellement, mise en place et dépenses
    diverses. . . . . . . . . . . . . . . . . . . . . . . . .    7.000 ,00
                                                                 ──────────
                    Total égal. . . . . . . . . . .   20.947f,90
```

Le projet a été rédigé et exécuté, par M. de Beancé, ingénieur ordinaire, sous la direction de M. Leclère, ingénieur en chef des ponts et chaussées.

XXIII

SIGNAUX POUR LES TEMPS DE BRUME.

—

MINISTÈRE DE L'AGRICULTURE, DU COMMERCE ET DES TRAVAUX PUBLICS.

Trompette à air comprimé.
Exposition dans le parc.

Les signaux à faire pendant les brumes, pour indiquer aux navigateurs l'entrée d'un port ou la position d'un danger, ont été l'objet de nombreuses études faites tant en France qu'à l'étranger, et surtout aux États-Unis d'Amérique, où ces redoutables phénomènes sont beaucoup plus fréquents que sur notre littoral.

Les armes à feu devant être écartées à raison des inconvénients et même des dangers attachés, sinon à leur emploi, du moins aux approvisionnements qu'elles exigent, les appareils successivement expérimentés par les ingénieurs du service central des phares ont été les cloches, les timbres, les gongs, une sorte de grande crécelle en bois en usage en Orient, les feuilles métalliques, les sifflets et les trompettes. Il a été jugé que ce dernier instrument, alimenté avec de l'air comprimé, promettait la plus longue portée à condition d'être convenablement disposé. Malheureusement nos facteurs ne se sont pas montrés très-soucieux de se livrer à des essais qui pouvaient être dispendieux, dont le résultat

devait leur paraître douteux, et auxquels ne les incitait pas
l'espoir d'un grand débit en cas de succès. C'est à un phy-
sicien anglais, M. Holmes, que des expériences relatives à
l'éclairage électrique avaient conduit à Paris, et qui, depuis
plusieurs années, s'occupait de signaux acoustiques, que
sont dues les dispositions dont la commission des phares a
proposé l'adoption après un mûr examen. L'administration
des travaux publics a accueilli cet avis, et a ordonné l'application du nouveau système sur plusieurs points de notre
littoral.

Le mécanisme se compose d'une pompe à air, d'un réservoir et de la trompette.

La pompe comprend deux cylindres à deux pistons qui sont
mis en mouvement par des roues dentées, non pas circulaires, mais elliptiques, et tournant autour de l'un de leurs
foyers.

Le réservoir consiste en deux cylindres verticaux en tôle.
Il est muni d'une soupape de sûreté, d'un manomètre et
d'un robinet pour l'échappement de l'air dans la trompette.
L'air y est comprimé à la pression de 1^{at},65 environ.

La trompette a 2 mètres de hauteur, se termine par un
pavillon recourbé à angle droit, et est munie d'un vibrateur
métallique qu'on règle à volonté entre certaines limites.
Elle se place verticalement sur le tube de jonction des deux
cylindres et peut tourner librement autour de son axe. Une
chaîne mue par un excentrique lui imprime un mouvement
circulaire de va-et-vient dans un espace angulaire de 180°.
Le robinet d'introduction de l'air est alternativement ouvert
et fermé par un mécanisme analogue. Dans l'appareil exposé, la durée du son produit est de deux secondes et celle
des intervalles silencieux est de dix secondes. La durée de
la rotation de la trompette autour de son axe est calculée

de manière que l'émission du son se fasse successivement dans diverses directions.

Le mécanisme peut être mis en mouvement par un manége à chevaux ou par une petite machine à vapeur. Dans ce dernier cas, la dépense de combustible s'élève de 5 à 6 kilog. par heure.

On a admis des interruptions dans le jeu de la trompette, afin de rendre les sons plus perceptibles, de réduire les dépenses, et de permettre d'adopter des notations assez tranchées pour prévenir les confusions entre les divers points qui auront des signaux de ce genre.

Dans une expérience qui a été faite à Paris en présence de la commission des phares, la trompette à air comprimée a été entendue, par une petite brise de vent debout, à une distance de $6^{km},5$, alors qu'une cloche en acier du poids de 125 kilogrammes n'envoyait des sons distincts qu'à 2 kilomètres environ.

Les pêcheurs de l'ile de Molène ont affirmé avoir entendu une trompette de ce genre, qui était essayée sur l'extrémité nord-ouest de l'ile d'Ouessant, par un temps calme à près de 15 kilomètres de distance.

L'appareil complet, composé de la pompe, des réservoirs et de la trompette, coûte 5.900 fr.

SEPTIÈME SECTION

CHEMINS DE FER

I

VIADUC DE MORLAIX

(CHEMIN DE FER DE RENNES A BREST).

MINISTÈRE DE L'AGRICULTURE, DU COMMERCE ET DES TRAVAUX PUBLICS.

Un modèle à l'échelle de 0^m.04.
Un album de dessin.

Dispositions générales. — Le viaduc sert au passage du chemin de fer de Rennes à Brest, dans la vallée où est bâtie la ville de Morlaix. L'ouvrage se développe à travers plusieurs rues de la ville, et franchit les quais du bassin à flot, au-dessus desquels les rails sont établis à une hauteur de 56^m,75. La plus grande élévation du viaduc, depuis le rocher qui a reçu les fondations, jusqu'au niveau des rails, est de 62^m,16. Sa longueur, mesurée sur les parapets, est de 292 mètres.

Dimensions essentielles. Description. — L'ouvrage est formé de deux étages : l'étage supérieur comprend 14 arches en plein cintre, de 15^m,50 d'ouverture, ayant entre les têtes une largeur de 8^m,55; elles sont portées par des piles, formant contre-forts sur les tympans, et donnant, au niveau des rails, une baie d'évitement de 0^m,50 de profondeur. L'épaisseur des piles, aux naissances, est de 4^m,25. Toutefois, pour se prémunir contre la propagation des vibrations au passage des trains, on a renforcé l'épaisseur de trois de ces piles qui ont 5 mètres aux naissances. Les voûtes extrêmes se perdent dans les talus des remblais, où elles sont reçues par des piles culées ayant 5^m,50 d'épaisseur ; on a annexé à ces culées de petits murs en retour, de 3 mètres de longueur, dont l'effet est de terminer l'ouvrage d'une façon plus satisfaisante.

Aucun évidement n'a été ménagé dans les tympans. Ils ont été remplis par de la maçonnerie hydraulique. Des tirants noyés dans cette maçonnerie relient entre elles les deux têtes du viaduc.

Dans les voûtes, les voussoirs de douelles formant contre-clefs sont cramponnés deux à deux.

Le viaduc est recouvert d'une chape en bitume. Les écoulements d'eau ont été ménagés, aux clefs de voûte, suivant l'axe du chemin de fer.

La hauteur minimum de ballast, sur l'axe des piles, est de 1^m,10. La hauteur maximum, aux clefs de voûte, est de 1^m,25.

Les arceaux de l'étage inférieur ont 10 mètres de largeur entre les têtes. Ils sont au nombre de 9. Les voûtes y sont couronnées par une plate-forme pavée, au niveau de laquelle les piles sont percées, suivant la direction de l'axe du chemin de fer, de baies en plein cintre de 2 mètres d'ouverture, destinées à donner un passage continu.

Dans le sens de l'axe du chemin de fer, les piles ont un fruit de 0^m,025 par mètre à l'étage du haut, et de 0^m,045 par mètre à l'étage du bas. Ces fruits sont respectivement de 0ᵐ,08 et de 0ᵐ,10 par mètre, dans le sens perpendiculaire à l'axe du chemin.

Nature du sol. Système de construction. Matériaux. — Toutes les piles ont été établies directement sur le rocher, formé par un schiste bleu, bien résistant, se trouvant en moyenne à 6 mètres environ au-dessous du sol naturel. Le viaduc est entièrement construit en pierre ; l'intérieur est en maçonnerie brute, le parement est exécuté en moellons piqués, à part les angles, les cordons, les plinthes, les archivoltes et les parapets qui sont en pierres de taille.

Les moellons piqués et les pierres de taille sont des granits, provenant pour la plupart des îles de la rade de Morlaix.

On a employé des moellons bruts granitiques de la même provenance dans les parties inférieures de l'ouvrage où les pressions sont les plus fortes. Dans les parties supérieures les moellons bruts employés sont des grès et des schistes bien choisis dans les tranchées du chemin de fer.

La chaux a été en général fabriquée sur place avec des calcaires hydrauliques provenant des carrières d'Échoisy, de Richebonne et de Marans.

Le cube total des maçonneries est de 65.830 mètres, répartis comme suit :

2.724 mètres cubes de pierres de taille ; 8.400 mètres cubes de moellons piqués de parement, et 56.706 mètres cubes de maçonneries de moellons avec mortier de chaux hydraulique.

Sur ces 56.706 mètres cubes, 3.942 mètres cubes des fondations ont été exécutés avec mortier de ciment de Portland.

Époque, durée et mode d'exécution des travaux. — Les

maçonneries du viaduc ont été commencées dans le deuxième
semestre de 1861, l'ouvrage a été terminé en octobre 1863.
Le travail mensuel moyen a été d'environ 2.630 mètres
cubes de maçonneries. Le plus grand cube produit pendant
un mois a été de 5.000 mètres. Le nombre total des journées d'ouvriers de diverses sortes, pendant toute la durée
du travail, a été de 448.563. Au moment de la plus grande
activité des travaux, l'entrepreneur a employé 900 ouvriers, 3 machines à vapeur, 65 gabares pour approvisionnements et un remorqueur à vapeur.

La position de l'ouvrage au milieu des maisons de la
ville et le manque d'emplacement qui en résultait pour l'é-
tablissement d'échafaudages latéraux, ont entraîné l'emploi
d'un pont de service reposant sur les piles et s'élevant, à
l'aide de verrins, au fur et à mesure de l'avancement des
maçonneries. Ce pont de service consistait en une passerelle américaine en bois à deux planchers. Les matériaux,
arrivant au pied de l'ouvrage, étaient montés, sur le plancher supérieur de la passerelle, à l'aide de trois machines à
vapeur placées au niveau des quais du port. Deux voies de
fer établies sur ce plancher conduisaient les bourriquets de
matériaux sous des grues fixes, placées au-dessus de chaque
pile et servant à descendre lesdits bourriquets.

Une chaîne sans fin, mue par l'une des machines à vapeur, montait les augets à mortier qui étaient distribués
aux goujats, au niveau du plancher inférieur de la passerelle, par lequel se faisait le transport jusqu'aux écouloirs
communiquant avec les caisses à mortier installées sur
chaque pile. Cette même chaîne montait les arrosoirs destinés à donner à la pierre l'humidité nécessaire pour la
bonne prise du mortier. Pour les parties les plus élevées
du viaduc, le montage à la machine a été supprimé et le

service s'est fait sur la passerelle par les deux coteaux.

Le chantier où les matériaux étaient déposés était situé en dehors de la ville et relié au viaduc par une voie de fer établie le long du quai de la rive gauche du bassin à flot. Les wagons transportant les pierres et le sable étaient traînés par des chevaux depuis le chantier jusqu'au viaduc.

Superficie. Pressions. — La superficie verticale de l'ouvrage, vides et pleins confondus, est de 14.565^m,67 dont 5.954^m,37 pour les pleins, et 8.611^m,30 pour les vides; ces superficies sont mesurées des fondations au parapet. Le rapport des vides aux pleins est de 1,45. Le cube de maçonnerie, par mètre carré d'élévation, est de 4^m,51. Les pressions par mètre carré, aux diverses sections des piles, sont les suivantes :

<pre>
Aux naissances supérieures. . . . .   1.350 kilogr.
Aux socles inférieurs. . . . .   7.500   —
Au niveau des fondations. . . . .   8.120   —
</pre>

Dépenses. — La dépense d'exécution du viaduc s'est élevée à 2.502.905^f,23, non compris 171.635^f,23 pour divers travaux aux abords, ce qui correspond, pour le viaduc seul, à 171^f,83 par mètre superficiel d'élévation (vides et pleins confondus) et à 38^f,36 par mètre cube de maçonnerie.

Les dépenses se sont d'ailleurs réparties de la manière suivante par étages du viaduc :

<pre>
Fondations. . . . .   283.220^f,08
1er étage. . . . .   810.781 ,73
2e étage. . . . .   1.408.903 ,42
                               ─────────────
       Total. . . . . . .   2.502.905 ,23
</pre>

Les ingénieurs des ponts et chaussées, qui ont dressé les

projets du viaduc de Morlaix et en ont dirigé l'exécution, sont : M. Planchat, ingénieur en chef de la 2ᵉ section du chemin de fer de Rennes à Brest, et M. Fenoux, ingénieur ordinaire. Les travaux ont été surveillés par M. Martignon, conducteur principal, et exécutés par M. Perrichont, entrepreneur.

VIADUC MÉTALLIQUE DE BUSSEAU-D'AHUN
(CHEMIN DE FER DE MONTLUÇON A LIMOGES).

COMPAGNIE DES CHEMINS DE FER D'ORLÉANS. — RÉSEAU CENTRAL.

Un modèle d'une pile à l'échelle de $0^m,04$.
Un dessin à l'échelle de $0^m,005$.
Un album photographique et un mémoire.
(communs au viaduc de la Cère).

Disposition générale. — Ce viaduc, construit pour deux voies, est contigu à la gare de bifurcation de Busseau-d'A-hun et franchit la Creuse à $56^m,50$ au-dessus de l'étiage. Il se compose d'un tablier en treillis, supporté par cinq piles en charpente métallique.

En voici les dimensions principales :

    Longueur totale du viaduc. . . . . $338^m,70$
    Longueur du tablier. . . . . 286 ,50
    Écartement des piles (d'axe en axe). . . . . . . 50 ,00
    Largeur entre garde-corps. . . . . 8 ,00
    Hauteur de la superstructure métallique (ta-
      blier non compris):
        Pour les piles centrales. . . . . 33 ,90
        Pour les piles extrèmes. . . . . 20 ,20
    Hauteur moyenne du viaduc. . . . . 35 ,47

Particularités. — Les innovations à signaler sont les suivantes :

1° Le nombre des palées métalliques de chaque pile a été réduit à deux, en supprimant la palée intermédiaire des viaducs de Crumlin et de Fribourg. Les piles n'ont ainsi, à la hauteur du chapiteau, que 6 mètres de longueur sur 2 mètres d'épaisseur d'axe en axe des colonnes ou arbalétriers, et le rapport de cette épaisseur à la hauteur descend à un dix-septième ;

2° La disposition des piles est entièrement pyramidale, c'est-à-dire que les huit arbalétriers, ainsi que tous les parements latéraux des soubassements, concourent vers un sommet unique placé à 45 mètres (la hauteur de 10 étages) au-dessus du chapiteau. Le fruit des arbalétriers est ainsi d'un quarante-cinquième dans le sens de la voie, d'un quinzième dans le sens du cours d'eau, et le fruit des maçonneries augmente vers le bas avec chaque retraite. Tout l'effet architectural est dû à cette disposition ;

3° Pour mettre le viaduc en état de résister aux coups de vent, la superstructure métallique a été amarrée dans les soubassements en maçonnerie au moyen de barres ayant jusqu'à 9 centimètres de diamètre ;

4° Pour faciliter la visite et l'entretien de la construction, on a établi une passerelle spéciale dans l'intérieur du tablier, et des échelles fixes sur toute la hauteur des piles métalliques et de leurs soubassements ;

5° Pour atténuer le danger des déraillements, le platelage a été rendu impénétrable, en portant son épaisseur à $0^m,15$ et en le soutenant par deux fortes cornières ajoutées dans chaque intervalle entre les poutrelles, espacées de 2 mètres comme les sommets des mailles du treillis. L'approche des garde-corps a été, en outre, défendue par deux longrines saillantes formant chasse-roues ;

6° Enfin, dans le but d'assurer la répartition égale de la

charge entre les deux palées d'une même pile, quelle que soit l'inégalité du chargement du tablier, et afin d'éviter ainsi la déformation des piles au moment du passage des trains, le tablier ne repose que sur des appuis à charnière placés au milieu de la distance qui sépare les deux palées.

Ce principe, toutefois, ainsi que celui de l'impénétrabilité du tablier, n'ayant été adopté qu'en cours d'exécution, n'a pu être appliqué qu'en acceptant certaines sujétions dont on sera affranchi dans les viaducs futurs.

Montage et levage. — Les fontes (socles et arbalétriers) ont été coulées à l'usine de Mazières près Bourges. L'ajustage des pièces du tablier et des piles s'est effectué, dans les ateliers de la maison Cail, à Grenelle, avec une précision telle qu'on a pu se dispenser de tout montage préalable et employer les pièces semblables sans leur avoir assigné d'avance une place déterminée.

Le levage s'est fait dans les mêmes conditions qu'à Fribourg, c'est-à-dire en lançant le tablier, assemblé sur l'une des rives, et en s'en servant pour élever les piles sans le secours d'aucun échafaud. Le lançage, toutefois, a été opéré d'après un procédé nouveau, dû à M. l'ingénieur Moreaux, et consistant à installer les treuils sur le tablier et à prendre les points d'appui, non-seulement sur la rive, mais encore sur les piles, en tirant sur chacune d'elles avec une intensité égale à la force d'entraînement exercée sur elle par le frottement développé par la marche du tablier. L'action étant ainsi égale à la réaction, les piles n'ont subi aucune déviation.

Durée des travaux. — Le projet avait reçu l'approbation ministérielle en mars 1863, sur le rapport de M. l'inspecteur général Onfroy de Bréville. Le montage à pied d'œuvre a été commencé au printemps de 1864 et achevé la même année. Les épreuves réglementaires ont été terminées le 30 janvier 1865.

Épreuves. — Sous la surcharge générale de 8.000 kilogrammes par mètre courant de tablier, les grandes piles se sont comprimées de 4 millimètres en vertu de leur élasticité, et le milieu des travées centrales s'est abaissé de 14 millimètres, ce qui donne 10 millimètres pour la flèche proprement dite des travées de 50 mètres.

Au passage des trains réguliers de houille, composés d'une machine de 54 tonnes et de 16 wagons de 10 tonnes, le tassement des grandes piles est de $1^{mm},5$, et la flèche des travées de 7 millimètres pour la ferme de rive supportant le train, et de 2 millimètres pour la ferme opposée.

Dépense. — Le prix total du viaduc, tel qu'il résulte des comptes terminés et soldés, est de 1.514.989 francs, c'est-à-dire de $4.472^f,95$ par mètre courant, et de $126^f,10$ par mètre carré d'élévation, vide et pleins au-dessus du sol confondus.

Le prix total se décompose de la manière suivante :

Métal et charpente.	1.131.410 fr.
Maçonneries et abords.	383.579
Total pareil.	1.514.989 fr.

et le prix par mètre carré, comme suit :

Fondations.	$6^f,81$
Élévation.	118 ,47
Accessoires.	0 ,82
Total pareil.	$126^f,10$

Le prix du mètre courant de tablier, sans piles ni culées, est de 2.761 francs, savoir :

4.170 kilogr. de métal à $0^f,61$.	2.559 fr.
Charpente.	202
Total pareil.	2.761 fr.

Voici enfin les éléments de la superstructure métallique
d'une grande pile :

```
Fonte : Poids,  99.406 kilogr. à 0f,43. . . . .  42.744 fr.
Fer :      —      56.118    —    0 ,63. . . . .  35.375
                       ____________              __________
Ensemble. . .  155.524 kilogr. à 0f,50. . . . .  78.119 fr.
```

Le prix du mètre courant de hauteur de pile métallique est ainsi de 2.305 francs.

La rédaction du projet et l'exécution des travaux ont été
confiés par M. Thirion, directeur du réseau central, à
MM. Wilhelm Nordling, ingénieur en chef, et H. Geoffroy,
ingénieur ordinaire du réseau central.

La partie métallique a été exécutée par MM. Parent,
Schacken, Caillet et Cie et J. F. Cail et Cie en participation,
ayant pour ingénieur M. Moreaux, à qui revient une grande
part du succès.

III

VIADUC MÉTALLIQUE DE LA CÈRE

(CHEMIN DE FER DE FIGEAC A AURILLAC).

COMPAGNIE DES CHEMINS DE FER D'ORLÉANS. — RÉSEAU CENTRAL.

Un modèle d'une pile à l'échelle de 0^m,04.
Un dessin à l'échelle de 0^m,005.
Un album photographique et un mémoire,
(communs au viaduc de Busseau-d'Ahun).

Disposition générale. — Ce viaduc, composé de cinq travées, est situé entre les stations du Rouget et de la Capelle-Viescamps et franchit la Cère, près du hameau de Ribeyrès, à 55^m,30 au-dessus de l'étiage.

Projeté simultanément, et exécuté dans les mêmes ateliers, le viaduc de la Cère présente les plus grandes analogies avec celui de Busseau-d'Ahun, et tout ce qui a été dit sur les perfectionnements introduits dans ce dernier lui est également applicable. Il n'en diffère que sous ce rapport capital qu'il est à une seule voie.

En voici les dimensions principales :

Longueur totale du viaduc.	308^m,50
Longueur du tablier.	236 ,50
Écartement des piles (d'axe en axe.	50 ,00
Largeur entre garde-corps.	4 ,50

Hauteur de la superstructure métallique (tablier non compris) :

Pour les piles centrales.	33ᵐ,90
Pour les piles extrêmes.	20 ,20
Hauteur moyenne du viaduc.	32 ,79

Particularités. — Le désir de concilier la forme pyramidale de la pile avec les forts empatements exigés par la stabilité a fait adopter une disposition polygonale en plan et des fruits plus prononcés. La longueur des piles est, au niveau du chapiteau, de 5 mètres, et leur largueur de 2ᵐ,50. Le sommet de la pyramide est situé à 37ᵐ,50 au-dessus du chapiteau, et donne aux arbalétriers un fruit d'un trentième dans le sens de la voie, et d'un quinzième dans le sens du cours d'eau.

Malgré le fort empatement des piles, les barres d'amarre sont exposées à une grande fatigue sous l'action des vents et leur diamètre a été porté à 10 centimètres.

Les soubassements en maçonnerie ont la forme d'un cône tronqué à base elliptique ; ils sont évidés et accessibles à l'intérieur comme à Busseau-d'Ahun.

Levage. — Le système de lançage employé à Busseau a reçu de M. Moreaux un nouveau perfectionnement. Au lieu d'employer deux câbles distincts pour les deux poulies placées sur chaque pile, câbles dont la tension était difficile à égaliser, on les a réunis en un seul. La vitesse obtenue dans les différents lançages de la Cère a varié entre 8 et 12 mètres par heure. La mise en place d'une travée complète du viaduc (tablier et pile) a pris en moyenne vingt-quatre jours.

Durée des travaux. — Les fondations ont été commencées en juin 1863 et le montage du tablier en mai 1865. Le 6 octobre de la même année, les deux culées étaient réunies. L'ouverture de la ligne n'a eu lieu que le 12 novembre 1866.

Épreuves. — Sous la surcharge générale de 4.000 kilogrammes par mètre courant de tablier, les grandes piles se sont comprimées de 3 millimètres et le milieu des travées centrales s'est abaissé de 15 millimètres, ce qui réduit à 12 millimètres la flèche des travées de 50 mètres.

Dépense. — Le prix total du viaduc de la Cère est de 858.489 francs, savoir :

```
Métal et charpente. . . . . . . .   589.309 fr.
Maçonneries et abords. . . . . .    269.180
                                    _________
          Total pareil. . . . .     858.489 fr.
```

Cette dépense correspond à un prix de revient de 2.782f.75 par mètre courant de viaduc, et de 84f.86 par mètre carré d'élévation, vide et pleins au-dessus du sol confondus.

Voici comment se décompose ce dernier chiffre :

```
Fondations. . . . . . . . . . . .    4f.24
Elévation. . . . . . . . . . . .    74 ,93
Accessoires. . . . . . . . . . .     5 ,69
                                    ______
          Total pareil. . . . .    84f,86
```

Le prix du mètre courant de tablier, sans piles ni culées, est de 1.513 francs, savoir :

```
2.260 kilogr. de métal à 0f,62. . . . . . .   1.401 fr.
Charpente. . . . . . . . . . . . . . . . .      112
                                              ________
          Total pareil. . . . .   1.513 fr.
```

Enfin, voici les éléments de la superstructure métallique d'une grande pile :

```
Fonte : Poids   72.972 kilogr. à 0f,45. . . . .   32.837 fr.
Fer :     —      52.414    —      0 ,69. . . . .   36.290
                ___________                       _________
Ensemble. . . 125.386 kilogr. à 0f,55. . . . .   69.127 fr.
```

Le prix du mètre courant de hauteur de pile métallique est de 2.040 francs.

Le viaduc de la Cère a été exécuté sous les ordres de M. Déglin, ingénieur en chef des ponts et chaussées, ingénieur en chef de la partie sud du réseau central, et de M. Bertoux, ingénieur ordinaire. Le projet en est dû à M. Wilhelm Nordling, ingénieur en chef de la partie nord du même réseau, qui a aussi exercé le contrôle dans les ateliers de MM. Parent, Schacken, Caillet et Cie et J.-F. Cail et Cie, en participation, ayant pour ingénieur M. Moreaux.

IV

PONT SUR LA LOIRE, PRÈS CHALONNES

(LIGNE D'ANGERS A NIORT).

—

COMPAGNIE DES CHEMINS DE FER D'ORLÉANS. — RÉSEAU DE L'OUEST.

Un modèle de détail à l'échelle de $0^m,04$.
Un dessin d'ensemble et de détails (échelles de $0^m,005$ et de $0^m,01$ par mètre).

Emplacement et dimensions principales. — Le pont construit sur la Loire, pour le chemin de fer d'Angers à Niort, est situé à 2.500 mètres environ en amont des ponts suspendus de Chalonnes (Maine-et-Loire). Il traverse le fleuve dans une partie où ses divers bras se trouvent réunis et constitue le plus grand pont en maçonnerie construit jusqu'à présent sur la Loire. Il se compose de dix-sept grandes arches de 30 mètres d'ouverture chacune et présente par suite un débouché linéaire total de 510 mètres. Ces arches sont de forme elliptique, surbaissées au quart; les culées comprennent en outre deux petites travées de 4 mètres d'ouverture pour le passage des chemins de halage. Le pont établi pour deux voies de fer présente 8 mètres de largeur libre entre les parapets; la hauteur des rails au-dessus de l'étiage est de $11^m,85$. Enfin, l'ouvrage est entièrement construit en maçonnerie à l'exception des tabliers métalliques des deux petites travées de halage, et sa longueur totale est de 601ᵐ,50.

Fondations. — Le fond de la Loire, à l'emplacement du pont, est formé de sable plus ou moins mêlé de galets à la partie basse et reposant sur des schistes et grès du terrain houiller. Sur la première moitié du lit, la surface moyenne du rocher se maintient presque horizontale, à des profondeurs de 3ᵐ,75 à 4ᵐ,65 au dessous de l'étiage; mais à partir du milieu de la rivière, cette surface s'abaisse rapidement et les dernières piles ont dû être fondées à une grande profondeur qui atteint jusqu'à 8ᵐ,73 à la seizième pile. Cette disposition du terrain a conduit à employer deux modes de fondation distincts : la première partie, comprenant la culée rive droite et les huit premières piles, a été fondée par épuisements dans des batardeaux; la seconde partie, comprenant les huit dernières piles et la culée rive gauche, a été fondée sur béton immergé dans des enceintes de pieux jointifs. Les fondations par épuisements ont en général été exécutées très-facilement, parce que les graviers qui recouvraient le rocher dans cette partie du lit étaient agglutinés et formaient par eux-mêmes un terrain étanche, au-dessus duquel les batardeaux nécessitaient peu de hauteur : la huitième pile seule a présenté quelques difficultés, parce que le terrain inférieur était plus perméable et la profondeur plus grande. La partie des fondations faite avec béton immergé a demandé plus de temps et a coûté beaucoup plus cher, à cause de la grande profondeur des fouilles : les massifs de fondation présentant 14ᵐ,70 de longueur sur 6ᵐ,50 de largeur, soit 95ᵐ,55 de superficie, sont contenus dans des enceintes formées de pieux principaux de 0ᵐ,30 sur 0ᵐ,30, espacés de 1ᵐ,50 environ d'axe en axe, et de pieux intermédiaires de 0ᵐ,25 sur 0ᵐ,25 remplissant les

intervalles des premiers; l'enceinte est contre-butée par de
forts enrochements. Le massif se compose de béton avec
pierre cassée et mortier hydraulique formé de 0^m,50 de
chaux hydraulique en poudre de Doué ou de Paviers et de
0^m,90 de sable. De petits batardeaux, appuyés contre la
partie supérieure des enceintes au-dessus des massifs, ont
permis de poser facilement à sec le socle et les premières
assises de chaque pile. La dépense de fondation de la
seizième pile, établie à 3^m,73 au-dessous de l'étiage, soit
10 mètres environ au-dessous des eaux moyennes, est résumée ainsi :

```
Dragages  8.805 mètres cubes . . . . . . . . . . . .   20.623 fr.
Enceintes (43,10 de développement) . . . . . . . . .   17.421
Béton  884 mètres cubes) . . . . . . . . . . . . . .   14.798
Enrochements  2.200 mètres cubes) . . . . . . . . .   12.276
Dépenses diverses . . . . . . . . . . . . . . . . .    5.482
                                                     ─────────
                    Total . . . . . . . . .   70.600 fr.
```

Le prix par mètre superficiel de massif, fondé à **cette**
grande profondeur de 10 mètres au-dessous des eaux
moyennes, s'est donc élevé à 739 fr. et le prix par mètre cube
est par suite de 74 fr. environ. Le mètre linéaire d'enceinte
a coûté 402 fr.

Mode de construction. — Les socles et pieds-droits forment trois retraites successives, qui sont couronnées en
pierre de taille, mais entre les naissances et les plinthes
l'ouvrage a été entièrement construit en petits matériaux;
ainsi les bandeaux des têtes, les angles des culées et les
avant-becs sont simplement en moellons piqués; les douelles
et les tympans sont en moellons parementés à bossages
rustiques. Seulement, pour donner un peu de mouvement
aux surfaces de l'élévation et les rendre d'un aspect moins
froid, on a, de deux en deux assises, pratiqué des refends

sur les joints des angles des culées, des avant-becs et des
bandeaux, de manière à simuler à une certaine distance des
appareils de pierre de taille : ainsi, par exemple, ce qui paraît former un grand voussoir est en réalité composé de
douze moellons, dont six sont visibles sur le bandeau et
six autres les doublent en douelle. Cet emploi de petits matériaux rend le bardage et la pose beaucoup plus faciles,
exige des échafaudages moins forts et en résumé coûte notablement moins cher que celui des pierres de taille autrefois exclusivement employées.

Les reins des grandes arches ont été un peu élégis par
deux petites voûtes longitudinales de 2^m,20 de diamètre.
Elles ont eu ici pour but principal de diminuer le remplissage à faire entre les murs de tympans et d'éviter les poussées qui en sont souvent la conséquence. Il n'y avait pas
intérêt à élégir davantage, le sol de fondations ne recevant
qu'une pression inférieure à 4 kilogrammes par centimètre
carré et donnant par sa nature toute sécurité.

Le pont est couronné par une plinthe reposant sur des
modillons carrés et par un parapet en pierre formé de parties évidées, séparées de distance en distance par des parties pleines. Ce couronnement, très-simple en lui-même,
suffit pour donner à peu de frais un caractère d'élégance à
la partie supérieure de l'ouvrage.

Matériaux employés. — Les parements des socles et
pieds-droits jusqu'au niveau de l'étiage sont construits en
pierres de taille et en moellon de granit de la carrière de
Bécon ; les angles de culées, les avant et arrière-becs des
piles et les bandeaux des voûtes, sont en moellon piqué de
calcaire dur de Pernay, près Saint-Mars ; les douelles des
voûtes, les tympans et les surfaces vues des culées entre
les angles, sont en moellon parementé à bossages provenant

de la même carrière ; le moellon brut employé pour l'intérieur des maçonneries est en schiste du pays ; enfin les plinthes et parapets sont en calcaire oolithique de Chauvigny, près Poitiers.

La chaux provenait des fours de Paviers et de Doué, et pour la presque totalité des maçonneries, le mortier était simplement composé de 0^m,50 de chaux en poudre et de 0^m,90 de sable, comme pour le béton des fondations. Toutefois, pour accélérer la prise du mortier dans la partie supérieure des voûtes faites pendant la mauvaise saison, on a, dans chaque mètre cube de mortier, remplacé 0^m,10 de chaux par une égale quantité de ciment de Portland ; ce mortier, qui se trouvait composé de 0^m,10 de ciment, 0^m,40 de chaux et 0^m,90 de sable, a donné d'excellents résultats.

Cintres. — Les cintres étaient fixes et reposaient sur cinq points d'appui, dont deux étaient formés par les socles des piles et les trois autres par des files de pieux, dont une double au centre de l'arche. Le cube des bois employés a été, par arche, de 24^m,32 en moyenne pour les basses palées et de 172^{mc},70 pour la partie constante du cintre, en totalité 197 mètres cubes. On a fourni des cintres neufs pour neuf arches sur dix-sept ; pour les autres il y a eu réemploi. La dépense de chacun des cintres neufs s'est élevée moyennement à 15.500 francs.

Ces cintres ont donné de bons résultats. Leur tassement au sommet pendant la construction de la voûte a été de 0^m,04 en moyenne. Le tassement des voûtes par suite du décintrement a été en moyenne de 0^m,05.

Durée d'exécution. — Les travaux ont été adjugés le 24 avril 1863 ; dans le reste de l'année on a fondé la culée rive droite et les sept premières piles ; dans la campagne de 1864 on a terminé les fondations et construit les voûtes

351 PONT SUR LA LOIRE, PRÈS CHALONNES.

de onze arches; enfin dans la campagne 1865 on a fermé
les six dernières voûtes et achevé l'ouvrage. La construction du pont a donc duré trente mois environ.

Dépenses. — Les dépenses faites pour la construction du
grand pont de Chalonnes se résument ainsi qu'il suit :

NATURE DES TRAVAUX.	DÉPENSES EFFECTUÉES	
	total.	par mètre courant.
	fr.	fr.
Fondations.	872.160	1.367
Maçonneries jusqu'au-dessous de la plinthe. .	817.500	1.360
Plinthes et parapets.	141.700	236
Cintres..	202.100	336
Abords et divers.	151.600	252
Totaux.	2.135.000	3.551

La superficie en élévation, comprise entre les extrémités
des culées, le terrain naturel et le niveau des rails, est de
7.100 mètres, de sorte que le prix par mètre superficiel en
élévation ressort à 300 francs environ.

Les projets ont été rédigés et les travaux ont été exécutés sous la direction supérieure de M. Didion, inspecteur
général des ponts et chaussées, délégué général du conseil
d'administration de la compagnie d'Orléans, et de M. Morandière, ingénieur en chef des ponts et chaussées, directeur des travaux neufs du réseau ouest de cette compagnie.

Les ingénieurs qui ont rédigé les projets et fait exécuter
les travaux sont : M. Croizette Desnoyers, ingénieur en
chef des ponts et chaussées, ingénieur en chef de la compagnie pour les lignes de Bretagne et de Vendée : M. Mo-

reau, ingénieur ordinaire des ponts et chaussées, ingénieur
de la compagnie, qui a dressé le projet, et M. Dubreil, ingénieur ordinaire des ponts et chaussées, ingénieur de la
compagnie, qui a fait construire et achever dans toutes ses
parties cet important ouvrage.

Le chef de section de la compagnie était M. Violet, conducteur des ponts et chaussées.

Enfin, l'entrepreneur des travaux a été M. Perrichont.

V

PONT SUR LE SCORFF, A LORIENT

(LIGNE DE NANTES A CHATEAULIN.

—

COMPAGNIE DES CHEMINS DE FER D'ORLÉANS. — RÉSEAU DE L'OUEST.

Un dessin d'ensemble et de détail (échelles de 0^m,005 et 0^m,01).

Emplacement et dispositions générales. — Le chemin de fer traverse le Scorff à l'entrée même de Lorient, immédiatement en amont du port militaire. Le pont qui sert à franchir ce passage comprend une arche de 10 mètres en maçonnerie sur la rive gauche, trois grandes travées métalliques de 52 mètres et 64 mètres de portée, et enfin un viaduc de 9 arches de 10 mètres d'ouverture sur la rive droite. La longueur totale de l'ouvrage est de 328 mètres.

Les parties en maçonnerie ne présentent aucune disposition spéciale. Elles ont été fondées sur le rocher par épuisements. L'existence d'une couche épaisse de vase, les grandes inégalités de la surface du rocher et l'action de forts courants de marée, ont rendu les fondations difficiles pour la grande pile culée rive droite et pour les premières petites piles du viaduc à la suite; mais on a réussi cependant à les exécuter assez rapidement au moyen d'un caisson sans fond pour la pile culée, et de batardeaux reliés à ce caisson et établis avec solidité pour les autres piles.

La partie métallique est donc la seule qui puisse appeler l'attention et qui par suite motive des explications particulières. Elles porteront successivement sur les fondations établies au moyen de l'air comprimé et sur la superstructure métallique.

Fondations par l'air comprimé. — Ce mode de fondation a été appliqué aux deux piles du pont métallique, établies l'une à 21 mètres et l'autre à 15 mètres de profondeur au-dessous des hautes mers. On a suivi le système adopté au pont de Kehl, mais en l'adaptant à des superficies de fondation beaucoup plus restreintes, ce qui a permis d'apporter de notables simplifications et de réduire les dépenses dans de très-fortes proportions.

L'appareil employé se composait de trois parties : 1° la chambre de travail, placée à la partie inférieure et dans laquelle on pratiquait les déblais; 2° le caisson proprement dit ou batardeau, placé au-dessus de la chambre de travail et dans lequel on construisait les maçonneries à l'air libre au fur et à mesure de l'enfoncement; 3° enfin les chambres d'équilibre avec écluses à air, placées tout à fait à la partie supérieure et communiquant avec la chambre de travail par des tubes ou cheminées verticales.

La chambre de travail avait 12^m,10 de longueur, 3^m,50 de largeur à la base et 3^m,04 de hauteur; sa section horizontale était extérieurement celle de la pile elle-même, mais à l'intérieur elle présentait une suite d'arcs appuyés sur des entretoises en fonte, de manière à opposer une grande résistance à la pression du terrain. L'enveloppe intérieure était formée de trois zones successives dont les épaisseurs, à partir du bas, étaient 13, 10 et 8 millimètres;

la zone inférieure était en outre très-fortement consolidée
à la base par quatre autres lames de même épaisseur, disposées de manière à former tranchant ; de fortes cornières
horizontales placées à la jonction des diverses zones aug-
mentaient encore la solidité de l'ensemble. Le plafond supérieur ou toit de la chambre, destiné à supporter pendant
la durée du travail tout le poids des maçonneries jusqu'au-
dessus des eaux, présentait une forme légèrement cintrée
et son ossature était composée de quatre grandes poutrelles
transversales de $0^m.70$ de hauteur et de quatre rangs de
petites poutrelles longitudinales de $0^m.20$ de hauteur, sur
lesquelles était rivée la tôle de $0^m.01$ formant le plafond
proprement dit.

Le caisson ou batardeau s'élevant au-dessus de la chambre de travail était composé d'une série de zones horizontales en tôle dont les épaisseurs, allant en diminuant avec
la hauteur, étaient successivement 5, 4 et 3 millimètres.
Ces zones étaient ajoutées peu à peu, au fur et à mesure
de l'enfoncement, de manière que l'enveloppe formant
batardeau dépassât toujours le niveau des plus hautes
mers.

La chambre de travail pesait, y compris les entretoises
en fonte, 27.600 kilogrammes et le caisson ou batardeau
pesait 15.400 kilogrammes en moyenne, de sorte que
pour chaque pile le poids total des parties métalliques était
43.000 kilogrammes.

La chambre d'équilibre se composait d'un cylindre de
$2^m,50$ de diamètre et 3 mètres de hauteur, dont la partie
basse était en communication avec la chambre de travail
par l'intermédiaire des cheminées, et dont la partie supérieure portait deux sas à air; ces derniers étaient tout à fait
analogues à ceux employés au pont de Szegedin et à plu-

sieurs autres ouvrages du même genre, de sorte qu'il est
inutile d'en donner la description.

Pour mettre les caissons en place à Lorient, on avait à
traverser d'épaisses couches de vase, 14 mètres à la pile le
plus rapprochée de la rive droite et 6 mètres environ à
l'autre. Pour cette dernière pile surtout la vase était très-
molle, de sorte que dans la descente le caisson avait beaucoup de tendance à se déverser; l'action des marées
produisant des variations de pression considérables com-
pliquait l'opération et augmentait les chances d'accident;
enfin le rocher présentait des surfaces extrêmement inégales, et l'on a dû y faire des dérasements importants pour
arriver à donner une bonne assiette aux piles. L'exécution
des fondations a donc demandé beaucoup de précautions
et exigé plus de temps que dans les conditions normales:
on a employé pour la fondation de chaque pile environ trois
mois et demi, non compris le temps nécessaire pour les
installations et pour le montage du caisson.

Les chambres de travail ont été remplies en béton et maçonnerie, avec mortier de ciment de Portland. Le remplissage supérieur a été fait entièrement en maçonnerie avec
parements en moellons smillés de granit; cette précaution
était nécessaire parce que l'enveloppe en tôle ne peut avoir
qu'une durée très-limitée dans l'eau de mer; enfin au-
dessus des fondations, les piles ont été construites entièrement en maçonnerie, comme celles d'un pont ordinaire,
avec parements de pierres de taille et moellons d'appareil.

La dépense s'est élevée à 210.000 francs pour les deux
piles, soit 105.000 francs pour chacune d'elles, fondée à
18 mètres de profondeur en moyenne.

De nouvelles applications du même procédé ont été faites
depuis, à Nantes, aux ponts construits sur la Loire pour la

ligne de Napoléon-Vendée. Les conditions étaient plus favorables qu'à Lorient, et l'on est arrivé à fonder chaque pile en deux mois environ, avec une dépense de 80,000 francs, pour une profondeur moyenne de 16^m,35 au-dessous de l'étiage.

Superstructure métallique. — Cette superstructure est formée de deux grandes poutres verticales supportant à leur base les pièces de pont sur lesquelles repose la double voie, et fortement contreventées à la partie supérieure. Les poutres verticales sont évidées en forme de treillis à larges mailles et à double paroi : les deux parois de chaque poutre sont espacées l'une de l'autre de 0^m,50 et très-solidement reliées entre elles. Cette disposition donne au pont une grande rigidité et assure la solidarité des plates-bandes horizontales supérieure et inférieure.

Les plates-bandes sont elles-mêmes formées : 1° de deux tôles verticales servant d'attache aux diagonales, roidies par deux cornières rivées à leur extrémité supérieure; 2° de tôles horizontales de 0^m,80 de largeur et de 0^m,01 d'épaisseur, dont le nombre variant avec la section considérée, est de 6 au maximum et de 3 au minimum; 3° enfin de quatre fortes cornières reliant les tables horizontales aux lames verticales qui servent d'attache aux diagonales du treillis.

La largeur de ces diagonales varie de 0^m,40 à 0^m,25 suivant leur position. Il n'existe pas de montants verticaux, mais au-dessus des piles les treillis sont remplacés par des panneaux pleins consolidés par des entretoises et des fers en T.

Enfin les pièces de pont sont en forme de double T, ont 0^m,75 de hauteur et sont espacées de 3^m,12 d'axe en axe. Les longerons qui les réunissent et qui portent directement les longrines des voies, ont 0^m,50 de hauteur.

Le poids des tôles par mètre linéaire est de 4.725 kilogrammes.

Les travées métalliques ont été assemblées sur le remblai de la rive gauche, aux abords du pont, et de là on les a fait glisser jusqu'à leur position définitive, au moyen de rouleaux et de presses hydrauliques.

Les épreuves ont été faites suivant le programme réglementaire. Dans les épreuves de poids mort, lorsque les trois travées étaient chargées simultanément, les flexions ont été uniformément de $0^m,024$, et lorsque la travée centrale seule était chargée, la flexion de cette travée a atteint $0^m,035$, tandis que les deux travées voisines se sont relevées chacune de $0^m,016$. Dans les épreuves de poids roulant, les flexions ont été moindres et n'ont pas dépassé $0^m,020$. Enfin après chaque épreuve les poutres ont repris exactement leur position première.

Durée d'exécution. — La partie en maçonnerie a été exécutée dans l'espace d'une année environ. Les travaux de la partie métallique, commencés sur le chantier au mois d'octobre 1861, ont été terminés dans les premiers jours de septembre 1862, et ont par conséquent exigé à peu près onze mois, non compris la préparation des tôles dans les usines.

Dépenses. — Les dépenses faites pour la construction du pont sur le Scorff à Lorient peuvent être résumées ainsi qu'il suit :

Parties en maçonnerie (longueur 155 mètres) . . . . 584.020 fr.
Grandes travées métalliques (longueur 173 mètres).

Fondation des piles, par l'air comprimé. . . . 210.000 fr.		
Maçonnerie des piles au-dessus des fondations. 84 240	}	845.980
Superstructure métallique et tablier en charpente. 551.740		

Dépense totale (pour une longueur de 328 mètres). . . . . . . 1.430.000 fr.

Les prix par mètre linéaire sont donc :

Pour les parties en maçonnerie. . . . . 3.570 fr.
Pour les grandes travées métalliques. 4.890
Et pour l'ensemble de l'ouvrage. 4.360
Enfin le prix par mètre superficiel en élévation est. . . . 292

Les projets ont été rédigés et les travaux ont été exécutés sous la direction supérieure de M. Didion, inspecteur général des ponts et chaussées, délégué général du conseil d'administration de la compagnie d'Orléans, et de M. Morandière, ingénieur en chef des ponts et chaussées, directeur des travaux neufs du réseau ouest de cette Compagnie.

Les ingénieurs qui ont rédigé le projet des maçonneries et fait exécuter l'ensemble des travaux sont : M. Croizette Desnoyers, ingénieur en chef des ponts et chaussées, ingénieur en chef de la Compagnie pour les lignes de Bretagne et de Vendée, et M. Dubreil, ingénieur des ponts et chaussées, ingénieur de la Compagnie.

Le chef de section de la Compagnie était M. Guillemain, conducteur des ponts et chaussées.

Les fondations par l'air comprimé et les grandes travées métalliques étaient confiées à MM. Ernest Gouin et compagnie, qui en ont dressé le projet, d'après le programme fourni par la compagnie d'Orléans, et en ont exécuté les travaux.

Les maçonneries ont été construites par MM. Clairin, Leturc et Blanche, entrepreneurs.

VI

VIADUC SUR L'AULNE, PRÈS PORT-LAUNAY

LIGNE DE CHATEAULIN A LANDERNEAU.

COMPAGNIE DES CHEMINS DE FER D'ORLÉANS. — RÉSEAU DE L'OUEST.

Un modèle de détail à l'échelle de 0m,04.
Un dessin d'ensemble à l'échelle de 0m,005.
Un dessin de détail à l'échelle de 0m,01.

Emplacement et dispositions générales. — Le viaduc de Port-Launay est situé sur le chemin de fer de Châteaulin à Landerneau, à 1.500 mètres au delà de la station de Châteaulin; il franchit la vallée de l'Aulne à 1.200 mètres en aval du bourg de Port-Launay et à 500 mètres seulement en amont de l'écluse de Guily-Glass. Cette écluse, la dernière de celles construites pour la navigation de l'Aulne, est surmontée par la haute mer, et la navigation maritime s'étend sur tout le bief supérieur dans lequel elle dessert successivement Port-Launay et Châteaulin. Le viaduc se compose de douze arches de 22 mètres d'ouverture et présente une longueur totale de 357 mètres. Sa hauteur est de 48m.40 par rapport au terrain des prairies de la vallée, de 52m.50 par rapport au niveau moyen de la mer et enfin de 54m.70 par rapport au sol de fondation des piles en rivière.

Sa superficie en élévation est de 14.310 mètres, parapet non compris, et le volume total des maçonneries s'élève à 49.065 mètres cubes.

Pour les viaducs dont la hauteur dépasse 40 à 45 mètres, il a été jusqu'à présent d'usage d'établir deux étages d'arches superposées, ou tout au moins de contre-buter les piles par des voûtes intermédiaires de plus faible largeur, ainsi qu'on l'a fait, par exemple, au viaduc de Chaumont. Mais dans le cas actuel, la nécessité de conserver un passage facile pour les navires qui fréquentent les ports de Châteaulin et de Port-Launay, aurait obligé à donner à l'étage inférieur 30 mètres sous clef, et par suite l'étage supérieur se serait trouvé beaucoup moins élevé que l'étage inférieur, contrairement aux dispositions habituellement suivies. L'effet n'en aurait pas été heureux, et l'on a préféré renoncer à tout contre-butement intermédiaire en n'établissant qu'un seul rang d'arches.

En raison de la hauteur exceptionnelle ainsi donnée aux arches, il convenait d'augmenter pour elles l'ouverture ordinaire, afin de les maintenir dans de justes proportions. On y était porté également par un autre motif : il est à remarquer, en effet, que les ouvertures moyennes habituellement données aux arches des viaducs font très-bien en élévation sur un dessin, mais qu'en exécution et surtout lorsqu'il s'agit d'un ouvrage d'une grande longueur, pour lequel la plupart des arches sont nécessairement vues en perspective, les vides de ces dernières arches sont singulièrement réduits en apparence et finissent même par disparaître tout à fait pour l'observateur. Pour atténuer autant que possible cet effet, il ne suffit pas d'augmenter le rapport du vide au plein en élévation, il faut de plus que le rapport de l'ouverture des arches à la dimension transversale des piles soit accru dans une forte proportion. On a donc été conduit, pour le viaduc de Port-Launay, à donner aux arches une ouverture de 22 mètres ; des voûtes de cette dimension, reposant sur des piles élevées, donnent beaucoup de jour et procurent à l'ouvrage un aspect d'ampleur et de légèreté rarement atteint dans les constructions de ce genre.

Fondations. — Les piles en rivière sont au nombre de trois, et pour deux d'entre elles les difficultés de fondation ont été sérieuses. Il s'agissait de fonder en pleine rivière, à $5^m,40$ au-dessous de la retenue d'eau du barrage de Guily-Glass et en se tenant à l'abri des marées qui pouvaient s'élever encore jusqu'à 2 mètres plus haut. Le sol de fondation est un schiste ardoisier, à feuillets fortement inclinés, dont il était nécessaire d'enlever la surface, afin de mettre à vif le rocher dur, et qui en outre était recouvert d'une couche de vase et de gravier. Pour des piles aussi fortement chargées, il était d'une très-grande importance de s'assurer d'une excellente fondation et par suite de pouvoir l'établir par épuisement. Dans ce but, après avoir enlevé la couche mobile par un dragage à grande section, on a immergé pour chaque pile un caisson en charpente sans fond, de $22^m,75$ de longueur sur 10 mètres de largeur, et dont les parois avaient été calfatées d'avance, excepté à la partie basse pour laquelle il était impossible de racheter *à priori* les inégalités très-prononcées du terrain schisteux ; on y est parvenu, après l'immersion, en faisant glisser dans cette partie, entre les deux derniers cours de moises du caisson, des palplanches verticales très-serrées, à l'extérieur desquelles on a établi un petit batardeau en argile, recouvert d'une forte toile consolidée par des enrochements. On a ensuite épuisé à l'intérieur du caisson, et l'étanchéité obtenue était telle qu'il suffisait de faire fonctionner une pompe pendant deux ou trois heures par jour, pour tenir la fouille parfaitement à sec. À l'abri de cette grande enceinte, on a pu avec la plus grande facilité enlever toutes les parties tendres du schiste, mettre à nu les parties dures, en régulariser les surfaces, et enfin construire les maçonneries jusqu'au-dessus des plus hautes mers.

Pour mettre le caisson en place, on a profité d'une manière heureuse de la double faculté que donnaient, d'une part les pertuis du barrage pour faire baisser momentanément le niveau des eaux, et d'autre part de l'action de la marée pour faire remonter rapidement ce niveau. En effet, après avoir assemblé le caisson sur des bateaux, à l'emplacement de la fouille, et l'avoir fait porter sur de fortes béquilles fixées au bord des bateaux et dont le pied descendait à près de 2 mètres au-dessous du fond de ces bateaux, on a fait baisser le niveau des eaux et les béquilles sont venues reposer sur le fond du lit de la rivière ; puis, après avoir dégagé les bateaux, on a attendu la marée montante et l'on a ramené les bateaux pour saisir le caisson à la partie supérieure ; les eaux continuant à faire monter les bateaux, ont fait soulever un peu le caisson, de manière à permettre d'enlever les béquilles : alors, en faisant de nouveau baisser les eaux, on n'a plus eu qu'à laisser descendre le caisson pour qu'il vînt se fixer dans sa position définitive. Ce secours des eaux a été fort utile, car il a dispensé de tout emploi de grues ou de treuils, et a permis de manœuvrer avec une grande facilité une masse dont le poids dépassait 75.000 kilogrammes.

La dépense de fondation d'une pile ainsi établie est résumée de la manière suivante :

Fournitures de bois et façon du caisson. . . . .   18.476 fr.
Dragages, batardeau en argile, déblais à l'intérieur du
   caisson, etc. 12.862
Maçonneries. 25.255
Fournitures de matériel. 13.443
Dépenses diverses, journées, fournitures, surveil-
   lance, etc. 7.798
                                                            ————
               Total. . . . .   77.834 fr.

Le prix par mètre superficiel de fondation ainsi établie à
7ᵐ,40 de profondeur au-dessous des hautes mers est de
390 francs, et le prix par mètre cube ne dépasse pas
53 francs.

Mode de construction. — Les piles ont 4ᵐ,80 d'épaisseur
aux naissances et sont appuyées par des contre-forts, ayant
2ᵐ,40 d'épaisseur au même niveau ; ces contre-forts, dont
le fruit est beaucoup plus considérable que celui des piles
elles-mêmes et qui présentent sur elles une saillie très-
marquée, surtout à la partie basse, diminuent à l'œil leur
épaisseur et donnent beaucoup d'élégance à l'élévation. Ils
sont d'ailleurs utiles, non-seulement pour s'opposer aux
déversements, mais de plus pour augmenter les superficies
horizontales et diminuer les pressions par unité de surface.
Ces pressions, pour lesquelles on s'est attaché à ne pas
dépasser sensiblement 9 kilogrammes par centimètre carré,
sont :

Aux naissances. 5ᵐ,84
A la base des piles sur les socles. . . . .   8 ,65
A la base des socles. . . . .   9 ,12
Sur le sol de fondation. . . . .   7 ,29

L'emploi de la pierre de taille a été exclusivement limité
au couronnement des soubassements, aux tailloirs des
contre-forts, aux plinthes et aux parapets : tout le reste des
parements vus, y compris les angles des piles et les ban-

deaux des voûtes, est entièrement formé de moellons parementés à bossages rustiques ; seulement pour bien dessiner les lignes et pour assurer l'exactitude de la pose, on a, sur chaque angle, détaché les arêtes par des ciselures continues. Les maçonneries de ce genre en écartant toute recherche d'appareil et en ne faisant ressortir que les lignes principales de la construction, présentent un caractère d'homogénéité très-rassurant et qui convient d'une manière spéciale pour un grand ouvrage. On a même évité de placer un cordon aux naissances, afin que la voûte continuant la pile sans interruption, augmentât encore en apparence la hauteur des arches vues d'en bas.

Sur un ouvrage aussi élevé et surtout avec d'aussi grandes arches, la trépidation des trains s'exerçant sur un remplissage, entre les murs de tympans, pourrait produire des poussées dangereuses, et, pour les éviter, on a construit, sur les reins de chacune des grandes voûtes, trois petites voûtes longitudinales de 1^m,20 d'ouverture ; on n'a pas adopté des ouvertures plus grandes, parce que l'augmentation d'élégissement que l'on aurait pu réaliser se serait trouvée sans importance par rapport à la masse totale pesant sur chaque pile, et parce qu'il était beaucoup plus utile de donner aux murs séparant les petites voûtes une grande solidité ; pour augmenter encore leur résistance et prévenir toute flexion dans la partie où ils ont le plus de hauteur, on les a reliés par deux lignes de voûtes perpendiculaires qui s'opposent au rapprochement, pendant que de forts tirants reposant au-dessus de ces dernières voûtes empêchent au contraire tout écartement. Des puits avec regards ménagés sur l'axe du viaduc permettront à toute époque de descendre de la voie pour visiter les voûtes intérieures.

Pour l'ensemble du viaduc, le rapport du vide au plein en élévation est de 2,13, et le cube moyen de maçonnerie par mètre superficiel en élévation est de 3^m,43.

Matériaux employés. — La pierre de taille et le moellon de parement sont en granit gris foncé provenant des environs de Rostrenen (Côtes-du-Nord) ; le moellon brut est une roche amphibolique très-dure extraite à Dinéault, sur les bords de l'Aulne ; le sable a été pris sur les grèves de la mer, en dehors de la rade de Brest ; enfin la chaux hydraulique a été fournie par les usines de Doué (Maine-et-Loire) et Échoisy (Charente).

L'intérieur des maçonneries des piles, au lieu d'être en libages ou en moellons smillés sur les lits, comme on l'a fait pour d'autres grands viaducs, est simplement en maçonnerie de moellons bruts ; seulement cette maçonnerie a été faite avec soin, et en outre pour rendre le mortier plus énergique, on a ajouté à chaque mètre cube de mortier 100 kilogrammes de ciment de Portland. La même précaution a été prise pour les maçonneries des voûtes aux abords de la clef. Enfin, pour soustraire les maçonneries de fondation à l'action destructive de l'eau de mer, la couche inférieure et les parements des massifs de fondation des piles en rivière ont été maçonnés exclusivement avec du mortier de ciment de Portland.

Cintres. — Les cintres étaient soutenus par des rails traversant les maçonneries des piles au niveau des naissances. Par arche, le cube de bois employé s'est élevé à 106 mètres et la dépense du cintre a été de 8.000 francs environ. Le tassement au sommet pendant la construction a été en moyenne de 0^m.09, mais le tassement des voûtes, par suite du décintrement, ne s'est élevé en moyenne qu'à 0^m.015.

Durée d'exécution. — Les travaux ont été adjugés le 18 mars 1864. Pendant le reste de la campagne on a fait des approvisionnements et fondé sept piles, dont deux en rivière ; dans la campagne de 1865 on a terminé les fondations et élevé toutes les piles et culées jusqu'au niveau des naissances ; enfin dans la campagne de 1866 on a construit toutes les voûtes et terminé l'ouvrage, sauf les parapets. La construction du viaduc aura donc duré près de trois ans.

Dépenses. — Les dépenses faites pour la construction du viaduc de Port-Launay se résument ainsi qu'il suit :

NATURE DES TRAVAUX.	DÉPENSES EFFECTUÉES	
	en totalité.	par mètre linéaire.
	fr.	fr.
Fondations.	320,000	896
Piles et culées jusqu'aux naissances.	980,000	2.745
Des naissances à la plinthe.	610,000	1.709
Plinthes et parapets.	130,000	364
Cintres.	100,000	280
Abords et travaux accessoires.	60,000	168
Totaux au-dessus des fondations.	1.880,000	5.266
Totaux, fondations comprises.	2.200,000	6.162

Les prix par mètre superficiel en élévation, sont :

    Au-dessus des fondations. . . . . . 131 fr.
    Et fondations comprises. 154

Enfin les prix moyens par mètre cube de maçonnerie de toute nature sont :

Au-dessus des fondations. . . . .   16 fr.
Et fondations comprises.   45

Les projets ont été rédigés et les travaux ont été exécutés sous la direction supérieure de M. Didion, inspecteur général des ponts et chaussées, délégué général du conseil d'administration de la compagnie d'Orléans, et de M. Morandière, ingénieur en chef des ponts et chaussées, directeur des travaux neufs du réseau ouest de cette compagnie.

Les ingénieurs qui ont rédigé les projets et fait exécuter les travaux sont : M. Croizette Desnoyers, ingénieur en chef des ponts et chaussées, ingénieur en chef de la compagnie pour les lignes de Bretagne et de Vendée, et M. Arnoux (Auguste), ingénieur des ponts et chaussées, ingénieur de la compagnie.

Le chef de section de la compagnie, M. Bouret, conducteur des ponts et chaussées, a exécuté habilement en régie les fondations des piles jusque au-dessus des hautes mers.

Enfin l'ensemble des travaux a été exécuté avec beaucoup de soin par M. Arnaud, entrepreneur.

VII

VIADUCS EN CHARPENTE MÉTALLIQUE.

—

COMPAGNIE DES CHEMINS DE FER DU MIDI.

Un modèle à l'échelle de 0^m,04.
Un dessin.

Pour traverser les vallées profondes que rencontre le tracé de la ligne de Montpellier à Rodez, la compagnie des chemins de fer du Midi a fait étudier un type de viaduc à une voie, pour des hauteurs pouvant varier de 20 à 70 mètres, et composé d'un tablier en charpente de fer reposant sur deux culées en maçonnerie et un certain nombre de palées intermédiaires également en charpente de fer.

Ces palées sont construites, en grande partie, avec des rails dits Barlow et Brunel, que la substitution du système de rails à double champignon a laissé sans emploi et que les usines prennent à la compagnie à raison de 10 francs les 100 kilogrammes.

Ce système de viaducs, en outre d'une notable diminution dans les dépenses de construction, présente sur les ouvrages exécutés en maçonnerie, les avantages inhérents aux constructions métalliques, tels que grande facilité d'exécution et absence complète des mécomptes qui peuvent résulter, soit de fondations insuffisantes, soit des vibrations de maçonneries aussi élevées. vibrations qui, dans certains cas, sous le passage des trains. compromettent les ouvrages.

Comme exemple de constructions de ce genre exécutées récemment, nous citerons notamment le viaduc de Fribourg et les viaducs à grande hauteur construits par M. Nordling. ingénieur en chef du réseau central de la compagnie d'Orléans, sur la ligne du Grand-Central.

Notre système est essentiellement le même; seulement nous substituons le fer à la fonte à jour et les croisillons aux lattis ordinaires.

Le prix du mètre courant de hauteur des palées restant assez sensiblement à 800 francs, quelle que soit l'ouverture des travées, et le prix du mètre courant de longueur du tablier augmentant avec l'ouverture des travées, il existe pour chaque hauteur une ouverture qui donne une dépense minimum.

Ce n'est qu'expérimentalement que l'on peut déterminer cette ouverture et trouver la relation qui doit exister entre la hauteur du viaduc et l'ouverture des travées pour obtenir ce résultat.

Voici quel est le résultat des calculs pour notre système :

Pour des hauteurs de 20 mètres, 40 mètres, 70 mètres, les dimensions des travées qui donnent lieu au minimum de dépense sont respectivement 38 mètres, 44 mètres, 53 mètres, c'est-à-dire qu'au-dessous de 40 mètres de hauteur, les ouvrages doivent être surbaissés ; ils doivent être carrés à 40 mètres et surhaussés au-dessus de cette hauteur.

Le prix du mètre carré de surface d'élévation ne varie que dans de faibles proportions avec la longueur du viaduc et le profil du terrain; il se rapproche des prix suivants pour les hauteurs ci-dessus relatées : 70 fr., 60 fr., 45 fr.

Le viaduc dont nous présentons un modèle réduit à l'é-

chelle de 1/25 (0^m,04 pour 1 mètre) et un dessin à l'échelle
de 1/100 (0^m.01 pour 1 mètre), se développe sur une longueur de 229^m,60 et présente une hauteur maximum de
67 mètres environ au-dessus du fond de la vallée.

Le nombre des travées est de cinq, dont les deux extrêmes
ont 38 mètres de portée et les trois intermédiaires 51^m.20
d'axe en axe des piles.

Le tablier est formé de deux poutres à croisillons de
4^m,50 de hauteur, reliées entre elles par des pièces de pont
espacées de 3^m,20 d'axe en axe, et contreventées horizontalement par des croix de Saint-André qui assurent la rigidité de toute la charpente. Enfin, ces pièces de pont sont
reliées elles-mêmes par des longerons qui supportent le
plancher et les rails de la voie.

Toute la superstructure métallique est composée de
pièces à jour qui laissent librement circuler l'air et ne
donnent lieu qu'à de faibles pressions du vent.

Les palées sont composées de montants formés chacun
de rails Barlow rivés deux à deux sur toute leur longueur.
Ces montants inclinés de manière à présenter un fruit à
l'extérieur, sont entretoisés et contreventés horizontalement
et verticalement par des rails Brunel. Cet entretoisement
et ce contreventement sont disposés de manière à former
des panneaux superposés de 4^m,50 de hauteur.

Ces palées reposent chacune sur un soubassement en
maçonnerie.

Pour le cas de traversée de ravins, où il y a intérêt à
avoir la voie en courbe et où les longueurs ne dépassent
pas 80 mètres, on élargit un peu le viaduc et on le pose
incliné suivant la normale au plan des rails, ou plutôt, on
partage l'angle par tiers, de manière à ce que les poutres
travaillent moyennement suivant leur axe.

Dans le cas où la normale au plan des rails sortirait de la base, on augmente le fruit de manière à réduire l'angle de la composante avec la ligne d'appui à une dimension qui donne toute sécurité.

Le type de ce système de viaduc qui vient d'être décrit a été projeté et exécuté sous la direction de M. Surell, ingénieur en chef des ponts et chaussées, directeur de la compagnie, et de M. de la Roche-Tolay, ingénieur ordinaire, sous-directeur de la construction.

VIII

PONT-VIADUC SUR LA SEINE

AU POINT-DU-JOUR.
(CHEMIN DE FER DE CEINTURE DE PARIS. RIVE GAUCHE.

MINISTÈRE DE L'AGRICULTURE, DU COMMERCE ET DES TRAVAUX PUBLICS.

Un modèle à l'échelle de $0^m,01$.
Un dessin en perspective.

Le chemin de fer de ceinture, dit *de la Rive gauche* de la Seine, commence à l'extrémité de la ligne d'Auteuil dont il forme le prolongement, et se termine au pont Napoléon à l'amont de Paris, sur lequel il se raccorde avec le chemin de fer de Ceinture, dit *de la Rive droite*, exploité depuis 1853 par le syndicat des grandes compagnies.

La construction du chemin de la rive gauche, décidée en 1861, a été commencée en 1863 et terminée en 1866.

Sa longueur est $10.387^m,67$.

Le tracé entièrement situé à l'intérieur des nouvelles limites de Paris, est à peu près parallèle à l'enceinte des fortifications.

Il traverse les 16e, 15e, 14e et 13e arrondissements municipaux au milieu de difficultés et de sujétions nombreuses résultant d'une part, du relief accidenté du terrain, et de l'autre de l'obligation de ne couper à niveau aucune voie publique.

Il faut ajouter que sur 6 kilomètres environ, le chemin de fer passe à travers ou par dessus d'anciennes carrières souterraines abandonnées depuis une époque fort reculée.

L'une des sections les plus intéressantes du chemin de Ceinture de la rive gauche est celle qui s'étend de la station d'Auteuil au quai de Javel.

Viaduc d'Auteuil. — Cet ouvrage a une longueur de 1,073^m,10, il se compose de 151 arches en plein cintre de 4^m.80 d'ouverture chacune ; ce viaduc rencontre suivant des biais différents : deux boulevards de 20 mètres, deux rues et la route impériale de Versailles (ancienne route n° 10) pour lesquels on a réservé le libre passage sous le chemin de fer, sans rien réduire de la largeur réglementaire de ces voies publiques.

Les passages sur les boulevards ont présenté cette particularité qu'ils sont placés dans la partie du viaduc en courbe de 360 mètres de rayon, et comme les boulevards latéraux au chemin de fer sont exactement parallèles au viaduc, force a été d'établir ces passages au moyen de voûtes en arc de cercle au dixième de flèche, avec des têtes taillées cylindriquement et correspondantes à la courbe du viaduc.

Quant aux passages sur les rues et sur la route de Versailles, ils ont été, à cause du peu de hauteur disponible, établis au moyen de tabliers métalliques.

La largeur de la plate-forme du chemin de fer entre les parapets du viaduc est de 8 mètres, la largeur extérieure est de 9 mètres, et il est resté de chaque côté du viaduc une zone de 0^m,50, dans laquelle on a pu établir les saillies des corniches et celles des pilastres destinées à renforcer les culées des passages des voies publiques; le système d'écoulement des eaux superficielles a été autant que possible dissimulé dans la maçonnerie. les eaux sont recueillies sous le viaduc dans un collecteur qui les verse dans les égouts des boulevards.

Les matériaux employés dans la construction du viaduc d'Auteuil ont été la pierre de taille de Lorraine (Euville, Lerouville) et le Château-Landon dans les soubassements. les pilastres, à la naissance des arcs et dans les têtes des grands arcs.

Le moellon piqué ou smillé provenant des carrières de l'Oise a formé les douelles. les remplissages apparents des piles; la meulière piquée a été réservée pour les douelles et les tympans des grands arcs au-dessus des boulevards.

Les travaux ont été adjugés à MM. Watel et Nobilet, entrepreneurs, moyennant un rabais de 4 centimes par francs.

Les dépenses autorisées s'élèvent à :

$$
\begin{array}{lr}
\text{Travaux à l'entreprise.} & 1.657.879,47 \\
\text{Somme à valoir.} & 123.042,53 \\
\hline
\text{Total.} & 1.780.922,30
\end{array}
$$

Le règlement définitif des dépenses faites restera inférieur à ce chiffre.

Viaduc du Point-du-Jour. — Cet ouvrage a une longueur de 154^{m},75.

Il se compose de vingt-six arches en plein cintre de 4^{m},97 d'ouverture chacune, la largeur de la plate-forme entre les parapets a été portée à 14^{m},25.

Cette augmentation exceptionnelle de largeur dans le

développement général du chemin de fer depuis Auteuil, produit un effet très-regrettable qu'il a fallu subir pour permettre l'établissement d'une station de voyageurs indispensable au quartier du Point-du-Jour. La place de cette station était marquée d'avance ; elle occupe tout le viaduc ; à la route de Versailles elle établit la correspondance du chemin de Ceinture avec le service du chemin de fer américain : à l'autre extrémité elle permettra une correspondance analogue avec les bateaux à vapeur, dont le service se développera avec la construction des barrages de la Seine destinés à transformer la traversée de Paris en un bassin à niveau constant.

Les perspectives sont très-altérées par le fait de ce renflement du viaduc du Point-du-Jour, et de plus, comme la compagnie concessionnaire de l'exploitation a demandé à utiliser le dessous des arcades, la circulation des piétons sera interrompue dans la longueur affectée au service de la station.

Les fondations du viaduc du Point-du-Jour ont présenté beaucoup d'intérêt : la coupe géologique du sol montre les marnes crayeuses s'enfonçant rapidement sous le coteau ; par dessus, une poche d'argile vaseuse affleurant le niveau du lit de la rivière et une épaisse couche de gravier recouvrant la glaise pour former le plateau d'Auteuil. Les premières piles susceptibles d'être fondées sur le gravier n'ont rien offert de particulier, mais les douze dernières arches devaient être fondées sur la glaise ; et à raison de la hauteur des rails au-dessus du sol de fondation (environ 14 mètres) ; on pouvait craindre que des piles isolées dans toute cette hauteur ne fussent susceptibles de déviation.

En conséquence on a établi un premier viaduc au-dessous du niveau des chaussées latérales composé de voûtes en ogives, d'une ouverture double de celle des arcades du viaduc au-dessus des chaussées. On a ainsi dédoublé les difficultés de fondation, et ce premier étage de viaduc établi en meulière brute et mortier avec addition de ciment a reçu, par-dessus, les piles et les arcades du viaduc apparent qui forme la station.

Les difficultés de l'établissement du viaduc du Point-du-Jour ont été augmentées par la nécessité de donner aux boulevards latéraux une déclivité résultant de la différence de niveau de 3 mètres, qui existe entre la route de Versailles et le niveau du quai d'Auteuil projeté, pendant que la station exigeait que les rails fussent en pente très-douce.

Les matériaux employés dans le viaduc du Point-du-Jour sont les mêmes que ceux du viaduc d'Auteuil, la meulière a été réservée exclusivement aux ouvrages du viaduc de fondation.

Les travaux ont été adjugés à M. Andraud, entrepreneur, moyennant un rabais de 3ᶜ,15 par franc.

Les dépenses autorisées s'élèvent à :

> Travaux à l'entreprise. 461.503ᶠ,48
> Somme à valoir. . . . .   63.486 ,34
>
> Total. 524.989ᶠ,82

Le règlement définitif des dépenses faites dépassera ce chiffre de 70.000 francs environ.

Pont-viaduc sur la Seine. — Cet ouvrage se compose d'un pont ordinaire pour la circulation des voitures et des piétons, à la hauteur des quais projetés pour les deux rives de la Seine encore à l'état de sol naturel dans cette partie de la capitale, et d'un viaduc placé dans l'axe du pont, portant le chemin de fer de Ceinture à un niveau supérieur de 10 mètres environ à celui des chaussées des voitures.

Si l'on avait voulu conserver dans la traversée du fleuve les dispositions adoptées dans la traversée d'Auteuil, il eût fallu donner au pont une largeur totale de 43 mètres entre les têtes, savoir :

<pre>
2 parapets. . . . .   1^m,00
2 boulevards latéraux. . . . .   32 ,00
Le viaduc du chemin de fer. . . . . . .   10 ,00
                                          ───────
            Total. . . . . . .   43^m,00
</pre>

Dans un intérêt d'économie, on a réduit la largeur totale à 31 mètres qui se décomposent ainsi :

<pre>
2 parapets. . . . .   1^m,00
2 trottoirs attenant aux parapets de 2^m,25. . . .   4 ,50
2 chaussées en asphalte comprimé de 7^m,25. . .   11 ,50
Trottoir central correspondant au viaduc du che-
   min de fer. . . . .   11 ,00
                                                 ───────
            Total. . . . .   31^m,00
</pre>

Le pont-viaduc est horizontal; cette disposition était commandée par l'aspect monumental qu'on devait attendre des dimensions exceptionnelles de cet ouvrage.

Le pont se compose de cinq arches elliptiques égales, dont le grand axe horizontal est de 30^m,25.

La flèche ou demi-axe vertical est de 9 mètres.

La naissance des voûtes est à 0^m,50 au-dessus du socle qui correspond à l'étiage conventionnel de la Seine, en ce point du fleuve.

La longueur du pont est de 174^m,85, décomposée comme il suit :

<pre>
5 arches de 30^m,25. . . . .   151^m,25
4 piles de 4^m,72 aux naissances. . . . .   18 ,88
2 demi-piles attenant aux culées. . . . .   4 ,72
                                                    ───────
            Total égal. . . . . .   174^m,85
</pre>

Le viaduc portant le chemin de fer se compose de trente et une arche en plein cintre, de 4^m.80 chacune.

A chaque grande arche du pont correspondent six arches du viaduc.

Le viaduc est terminé à chaque extrémité par une arche en arc de cercle de 20 mètres d'ouverture, pour le passage des quais projetés sur chaque rive.

Le modèle présenté reproduit : pour le pont, la première arche du côté d'Auteuil, la première pile en rivière, avec sa fondation, la culée même rive, avec sa fondation, et pour le viaduc du chemin de fer, les premières arcades correspondantes à l'arche du pont, l'arche de 20 mètres sur le quai d'Auteuil projeté, et une amorce du viaduc du Point-du-Jour avec l'étage inférieur de fondation correspondant.

Des coupes multipliées sont destinées à faire comprendre les divers éléments de la construction dont on continuera la description.

Le système de fondation du pont a dû varier comme le sol lui-même. La culée et l'arrière-culée, rive droite, ont été fondées sur pilotis; les pieux battus en quinconce dans l'argile mêlée de tourbe et de vase n'ont pas été recouverts de grillages et ont été reliés par une forte couche de béton hydraulique.

Les piles en rivière ont été fondées sur massif de béton hydraulique coulé dans un caisson en charpente sans fond, échoué sur le banc de craie qui forme le sous-sol de la vallée, après l'avoir préalablement mis à nu par un dragage des couches sablonneuses ou vaseuses qui forment le lit du fleuve.

La culée et l'arrière-culée de la rive gauche ont été fondées sur massif de béton, coulé sur le gravier de l'ancien lit de la Seine dans une enceinte de pieux et palplanches jointives.

L'échouage des caissons des piles qui n'avaient pas moins de 40 mètres de longueur, a présenté de très-grandes difficultés pendant la campagne pluvieuse de 1863.

Dans les grandes arches elliptiques du pont, l'épaisseur à la clef de la partie centrale qui porte le viaduc est de 1^m,60 ; cette épaisseur est réduite à 1 mètre dans les parties latérales qui correspondent à la circulation ordinaire.

Les grandes arches ont été montées sur des cintres de deux systèmes, le premier prenant trois points d'appui intermédiaires a été appliqué aux arches 1 et 2 fermées à la navigation.

Le second système, réservant un passage libre de 12 mètres au touage à vapeur de la navigation montante et descendante, a été appliqué aux arches 3 et 4.

Le contreventement et la consolidation des cintres ont été le résultat d'expériences faites à terre sur des cintres d'essai.

Les cintres ont été montés sur des boîtes à sable, dont le jeu précis, sous des charges énormes au moment du décintrement, a montré une fois de plus les importants services rendus par ce système dans les grands travaux.

Le pont a été établi par les moyens généralement en usage, sans matériel exceptionnel. Il n'y a pas eu de pont de service général. Les matériaux des piles ont été apportés par bateau ; pour la construction des voûtes on a établi à l'amont et à l'aval deux passerelles à 1^m,30 en contre-bas de la clef des voûtes ; ces passerelles portaient des voies de fer sur lesquelles circulaient les wagons chargés de matériaux et envoyés des chantiers d'approvisionnement ou de fabrication des mortiers ; les matériaux repris par des grues mobiles à trois mouvements arrivaient dans les meilleures conditions de rapidité et de sécurité jusqu'au lieu de pose.

Après le décintrement des grandes arches, les passerelles de service ont été supprimées et les voies de service ont été rétablies sur les parties latérales du pont lui-même, pour servir à la construction des ouvrages d'évidement des tympans et ensuite à la construction du viaduc du chemin de fer.

Les piles du viaduc ont été descendues jusqu'à l'extrados des grandes arches, et ont été reliées entre elles par de petites voûtes en briques creuses affleurant le niveau des chaussées du pont.

La partie saillante des piles au-dessus du pont des voitures est de 5^m,33, leur épaisseur aux naissances des voûtes en plein cintre est 1^m,028; ces piles ont été percées de deux baies de 4^m,73 de hauteur sous clef et de même ouverture (2^m,25) que celles du viaduc d'Auteuil.

Le montage du viaduc a été d'une grande simplicité et sans difficulté, les parties latérales du pont facilitant singulièrement l'approche des matériaux au pied de chaque pile.

Les tympans du viaduc ont été autant évidés que possible, sans compromettre la solidité de l'assiette du chemin de fer.

L'écoulement des eaux superficielles a été entièrement dissimulé à l'intérieur des piles du viaduc; mais jusqu'à ce moment pour mieux surveiller le fonctionnement de l'assainissement des chapes, on n'a pas terminé la décoration des sorties d'eau qui ne sont que provisoires.

Les arches de 20 mètres destinées au passage des quais sur chaque rive ont été construites en dernier, de manière à augmenter la résistance propre de leurs culées de celles des viaducs à la suite.

Les voûtes ont été montées sur des cintres retroussés par suite de l'impossibilité de prendre des points d'appui intermédiaires.

Les grandes arches elliptiques du pont et les voûtes d'évidement intérieur sont maçonnées de meulière et mortier de ciment de Portland; tous les autres matériaux proviennent des carrières de Château-Landon (Seine-et-Marne).

Les parapets à jour du pont ont été exécutés en pierre de Saint-Ylie (Jura) provenant des carrières de M. de Tinseau, qui a été chargé de la taille et de la pose de ces parapets.

Les motifs de décoration des tympans du pont ont été sculptés sur pierre de Chérence (Seine-et-Oise), par M. Lafontaine.

Les travaux ont été commencés le 15 juillet 1863, les fondations ont été terminées dans la même campagne, les grandes arches et les tympans ont été exécutés dans la campagne de 1864 ; la circulation a été livrée aux voitures et aux piétons le 15 juillet 1865. A la fin de la même année, le viaduc du chemin de fer était entièrement terminé.

On a exécuté depuis les travaux complémentaires tels que le chemin de halage, les chaussées des rampes d'accès provisoires en attendant l'exécution des quais de Javel, les remblais des bas ports, les dragages de la passe navigable, etc.

Les travaux ont été adjugés moyennant un rabais de 8f.55 pour 100 à M. Perrichont, entrepreneur.

Les dépenses autorisées s'élèvent à :

$$
\begin{array}{lr}
\text{Travaux à l'entreprise.} & 3.140.163^f,47 \\
\text{Somme à valoir.} & 323.610\,,88 \\
\hline
\text{Total.} & 3.463.774^f,35 \\
\end{array}
$$

Ce chiffre ne sera pas atteint par le règlement définitif des dépenses faites.

Pour se rendre compte du prix de revient de l'ouvrage, on peut comparer séparément le pont et le viaduc qui forme l'étage supérieur aux travaux analogues qui ont été exécutés dans ces derniers temps à Paris.

Le mètre carré du pont des voitures reviendra à 430 fr. environ, chiffre peu différent du prix de revient des derniers ponts construits à Paris; il faut tenir compte naturellement de la surcharge énorme occasionnée par le viaduc et qui a nécessairement entraîné l'augmentation des massifs résistants des fondations, des piles et des voûtes.

Le mètre superficiel en élévation (fondation comprise) du viaduc du chemin de fer et des arches de 20 mètres des quais, reviendra à 266 francs.

Ce chiffre est sensiblement supérieur à celui du mètre superficiel des viaducs d'Auteuil et de Javel qui ne dépasseront pas 143 francs; mais il faut tenir compte des matériaux de choix avec lesquels l'étage supérieur du pont-viaduc a dû être exécuté dans toutes ses parties.

Viaduc de Javel. — Cette dernière partie de la section d'Auteuil à Javel, que l'on vient de décrire aussi rapidement que possible, se compose d'un viaduc à deux étages; l'étage inférieur de fondation est entièrement caché par les remblais des abords du pont : en effet, le niveau actuel de la plaine de Grenelle étant submersible, il a été convenu que la route militaire élargie à 42 mètres, le long des fortifications de la rive gauche, serait rectifiée aux abords de la Seine, de manière à aboutir au côté sud du pont-viaduc, et qu'en même temps cette voie publique serait mise à l'abri des grandes crues de la Seine.

D'un autre côté, par suite de la nature douteuse du sous-sol qui faisait autrefois partie du lit du fleuve, il a fallu chercher le terrain solide jusqu'à 25 mètres en contre bas du niveau des rails, soit à 15 mètres au-dessous de la rue Militaire rectifiée. Il résultait de cette situation que, si l'on avait voulu établir le viaduc de Javel dans le système de celui d'Auteuil, on aurait eu à construire une succession de piles dont les plus rapprochées de la Seine n'auraient pas eu moins de 22 mètres de hauteur. Devant cet inconvénient, on s'est décidé, comme au viaduc du Point-du-Jour, à traiter le viaduc de Javel comme un ouvrage à deux étages. L'étage inférieur a été composé, à partir de la Seine, de quatre voûtes ogivales correspondant aux huit premières arches de l'étage supérieur; le surplus de l'étage de fondation a été établi, arche pour arche, en correspondance avec l'étage supérieur.

Les fondations très-difficiles du viaduc de Javel se composent de massifs de bétons coulés dans des chambres, dont quelques-unes ont dû être blindées et consolidées au fond par un semis de petits pieux battus sans ligne régulière.

L'étage inférieur de fondation affleure à peu près le niveau de la rue Militaire rectifiée; ce qui explique que les remblais de cette voie publique le cachent entièrement.

Quant à l'étage supérieur entièrement semblable au viaduc du pont, il n'offre rien de particulier; l'ouvrage est en courbe de 500 mètres de rayon.

Il a fallu en même temps s'abaisser le plus rapidement possible dans la plaine de Grenelle, de sorte que pour ne pas produire dans la vue générale un jarret désagréable au point de raccordement du viaduc de Javel avec l'arche de 20 mètres de quai, on a établi la corniche et le parapet suivant une pente variable, déterminée par la condition de former une courbe plane tangente à la ligne horizontale de la corniche du viaduc du pont.

Le viaduc de Javel a une longueur de 119^m,65 ; il est formé de dix-sept arches en plein cintre de 4^m,80 ; les socles des piles ont été réglés suivant la pente de la rue Militaire.

Les matériaux sont de la même nature et de la même provenance que ceux du viaduc du Point-du-Jour.

Les travaux ont été adjugés moyennant un rabais de 3^f,15 p. 100 à M. Andraud, entrepreneur du viaduc du Point-du-Jour.

Les dépenses autorisées s'élèvent à :

$$
\begin{array}{lr}
\text{Travaux à l'entreprise} & 263.783^f.62 \\
\text{Somme à valoir} & 34.636.94 \\
\hline
\text{Total} & 298.420^f.56
\end{array}
$$

Le règlement définitif des dépenses faites ne dépassera pas ce chiffre.

Le chemin de fer de Ceinture de Paris, sur la rive gauche de la Seine, a été construit pour le compte de l'État, S. E. M. Béhic étant ministre de l'agriculture, du commerce et des travaux publics, et M. de Franqueville, directeur général des ponts et chaussées et des chemins de fer.

Les ouvrages que l'on vient de décrire font partie du premier arrondissement du service de la construction.

Les projets ont été dressés et les travaux dirigés par MM. Bassompierre, ingénieur en chef des ponts et chaussées, et de Villiers du Terrage, ingénieur des ponts et chaussées, chargé du premier arrondissement.

M. Lion, conducteur principal des ponts et chaussées, a

été chargé, comme chef de section, de la conduite des travaux du pont-viaduc et du viaduc de Javel.

M. Hentgen, conducteur des ponts et chaussées, a été attaché en la même qualité aux viaducs d'Auteuil et du Point-du-Jour.

IX

TUNNEL D'IVRY.

CHEMIN DE FER DE CEINTURE DE PARIS, RIVE GAUCHE.

—

MINISTÈRE DE L'AGRICULTURE, DU COMMERCE ET DES TRAVAUX PUBLICS.

Un modèle à l'échelle de $0^m,04$.

Emplacement. — Le tunnel d'Ivry est établi sous le terrain militaire qui constitue le champ de manœuvre du poste-caserne n° 90, entre la route d'Ivry et la rue du Château-des-Rentiers.

Dimensions. — L'ouvrage mesuré suivant l'axe du chemin de fer a $202^m,39$ de longueur entre les deux têtes. Le plan de la tête d'amont fait avec l'axe du chemin de fer un angle de $84° 12'$; celle d'aval est normale à cet axe.

Les profondeurs de la plate-forme au-dessous du terrain naturel sont, à la tête amont $9^m,59$, et à la tête aval $13^m,72$; en moyenne $11^m,655$.

La pente de la voûte, comme celle de la voie, est de $0^m,010$ par mètre.

Le souterrain, qui a été exécuté à ciel ouvert dans des sables rouges excessivement mobiles superposés à une marne assez compacte reposant elle-même sur les bancs calcaires de diverses natures qui constituent le terrain parision, se compose d'une voûte en plein cintre de 4^m,02 de rayon présentant 0^m,80 d'épaisseur à la clef et 1^m,15 aux naissances. Cette voûte recouverte de deux chapes, l'une de 0^m,05 d'épaisseur en mortier hydraulique, l'autre de 0^m,01 en asphalte, repose sur deux pieds-droits de 1^m,25 d'épaisseur munis du côté des terres de contre-forts de 3^m,15 de haut, 1^m,50 de large et 2 mètres de saillie, espacés de 5^m,55 d'axe en axe. Des barbacanes pour l'écoulement des eaux sont ménagées dans l'axe de chaque trumeau. Dans les pieds-droits du tunnel sont disposées en quinconce, et à 25 mètres de distance d'axe en axe, pour un même côté, des niches de refuge voûtées en plein ceintre, ayant 2 mètres de largeur, 0^m,60 de profondeur et 3^m,05 de hauteur totale au-dessus des dalles qui, vis-à-vis de ces niches, recouvrent les caniveaux. Les naissances de ces refuges sont au même niveau que celles de la voûte du tunnel. Les têtes de l'ouvrage sont formées d'une archivolte de 0^m,60 de largeur, présentant également une saillie de 0^m,05 sur le nu des maçonneries et décorée de bossages ; au-dessus règne un bandeau de 0^m,50 de hauteur superposé à des modillons de 0^m,25 de large sur 0^m,35 de haut, espacés également entre eux de 0^m,25. Un parapet de 1^m,10 de hauteur encadré par des dés et par une lisse en pierre de taille de 0^m,20 de hauteur, couronne ce bandeau à la tête amont. Il est supprimé, comme il a été dit ci-dessus, à la tête aval.

L'écoulement des eaux se fait de chaque côté du tunnel par des caniveaux maçonnés formant empatement de chaque pied-droit et offrant un débouché de 0^m,45 en gueule, et 0^m,30 au plafond, avec 0^m,85 de profondeur. Le mur intérieur de ces caniveaux, qui a 0^m,45 en pied et 0^m,30 en crête, soutient la couche de ballast et les dalles placées devant chaque niche de refuge. La largeur libre entre les faces intérieures de celles-ci est de 6^m,40, réduite à 6^m,30 entre les parements intérieurs des murettes des caniveaux.

L'appareil biais de la tête amont se raccorde avec le reste de l'ouvrage à 6^m,676 du parement de cette tête au moyen d'un cours de voussoirs disposés en crémaillère : l'appareil adopté est l'appareil hélicoïdal.

Enfin, l'écoulement des eaux pluviales amenées par le talus de la tête aval est assuré par un canal circulaire en maçonnerie, établi à ciel ouvert en arrière du bandeau et qui se prolonge le long des talus de la tranchée voisine. juxtaposé au tympan de la tête du souterrain de manière à conduire ces eaux dans les caniveaux mêmes de la tranchée.

Consolidations. — Le tunnel en lui-même a été la partie la moins difficile de l'ouvrage. Au-dessous, en effet, existent des vides considérables résultant de l'exploitation fort ancienne des bancs calcaires de bonne qualité employés aux constructions de Paris. Ces vides, abandonnés pour ainsi dire à eux-mêmes depuis longtemps, sans précaution et sans consolidation suffisante, ont subi, par suite de la pression des terres supérieures, des déformations et des déchirures importantes. Il était donc indispensable, pour asseoir solidement le tunnel et pour parer aux vibrations occasionnées par le passage des trains, de se placer dans des conditions de sécurité parfaites. Le seul moyen d'atteindre ce résultat était de fonder les pieds-droits de l'ouvrage sur la masse vierge, en creusant des puits fort rapprochés pour établir des piliers reliés par des voûtes, ou de remplir les vides souterrains dans la zone de l'ouvrage par des moyens susceptibles de répondre au but que l'on se proposait d'atteindre. La première solution, possible si les vides ne se fussent point trouvés à une grande profondeur, aurait donné lieu, dans l'espèce, à des dépenses incalculables.

Ces vides ou *cavages* se trouvent en effet à l'amont à
16^m.80, à l'aval à 26^m.22 au-dessous du sol naturel, soit
à 6^m,38 et 11^m,95 respectivement au-dessous du niveau de
la fondation des pieds-droits. Appliqué à de semblables profondeurs, le système de fondation sur piliers reliés par des
arceaux en maçonnerie devenait extrèmement onéreux et a
paru d'autant moins nécessaire, qu'entre le sol naturel et
le ciel des galeries exploitées, la tranche du terrain se présente presque partout compacte et suffisamment résistante.
On s'est donc arrêté au parti d'établir sous l'emplacement
même des pieds-droits une maçonnerie ayant pour double
but de soutenir en ce point le ciel des carrières et de contenir
entre ses flancs, sous l'assiette même de la voie, des terres
fortement pilonnées ou *bourrages*.

Afin de s'assurer que les méandres des galeries anciennes
ne recélaient aucun vide ou crevasse dangereuse, on a pris
le soin de creuser sous chaque pied-droit une galerie rectiligne dite *galerie d'inspection* qui, tout en rendant possible
le service, a réparti sans frais, sur une plus grande largeur, la zone de consolidation et qui offre, après l'achèvement des travaux, le moyen facile et sûr d'examiner l'état
des maçonneries et de les réparer au besoin. Cette galerie,
dont la largeur est de 1 mètre dans œuvre, est comprise
entre deux murs en maçonnerie, l'un de 1^m,20 du côté
extérieur, l'autre de 3^m,12 du côté intérieur par rapport à
l'axe de la voie ferrée. L'empatement des pieds-droits du
souterrain sur le sol de fondation étant de 2^m,12, on a fait
saillir de 0^m,50 de chaque côté les murettes intérieures de
consolidation, ce qui les a portées à 3^m,12. Toutes ces murettes ont été ajourées de voûtes en plein cintre de 2 mètres de diamètre, espacées elles-mêmes de 4 mètres d'axe
en axe, toutes les fois que l'état des ciels a permis de le

faire. Ces voûtes n'ont pas reçu moins de 0^m,50 d'épaisseur à la clef, et le fond en a été fermé par une maçonnerie de 0^m,75 d'épaisseur minima destinée à contenir les bourrages. Elles ont eu l'avantage de faciliter le travail, de le rendre moins périlleux, d'économiser le cube des maçonneries sans nuire à la solidité. Enfin elles constituent, en cas de réparation, des garages pour les ouvriers et des lieux de dépôt pour les matériaux.

Les explications qui seront données ci-après sur les *cloches* rencontrées, en cours d'exécution, dans l'une même des galeries d'inspection, sont une preuve à l'appui de l'opportunité de ces galeries.

Comme complément à ce système, des piliers et contreforts ont été établis sous les points crevassés ; le ciel des galeries a été voûté partout où ce ciel a paru menaçant ; de plus, des traverses normales à l'axe du chemin de fer ont été établies pour communiquer de la galerie de droite à celle de gauche et *vice versa*.

On descend du tunnel dans les galeries souterraines par des puits de 0^m,80 de diamètre, revêtus en maçonnerie et munis d'échelles en fer forgé et ménagés en arrière de deux niches, l'une à droite, l'autre à gauche de l'axe, puits qui, lors de la construction, avaient été creusés précisément sur ces deux points pour la descente des ouvriers. Les chambres de ces puits sont isolées des niches correspondantes par des portes en tôle qui forment le fond de ces dernières.

Matériaux. — Les maçonneries des consolidations sont toutes en moellon de roche hourdé en mortier hydraulique.

Les angles des pieds-droits, les archivoltes, les bandeaux et modillons des têtes sont en pierre de Lorraine. La pierre de Vendresse a été employée pour les dalles des caniveaux

et des niches. Les tympans et la partie biaise de la voûte
sont parementés en meulière smillée. Tout le reste du tunnel est composé de maçonnerie de moellons bruts pour les
pieds-droits et la voûte jusqu'à l'angle de 30°, de moellons
smillés au-dessus de cet angle. Pour les 50 mètres amont
et aval, on a substitué au moellon brut et smillé la meulière également brute et smillée. La première a été revêtue
d'un rocaillage en meulière concassée, posé sur mortier
hydraulique additionné de ciment de tuileau.

Ordre des travaux successifs. — Pour concilier la rapidité
du travail du tunnel avec celui des consolidations et du
reste des terrassements de la ligne qui tous devaient,
pendant la construction de cet ouvrage, traverser sans interruption les chantiers, on a dirigé comme suit la marche
des opérations :

Les déblais de la tranchée attaqués jusqu'à la profondeur
de 1m,69 au-dessous de l'intrados de la voûte ont été retroussés à droite et à gauche sur la partie restante du terrain militaire. Une berge de 5 mètres a seulement été ménagée le long de l'arête du déblai, pour l'établissement
d'une voie provisoire destinée au bardage et au transport
des mortiers et des matériaux de toute espèce.

Aussitôt ce déblai provisoire effectué, on a creusé les
puits destinés à arriver dans les galeries souterraines, en
prenant pour point de départ de ces puits le fond de la tranchée, et l'on a vivement attaqué cet ouvrage, qui devait nécessairement précéder celui de fondation des pieds-droits du
tunnel. Poursuivies jour et nuit, les maçonneries ont avancé
rapidement et dès lors on a fondé les pieds-droits par portions
successives et en rigole blindée. La voûte a été faite en
cinq fois, par portions de 40 mètres, sans interrompre le
maçonnage continu des terres des tranchées en deçà : puis,

cette voûte achevée et décintrée, on a vidé le noyau intérieur en même temps qu'on reconstituait le remblai supérieur, soit par la remise en place des dépôts précédemment créés, soit par des décharges publiques gratuitement obtenues dans les quartiers avoisinants.

Mode de construction. Consolidations. — Le travail des consolidations a dû être entamé par le déblai de la galerie d'inspection. Ces déblais étaient déposés, au fur et à mesure, soit dans les vides centraux où on les pilonnait spécialement pour servir de bourrages, soit dans les nombreux culs-de-sac aux abords de la ligne. Au fur et à mesure de l'avancement du déblai, on blindait fortement les ciels et l'on attaquait les maçonneries. Les premières exécutées étaient toujours celles des piliers entre les voûtes ; on avait soin de ne vider l'emplacement de celles-ci qu'après l'exécution complète des pieds-droits contigus. On écartait ainsi toute éventualité de danger sérieux.

Toutefois, les sapes opérées pour l'exécution des galeries d'inspection n'ont pas été toujours exemptes d'imprévu. Elles ont conduit à la découverte de fontis et de cloches souterraines, provenant de la cassure et de la chute des ciels, et dont la forme est celle d'un tronc de cône à bases à peu près elliptiques. Un nombre assez considérable de ces fontis a été rencontré, mais la principale cloche a été découverte sous le pied-droit même du tunnel à droite de la voie. Elle affectait la forme ci-dessus décrite, les diamètres à la base et au sommet étant respectivement 10 mètres et 4 mètres, et la hauteur entre ces deux bases parallèles 7 mètres. A l'arrivée sur ce point, il a été nécessaire, avant d'y pénétrer, de soutenir tout autour de la base inférieure le périmètre du ciel brisé, qui se trouvait en porte-à-faux, par une maçonnerie circulaire, et, pour y arriver sans compromettre la vie des ouvriers sans cesse menacés par la chute des terres et pierrailles de la calotte, deux galeries auxiliaires ont dû être établies. Ces galeries voûtées s'exécutaient par approche, les hommes s'y abritant par un simple mouvement de recul à chaque menace de danger. On est ainsi parvenu à circonscrire les parois de la cloche par une ceinture en maçonnerie et l'on a pu commencer l'enlèvement des déblais. Avant cette opération un plancher soutenu par de forts étais a été établi, non sans de grandes difficultés, au-dessus des débris à enlever, précaution qui n'a pas été inutile puisque, peu de jours après, la calotte du cône s'est effondrée spontanément et que toutes les terres provenant de ce mouvement prévu ont été recueillies sans blesser personne sur le platelage préventif. On a pu dès lors procéder au déblayement, puis déraser par le haut les parois de la cloche pour les tailler en gradins et y asseoir les pieds-droits d'une voûte en arc de cercle qui supporte en ce point délicat le pied-droit du tunnel. Préalablement on avait poursuivi et voûté, à travers la cloche, la galerie d'inspection; cette galerie se trouve ainsi par une circonstance toute fortuite sous la cloche dont il s'agit et sous les remblais qui ont servi de cintre à la voûte auxiliaire destinée à soutenir le tunnel en ce point.

Les autres incidents rencontrés dans les consolidations souterraines ont été nombreux et variés; mais en raison même de leur caractère sans cesse variable, il y a été pourvu par des artifices également variables et chaque jour mis en œuvre.

Cinq puits circulaires blindés de 3 mètres de diamètre assuraient l'approvisionnement des matériaux. Deux puits semblables de 1^m.50 seulement servaient exclusivement à la descente et à la remonte des ouvriers. Le travail était poursuivi jour et nuit, chaque brigade se relevant de douze heures en douze heures.

Malgré le caractère dangereux du travail dont il s'agit et malgré le zèle parfois imprudent des ouvriers, les précautions prises et la surveillance active exercée par le personnel de tout grade ont donné la satisfaction de n'avoir eu à constater que des blessures ou contusions légères n'ayant occasionné que des interruptions de travail tout à fait insignifiantes.

Tunnel. — Il a été dit précédemment que la condition de maintenir pendant toute la durée du travail le wagonnage des tranchées obligeait à conserver le plafond du déblai, à l'emplacement du tunnel, plus élevé que le fond même de la plate-forme. Cette circonstance, jointe à l'avantage qui en résultait de réduire au minimum le déblai dans un mauvais terrain, a conduit à établir les pieds-droits dans une fouille blindée. Les cintres ont pu être installés sur le noyau lui-même et disposés de manière à laisser à la partie centrale un passage libre de $2^m,50$ pour la circulation des wagons. Tout le service des maçonneries de la voûte s'est fait par la partie supérieure au moyen des voies de service placées sur la crête du talus de déblai et de ponts volants descendant de cette crête sur le sommet des cintres.

Durée de travail. — Les puits des consolidations commencés le 7 septembre 1864 étaient achevés le 5 décembre suivant. Dans ces consolidations elles-mêmes, les terrassements ont été attaqués le 25 octobre 1864 et les maçonneries le 7 novembre suivant; les uns et les autres étaient achevés le 11 mars 1865.

La cloche rencontrée sous le pied-droit du tunnel, attaquée le 8 mars 1865, était entièrement voûtée et prête à recevoir le pied-droit supérieur le 29 avril suivant

Le travail des consolidations a donc duré six mois et celui de la cloche environ sept semaines.

Le cube des maçonneries de consolidation est de 6.461^m.59.

La fouille des pieds-droits du tunnel a été entamée le 13 mars 1865 ; la maçonnerie commençait le 5 avril ; on attaquait la voûte le 2 mai : celle-ci était fermée le 17 juin et décintrée le 27 du même mois.

Le cube des maçonneries du tunnel est de 5.551 mètres cubes. Sur le cube total 12.012^m.59 des maçonneries, 3.073^m.22 (environ 25 p. 100), ont été exécutés en matériaux appartenant à l'État et provenant des déblais des tranchées de la ligne.

Description du modèle. — Le modèle exposé représente, à l'échelle de 0^m.04 pour 1 mètre, le quart à peu près de la longueur totale de l'ouvrage, côté d'Auteuil.

Le spectateur qui regarde la tête du tunnel a devant lui la coupe de la tranchée qui le précède, avec ses murs de revêtement et de soutènement : au-dessous les ouvertures des deux galeries d'inspection suivant les inflexions des murs en retour de la tête de l'ouvrage.

Latéralement, et du côté droit, sont représentés dans divers plans cette galerie complète, ou la coupe faite suivant son axe, la cloche principale avant et après sa consolidation, le puits de descente dans l'une des niches de refuge, enfin la voûte avec ses pieds-droits munis des contre-forts établis en même temps qu'eux pour résister, avant que la voûte fût construite, à la poussée des terres sablonneuses du talus avoisinant. Ce côté, en un mot, montre les consolidations achevées telles qu'on peut les voir aujourd'hui avec leurs voûtes, leurs traverses et leurs moindres détails.

Latéralement, et du côté gauche, sont représentées les

galeries souterraines pendant l'exécution des travaux avec leurs piliers en pierres superposées, leurs blindages de sûreté, leurs maçonneries à divers états d'avancement. Un puits d'ouvriers avec son échelle de perroquet et un puits de matériaux avec son treuil, sa benne et ses agrès, rendent compte des moyens employés pour l'organisation du service, et donnent l'idée parfaitement exacte de l'état des excavations rencontrées.

De ce côté aussi est disposé, sur une partie du tunnel, un vide qui a permis de montrer l'intérieur de la voûte, l'agencement des cintres et une partie du noyau intérieur qui a été enlevé après l'entière exécution de l'ouvrage

Dépenses. — Les dépenses du tunnel, des consolidations et de la grande cloche ont été les suivantes :

	TUNNEL.	CONSOLIDATIONS	CLOCHE.	TOTAUX par nature d'ouvrage.
	fr.	fr.	fr.	fr.
Terrassements.	80.411,76	3.059,44	3.847,55	87.318,75
Maçonnerie.	95.757,42	90.544,52	4.335,36	190.637,30
Charpente.	23.113,04	2.087,81	1.490,36	26.691.21
Bitume.	7.430,04	»	»	7.430,04
Fonçage et blindage de puits.	»	11.254,86	»	11.254,86
Dépenses diverses. . . .	1.637,89	873,94	»	2.514,83
Totaux par ouvrage. . .	208.340',15	107.820',57	9.673',27	325.843'.99

On en déduit que le mètre linéaire revient à 1.609',98 répartis comme suit:

<pre>
        Tunnel proprement dit. . . . .   1.029',45
        Consolidations souterraines. . . . . .   580 ,53
                                                 ──────────
                    Total pareil. . . . . .   1.609',98
</pre>

et que, dans le prix du mètre courant du tunnel, les terrassements seuls entrent pour 397^f,31.

Les travaux ont été exécutés sous la direction de M. Bassompierre, ingénieur en chef des ponts et chaussées, par M. Bellom, ingénieur ordinaire : M. Boutillier, conducteur, chef de section, était chargé de la surveillance ; MM. Chotard et Martin étaient les entrepreneurs.

X

APPAREIL DE PERFORATION MÉCANIQUE

POUR L'ÉTABLISSEMENT DE TROUS DE MINE
DANS LES SOUTERRAINS.

—

COMPAGNIE DES CHEMINS DE FER DU MIDI.

———

Classe 47.
Un modèle. — Un dessin.

———

Les appareils de perforation mécanique, exposés par la compagnie des chemins de fer du Midi, sont spécialement destinés au forage de trous de mine pour la construction des galeries d'avancement des souterrains creusés dans le rocher.

Ces appareils se composent :

1° D'une machine à forer à rotation continue et à pression directe, munie de son moteur ;

2° D'un chariot destiné à porter plusieurs de ces machines dans le cas d'une percée souterraine.

Machine à forer. — La machine à forer se compose d'un arbre hexagonal en acier fondu de 1^m,450 de longueur, percé d'un bout à l'autre d'un trou de 0^m,016 de diamètre.

Cet arbre reçoit à l'une de ses extrémités des outils de différentes formes, suivant la nature de la roche à percer.

On peut, par exemple, employer la bague Leschot, garnie
de diamants noirs disposés en couronne, soit un foret formé
d'un cylindre en fer sur l'une des bases duquel sont sortis
un certain nombre de morceaux de matières dures, soit
enfin des mèches ou fraises en acier de diverses formes
pour les pierres tendres et les métaux.

L'autre extrémité de l'arbre porte un piston en bronze
de $0^m,110$ de diamètre sur lequel vient s'exercer la pression nécessaire à la propulsion du foret. Cette pression est
obtenue au moyen d'une chute d'eau ou d'une pompe fou-
lante avec accumulateur et réservoir d'air.

Dans la machine à forer dont il s'agit, la pression peut
varier de 0 à 12 atmosphères, ce qui donne sur le foret une
charge maximum de 1.124 kilogrammes environ.

Il suffit en pratique pour les roches les plus dures d'une
pression de 700 kilogrammes.

L'eau qui sert à donner la pression au piston propulseur
est amenée par un petit tuyau en caoutchouc à l'extrémité
duquel est monté un robinet à deux eaux, qui permet de
faire varier la pression à volonté, d'après le théorème de
Daniel Bernoulli.

Pour retirer le tube perforateur, lorsqu'un trou est
percé, on interrompt, au moyen d'un robinet à deux eaux,
l'introduction de l'eau dans le cylindre propulseur, et l'on
dirige le jet sur la face antérieure du piston, en permettant
en même temps la vidange du cylindre ; de cette façon,
le retour du tube se fait avec la plus grande facilité.

L'arbre perforateur est monté dans l'intérieur d'un bâti
en bronze parfaitement alésé sur $1^m.140$ de longueur, dans
lequel peut se mouvoir le piston propulseur. On peut ainsi
percer des trous de $0^m.90$ à 1 mètre de profondeur et d'un
diamètre de $0^m.035$ à $0^m.060$.

L'arbre portant le foret traverse une douille en fer prise entre deux coussinets disposés à l'avant du bâti. La douille est munie d'un petit pignon conique auquel un arbre incliné donne le mouvement par l'intermédiaire d'une roue en bronze calée sur l'arbre du moteur. Telle est, en quelques mots, la description de la machine à forer.

Le moteur se compose d'un cylindre horizontal en bronze, boulonné sur le bâti du perforateur.

Ce cylindre porte à sa partie supérieure une tubulure coudée à laquelle vient s'adapter un tuyau en caoutchouc destiné à amener l'eau motrice.

Dans ce cylindre est disposé un tube en bronze auquel nous donnons le nom de régulateur, alésé et tourné avec le plus grand soin, et percé de lumières pratiquées à ses extrémités. Il reçoit un mouvement de va-et-vient qui lui est donné par un excentrique venu d'une seule pièce avec l'arbre moteur.

Deux boîtes garnies de segments en bronze, poussées par des ressorts en acier, maintiennent le régulateur rigoureusement dans l'axe du cylindre intérieur qui lui sert d'enveloppe. Ces segments ont pour effet d'empêcher le passage de l'eau autour du régulateur pendant le mouvement de translation longitudinale de celui-ci.

Dans l'intérieur du régulateur se meut un piston de 0^m,055 de diamètre garni de cuirs emboutis, sur les deux faces duquel l'eau motrice vient alternativement exercer sa pression ; le mouvement de va-et-vient a une course de 0^m,120 ; une bielle le transforme en mouvement de rotation continu en agissant sur un arbre coudé.

L'eau, après avoir exercé sa pression sur le piston, s'échappe par deux tuyaux disposés à l'arrière et de chaque côté du cylindre moteur.

Deux volants montés sur les extrémités de l'arbre coudé régularisent le mouvement.

Chariot ou affût portant les machines à forer. — Les travaux d'excavation d'un souterrain peuvent nécessiter l'emploi de plusieurs machines à forer, lesquelles doivent au besoin fonctionner simultanément.

Pour remplir ce but, un chariot ou affût a été étudié; les dessins exposés en reproduisent les dispositions. Ce chariot se compose de deux flasques en tôle et cornières maintenues d'écartement par des entretoises fixées haut et bas auxdites flasques.

Ce bâti est muni de deux paires de roues qui reposent sur des rails. Chaque flasque porte à l'avant deux vis verticales autour desquelles se meuvent quatre écrous. Ces écrous supportent deux à deux des traverses en fer qui peuvent monter et descendre le long des vis en conservant un parallélisme rigoureux.

Ce mouvement est obtenu par une douille en fonte en deux pièces qui enveloppe les traverses. Cette douille porte une zone conique à chacune de ses extrémités, laquelle engrène avec une zone d'égal diamètre faisant corps avec les écrous.

On conçoit, d'après cette disposition, qu'il suffit d'imprimer à la douille un mouvement de rotation au moyen d'un levier à rochet pour amener la traverse à la hauteur convenable.

Deux cadres en fonte reposent chacun sur une des traverses. Ces cadres portent à l'arrière deux barres fixées aux montants du chariot par une chape et un boulon, et au cadre lui-même par une douille et deux écrous.

Les deux traverses sont indépendantes l'une de l'autre, et l'on peut, par conséquent, monter et descendre chaque

cadre isolément : de plus, le cadre peut prendre autour
de la traverse une inclinaison qui varie de 0° à 40° environ.

Chaque cadre peut recevoir quatre machines à forer. Ces
machines se fixent sur les cadres par quatre crampons à
vis ; elles peuvent ainsi, dans le plan de chaque cadre,
prendre la direction reconnue convenable pour les trous de
mine.

Des tuyaux en caoutchouc amènent l'eau au moteur.
D'autres tuyaux servent à l'évacuation du liquide à la
sortie du cylindre moteur. Huit robinets-clapets munis chacun d'un volant sont fixés sur l'un des bras du bâti. Ils
servent à régler l'introduction de l'eau dans les cylindres
des moteurs.

Un réservoir d'air, placé à l'arrière du bâti et au milieu
d'un tuyau transversal en fonte, est destiné à amortir les
chocs qui pourraient se produire dans les conduites par la
variation de vitesse de l'eau motrice.

Ce tuyau transversal est relié à la conduite principale
qui amène l'eau sous pression à l'arrière du bâti, par un
tuyau en caoutchouc.

Ce tuyau en caoutchouc permet au chariot d'avancer ou
de reculer de quelques mètres sans qu'il soit nécessaire
d'allonger ou de raccourcir la conduite principale.

Enfin, le chariot est muni de quatre vis de calage qui
ont pour but de le maintenir en place malgré les effets qui
s'exercent sur chacune des machines à forer.

Les deux vis de l'extrémité font en même temps disparaître le porte-à-faux du bâti.

L'objet de l'exposition est la mise en expérimentation
de la machine à forer, sur des blocs choisis parmi les
plus durs dans divers souterrains en cours d'exécution et

sur divers autres blocs minéraux, provenant des carrières les plus résistantes.

Les expériences faites avant l'envoi de la machine, avec application de la bague annulaire, système Leschot, ont semblé établir qu'une dépense de 75 litres d'eau à huit atmosphères produit cent tours de foret qui réalisent les résultats suivants :

Micaschistes anciens, souterrain de Port-Vendres, quand on trouve peu de quartz $0^m,030$;

Les mêmes, quand il se trouve de fortes veines de quartz de $0^m,010$ à $0^m,015$:

Quartz pur provenant des déblais du souterrain du mont Cenis $0^m,014$.

Dans un calcaire dolomitique très-dur susceptible de poli provenant du souterrain de Cantegals sur la ligne de Montpellier à Rodez $0^m,020$;

Avec la pression de huit atmosphères, on peut conduire la machine à 250 tours par minute.

Dans ces conditions, on obtient dans les résultats suivants :

Micaschistes anciens, souterrain de Port-Vendres, quand on trouve peu de quartz $0^m,075$;

Les mêmes, quand il se trouve de fortes veines de quartz compacte de $0^m,025$ à $0^m,031$;

Quartz pur provenant des déblais du souterrain du mont Cenis, parfaitement régulier $0^m,035$;

Dans le calcaire dolomitique très-dur du souterrain de Cantegals $0^m,050$.

Il résulte de l'ensemble des calculs et des expériences que nous avons faits et qui sont consignés dans divers rapports à la Compagnie, qu'au moyen de notre système de machine à forer et en employant les bagues Leschot, qui paraissent donner les meilleurs résultats dans le plus grand nombre de roches, on peut, sans tenir compte des frais d'installation, évaluer à 1^f,50 le prix d'un mètre courant de trou de mine qui, avec les moyens ordinaires, revient à 6 francs.

Il en résulte également qu'avec l'emploi du chariot, un avancement de 10 mètres par mois en petite galerie peut être porté facilement à 40 mètres.

Enfin, ces deux avantages peuvent être obtenus avec une diminution sur la dépense générale.

Il n'est pas permis, en l'absence d'une expérience complète, d'être affirmatif et précis sur ce dernier point ; néanmoins on peut dire qu'il résulte de l'ensemble des renseignements qu'il a été possible de recueillir aujourd'hui, que l'application de notre méthode semble devoir donner, dans le cas où l'eau doit être élevée artificiellement, une économie de 15 p. 100 sur le prix de la galerie d'avancement.

Si l'on avait l'eau élevée naturellement, cette économie serait au moins de 40 p. 100.

Le système de perforateur qui vient d'être décrit est dû à M. Perret, ingénieur civil.

Il a été construit par MM. Pihet et Darriet, constructeurs, sous la direction de M. Surell, ingénieur en chef des ponts et chaussées, directeur de la compagnie des chemins de fer du Midi, et de M. de la Roche-Tolay, ingénieur ordinaire attaché à la même compagnie.

XI

PONT DE LA PLACE DE L'EUROPE

A LA SORTIE DE LA GARE SAINT-LAZARE, A PARIS.

COMPAGNIE DES CHEMINS DE FER DE L'OUEST.

Un atlas et un volume.

Modification des voies publiques aux abords de la place de l'Europe. — La ville de Paris a fait ouvrir récemment une rue nouvelle de 20 mètres de largeur qui porte le nom de rue de Rome, et qui, partant de la rue Saint-Lazare, à l'angle de la rue du Rocher, traverse le boulevard des Batignolles (ancien boulevard extérieur) et se prolonge dans l'ancienne commune des Batignolles, pour aboutir à la rue Cardinet.

Entre la rue Saint-Lazare et le boulevard des Batignolles, la rue de Rome rencontre les rues de Vienne, de Madrid et de Constantinople, dont le niveau a dû être abaissé, pour les raccorder avec la nouvelle voie. On a dû par suite, abaisser de 3 mètres environ la place de l'Europe sur laquelle ces rues venaient aboutir, et faire des travaux de nivellement pour raccorder avec la nouvelle place les rues de Londres, de Berlin et de Saint-Pétersbourg, qui viennent également y aboutir du côté opposé à la rue de Rome.

Dispositions et dimensions générales. — En abaissant de 3 mètres le niveau de la place de l'Europe, il devenait nécessaire de supprimer les deux souterrains sous lesquels les diverses lignes de chemin de fer, partant de la gare Saint-Lazare, la traversaient. Ces deux souterrains qui, ensemble, présentaient un passage libre de 22 mètres seulement (7 mètres pour le souterrain qui donnait passage aux lignes d'Auteuil et de Versailles, et 15 mètres pour celui qui donnait passage aux grandes lignes et aux lignes de Saint-Germain et d'Argenteuil), ont été remplacés par un pont qui présente pour le passage des voies une largeur totale de 85 mètres mesurée perpendiculairement à l'axe des travées qui sont au nombre de trois, savoir :

Les deux travées extrêmes ayant chacune 30 mètres d'ouverture,

Et la travée centrale ayant 25 mètres d'ouverture.

Cette augmentation de débouché permet de donner aux abords de la gare Saint-Lazare, le développement des quais et des voies nécessaires pour le service des voyageurs des diverses directions qu'elle doit desservir.

La forme irrégulière que présente le pont de la place de l'Europe a été déterminée à la fois par la direction des rues qui viennent se croiser dessus, et par les directions des voies de fer qui passent dessous.

Pour les rues, une condition expresse imposée par la Ville de Paris était de respecter les alignements des six rues aboutissant sur l'ancienne place et que nous avons indiquées ci-dessus (rues de Vienne, de Madrid, de Constantinople, de Saint-Pétersbourg, de Berlin et de Londres); on a ainsi été conduit à couvrir les deux travées extrêmes sur une longueur beaucoup plus grande que la partie centrale, qui forme ainsi une place centrale de 30 mètres de largeur sur 50 mètres de longueur. L'allongement des travées extrêmes a nécessité l'établissement de têtes biaises qui font la partie la plus importante de l'ouvrage, par les portées considérables des poutres qui les supportent, et les difficultés qu'elles ont présentées ; car, indépendamment des sujétions résultant des alignements des rues à conserver, on a été obligé d'observer des nivellements différents pour chacune des rues qui aboutissent à la travée centrale. Ainsi de chaque côté de cette travée :

La rue de Vienne descend vers la rue de Rome avec une pente de 0^m,0357 par mètre ;

La rue de Madrid descend vers la rue de Rome avec une pente de 0^m,009 par mètre :

La rue de Constantinople monte avec une rampe de 0^m,0144 ;

La rue de Saint-Pétersbourg monte avec une rampe de 0^m,032 ;

La rue de Berlin descend avec une pente de 0^m,00035 ;

La rue de Londres reste horizontale.

Ces conditions si diverses à remplir motivent les formes irrégulières de cet ouvrage.

Le passage des voies du chemin de fer est compris entre deux culées en maçonnerie de 2^m,50 d'épaisseur, ayant : celle du côté de la rue de Rome 117^m,74 de longueur, et celle du côté opposé 148^m,63. Ces deux culées ne sont pas parallèles et forment un angle de 15° 5′ ; ce défaut de parallélisme est motivé par les directions des constructions de la gare, qui affectent deux directions générales, l'une sensiblement parallèle à la rue de Rome et l'autre parallèle aux souterrains des Batignolles ; ces deux directions sont

celles données aux deux culées du pont. Entre les culées.
on a établi deux piles en maçonnerie de 2^m,50 d'épaisseur,
dont l'une est parallèle à la culée du côté de la rue de
Rome et l'autre, qui affecte la forme d'un V dont les branches sont parallèles aux deux directions des culées, ra-
chète le défaut de parallélisme de ces culées. Ces piles et
ces culées déterminent les trois travées affectées au passage des voies de la gare.

La surface totale occupée par l'ouvrage entre les parements extérieurs des culées est de 8.480 mètres carrés.

La surface recouverte par le tablier métallique est de
8.080 mètres carrés.

Description du tablier métallique. — L'ensemble du tablier se compose :

1° D'une partie centrale de 50 mètres de largeur, correspondant à la travée du milieu et régnant sur toute la longueur comprise entre les culées ;

2° De quatre parties triangulaires, correspondant aux
quatre rues de Vienne, de Constantinople, de Saint-
Pétersbourg et de Londres, qui limitent les têtes du
pont.

Partie centrale. — La partie centrale se compose de neuf
poutres de 2^m,10 de hauteur, espacées entre elles de 5^m,10
d'axe en axe, qui règnent sans interruption d'une culée à
l'autre, en s'appuyant sur les deux piles intermédiaires. Ces
poutres ont par conséquent des longueurs toutes variables à
cause du défaut de parallélisme des culées ; la plus courte
a 94^m,93 et la plus longue 105^m,92 de longueur totale.
Leur direction est perpendiculaire à la travée extrême du
côté de la rue de Rome et forme, avec la direction de la travée extrême du côté de la rue de Londres, un angle de
74°,55 ; cette travée extrême présente par conséquent une

portée biaise de 31^m,070, pour une ouverture droite de 30 mètres.

Ces poutres sont formées de deux treillis verticaux réunis à leurs parties supérieure et inférieure par des semelles horizontales. Ces semelles, dont l'épaisseur est variable, ont une largeur uniforme de 0^m,45 pour chaque treillis, ce qui, pour la poutre entière, donne une largeur de 0^m,915 en y comprenant un vide de 0^m,015. Les deux treillis composant chaque poutre sont réunis de 2 mètres en 2 mètres dans le sens de leur longueur, par des cloisons transversales pleines. Les barres tendues des treillis sont formées de fers plats et les barres comprimées de fers en ⌐⎯ ; la largeur de tous ces fers est uniformément de 0^m,25 et leur épaisseur varie de 0^m,012 à 0^m,025 suivant l'effort qu'ils ont à supporter.

La partie centrale est terminée à chacune des têtes de la travée du milieu par une poutre de 5 mètres de hauteur. Cette hauteur a été adoptée pour régulariser l'aspect général de l'ouvrage, en faisant suite aux poutres de tête des parties triangulaires, dont il sera parlé ci-dessous et dont le système de construction est d'ailleurs le même.

Parties triangulaires. — Les parties triangulaires déterminées par les alignements des rues de Vienne, de Constantinople, de Saint-Pétersbourg et de Londres, se composent essentiellement chacune d'une poutre de tête formant le prolongement des alignements de ces rues. A cette poutre principale est rattachée une série de poutres intermédiaires parallèles à celles de la partie centrale dont il a été question ci-dessus et d'une construction semblable, sauf la hauteur qui varie en raison de la pente des rues, de manière à conserver à la charge permanente qu'elles doivent porter, une épaisseur sensiblement constante. Ces poutres reposent à l'une de leurs extrémités sur la maçonnerie des culées, et à l'autre sur les poutres de tête qui ont ainsi à supporter une partie notable du poids de la partie triangulaire correspondante à chacune d'elles, ce qui, eu égard à leur portée considérable, a obligé de leur donner une très-grande résistance.

Les longueurs des grandes poutres qui limitent les têtes du pont dans les parties triangulaires sont les suivantes :

1° Poutre correspondant à la rue de Vienne.

Longueur totale de la poutre. . . . .   45^m,624
Portée libre entre les parements des maçonneries. . . . . . .   41 ,856

2° Poutre correspondant à la rue de Constantinople.

Longueur totale de la poutre. . . . .   45 ,780
Portée libre entre les parements des maçonneries. . . . . . .   41 ,845

3° Poutre correspondant à la rue de Saint-Pétersbourg.

Longueur totale de la poutre. . . . .   38 ,124
Portée libre entre les parements des maçonneries. . . . . . .   34 ,290

4° Poutre correspondant à la rue de Londres.

Longueur totale de la poutre. . . . .   90 ,000
Portées libres entre les parements des maçonneries. . . . . $\begin{cases} 22 ,143 \\ 58 ,478 \end{cases}$

Ces quatre poutres ont chacune 5 mètres de hauteur; elles sont, comme les poutres intermédiaires, formées de deux treillis verticaux terminés en haut et en bas par des semelles horizontales et réunis de 4 mètres en 4 mètres par des cloisons transversales. Dans les poutres des rues de Vienne, de Constantinople et de Saint-Pétersbourg, les semelles sont, comme dans les poutres intermédiaires, composées de deux parties dans le sens de la longueur de la poutre; chaque partie a 0^m.45 de largeur et leur assemblage forme une largeur totale de 1^m,20, y compris un vide de 0^m.30 laissé entre elles. Dans la poutre de la rue de Londres, qui a une portée beaucoup plus considérable que les autres. les semelles sont d'un seul morceau dans le sens de la largeur qui est de 1^m,30.

Les barres de treillis ont une largeur uniforme de 0^m,25, sauf celles qui sont voisines de la pile dans la grande travée correspondant à la rue de Londres. dont la largeur varie de 0^m.25 à 0^m.35 ; leur épaisseur varie de 0^m,016 à 0^m,040. Indépendamment des cloisons verticales dont il a été question ci-dessus, les deux treillis de chaque poutre sont reliés par des entretoises formées de boulons de 0^m.035 de diamètre avec manchon en fonte, qui empêchent à la fois l'écartement et le rapprochement des deux treillis ; ces boulons sont placés aux points où les barres formant les treillis viennent se croiser.

La poutre de la rue de Londres se composant de deux travées inégales (l'une de 22^m,143 et l'autre de 58^m,478), pour empêcher le soulèvement de la petite travée elle a été chargée à son extrémité d'un poids de 50.000 kilogrammes en gueuses de fonte placées dans la culasse de la poutre. L'effet de ce poids, agissant au bout d'un bras de levier de 22 mètres de longueur, est de produire un encastrement sur l'appui intermédiaire, et d'exiger un poids de tôle beaucoup moindre que si l'on avait établi les deux travées indépendantes en les interrompant sur l'appui intermédiaire. En même temps la grande travée, qui supporte une charge très-considérable, se trouve dans des conditions beaucoup plus favorables que si elle était posée librement sur deux appuis.

Entretoises et voûtes en briques. — Les poutres intermédiaires sont reliées entre elles et aux poutres de tête par des entretoises en tôle ayant 5^m,10 de portée (sauf quelques variations peu importantes) et 0^m,60 de hauteur, espacées entre elles de 2 mètres en 2 mètres d'axe en axe. Ces entretoises supportent des voûtes en briques creuses de 0^m,22 d'épaisseur, dont la forme est un arc de cercle ayant une flèche de 0^m,40. Sur certains points des parties triangulaires cette flèche a été augmentée d'une manière variable de façon à égaliser autant que possible la charge permanante dans les parties en pente.

Les reins des voûtes sont remplis en béton maigre pour régulariser les surfaces et établir les pentes nécessaires pour l'écoulement des eaux ; au-dessus du béton règne une chape en asphalte de 0^m,015 d'épaisseur, et enfin sur cette chape on a établi une chaussée en asphalte comprimé dans les parties où la pente est peu considérable, et en empierrement dans les autres parties, afin d'éviter que les pieds des chevaux puissent glisser.

Garde-grèves. — Les extrémités de toutes les poutres sont reliées le long des culées par un garde-grève qui reçoit les retombées des dernières voûtes en briques ; un système de tirants en fers plats et fers à T relie ce garde-grève aux entretoises voisines, de manière à lui donner la rigidité nécessaire pour résister à la poussée des voûtes.

Au niveau des bandeaux qui reçoivent les plaques d'appui des poutres intermédiaires, la maçonnerie des culées forme une retraite de 1 mètre, à l'effet de dégager entièrement les extrémités des poutres, et des niches sont pratiquées au droit de chaque poutre, de manière que l'on peut circuler très-facilement tout le long de la culée et visiter toutes les extrémités des poutres.

Le garde-grève ne s'applique pas tout contre les maçonneries des culées, et l'on a ménagé un jeu de 0^m,05 en vue de la dilatation. Pour que ce jeu ne forme pas une solution de continuité dans le tablier, la partie supérieure du garde-grève porte à l'extérieur une cornière que vient recouvrir une petite dalle en pierre de taille qui forme le couronnement de la culée. Lorsque, par suite des variations de la température, il y a dilatation ou contraction du tablier, la cornière glisse sur la dalle et la largeur du recouvrement varie un peu, sans cependant qu'il cesse d'exister.

Travail des fers. — Les dimensions des diverses parties du tablier métallique ont été calculées de manière à ce que le travail des fers ne dépasse pas au maximum 6 kilogrammes par millimètre carré sous l'action des charges d'épreuve.

Plaques d'appui. Rouleaux. — Les portées des poutres sur la pierre de taille se font par l'intermédiaire de plaques en fonte; pour assurer la portée de ces plaques de fonte sur la pierre de taille dans toute leur étendue, on a intercalé entre les plaques et la pierre deux feuilles de plomb de 0^m,005 d'épaisseur chacune.

Les poutres intermédiaires sont ancrées sur l'une des piles, et libres pour la dilatation à leurs extrémités et sur la deuxième pile. Pour assurer les mouvements qui doivent se produire, les portées des poutres qui doivent être libres sont munies de deux plaques de fonte, l'une ancrée dans la maçonnerie et l'autre attachée après la poutre, et ce sont ces deux plaques qui glissent l'une sur l'autre.

Les poutres de tête sont ancrées à une de leurs extrémités et libres à l'autre, et pour assurer les mouvements qui doivent se produire à l'extrémité libre, elles reposent sur la plaque d'appui par une série de rouleaux en acier de 0^m,08 de diamètre, qui se meuvent entre deux plaques également en acier dont l'une est fixée sous la poutre et l'autre sur la plaque d'appui.

Trottoirs. — Les trottoirs sont supportés par des petits fers à T reposant sur deux garde-grèves qui règnent sur toute la longueur des poutres, dont l'un d'eux reçoit en même temps le garde-corps : ces fers à T, espacés entre eux de la longueur d'une brique de 0ᵐ.22, reçoivent un plancher en briques creuses de 0ᵐ.11 d'épaisseur, sur lequel on établit ensuite les bordures en granit ainsi que le béton et le bitume dans les conditions ordinaires.

Cette disposition a pour but de donner plus de légèreté à cette partie de la construction et d'éviter, en outre, l'effet désagréable qui aurait été produit si l'on avait prolongé les voûtes en briques jusque contre les poutres de tête.

Garde-corps. — Le long des poutres de tête sont établis des garde-corps en fonte de 1 mètre de hauteur; ces garde-corps sont fixés sur des garde-grèves et sont accompagnés d'une corniche en fonte qui recouvre à l'extérieur le garde-grève.

Écoulement des eaux. — L'écoulement des eaux de la chaussée se fait au moyen de bouches d'égout placées aux angles de la partie centrale, sauf pour la rue de Vienne, qui, étant en pente, ne verse pas ses eaux sur le pont. Ces bouches d'égout correspondent à des cheminées ménagées dans l'intérieur des maçonneries des piles et qui débouchent dans les égouts établis pour l'écoulement des eaux de la gare.

Matériaux employés dans les maçonneries. — Les matériaux employés dans les maçonneries sont les suivants :

Les socles sont en granit de Diélette (Manche).

Les pilastres de tête et les chaînes sous les poutres intermédiaires, jusques et y compris le bandeau qui reçoit les portées des poutres, sont pour la plus grande partie en pierre calcaire de Saint-Ylie (Jura) à laquelle on a mélangé, pour activer les travaux, des pierres analogues provenant de Comblanchien (Côte-d'Or) et de l'Échaillon (Isère).

La partie supérieure des pilastres au-dessus des bandeaux qui reçoivent les portées des poutres, sont en pierre calcaire du département de l'Ain, présentant beaucoup de ressemblance avec celles employées dans la partie inférieure.

Les intervalles entre les maçonneries de pierre de taille sont remplis en maçonnerie de moellon brut avec parement en meulière piquée.

Le cube total des maçonneries de toute nature est de 10.325 mètres cubes et peut se décomposer de la manière suivante :

Pierre de taille calcaire de toute provenance pour libage et maçonneries de remplissage.	865ᵐᶜ	
Granit pour socles.	450	
Pierre de taille calcaire de toute provenance en élévation.	1.285	
Cube total de la pierre de taille.	2.600ᵐᶜ	2.600ᵐᶜ
Moellons bruts pour remplissage.	2.900ᵐᶜ	
Meulière piquée pour parements.	875	
Béton pour fondations.	700	
Béton maigre pour remplissage sur les voûtes en briques.	1.500	
Briques creuses pour voûtes supportant les chaussées.	1.750	
Cube total des maçonneries diverses. . . .	7.725ᵐᶜ	7.725ᵐᶜ
Cube général de la maçonnerie..		10.325ᵐᶜ

Poids du tablier. — Le poids total des métaux divers employés dans la construction du tablier est de 3.470.000 kilogrammes se décomposant de la manière suivante :

Fers et tôles de toute nature.		3.220.329
Fontes { pour plaques d'appui et glissières. . .	116.289	
pour garde-corps et corniches.. . . .	54.378	
pour contre-poids.	50.095	
Poids total des fontes.	220.762	220.762
Acier pour plaques et rouleaux.		6.286
Plomb en feuilles.		22.623
Poids total du tablier métallique.		3.470.000

Montant des dépenses. — Le montant des dépenses du pont de la place de l'Europe s'élèvera environ à la somme de 2.450.000 francs.

Bien que les décomptes ne soient pas encore définitivement arrêtés, l'avancement des travaux nous permet de donner ce chiffre comme à peu près exact. Il se décompose d'ailleurs de la manière suivante :

Maçonneries générales, y compris la chape en asphalte.	720.000 fr.
Tablier métallique.	1.600.000
Pont provisoire pour assurer la circulation pendant les travaux.	31.500
Travaux en régie, frais généraux et dépenses diverses.	98.500
Dépense totale.	2.450.000 fr

Cette dépense comprend tous les travaux exécutés pour le pont proprement dit, jusques et y compris la chape générale en bitume. Elle ne comprend pas les chaussées ni les trottoirs qui sont exécutés par la Ville de Paris.

Dans la dépense du pont, nous n'avons pas compris non plus les terrassements exécutés pour son emplacement, non plus que la démolition des anciens souterrains, travaux qui font partie de l'ensemble des travaux exécutés pour l'agrandissement de la gare Saint-Lazare.

La surface totale occupée par le pont de la place de l'Europe, y compris les culées, étant de 8.480 mètres carrés, la dépense de l'ensemble de la construction, maçonneries et tablier métallique, est, par mètre carré, d'environ 290 francs.

La surface occupée par le tablier métallique étant, ainsi que nous l'avons indiqué plus haut, de 8.080 mètres carrés, la dépense de la charpente métallique seule, est par mètre carré d'environ 200 francs.

Études des projets et exécution des travaux. — Les travaux ont été exécutés sous la direction de MM. Julien, inspecteur général des ponts et chaussées, directeur des chemins de fer de l'Ouest, et Clerc, ingénieur des ponts et chaussées, chef du service de l'entretien et de la surveillance.

Les études des projets et calculs de résistance des diverses parties de l'ouvrage, ont été préparés par les soins de M. Faivre, chef du bureau central des études de la compagnie de l'Ouest.

Les travaux de la partie métallique ont été exécutés par la société J. F. Cail et compagnie, en participation avec la société de Fives-Lille, en vertu d'une adjudication. M. Moreaux, ingénieur de cette société, a fait les études des dessins de détail pour l'exécution, et dirigé l'exécution des travaux aux usines, ainsi que le montage.

Les maçonneries ont été exécutées par M. J. Clairin.

L'exécution des travaux, au milieu de l'exploitation, a nécessité de grandes précautions pour assurer la circulation des trains. Cette exécution, qui n'a donné lieu à aucun accident ni à aucune entrave pour le service, a été dirigée par M. Le Corbeiller, ingénieur de la compagnie, ayant sous ses ordres M. Gaildry, chef de section principal.

HUITIÈME SECTION

TRAVAUX HYDRAULIQUES ET BATIMENTS CIVILS DES ARSENAUX MARITIMES.

I

PORT DE CHERBOURG.

FONDATION ET SOUBASSEMENT DU FORT CHAVAGNAC.

MINISTÈRE DE LA MARINE ET DES COLONIES.

Un modèle à l'échelle de 0^m,01 par mètre.

Dispositions générales. Emplacement. — Le soubassement du fort Chavagnac a été élevé à peu près au milieu de la passe ouest de la rade de Cherbourg, aux abords d'une roche sur laquelle on ne trouve, dans les plus basses mers, qu'une hauteur d'eau de 5 mètres.

Dès le principe, il fut admis que ce fort, placé dans une passe ouverte au nord et exposé à toute la violence de la mer du large, serait construit, comme les ouvrages militaires de la digue, sur un large massif d'enrochement à pierres perdues et défendu par des blocs artificiels.

La roche n'ayant à son sommet qu'une faible étendue et le fond s'abaissant rapidement dans toutes les directions pour se maintenir ensuite à 10 et 11 mètres de profondeur au-dessous du zéro des marées : on a reporté vers le sud le massif d'enrochement qui constitue la base sous-marine.

Cette disposition a permis d'élever les maçonneries du fort sur une couche d'enrochement d'une épaisseur uniforme (12 mètres environ), de plus, la base sous-marine ainsi placée se trouve, du côté du large, appuyée et protégée par la roche sur la moitié de sa hauteur.

Tracé, dimensions, description de l'ouvrage. — Le dessus de l'enrochement a été arasé à 1 mètre au-dessus du zéro des marées.

La forme géométrique de la surface supérieure de cet enrochement est sensiblement celle d'une ellipse dont le grand axe aurait 150 mètres et le petit 60 mètres de longueur.

Dans toute l'étendue de la demi-ellipse qui regarde le large, les talus sont inclinés à 5 de base pour 1 de hauteur depuis leur sommet jusqu'à la profondeur de 4 mètres au-dessous du zéro. Du côté de la terre l'inclinaison du talus augmente progressivement jusqu'aux abords du petit axe ; là, le talus est incliné à 1 de base pour 1 de hauteur.

La section horizontale de l'enrochement, à 4 mètres au-dessous de zéro, est par suite une sorte d'ellipse dont le grand axe a 200 mètres et le petit axe 90 mètres de longueur.

Au delà de cette section les talus sont, dans toutes les directions, inclinés à 1 de base pour 1 de hauteur.

Le soubassement en maçonnerie, élevé sur l'enrochement, a la forme d'un triangle à peu près isocèle, à angles arrondis, ayant une base de 120 mètres de longueur et une hauteur de 70 mètres.

Les maçonneries du soubassement ont une épaisseur de
15 mètres. Les parements ont été élevés verticalement du
côté de l'intérieur et avec un fruit d'un sixième du côté de
la mer.

Le dessus du soubassement est resté arasé à 9^m,43 au-
dessus du zéro des marées (2^m,28 environ au-dessus des
plus hautes mers). La hauteur totale du massif est en
moyenne de 9^m,41.

À ce soubassement, se rattache, du côté de la terre, un
petit port d'échouage de 20 mètres de largeur sur 40 mètres
de longueur compris entre des jetées en maçonnerie. La
passe de ce petit port est ouverte au sud.

La surface horizontale de l'enrochement s'étend, dans
toutes les directions, à 20 mètres au delà du pied des
maçonneries.

Cette partie de la surface de l'enrochement constitue une
risberme qui est défendue par des blocs artificiels en maçonnerie de 4 mètres de longueur, 2^m,50 de largeur et 2 mètres de hauteur, cubant par conséquent 20 mètres cubes.

Ces blocs ont été échoués à plat aussi régulièrement que
possible, leurs intervalles ont été ensuite remplis en maçonnerie, de sorte que la risberme est de fait défendue par
une couche de maçonnerie continue de 2 mètres d'épaisseur.

Les talus sont défendus dans toutes les directions de
l'ouest au sud-est en passant par le nord et jusqu'à 4 mètres
de profondeur au-dessous du zéro, par une couche de blocs
naturels de 0^{mc},21 à 1^{mc},00 ; cette couche est recouverte de
blocs artificiels, de 20 mètres cubes, échoués irrégulièrement, et venant former au bord de la risberme un bourrelet
dont la crête s'élève à 4 mètres environ au-dessus du zéro.

Mode de construction. — L'enrochement a été construit
avec des moellons et des blocs provenant du creusement du

bassin Napoléon III ; quelques blocs ont été réservés pour être jetés dans la partie nord, mais le plus souvent on s'est abstenu de trier les matériaux par catégories selon leurs dimensions.

Les blocs qui recouvrent jusqu'à 4 mètres de profondeur au-dessous du zéro et sur une épaisseur moyenne de 3 mètres les talus vers le large ont été extraits en totalité des carrières du Roule : pour ces blocs seulement on a exigé un cube et un poids minimum de 1 mètre cube pour les blocs de première classe, de 0^{mc}.21 pour les blocs de deuxième classe.

Chaque gabarre était chargée de blocs des deux classes, on exigeait seulement que dans chaque chargement de 24 mètres cubes, il y eût quatre blocs au moins de première classe.

Dès que l'enrochement a été terminé et arasé à 1 mètre au-dessus du zéro, on a entrepris, en commençant par le nord et en s'étendant successivement à l'est et à l'ouest, l'exécution de la risberme qui se compose de quatre rangs de blocs artificiels échoués à une distance de 0^m,50 à 0^m,80 les uns des autres. Les blocs des talus étaient successivement mis en place en partant de la crête de l'enrochement aussitôt après l'échouage des blocs de la risberme.

Ce n'est qu'après avoir rempli en maçonnerie les intervalles entre les blocs que l'on a entrepris, à l'abri de la risberme, les maçonneries du soubassement.

Les blocs artificiels de défense sont au nombre de 1.250. Ils ont été construits à terre sur des plates-formes roulant sur des voies de fer, partant de la laisse des plus hautes mers et s'étendant sur la plage jusqu'à la laisse des basses mers.

Ces voies étaient au nombre de quatre.

Ces blocs étaient construits en maçonnerie de moellons

(grès quartzite du Roule) et mortier de ciment dosé à 500 kilogrammes de ciment par mètre cube de sable ; le mortier était fabriqué avec des manéges à roues.

Deux jours au plus après leur achévement, les blocs étaient à basse mer amenés à la partie inférieure des voies : la pente n'étant pas suffisante, on était obligé d'employer pour la descente d'un bloc des attelages de 6 à 8 chevaux. Quinze à vingt jours après leur achévement les blocs étaient chaînés à basse mer, puis soulevés à la marée montante par des chalans couplés qu'un remorqueur conduisait à Chava-gnac.

Là, l'échouage en place s'exécutait au moment de l'étale de la haute mer.

Deux couples de chalans ont été employés à l'échouage des blocs artificiels. L'un était disposé comme ceux dont il avait été fait emploi aux travaux de la digue, et ne pouvait porter qu'un seul bloc. Cet appareil a été ultérieurement surmonté d'un treuil au moyen duquel on a pu relever, par des profondeurs de 12 à 14 mètres au-dessous du zéro, deux blocs qui, par suite d'accident, avaient échappé, reprendre et arrimer sur les talus les blocs que l'état de la mer n'avait pas permis d'échouer avec toute la précision néces-saire.

L'autre se composait de deux bateaux à pierre, jaugeant chacun 64 tonneaux, réunis par six traverses sur lesquelles on chaînait à la fois trois blocs que l'on pouvait échouer, soit simultanément, soit successivement. Ce dernier appareil a permis d'imprimer aux travaux une très-grande activité.

1.250 blocs cubant ensemble 2.500 mètres cubes ont été construits et mis en place dans le délai de quinze mois.

Le soubassement a été élevé sur une première assise en

pierres de taille dressées sur leur face inférieure et appareillées de façon à ne pas présenter de joints de plus de 0^m.03 de largeur. Ces libages cubaient en moyenne 0^{mc}.90.

On a hâté sur certains points l'exécution de cette assise en construisant à terre des blocs de **12** mètres cubes dont la face inférieure portait le parement en libages; ces blocs étaient échoués à haute mer; à basse mer, on relevait les dimensions des intervalles que l'on remplissait ensuite avec des libages convenablement appareillés.

Le parement extérieur du soubassement est en pierre de taille de granit.

Ce parement a été élevé pour ainsi dire assise par assise et en rachetant, autant que possible au fur et à mesure de la pose, les différences de tassement qui, pour les premières assises, étaient considérables.

L'exécution de la maçonnerie de remplissage en arrière du parement suivait immédiatement la pose de la pierre de taille.

Le tassement s'est régularisé au fur et à mesure de l'élévation des maçonneries. Les ruptures qui avaient été la conséquence des différences dans les tassements n'ont pas dépassé les assises inférieures: les assises supérieures sont horizontales, leur hauteur est régulière, elles ne présentent aucune disjonction.

Le tassement total moyen a été de 0^m,98, il a varié entre des limites assez étendues ; il a été de 0^m,86 à l'angle nord du soubassement, de 1^m.31 à l'extrémité sud-ouest, de 1^m.12 à l'extrémité sud-est, de 0^m.98 au tiers de la longueur de la base en partant de l'ouest.

Toutes les maçonneries du soubassement ont été exécutées, jusqu'au niveau des hautes mers de mortes eaux 4^m.40 au-dessus du zéro des marées, avec du mortier de ciment de Portland et sable, dosé à 450 kilogrammes de ciment par mètre cube de sable ; au delà de cette hauteur, la partie du massif touchant aux parements extérieurs a été construite sur 3^m,50 d'épaisseur en mortier de ciment ; le reste des maçonneries a été exécuté avec des mortiers composés de 0^{mc},60 de chaux hydraulique éteinte en poudre et 90 kilogrammes de ciment pour 1 mètre cube de sable.

Les mortiers ont été fabriqués sur place et à bras.

L'effectif du chantier n'a jamais dépassé 400 hommes : la plus grande partie des ouvriers a été à chaque marée amenée sur l'enrochement par un remorqueur, tous les transports de matériaux ont été effectués par des bateaux à voiles.

Avec cet effectif, et en travaillant aux marées de jour et de nuit, on a pu, pendant les mois d'avril, mai et juin 1864, exécuter chaque mois 3.600 mètres cubes de maçonnerie de toute nature.

Quelques ouvriers ont pu, dans l'intervalle des marées, séjourner sur un échafaudage supporté par quatre faisceaux de rails posés sur des blocs artificiels et par des épontilles en bois reposant sur l'enrochement : ces supports étaient reliés, à 2 mètres au-dessus du niveau des plus hautes mers, par un plancher qui supportait un hangar en planches, de 14 mètres de longueur sur 12 mètres de largeur, recouvert en toiles goudronnées. Cet échafaudage était contreventé par huit haubans en fer retenus par des blocs artificiels.

Le hangar a servi de magasin d'approvisionnement, de cantine et de logement pour quelques ouvriers ; il s'est maintenu sans avaries notables jusqu'au moment où l'on a pu s'établir sur les maçonneries d'une manière permanente.

Les travaux de l'enrochement commencés en 1854 étaient à très-peu près terminés en 1860.

Les travaux du soubassement en maçonnerie et de défense de la base sous-marine, commencés au mois de novembre 1861, ont été terminés en février 1865.

Les dépenses se résument comme il suit :

Enrochements	Moellons.	200.000^m	1.330.000 fr.
	Blocs du Roule.	22.000	
Maçonnerie pour blocs artificiels de défense de la risberme et des talus. . . .		27.000	1.130.000
Maçonnerie du soubassement et du port de refuge.		40.000	2.170.000
Remblais à l'intérieur du soubassement.		25.000	120.000
Frais divers et surveillance.			210.000
			4.960.000 fr.

Les premières études du projet ont été faites et la construction de l'enrochement a été exécutée sous la direction de M. Reibell, inspecteur général, et de M. Richard, ingénieur en chef, par MM. Bresson et H. Bernard, ingénieurs ordinaires des ponts et chaussées.

Le projet des maçonneries du soubassement et des travaux de défense de l'enrochement a été dressé par M. Pasquier-Vauvilliers, ingénieur ordinaire, sous la direction de M. Richard, ingénieur en chef des ponts et chaussées.

Les travaux ont été exécutés par le même ingénieur ordinaire, secondé par M. Lebrun, conducteur des travaux hydrauliques de la marine, sous la direction de M. Fontaine, ingénieur en chef des ponts et chaussées.

Les entrepreneurs de l'enrochement ont été MM. Dussaud et Rabattu.

Les entrepreneurs du soubassement ont été MM. Dussaud frères.

II

PORT DE BREST.

DOUBLE FORME DE RADOUB DU SALON.

—

MINISTÈRE DE LA MARINE ET DES COLONIES.

———

Un modèle, échelle de 0^m,01 par mètre.

———

Dispositions générales. Emplacement. — La double forme de radoub du Salon a été construite sur l'emplacement d'un contre-fort du coteau de la rive droite de la Penfeld.

Ce contre-fort a été d'abord dérasé au niveau des quais, et on a profité de la configuration de la rive pour placer la forme, de telle sorte qu'accessible par ses deux extrémités, elle pût être scindée par un bateau-porte en deux parties, constituant chacune une forme qui peut être remplie et épuisée isolément.

Cette disposition est le caractère distinctif de la double forme du Salon.

Description et dimensions de l'ouvrage. — La distance totale entre les heurtoirs des deux bateaux-portes des extrémités est de 233^m,35. La rainure du bateau-porte intermédiaire est sensiblement au milieu de l'espace compris entre les heurtoirs des deux têtes de la forme.

La largeur de la forme au niveau des quais est de 34 mètres.

Les largeurs des écluses sont :

Pour l'écluse principale ouverte vers l'embouchure
de la Penfeld, de. . . . . 28^m,00
Pour l'écluse opposée, de. . . . . 21 ,63
Pour l'écluse intermédiaire, de. . . . . 31 ,26

Le profil en travers de la forme ne présente aucune disposition particulière.

Les radiers des écluses sont arasés, savoir :

Le radier de l'entrée ouverte vers l'embouchure de la Penfeld, à 2^m,30 au-dessous du zéro de l'échelle des marées.

Les radiers de l'entrée opposée et de l'écluse intermédiaire, sont au même niveau, à 3^m,30 au-dessous du zéro.

Le fond de chacune des sections de la forme est à 1 mètre au-dessous du seuil de l'entrée adjacente.

Ces dispositions assurent une hauteur d'eau de 7^m,50 en mortes eaux et de 10^m,50 en vives eaux sur le radier de la première entrée, et des hauteurs d'eau de 8^m,50 et 11^m,50 sur le radier de l'écluse opposée.

Système de construction. — La fouille a été ouverte dans le rocher (gneiss compacte) en deux parties, l'une pour la partie nord, l'autre pour la partie sud de la forme. La partie sud a été exécutée à l'abri d'un batardeau en maçonnerie fondé sur le rocher à 1^m,40 au-dessus du niveau des plus basses mers.

À l'abri de ce même batardeau, on a établi les maçonneries parementées en pierre de taille qui constituent les parois de la forme, l'écluse d'entrée et l'écluse intermédiaire.

Pour ouvrir la passe, on avait à enlever le batardeau, à déblayer jusqu'à la profondeur de 3^m,60 au-dessous du niveau des plus basses mers le rocher sur lequel le batardeau était construit, et enfin à draguer les vases qui recouvraient le rocher sur une épaisseur de 3 à 4 mètres.

Pour cela le rocher a été coupé à pic à 1 mètre environ en arrière du batardeau. Dans le parement ainsi obtenu on a percé, perpendiculairement à la direction du batardeau, dix galeries qui ont été poussées au delà du parement extérieur du batardeau, jusqu'à ce que l'on fût arrêté par l'abondance des filtrations. On a ainsi généralement dépassé de 3 à 4 mètres l'aplomb de ce parement.

Le ciel de ces galeries a conservé une épaisseur de 1 à 2 mètres. Ces galeries achevées, on a ruiné les pieds-droits, sauf la partie faisant parement du côté de la forme, et l'on a successivement remplacé ces pieds-droits par des étais en charpente; en somme on est arrivé ainsi à obtenir, au-dessous du batardeau, une chambre soutenue par des étais et ayant 40 mètres environ de longueur sur 8 à 10 mètres de largeur; cette dernière dimension a été étendue par de nouveaux déblais qui ont été poussés aussi loin que l'a permis la sécurité des ouvriers employés aux travaux.

On a ensuite laissé monter les eaux dans la forme, puis après avoir enlevé à la marée les maçonneries du batardeau, on a détruit au moyen de touques chargées de 50 kilogrammes de poudre environ et tirées au moment de la pleine mer, le plafond de la chambre sous-marine.

L'ouverture de la passe et l'enlèvement du rocher ont été exécutés ensuite, soit à la drague, soit au scaphandre

La fouille dans laquelle s'exécute la construction de la seconde partie de la forme double est isolée de la Penfeld, d'une part, par les quais existants vers l'amont; d'autre part, par le bateau-porte de l'entrée de la première partie et au besoin par le bateau-porte de l'écluse intermédiaire.

La double forme de radoub du Salou a été commencée en 1859 et sera terminée en 1867.

L'ensemble des ouvrages, non compris le dérasement du coteau, aura coûté environ 4.500.000 francs.

Les travaux ont été projetés et dirigés par MM. Debargne, ingénieur en chef, et Verrier, ingénieur ordinaire des ponts et chaussées.

Les entrepreneurs ont été MM. Kermarec pour la construction de la première partie, et Le Tessier de Launay pour la construction de la deuxième partie.

Les trois bateaux-portes sont exécutés par trois entrepreneurs, MM. Claparède, Dubigeon et Lebanneur.

III

PORT DE LORIENT.

APPLICATION DE L'EAU COMPRIMÉE A LA MANŒUVRE
DES VANNES D'UNE FORME DE RADOUB.

—

MINISTÈRE DE LA MARINE ET DES COLONIES

Deux modèles, échelle de 0^m,05 par mètre.

—

Considérations générales. — L'appareil de ventellerie des formes de radoub du port de Lorient se compose de six vannes qui doivent pouvoir être manœuvrées indépendamment les unes des autres, et sous la pression d'une hauteur d'eau qui peut s'élever à 11^m,40 sur les vannes des aqueducs d'aspiration, et à 5 mètres sur celles des aqueducs d'évacuation.

Généralement les vannes des formes de radoub se manœuvrent à bras, mais alors il faut, surtout lorsque les vannes sont en pression, ou employer un nombreux personnel, ou se résoudre à n'opérer que très-lentement des manœuvres qu'il peut être nécessaire de faire très-promptement.

C'est dans le but d'obvier à cet inconvénient que le principe des grues hydrauliques, si répandues dans les

ports anglais, a été appliqué au levage des vannes des
formes de Lorient.

On a voulu de p'us n'avoir à installer aucun moteur
spécial, et pour cela, la force nécessaire à la compression
de l'eau a été empruntée aux machines d'un atelier voisin ;
de là la nécessité d'adopter des dispositions particulières
et telles, que l'appareil hydraulique n'apportât aucune
perturbation dans la marche de l'outillage de cet atelier.

Description des appareils. Dimensions principales. —
Chaque vanne est saisie par deux tiges en bois attachées à
une traverse, qui est fixée en son milieu à la tige du piston
plein d'un cylindre fixe. L'eau comprimée à 50 atmosphères
peut être introduite au-dessous ou au-dessus de ce piston
et déterminer ainsi l'ascension ou la descente de la vanne.

Le renversement de la pression s'opère au moyen d'un
tiroir qui se manœuvre par un levier.

Cet appareil est fixé au-dessous du niveau du terre-plein
du quai, dans une chambre de manœuvre attenant au puits
de la vanne.

Le diamètre intérieur des cylindres est de 0^m,11 ou
0^m,16, en rapport avec la charge d'eau maximum sous
laquelle les vannes doivent pouvoir être levées.

La pression d'eau est réglée par un accumulateur qui se
compose d'un cylindre vertical en fonte, dans lequel se
meut un plongeur de 0^m,45 de diamètre, portant une
charge de 80.480 kilogrammes correspondante à une pression absolue, dans le cylindre, de 50 atmosphères.

La course totale du piston plongeur est de 3^m,65. Cette
course correspond à un volume engendré de 0^{mc},580.

L'eau est comprimée et refoulée dans l'accumulateur
par trois pompes foulantes à piston plein donnant un refoulement continu. Le diamètre de ces pistons est de

0^m,055. Le mouvement est transmis de l'arbre de couche de l'atelier à ces pompes, par une courroie croisée passant sur des poulies coniques semblables, placées de telle sorte que le plus grand diamètre de l'une soit opposé au plus petit diamètre de l'autre.

Le piston de l'accumulateur agit, dans son mouvement, sur un chariot embrassant le point de croisement de la courroie, et communiquant aux courroies elles-mêmes un mouvement de translation qui modifie le rapport des diamètres de la partie agissante des deux poulies et par suite la vitesse des pompes.

Cette vitesse atteint son maximum quand le cylindre de l'accumulateur est vide; quand ce cylindre est plein, la courroie arrive sur l'une des poulies à une partie folle et les pompes s'arrêtent pour reprendre leur mouvement dès qu'il y a dépense d'eau.

Avec ce mode de transmission de mouvement, l'appareil n'a pas besoin d'être surveillé, et l'on évite l'emprunt trop brusque d'une force notable à la machine de l'atelier.

Tous les mécanismes de sécurité appliqués en Angleterre aux appareils hydrauliques ont d'ailleurs été établis à l'appareil de Lorient.

Ces mécanismes sont actionnés par des tiges, des chaînes sans fin ou des contre-poids sur lesquels le piston de l'accumulateur réagit dans son mouvement.

Les pompes à leur vitesse maximum donnent quarante coups de piston, et à leur vitesse minimum dix coups de piston par minute. Elles refoulent alors de 48 à 12 litres d'eau par minute dans le cylindre accumulateur et le remplissent en vingt minutes. Les pompes ensemble peuvent emprunter une force maximum de 10 à 12 chevaux-vapeur à la machine à vapeur de l'atelier.

La dépense d'eau est de 54 litres pour la montée et la descente d'une grande vanne, et de 18 litres pour la montée et la descente d'une petite vanne.

L'appareil est donc bien plus que suffisant pour l'ouverture des vannes de la forme qui ne se manœuvrent qu'à de longs intervalles ; il doit servir plus tard à la manœuvre de grues et autres appareils à placer autour des formes.

Tel qu'il est construit, cet appareil emmagasine le travail disponible de la machine de l'atelier, sous une forme telle, que l'on pourrait en obtenir dans un temps très-court des efforts que la machine ne produirait pas directement.

Avec des pompes et des accumulateurs établis près des machines motrices de tous les ateliers d'un arsenal, on aurait à sa disposition une quantité de travail considérable, qu'un réseau de conduites de pression permettrait de transmettre, pour ainsi dire instantanément, en totalité ou en partie, sur tel point qu'on le voudrait.

Les travaux ont été exécutés de 1863 à 1865.

La dépense totale s'est élevée à la somme de 80.000 fr.

Cette somme se décompose comme suit :

Vannes, y compris le mécanisme servant à les manœuvrer.   50.000 fr.
Accumulateur, transmission de mouvement, pompes, etc.   27.000
Réservoir d'eau et conduites. 3.000

Total. . . . .   80.000 fr.

Les travaux ont été exécutés sous la direction de MM. Noyon, ingénieur en chef, et Bourdelles, ingénieur ordinaire des ponts et chaussées.

Les appareils hydrauliques ont été étudiés et construits par M. Neustadt, ingénieur civil, entrepreneur des travaux.

IV

PORT DE LORIENT.

PONT ET QUAIS DE CAUDAN ÉTABLIS SUR LE SCORFF, DANS LE PORT DE LORIENT.

MINISTÈRE DE LA MARINE ET DES COLONIES.

Deux modèles.
Un atlas de dessins.

Dispositions générales. Description. — Le pont de Caudan met en communication les deux parties de l'arsenal de Lorient qui sont séparées par le Scorff. Il remplace une ancienne passerelle établie sur des palées en bois qui ont été détruites par les tarets.

Le pont de Caudan a 256 mètres de longueur et se compose d'une partie centrale flottante reliée par une partie fixe aux quais des deux rives.

La partie flottante a 151 mètres de longueur; elle est formée par la réunion de radeaux amarrés bout à bout, et rattachés aux piles en maçonnerie qui terminent les parties fixes par des appontements, supportés d'un bout par les radeaux, et de l'autre par un axe, fixé aux piles, autour duquel ces appontements peuvent tourner.

Ces appontements sont, de plus, articulés au tiers de leur longueur. Un ponton flottant maintient le point d'articulation à une hauteur constante au-dessus du niveau de l'eau et suffisante pour le passage des embarcations.

Les parties fixes sont composées de poutres à croisillons en bois de 41 mètres de portée; la hauteur de chaque poutre est de 3^m,50.

Ces poutres, construites à flot sur des chalands, ont été amenées à haute mer à l'aplomb de leur emplacement et échouées en place sur les piles, à marée descendante.

Système de fondation. — Les fondations des quais et des piles reposent sur un rocher schisteux que l'on trouve à 12 ou 15 mètres au-dessous du fond du lit, ou à 15 ou 18 mètres au-dessous du niveau des hautes mers. Ce rocher est recouvert d'une couche caillouteuse de peu d'épaisseur très-aquifère et d'une puissante couche de vase sans consistance.

Ces fondations ont été établies au moyen de puits maçonnés au fur et à mesure de leur enfoncement dans la vase. On hâtait et on régularisait le tassement en déblayant la vase à l'intérieur des puits.

Le puits une fois descendu et soudé au rocher à sa partie inférieure, était rempli en béton.

Chaque pile en rivière a été construite au moyen d'un seul puits, ayant extérieurement 4^m,50 de largeur sur 6^m,50 de longueur.

Le quai de la rive gauche est supporté par huit puits rectangulaires de 3 mètres de largeur sur 6 mètres de longueur. Ces puits sont distants de 9 mètres d'axe en axe; ils supportent des voûtes en arc de cercle de 6 mètres d'ouverture et 1 mètre de flèche qui, à leur tour, supportent le mur de quai.

La naissance des voûtes est au niveau des basses mers de vive eau.

Une plate-forme en charpente supportée par des pieux et s'étendant à 10 mètres en arrière de la face intérieure du mur de quai, arrête, un peu au-dessous du niveau de l'extrados des voûtes, les vases qui tendent à s'écouler par es vides du quai.

Le quai de la rive droite a été fondé sur pilotis ; on a craint, en employant les puits maçonnés, de compromettre la solidité du quai existant, fondé sur pilotis, avec lequel on devait se raccorder à peu de distance de la culée du pont.

Le foncement de chaque puits a présenté des circonstances particulières qui ont nécessité des précautions spéciales. En général on a procédé comme il suit :

La vase étant régalée au niveau de mi-marée, on échouait en place un cadre en charpente. La face supérieure de ce cadre destinée à recevoir la maçonnerie était plane ; la face inférieure était constituée par des plans inclinés à 45 degrés sur la face supérieure et venant se couper dans l'axe des murs du puits ; l'épaisseur de ces murs était de 1 mètre à $1^m,20$. La maçonnerie était exécutée avec des mortiers de ciment sur environ 2 mètres de hauteur, et au delà de cette hauteur, avec des mortiers de chaux hydraulique.

Dès les premiers moments de la descente, le passage des eaux sous la plate-forme était arrêté, et le déblai à l'intérieur s'exécutait sans épuisement important.

On combattait successivement et au fur et à mesure qu'elles se produisaient, les tendances au renversement, soit en surchargeant le côté le plus élevé des maçonneries, soit en activant du même côté le travail du déblai, soit en modérant le tassement du côté opposé, en introduisant des madriers horizontalement sous l'arête du cadre.

Pour relier la maçonnerie du puits au rocher, qui avait en général une pente notable vers la rivière, on arrêtait les déblais et par suite la descente des maçonneries, lorsque le tranchant du cadre était rendu à 1 mètre environ au-dessus du rocher.

Or, aussitôt que l'on arrivait à la couche caillouteuse, les eaux douces affluaient en abondance et les vases rentraient dans le puits. Après divers essais, on s'est décidé à battre à l'aide d'un faux pieu, autour de chaque puits et suivant le parement extérieur de la maçonnerie, une file de pieux jointifs. et l'on a pu ainsi, au moyen d'épuisements, enlever les cadres. reprendre en sous-œuvre jusqu'au rocher la maçonnerie des puits, et enfin remplir de béton le vide des puits.

Les difficultés de ce genre de travail résultent de la fluidité des vases. Ainsi les puits du quai de la rive gauche, que l'on enfonçait dans un sol surchargé d'un côté par le talus de la rive, tendaient tous à s'incliner de la tête vers ce talus. Le battage des pieux de la plate-forme destinée à soutenir le remblai en arrière de la ligne du quai, a suffi pour arrêter cet effet de la sous-pression résultant du poids des terres du talus; il a même, dans certains cas, produit une tendance au déversement du côté opposé.

On a constaté qu'un puits foncé à proximité d'un autre puits tendait à s'en rapprocher par le pied, et par ce motif on a dû construire d'abord les puits extrêmes, puis successivement les puits intermédiaires, dans un ordre tel que chacun d'eux fût toujours également distant des deux puits voisins. On a enfin reconnu que dans l'opération du foncement d'un puits. les vases se ramollissent et qu'il s'opère dans la masse des mouvements qui s'étendent à une assez grande distance autour du puits.

Cette dernière observation a conduit à prendre des précautions particulières pour la construction du puits de la pile adjacente à la rive droite.

On avait à craindre que le foncement de cette pile ne produisît des mouvements dans les pilotis qui supportent l'ancien mur de quai, et pour les éviter, on a foncé ce puits dans une enceinte de pieux jointifs battus à 1 mètre des parois extérieures de la maçonnerie et descendus jusqu'au rocher. Enfin, pour rendre l'opération plus rapide, on a effectué les épuisements et le montage des déblais au moyen d'une locomobile.

Avec cette installation, qui est représentée au modèle, on est arrivé à un enfoncement moyen de 1 mètre par jour : la reprise en sous-œuvre, jusqu'au rocher, n'a exigé pour ce puits aucune précaution particulière. elle a été terminée en six jours.

Époque et durée des travaux. — Les travaux, commencés en novembre 1862, ont été terminés en 1866.

Dépenses. — Le pont de Caudan et les quais adjacents ont donné lieu à une dépense totale de 370.000 francs.

Le prix du mètre courant de quai a été de 2.870 francs pour les quais de la rive gauche fondés sur des puits, et de 1.370 francs pour les quais de la rive droite fondés sur pilotis.

Par mètre carré de surface et par mètre de hauteur, les puits foncés pour les quais et les piles ont coûté en moyenne 43',60 ; on a utilisé pour les fondations 66 p. 100 de surface des puits.

La profondeur à laquelle on est descendu dans la vase, a varié de 10 mètres à 16 mètres.

Les travaux ont été projetés et exécutés en régie sous la direction de M. Noyon, ingénieur en chef des ponts et chaussées ; les premières études ont été faites par M. Proszniski, ingénieur des ponts et chaussées ; le projet définitif a été dressé et les travaux d'exécution ont été dirigés par M. Bondelles, ingénieur des ponts et chaussées, secondé par M. Kiesel, conducteur des travaux hydrauliques de la marine.

V

PORT DE TOULON.
GRAND APPAREIL DE TRANSBORDEMENT ET DE MATAGE.

—

MINISTÈRE DE LA MARINE ET DES COLONIES.

Un modèle à l'échelle de 0^m,02 par mètre.

Dispositions générales, emplacement et objet de l'appareil.
— Les principaux ateliers de réparation des machines à vapeur sont disposés, au port de Toulon, autour de la darse de Castigneau. Ces ateliers constituent un puissant outillage, dont le complément indispensable a été l'établissement, sur les quais de la darse, d'un appareil capable de soulever les chaudières et les plus fortes pièces des machines; on a voulu de plus que cet appareil pût, au besoin, servir de machine à mâter pour les plus grands bâtiments.

Cet appareil a été placé dans l'axe de la grande voie qui sépare la fonderie de l'atelier des machines à vapeur; une voie ferrée et des plaques tournantes le mettent en communication avec tous les établissements de l'arsenal et notamment avec le magasin et l'atelier des chaudières, la fonderie, l'ajustage, les trois formes de radoub de Castigneau, etc.

Le système est tel que le quai, sur lequel l'appareil est placé, reste livré à la circulation sur toute sa largeur qui est de 20 mètres.

Description de l'appareil. Dimensions principales. — La machine se compose de deux couples de bigues en tôle et cornières formant deux chevalets d'égale longueur.

La section des montants est rectangulaire.

Chaque bigue s'appuie sur le terre-plein du quai par deux sabots à rotules placés les uns sur le bord du quai, les autres à 23 mètres en arrière.

Les deux bigues sont reliées en tête par un pont articulé à ses extrémités; en sorte que le pont, les montants des deux bigues et les lignes horizontales passant par les rotules, forment un parallélogramme articulé incliné vers la mer.

Ces dispositions assurent l'horizontalité du pont et une égale répartition des efforts dans tout le système.

Le pont est composé de deux poutres rectangulaires en tôle et cornières. Ces deux poutres, reliées à leurs extrémités et indépendantes l'une de l'autre sur le reste de leur longueur, portent chacune un rail sur lequel roule le chariot portant la charge.

Tout le système est retenu à l'arrière par quatre haubans formés de bielles juxtaposées; chacun d'eux est solidement ancré dans un massif de maçonnerie.

Deux haubans en fils de fer ont été jugés nécessaires pour mettre l'appareil en état de résister aux coups de vent tendant à le renverser transversalement.

Les dimensions principales de l'appareil sont les suivantes :

Bigues. — Longueur de l'extrémité du sabot à l'axe d'articulation. . . . . 45^m,222

Distance horizontale à la base des axes des sabots des
montants d'une bigue. . . . . 12^m,000
Distance horizontale des axes des montants paral-
lèles des deux bigues. . . . . 23 ,000
Distance de l'arête du quai à l'axe des sabots des
bigues d'avant. . . . . 2 ,000
Pont. — Distance horizontale des axes d'articulation. . . 23 ,000
Hauteur des pontres à l'axe du pont. . . . . 1 ,500
Distance d'axe en axe des rails du pont. . . . . 1 ,300
Hauteur des rails du pont au-dessus du niveau du
quai. . . . . 40 ,925
Haubans de retenue. — Distance de l'axe des sabots de la
bigue d'avant au point d'ancrage des haubans de
cette bigue. . . . . 15 ,500
Distance de l'axe des sabots de la bigue d'arrière au
point d'ancrage des haubans de cette bigue. . . . 38 ,500
Distance horizontale des points d'ancrage des deux
haubans des bigues d'avant et d'arrière. . . . . . . 24 ,000
Distance horizontale des points d'attache des haubans de contreventement. . . . . 25 ,000
Portée. — Portée totale maximum au delà de l'arête du
quai. . . . . 19 ,500

Les efforts maximum transmis aux diverses parties de
l'appareil par une charge mobile de 60.000 kilogrammes
sont :

Compression sur les bigues d'avant. . . . . . 120.000 kilogr.
Compression sur les bigues d'arrière. . . . . 124.000   —
Traction sur les tirants. . . . . 75.000   —

Les dimensions des diverses parties de l'appareil ont été
calculées pour un travail maximum de 6 kilogrammes par
millimètre superficiel de section.

L'appareil est mû par la vapeur.

Le générateur de vapeur, timbré à 6 atmosphères, est installé à proximité de l'appareil; une communication établie
entre ce générateur et la conduite générale qui distribue
dans l'arsenal de la vapeur à 3 ou 4 atmosphères, permet
de mettre très-rapidement ce générateur en pression.

La machine à vapeur est installée sur une galerie supportée par les bigues d'arrière à 7 mètres au-dessus du niveau du quai.

Le poste du mécanicien est sur cette galerie ; il a, réunis sous sa main, tous les leviers qui commandent les mouvements de l'appareil : de ce poste il peut suivre de l'œil toutes les manœuvres à opérer.

La machine à vapeur est de la force de 25 à 30 chevaux. Elle est à deux cylindres accouplés avec changement de marche ; elle actionne isolément ou simultanément, et dans les deux sens, deux treuils servant, l'un aux mouvements verticaux, l'autre aux mouvements horizontaux de la charge.

Le premier de ces treuils et à vis sans fin est à chaîne de Gall. Il peut soulever un poids net de 50.000 kilogrammes. La chaîne porte deux crochets servant, l'un au transbordement des fardeaux et au mâtage des petits navires, l'autre au mâtage des grands bâtiments.

La course totale de ces crochets est de 46 mètres, savoir : 8 mètres en contre-bas et 38 mètres en contre-haut de l'arête du quai.

La chaîne de Gall du treuil élévatoire s'emmagasine dans un coffre placé entre les montants des bigues d'arrière.

Le second treuil est comme le premier, à vis sans fin et à chaîne de Gall.

Ces deux treuils sont installés comme la machine à vapeur sur la galerie. Leur mouvement est transmis à la tête des bigues par une chaîne de Gall sans fin.

Les manœuvres s'opèrent avec deux vitesses.

Treuil servant à l'élévation de la charge.

	Par minute
Petite vitesse pour les charges de 25 à 50 tonnes.	0ᵐ.40
Grande vitesse pour les charges inférieures à 25 tonnes. . . .	0 .80

Treuil servant à la translation horizontale de la charge.

Par minute

Petite vitesse pour les poids de 25 à 50 tonnes. 0ᵐ.45
Grande vitesse pour les poids inférieurs à 25 tonnes. . . . . . 0 ,90

Des mécanismes de sûreté arrêtent automatiquement l'introduction de la vapeur, quand les limites assignées par l'appareil à la course horizontale du fardeau sont atteintes.

Système de construction des fondations. — Le sol étant compressible, on a construit pour supporter le pied de chaque bigue un massif de maçonnerie ordinaire avec mortier de chaux hydraulique du Theil.

Chaque massif est isolé, il repose sur vingt-cinq pieux.

Pour éviter tout tassement ultérieur, chacun de ces massifs a été soumis pendant un mois à une charge d'épreuve de 200 tonnes, à peu près le double de la charge maximum que peut transmettre au sol chacun des montants des bigues.

Les dimensions des massifs d'ancrage ont été calculées telles que le poids de ces massifs fît équilibre à une traction équivalente à quatre fois le plus grand effort que les haubans peuvent exercer.

Ces massifs ont été construits en maçonnerie de ciment de Portland ; ils renferment dans leur intérieur un réseau de tirants en fer rattachés par de forts scellements aux fondations des ateliers de la fonderie et des chaudières à vapeur.

L'intervalle entre les massifs a été voûté et sert de magasin d'apparaux.

La mise en place a été faite en trois opérations, savoir :

Érection de la bigue d'arrière ;

Érection de la bigue d'avant ;

Mise en place du pont qui relie les têtes des bigues.

La bigue d'arrière, portant en tête la partie du pont qui

constitue l'articulation, a été couchée horizontalement sur
le quai, les sabots des montants ont été solidement butés
au-dessus de leur position définitive ; un chaland supportait la tête de la bigue au delà de l'arête du quai.

Les haubans, préalablement fixés à la tête de la bigue,
étaient couchés sur les montants.

Un chevalet provisoire en charpente de 30 mètres de
hauteur, convenablement consolidé par des haubans, était
placé au pied de la bigue à mettre en place.

Sur la traverse de tête de ce chevalet, étaient frappés six
palans et deux cartahuts rattachés symétriquemement à la
partie supérieure de chacun des montants de la bigue.

Les garants des palans et des cartahuts aboutissaient à
huit cabestans solidement ancrés dans le sol.

Une machine à mâter flottante a en outre concouru au
levage en soulevant directement la tête des bigues. Toutefois, cette machine n'a pu agir que pendant une partie de
l'opération.

Deux treuils à engrenages ont en outre servi à roidir les
haubans définitifs et à amener leur extrémité inférieure à
leur point d'attache sur les massifs de retenue.

Au moyen de ces dispositions la bigue d'arrière, pesant
environ 160.000 kilogrammes, a été mise en place en quatre
heures par 600 hommes agissant, savoir : 400 sur les apparaux à terre, et 200 sur les apparaux de la mâture
flottante.

Cette première bigue a servi de chevalet pour l'érection
de la seconde, au moyen du même personnel et dans le
même temps.

Il restait à soulever la partie intermédiaire du pont et à
la rattacher aux parties déjà fixées aux têtes des bigues.

La première partie de cette opération a consisté à ame-

ner les deux poutres, convenablement reliées entre elles
et posées sur des chalands, à l'aplomb de leur position définitive ; là, elles ont été saisies au moyen de quatre palans
frappés d'une part aux extrémités de bras fixés provisoirement aux têtes des bigues avant leur érection, et d'autre
part aux extrémités des poutres.

Les garants de ces palans étaient, au moyen de poulies
de retour, ramenés à quatre cabestans.

La jonction était une opération délicate : on y a pourvu
comme il suit :

Les poutres avaient été projetées, construites et assemblées avec un joint spécial à chaque extrémité.

Dans ce joint la tôle de l'âme avait été ajustée bout à
bout. Il en était de même des cornières et des semelles ; et
la continuité avait été rétablie par des contre-plaques, des
cornières et des semelles supplémentaires recouvrant le
joint, et enfin par le rail du chemin de fer.

Les poutres étant ainsi assemblées, on a réuni les deux
poutres sur toute leur longueur par des croisillons en fer
rivés sur les semelles ; on les a solidement étrésillonnées à
l'intérieur, en sorte que l'on a pu démonter les joints d'extrémités, puis procéder au levage sans changer la position relative des deux poutres.

Les têtes des bigues ayant été, au moyen du ridage des
haubans, écartées l'une de l'autre pour le passage de la
partie intermédiaire de la poutre, on les a rapprochées par
une manœuvre inverse et par l'action d'un palan frappé sur
les deux têtes.

On a pu de cette façon amener en contact les sections de
la poutre, présenter les contre-plaques, les cornières et les
semelles supplémentaires et passer des broches dans tous les
trous des rivets.

L'opération de la mise en place du pont a nécessité l'emploi de 200 hommes ; elle a duré cinq heures.

Dix jours ont été employés à substituer successivement des rivets aux broches.

Les essais ont consisté à retirer de son emplanture, à descendre à la mer et à remettre dans son emplanture, un grand mât de vaisseau pesant 27 tonnes et ayant 39^m,50 de longueur.

Cette opération a été faite par 25 hommes en trois heures.

A prendre à fond de cale une chaudière de 33 tonnes et à l'amener à quai sur un wagon.

Cette opération a duré 1^h.28 minutes.

A prendre une charge de 60 tonnes sur un wagon, à l'élever à 20 mètres de hauteur, à la transporter à 17^m,50 au delà de l'arête du quai, à la ramener ensuite sur le wagon dans sa position primitive.

Cette opération a été effectuée en 1^h.40 minutes.

Sous le poids de 60 tonnes suspendu à l'appareil pendant six heures, le pont a pris une flèche de 0,008.

Les travaux commencés à la fin de 1863 ont été terminés en deux années.

La partie métallique de l'appareil pèse environ 390.000 kilogrammes.

Les dépenses se sont élevées, savoir :

Partie métallique.	400.000 fr.
Fondation, apparaux et personnel pour l'érection. . .	100.000
Dépense totale.	500.000 fr.

Observations diverses. — Les avantages de cet appareil sont : la célérité et la sécurité des manœuvres, l'application de la vapeur à des opérations qui exigeaient l'emploi de 350 à 400 hommes.

La grande saillie du crochet au delà de l'arête du quai, permet d'exécuter toutes les manœuvres sans avoir à déplacer les bâtiments, et le quai reste complétement dégagé dans toute sa largeur.

L'appareil a été étudié et proposé par M. Camille Neustadt, ingénieur civil à Paris, sur un programme concerté entre les directions des travaux hydrauliques, des constructions navales et des mouvements du port.

Il a été construit et mis en place sous la direction de MM. Raoulx, ingénieur en chef des ponts et chaussées; Malbes, ingénieur ordinaire; Peschard d'Ambly, ingénieur des constructions navales, qui ont été secondés pour la surveillance et la conduite des travaux de fondation par M. Merle jeune, conducteur des travaux hydrauliques de la marine.

M. Neustadt, auteur du projet et entrepreneur de la partie métallique, l'a fait exécuter dans les ateliers de MM. Parent, Schaken, Caillet et compagnie, constructeurs à Fives-Lille (Nord).

Les opérations du levage ont été conduites par M. Montandon, ingénieur civil.

VI

PORT DE ROCHEFORT.
FONDATION ET SOUBASSEMENT DU FORT BOYARD.

—

MINISTÈRE DE LA MARINE ET DES COLONIES.

Un modèle à l'échelle de 0^m.01 par mètre.

—

La construction d'un fort destiné à défendre l'entrée de la rade de l'île d'Aix fut arrêtée en principe en 1801.

Il avait d'abord été décidé que ce fort serait construit sur le banc de la Longe-de-Boyard qui découvre dans les basses marées d'équinoxe, mais on reconnut bientôt qu'au lieu de se trouver au milieu de la passe de 5.000 mètres de largeur environ, qui sépare l'île d'Aix de l'île d'Oléron, ce banc était très-rapproché de l'une des rives; il fut alors arrêté que le fort serait placé au milieu de la passe, sur un fond de sable, par 4^m.50 d'eau à basse mer, et qu'il serait élevé sur un enrochement à pierres perdues.

Le projet qui fut approuvé sur le rapport de M. Ferregeau, alors inspecteur général des travaux maritimes, consistait à établir un enrochement à pierres perdues avec talus inclinés dans toutes les directions à 6 de base pour 1 de hauteur.

Sur cet enrochement, qui eût présenté au niveau des

basses mers une surface elliptique de 100 mètres de long
sur 50 de large, on eût maçonné trois assises de très-grosses
pierres qui se seraient étendues sur le talus jusqu'au-dessous du niveau des plus basses mers.

Sur cette sorte de radier on eût élevé les maçonneries du
soubassement consistant en un anneau elliptique en maçonnerie pleine présentant du côté de la mer un parement
cycloïdal.

À 2 mètres au-dessus du niveau des plus hautes mers, on
devait obtenir pour recevoir le fort une surface horizontale elliptique de 80 mètres de long sur 40 mètres de
large.

Les mortiers devaient être composés avec les chaux ordinaires du pays mélangées à la pouzzolane d'Italie et au trass
de Hollande.

L'exécution fut commencée en 1803.

Le lieu des travaux étant éloigné de tout centre de population, on dut d'abord créer de toutes pièces sur l'île
d'Oléron, à l'entrée du chenal de la Perrotine, un établissement comprenant à la fois des magasins, des ateliers et des
logements pour la totalité du personnel employé aux travaux.

L'exécution, par voie d'entreprise, fut tentée sans succès,
et bientôt on fut conduit, faute d'entrepreneur, à faire exécuter les travaux en régie par des travailleurs militaires.

En 1804 seulement on put échouer, au centre de l'enrochement, une balise consistant en une tige de fer scellée
dans un bloc de pierre de 7 mètres cubes et commencer
les versements.

En 1806, après deux années de travail, le cube des matériaux versés s'élevait à 40.000 mètres cubes, l'enrochement découvrait à basse mer sur une assez grande éten-

dus, on commença la pose de la première assise de blocs.

Ces blocs cubaient de 2 à 3 mètres cubes; ils étaient amenés et échoués en place au moyen de flotteurs.

Dès que la première assise eut une certaine étendue, on commença la seconde; les joints et les lits de cette seconde assise étaient garnis en béton, les pierres des rives étaient réunies par des crampons en fer.

A la fin de 1806, on avait versé 60.000 mètres cubes d'enrochement, posé les 4/5 de la première assise et les 2/3 de la seconde, et pour cela on avait dépensé 2.600.000 fr.

Mais les tempêtes de l'hiver de 1807 à 1808 ayant détruit presque entièrement les deux assises déjà posées, le mode de fondation fut remis en question.

Les ingénieurs ayant attribué les avaries à l'insuffisance des liaisons des pierres de taille, il fut décidé, sur la proposition de MM. de Prony et Sganzin, inspecteurs généraux des ponts et chaussées, que les travaux seraient continués comme ils avaient été commencés, mais que l'on réduirait les dimensions du fort, que l'on changerait son orientation et que l'on augmenterait les dimensions des fers qui devaient rendre solidaires la plus grande partie des pierres de taille de la fondation.

Interrompus en 1809, après l'affaire des brûlots, les travaux ne furent repris qu'en 1839.

A cette époque, on constata que l'enrochement était compact, et qu'il avait tassé depuis 1807 de 1 mètre environ.

Le projet qui fut alors dressé était analogue aux projets antérieurs: on substituait toutefois, aux pierres de taille des assises de fondation, des blocs artificiels en maçonnerie, d'un plus grand volume, et aux liaisons en fer, l'emploi du ciment.

La dépense totale à faire, pour élever le soubassement à

2 mètres au-dessus du zéro des marées, fut évaluée par le projet à 2.950.000 fr.

Ce soubassement devait avoir à son sommet 65 mètres de longueur sur 35 mètres de largeur. La direction assignée à la plus grande dimension devait être la direction constante dans laquelle les lames se propagent dans les tempêtes (nord, 27 degrés ouest).

Le soubassement devait être élevé sur un massif général arasé à 1^m,50 au-dessus des plus basses mers et saillant de 2 mètres au delà du parement extérieur.

On devait établir ce massif en construisant sur l'enrochement des murettes en maçonnerie de moellons et mortier de ciment, de 1 mètre d'épaisseur, partageant la surface de la fondation en cases que l'on aurait ensuite remplies de béton fait avec du mortier de chaux hydraulique et recouverts d'un pavage en maçonnerie de ciment; enfin la risberme devait être protégée par trois lignes de blocs artificiels de 15 mètres cubes.

Les travaux furent commencés en 1842 et poursuivis suivant les dispositions du projet.

Une difficulté se présenta pour la construction des murettes qu'il fallut souvent fonder sur des parties de l'enrochement restées au-dessous du niveau des basses mers.

Sur le conseil de M. l'inspecteur général Bernard, on obvia à cette difficulté en renfermant le béton dans des sacs de toile, assez épaisse pour empêcher le délavage et assez claire pour que le mortier établît une liaison entre les sacs.

Les maçonneries ont été commencées par le sud, de là, on s'est avancé vers le nord avec des retraites successives disposées de façon à ne pas charger trop inégalement la fondation.

Au commencement de 1846, les pavages de quelques cases de la risberme ayant été emportés par l'action de la mer, on trouva les mortiers du béton des cases amollis et décomposés par l'action des eaux. Craignant alors que cette action destructive ne s'étendît rapidement au-dessous des maçonneries du soubassement, on construisit en maçonnerie de ciment une risberme de 6 mètres de largeur recouvrant complétement toutes les faces apparentes de la première, et pour cela on déplaça tous les blocs artificiels du premier rang.

À la fin de 1848, les travaux étaient terminés, ils avaient coûté 2.384.000 fr. La base fut remise au service du génie qui fit immédiatement élever le fort casematé.

Presque aussitôt après l'achèvement de tous ces travaux, on dut reconnaître, bien qu'il fût orienté dans la direction la plus favorable, que les lames, dans les tempêtes, faisaient vibrer toute la masse du fort; les coups de mer s'élevaient le long du parement nord au-dessus de la batterie barbette; chaque hiver, on constatait des avaries notables à la risberme, et aux mantelets des embrasures de la batterie basse.

Pour remédier à ces graves inconvénients, les ingénieurs proposèrent de construire en avant du fort un brise-lames en maçonnerie ayant la forme d'un chevron.

Ce brise-lames eût été élevé à 2 mètres au-dessus du niveau des plus hautes mers, son épaisseur à la base eût été de 8 mètres et de 4 mètres au sommet; on eût construit les maçonneries de ce brise-lames sur une fondation en blocs artificiels de 20 mètres cubes, posés régulièrement, et défendus du côté du large par deux rangs de blocs de 26 mètres cubes.

On avait de plus reconnu la nécessité d'accoler à la partie sud du fort un petit port d'échouage qui devait être abrité par deux jetées en maçonnerie dirigées vers le sud.

Ces travaux, évalués à 760.000 fr., furent confiés en 1860 à un entrepreneur qui, après avoir vainement essayé d'échouer les blocs de la fondation, demanda, en 1863, une résiliation qui lui fut accordée ; les travaux durent être continués en régie.

Les ingénieurs proposèrent alors de modifier le projet, et de remplacer le brise-lames isolé par un éperon beaucoup plus aigu attenant aux maçonneries du soubassement : ils proposèrent de plus de fermer le petit port en retournant vers l'est l'extrémité sud de la jetée de l'ouest.

Ces modifications furent approuvées, et en 1864, on commença les travaux de construction de l'éperon.

Les nouveaux ouvrages furent fondés comme l'avaient été ceux précédemment construits, en partageant la surface des fondations en cases séparées par des murettes en maçonnerie de ciment à prise rapide (Médina), élevées sur l'ancien enrochement au moyen de sacs remplis de béton de ciment à prise lente (Portland).

Les cases furent remplies, jusqu'au niveau des basses mers de morte eau, en maçonnerie avec mortier de ciment Médina. Toute la maçonnerie au-dessus des cases a été exécutée avec des mortiers de ciment de Portland que l'on revêtissait à la fin de chaque marée, d'une couche de ciment à prise rapide.

En 1866, les travaux ont été terminés, l'éperon a produit l'effet qu'on en attendait : les lames se divisent sans choc au saillant de l'éperon et longent en se brisant les deux parements du fort.

Ces travaux complémentaires ont coûté 1.221.000 fr.

En résumé le soubassement du fort Boyard a coûté, savoir :

1re période, de 1802 à 1809 . . . .   3.553.000 fr.
2e période, de 1839 à 1850 . . . .   2.384.000
3e période, de 1860 à 1866 . . . .   1.221.000
                                            ——————————
        Total . . . .   7.138.000 fr

Les travaux du fort Boyard ont été exécutés :

De 1802 à 1809, sous la haute direction de M. Ferregeau, inspecteur général, par MM. Leclerc, Letellier, Brédif, Delsaux et Loysel, ingénieurs ordinaires des ponts et chaussées.

De 1839 à 1850, sous la direction de MM. Mathieu et Garnier, ingénieurs en chef, par MM. Garnier et Bonnet, ingénieurs ordinaires des ponts et chaussées.

De 1860 à 1866, sous la direction de M. Courbebaisse, ingénieur en chef, par M. Taratte, ingénieur ordinaire des ponts et chaussées.

VII

PORT DE CHERBOURG.
ÉTABLISSEMENT DES SUBSISTANCES DE LA MARINE.

—

MINISTÈRE DE LA MARINE ET DES COLONIES.

Un dessin.

Exposé. — L'établissement des subsistances du port de Cherbourg a été créé pour être toujours en mesure de fournir six mois de vivres de campagne à 10 bâtiments de guerre ayant un effectif de 5,556 hommes, et six mois de vivres de journalier à 10,300 hommes, dont 6,300 marins et 4,000 soldats.

Dispositions générales. — Il se compose d'un bâtiment principal à quatre étages, construit sur le quai d'un bassin spécial qui prolonge l'avant-port de Chantereyne et le met en communication avec la rade, et de deux bâtiments secondaires parallèles, à simple rez-de-chaussée, avec pavillons d'administration.

Une rue de 15 mètres de largeur sépare le bâtiment principal des bâtiments secondaires, séparés eux-mêmes du mur de clôture par deux cours de service.

On accède de l'extérieur de l'arsenal par une entrée spéciale ouvrant sur la rue militaire.

Bâtiment principal. — Le bâtiment principal a 293^m,60

de longueur sur 22^m,40 de largeur hors œuvre, et 19^m,40 de hauteur totale.

La façade nord présente cinq avant-corps affectés aux communications par mer et à celles d'étage à étage. Leur largeur est de 7^m,62 et leur saillie de 4^m,20.

La façade sud répète les mêmes dispositions, mais sans saillie pour les communications par terre.

La largeur libre intérieure du bâtiment est de 21 mètres. Elle est divisée en quatre travées égales par trois rangs de colonnes.

Les hauteurs d'étage, de plancher en plancher, sont de 5 mètres au rez-de-chaussée, 3^m,50 au premier étage, et de 3 mètres aux étages supérieurs.

Entre les avant-corps, l'espacement des ouvertures est de 5^m,80 d'axe en axe.

Trois escaliers, l'un au centre, deux aux extrémités, desservent toutes les parties de l'édifice dans le rez-de-chaussée duquel on a, en outre, ménagé un passage central.

Un chemin de fer longe chaque façade, et, du côté du quai, se relie par des plaques tournantes à des voies transversales intérieures.

Des grues d'applique pivotantes, manœuvrées de l'intérieur, desservent les avant-corps et les parties correspondantes de la façade sud. Les premiers sont, en outre, munis d'écoutilles, de treuils de montage et de tabliers mobiles placés au droit des ouvertures extérieures, qui assurent les communications d'étage à étage, et facilitent le chargement et le déchargement des navires.

La distribution est réglée ainsi qu'il suit :

Rez-de-chaussée. — Caves aux liquides et aux salaisons, boulangerie, panneterie, salle de distribution de denrées de toute nature.

Premier étage. — Soutes à biscuit, magasins aux farines d'armement, fromages, légumes secs, riz, sucre, café, ustensiles d'armement, denrées diverses.

Deuxième étage. — Magasins aux conserves alimentaires, aux farines, salle de remise des vivres de retour de campagne, salle de vente.

Troisième étage. — Magasins aux blés.

Quatrième étage. — Magasins aux farines basses et aux sons, matériaux de tonnellerie, barriques vides, apparaux en service, objets divers.

Toute la partie centrale, sur 15 mètres de longueur, est occupée par le moulin à vapeur, mû par une machine à haute pression de 40 chevaux. Ce moulin, monté à l'anglaise, comprend huit paires de meules disposées sur deux beffrois rectangulaires, et des appareils très-complets et très-perfectionnés pour le nettoyage des grains et l'épuration des farines. Il peut produire aisément 15 à 16.000 kilogrammes de farine par vingt-quatre heures.

La boulangerie comporte treize fours, dont onze au bois du système Lespinasse et deux à la houille. Chaque four cuit à la fois 300 rations de pains (150 pains de 1^k,50) ou 120 rations de biscuit (540 galettes pesant 66 kilogr.). En travaillant nuit et jour, on ferait aisément douze fournées de pain ou dix-huit fournées de biscuit.

Les vingt-huit soutes à biscuit contiennent 400.000 kilogrammes de biscuit.

Les magasins au blé renferment un approvisionnement de six mois, ou 20.000 quintaux ; les magasins aux farines un approvisionnement de six semaines, et le magasin au son le produit de la fabrication d'un mois. Les dimensions ont été calculées en supposant les matières étalées sur le

sol en tas de 1^m.50 d'épaisseur, et en ajoutant pour les
mouvements un tiers de la superficie occupée.

La cave aux liquides est assez vaste pour contenir
5.400 barriques de 220 litres engerbées sur trois rangs.

Les autres magasins contiennent un million de rations en
vivres de campagne, 1.134.000 rations de marins et
720.000 rations de soldats en vivres de journalier.

La construction présente les particularités suivantes :

Le rez-de-chaussée forme soubassement. Les ouvertures
des étages supérieurs sont réunies dans des arcades qui s'é-
lèvent sur toute la hauteur du bâtiment, et celui-ci est couronné par un attique masquant la toiture.

Des murs de refend, au droit des avant-corps, empê-
cheraient la propagation d'un incendie.

Les chaînes d'angle et les encadrements des ouvertures
du rez-de-chaussée et des avant-corps sont en pierre de
taille de granit. La corniche et les encadrements des arcades
et des ouvertures des étages sont en pierre de taille calcaire. Le soubassement est paremanté en moellon smillé
de granit, et les maçonneries des murs de face sont recouvertes d'un enduit en mortier de ciment.

Tous les planchers sont en bois à l'exception de ceux du
moulin et de la boulangerie qui sont en fer et briques. Ils
peuvent porter 800 kilogrammes par mètre carré.

Des colonnes creuses forment tuyau d'écoulement des
eaux de la toiture.

Le bâtiment est fondé entièrement sur pilotis, sauf une
faible partie de la façade sud.

La surface du rocher étant très-accidentée, les pieux ont
une longueur variable de 2 à 13 mètres et en moyenne de
8 mètres. Ils traversent des couches compactes de sable et
de gravier perméables et un banc de tourbe. La nature du

terrain a conduit à faire un déblai général, à établir un échafaudage de service et à travailler à la marée.

Les pieux ont la tête noyée dans un massif de béton. Ils ont été recépés sous l'eau à 0^m,80 au-dessus du zéro de l'hydromètre et reliés par des traverses en diagonale, sur lesquelles ont été cloués deux rangs de madriers jointifs de 0^m,10 d'épaisseur chacun posés à angle droit. C'est sur ce grillage qu'ont été établies les maçonneries de fondation, protégées du côté du quai par une risberme en béton avec mortier de ciment de Portland ayant 0^m,80 de largeur et un talus de 1/3.

Ces fondations ont présenté les plus grandes difficultés. La pose des traverses n'a pu être faite qu'en vive eau d'équinoxe, les hommes travaillant dans l'eau jusqu'au genou.

Bâtiments secondaires. — Ces bâtiments, moins l'intervalle de 7 mètres qui les sépare, ont même développement que le bâtiment principal. Ils ont 13^m,70 de largeur hors œuvre.

Les pavillons renferment les bureaux du commissaire aux subsistances, du chef de manutention, du garde-magasin et de l'inspection.

Le bâtiment Ouest est consacré à la fabrication des salaisons. La salle de dépeçage et de salage renferme cinquante-trois cuves pouvant contenir 150.000 kilogrammes de viande. La production journalière de l'atelier est d'environ 8.000 kilogrammes de salaison.

Le bâtiment Est renferme les chaudières de la machine du moulin, un grand atelier de tonnellerie, des étables pour vingt-quatre bœufs, un abattoir pour dix bœufs, une boucherie pour 3 à 4.000 kilogrammes de viande, un dépôt de pompes à incendie, une coquerie et quelques autres annexes.

Les bâtiments secondaires sont construits en maçonnerie de moellon avec enduit de mortier de ciment. Les socles sont en granit et les encadrements en pierre de taille calcaire. La toiture est apparente et recouverte en ardoises.

Ils ont été fondés sur une plate-forme en béton d'épaisseur variable suivant la résistance du terrain.

Études, travaux et dépenses. — Les études de l'établissement des subsistances ont été faites en 1849 par M. Sourdiaux, ingénieur des ponts et chaussées, sous la direction de M. Reibell, inspecteur général.

Les travaux, commencés en mai 1854, ont été terminés en août 1863. Ils ont été exécutés par MM. des Orgeries et Brosselin, ingénieurs des ponts et chaussées, sous la direction de MM. Richard et Fontaine, ingénieurs en chef.

Les entrepreneurs ont été MM. Amyot, père et fils. Le moulin a été exécuté par M. Feray d'Essonnes.

Les dépenses se sont élevées à la somme de 5.000.000 fr., dans laquelle le quai et le creusement du bassin figurent pour 2.000.000 fr.

VIII

PORT DE BREST.
ATELIER DE CONSTRUCTION ET DE RÉPARATION DES MACHINES ET CHAUDIÈRES A VAPEUR.

—

MINISTÈRE DE LA MARINE ET DES COLONIES.

———

Trois dessins.

———

Exposé préliminaire. — Les établissements de l'arsenal de Brest se développent sur les deux rives d'un bras de mer resserré entre deux coteaux à pentes abruptes dont les crêtes s'élèvent jusqu'à 30 mètres environ au-dessus du niveau des hautes mers.

Des deux côtés, d'immenses déblais ont été exécutés pour faire place aux quais, aux ateliers, aux magasins et aux établissements de toute nature que comportait le développement de l'arsenal ; puis, lorsque les coteaux ayant été taillés à pic il n'a plus été possible de songer à étendre par de nouveaux déblais la surface des terre-pleins des quais, l'arsenal a dû s'étendre sur les plateaux.

Les premiers ateliers à métaux avaient été établis sur des dimensions très-restreintes ; ils occupaient le terre-plein nord-est des formes de Pontaniou. L'espace manquant absolument autour de ces formes et sur les quais adjacents, pour donner à ces établissement le développement que comportaient les besoins du service, il fut décidé, en 1841, que de vastes ateliers seraient construits sur le plateau dit des Capucins, qui dominait, à 25 mètres de hauteur au-dessus du niveau des quais, les ateliers primitifs.

Description des ouvrages. — Les nouvelles constructions se composent de trois grandes halles parallèles de 161^m,40 de longueur et 16^m,70 de largeur dans œuvre, qui sont affectées, l'une à la fonderie, la seconde à l'ajustage, et la troisième au montage.

Ces halles sont séparées par six cours intérieures; elles dominent des bâtiments dits Annexes, symétriquement placés autour de chacune d'elles.

Les plus importantes de ces Annexes sont : l'atelier de la grosse chaudronnerie qui est contigu à la halle de montage, dont la longueur est de 108 mètres et la largeur de 46^m,60, et un atelier de forge de 40 feux.

L'ensemble de ces constructions couvre une surface de 25.400 mètres superficiels.

Les ateliers sont desservis par un réseau de voies ferrées qui présente un développement total de 2.000 mètres environ. Ces voies servent aux mouvements entre les diverses parties des ateliers et aboutissent à des grues placées sur deux môles aux extrémités du plateau.

L'un de ces môles, construit sur le quai de la Penfeld, est réuni au plateau par un viaduc d'une seule arche en plein cintre de 30 mètres d'ouverture ; il supporte une grue à chaîne de Gall, capable de soulever des poids de 40 tonnes(1), construite sur les dessins et sous la direction de M. Gervaize, ingénieur de la marine. Ce môle supporte une seconde grue

______

(1) Cette grue a été essayée à une charge de 80 tonnes.

à chaîne de Gall de moindre force, mais d'une portée telle qu'elle peut, à toute heure de marée, être utilisée pour les plus grands bâtiments de la marine impériale.

Le second môle supporte une grue ordinaire qui établit une communication entre les grandes forges et les nouveaux ateliers.

De trois côtés le plateau est limité par des murs de soutènement; on y accède des quais par une rampe inclinée à $0^m,10$ pour mètre et longeant les murs de soutènement.

Système de construction. — Toutes ces constructions sont en maçonnerie (pierres de taille et moellons); les charpentes sont en bois de sapin du nord avec tirants en fer; elles supportent une couverture en ardoises. Les annexes de la fonderie sont seules couvertes par une charpente en fer supportant une couverture en tôle zinguée.

Époque et durée des travaux. — Une première partie de ces ateliers, comprenant environ le tiers de la longueur des trois grandes halles et les parties correspondantes des Annexes, a été construite en régie de 1842 à 1846; le reste a été exécuté à l'entreprise de 1858 à 1864.

La dépense s'est élevée à la somme totale de 6.000.000 de francs qui se décompose comme il suit :

Construction des murs de soutènement des rampes, des escaliers et des môles.	2.000.000 fr.
Première partie des ateliers construite de 1842 à 1846.	1.200.000
Deuxième partie construite de 1858 à 1864, y compris les forges.	2.600.000
Voies ferrées.	200.000
Total	6.000.000 fr.

Les travaux ont été projetés et dirigés, savoir : pour la première partie, par M. Trotté de la Roche, inspecteur divisionnaire, et M. le baron Menu du Ménil, ingénieur ordinaire des ponts et chaussées; pour la seconde partie, par M. Dehargue, ingénieur en chef, et MM. Henry et Mengin, ingénieurs ordinaires des ponts et chaussées.

M. Tritschler a exécuté comme entrepreneur les travaux de la seconde partie.

IX

PORT DE CHERBOURG.
DÉBLAI DE ROCHES SOUS L'EAU A LA MINE.

—

MINISTÈRE DE LA MARINE ET DES COLONIES.

Un dessin et une photographie de l'appareil.

———

Exposé. — Dans toute l'étendue du chenal d'entrée de l'avant-port de Cherbourg on trouve une profondeur d'eau de $4^m,40$ au moins au-dessous du zéro des marées. Au sud-est de cette entrée et sur la rive du chenal on rencontre une roche formant, à $3^m.50$ au-dessous du niveau du zéro des marées, un plateau assez étendu qui constitue un écueil dangereux.

En 1860, on tenta le dérasement de cet écueil; les travaux furent adjugés au prix de $67^f,50$ par mètre cube.

L'entrepreneur attaqua le rocher tantôt avec de petites mines qu'il forait et chargeait au moyen d'une sorte de cloche à air, tantôt au moyen de tourilles chargées de poudre qui étaient placées sur le rocher et tirées au moment de la haute mer: mais, après trois années d'essais infructueux, il dut renoncer à ses travaux, et l'entreprise fut résiliée en août 1863.

Aucune proposition acceptable ne fut faite à l'administration à la suite de cette résiliation.

Les soumissionnaires demandaient au moins 100 fr. par

mètre cube : ils demandaient de plus que le matériel flottant nécessaire à l'exécution des travaux leur fût fourni à titre gratuit.

Il fut alors décidé que les travaux seraient exécutés en régie par le service des travaux hydrauliques.

Mode d'exécution. Description des appareils. — Les mines américaines n'ayant donné aucun résultat, les mines forées sur 5 à 6 centimètres de diamètre et 0^m,40 à 0^m,60 de profondeur n'ayant produit que des effets très-restreints, on se décida à attaquer la roche par des puits forés à 0^m,40 de diamètre sur 2 à 3 mètres de profondeur et chargés de 50 à 75 kilogrammes de poudre.

On opère le forage de ces puits à l'aide d'un trépan dont la panne a 0^m,40 de largeur et qui pèse, avec la tige, 450 kilogrammes.

On manœuvre ce trépan sur un échafaudage fixe qui se compose de trois montants de 22 mètres de longueur ligaturés à leur sommet et lestés à leur pied par des sabots en fonte.

Sur ces montants sont fixés des colliers qui supportent, au-dessus du niveau des plus hautes mers, un plancher complétement fixe.

La corde du trépan passe sur une poulie fixée au point de jonction des trois montants et au moyen d'un treuil fixé au plancher, on procède au forage des trous de mine comme pour un forage artésien à terre ; sept hommes manœuvrent le trépan, ils l'élèvent de 1^m,30 à 1^m,50, et donnent deux coups de trépan par minute. L'approfondissement journalier dépend de la dureté de la roche ; il est en moyenne 0^m,30.

Le curage des trous est fait par un plongeur armé d'une cuiller.

La poudre est contenue dans des boîtes cylindriques, de 0^m,38 de diamètre, lestées à leur base par une couronne de plomb; un plongeur les dirige au moment de l'immersion, les lute avec de l'argile et du ciment à prise rapide et achève de bourrer avec du gros sable.

On met le feu avec des mèches Bickford à double enveloppe de gutta-percha qui pénètrent dans les boîtes par des tubulures fermées par des bouchons suiffés et recouverts de mastic.

Chaque boîte porte deux mèches.

On tire les mines dans les hautes mers de vives eaux et sous une charge d'eau de 10 à 11 mètres.

La roche est en général réduite en moellons qui sont élevés dans des boîtes percées de trous que les plongeurs chargent sous l'eau.

Les rognons de quartz que l'on rencontre empâtés dans le gneiss se divisent difficilement; ils restent en blocs que l'on élingue à la chaîne et que l'on enlève isolément.

L'extraction des produits d'une mine s'effectue pendant le forage d'une autre mine; à cet effet, l'effectif du chantier comprend : un contre-maître, trois plongeurs, deux marins, six manœuvres pour la pompe à air et quatorze manœuvres pour le trépan; en tout vingt-six hommes.

Les plongeurs descendent alternativement; chacun d'eux reste trois à quatre heures sous l'eau.

Les manœuvres intéressantes à indiquer sont la mise à l'eau de l'échafaudage et son déplacement.

Pour la mise à l'eau on commence par ligaturer deux montants à leur sommet, on les moise ensuite à leur base un peu au-dessus des sabots en leur donnant un écartement convenable, puis pour maintenir l'appareil flottant on crochète des palans, d'une part aux sabots des montants, et d'autre part à un radeau de longueur convenable.

Le radeau ayant été ensuite amené et amarré là où l'on veut monter l'échafaudage, on file simultanément les garants des deux palans jusqu'à ce que les sabots touchent le fond : la tête s'est alors relevée et peut recevoir la tête du troisième montant que l'on a approché et mis en place par le même procédé en remplaçant toutefois le radeau par une barrique.

On peut alors définitivement procéder à la ligature qui doit rendre les trois montants solidaires et enfin à la mise en place du plancher qui doit les relier.

Pour déplacer l'appareil on engage le radeau sous le plancher, à basse mer on roidit les palans des sabots et on les fixe aux taquets du radeau ; à la marée montante l'appareil est soulevé et on peut le transporter et l'échouer à nouveau avec toute la précision désirable.

Dépenses. — Dans la campagne de 1866 on a foré et tiré douze mines ; neuf ont consommé 500 kilogrammes de poudre et ont donné 210 mètres cubes de roche ; la dépense a été en moyenne de 65 fr. par mètre cube extrait.

Pour les trois dernières mines, le prix moyen ne dépasse pas 50 fr. par mètre cube. Il y a donc lieu d'espérer que, par suite de l'expérience acquise, le prix du mètre cube diminuera.

Les travaux sont exécutés sous la direction de M. Fontaine, ingénieur en chef des ponts et chaussées, par M. Jenner, ingénieur ordinaire, secondé par M. Legagneux, conducteur des travaux hydrauliques de la marine.

X

PORT DE TOULON.

PONT TOURNANT SUR L'ENTRÉE DE LA DARSE MISSIESSY.

MINISTÉRE DE LA MARINE ET DES COLONIES.

Six dessins.

Exposé. — La darse Missiessy communique avec la rade par deux passes accolées ayant l'une 28 mètres et l'autre 14 mètres de largeur.

Le chemin de fer de l'arsenal franchit cette double passe par un pont tournant d'une seule volée de 52 mètres de longueur.

La partie mobile de cet ouvrage est en tôle et cornières ; ses dispositions n'offrent rien de particulier : on a dû au contraire employer un mode de construction spécial pour la pile qui sépare les deux passes et les culées qu'il fallait construire, par des fonds de 9 mètres au-dessous des basses eaux, avec des parements verticaux, assez résistants pour qu'ils ne fussent pas endommagés par le choc accidentel d'un bâtiment franchissant la passe, et assez réguliers pour que les bâtiments n'eussent pas à souffrir de ces chocs.

Disposition de la pile des culées. Dimensions en plan. —

L'espace libre entre les culées est de 50 mètres et la longueur de la passe suivant son axe est de 100 mètres.

Les parements des culées se raccordent vers le large avec le mur d'escarpe de la fortification par des angles arrondis; vers la darse, la passe s'élargit et se raccorde avec les quais de la darse par arcs de cercle de 35 mètres de rayon.

La pile qui sépare les deux passes a 59 mètres de longueur et 8 mètres de largeur; elle porte le pont tournant et son mécanisme de rotation.

Nature du sol. Système de fondation et de construction. — Le fond solide était à 8 mètres de profondeur sous l'eau, il était recouvert d'un banc de vase de 3 à 4 mètres d'épaisseur.

On a dragué jusqu'au niveau sur lequel la fondation devait être assise, et après avoir établi les échafaudages qui devaient servir ultérieurement à la mise en place des blocs artificiels et au coulage du béton, on a procédé au nettoyage de la fouille.

Ce nettoyage exécuté, on a coulé, pour constituer le lit de pose de la première assise de blocs, une couche de béton de ciment de Portland de 0^m,40 environ d'épaisseur; on a dressé horizontalement la surface de cette couche en la raclant avec une pièce de bois d'un fort équarrissage maintenue par un chariot roulant sur le chemin de fer de l'échafaudage.

Les blocs artificiels ont été construits à terre en maçonnerie de moellons et mortier de chaux du Theil composé de 330 kilogrammes de chaux pour mètre cube de sable.

Ces blocs n'ont été immergés qu'après être restés exposés à l'air pendant quatre mois.

Ils portaient vers le centre de leur face supérieure une boucle en fer rattachée par un tirant en fer à une plaque de fonte noyée dans la maçonnerie : cette boucle a servi à les suspendre pour leur embarquement et leur mise en place.

Tous les blocs d'une même assise avaient tous la même queue, 1^m,25 pour les assises impaires, 0^m,80 pour les assises paires.

Ils cubaient 1 mètre cube ou 0^{mc},80 : les joints étaient croisés d'une assise à l'autre.

Les blocs chargés sur un wagon étaient amenés au bord de la mer où un treuil roulant les posait sur un flotteur que deux hommes touaient jusque sous le treuil d'immersion ; là, ils étaient soulevés et amenés dans la position qu'ils devaient occuper.

Ils étaient ensuite descendus et mis en place par deux plongeurs.

Les blocs ont été ainsi posés avec une grande précision : on n'a jamais trouvé à la partie supérieure d'une même assise plus de 2 à 3 centimètres de différence de niveau.

Les blocs des parties courbes ont été posés avec la même précision au moyen d'un gabarit fixé à l'échafaudage.

On posait en moyenne vingt blocs par jour.

Les lits et joints des blocs ont été remplis en mortier de ciment de Portland.

Un essai préalable, pratiqué sur des blocs placés dans une forme de radoub, avait démontré l'efficacité de cette opération qui a été conduite comme il suit :

Un plongeur descendait avec l'appareil scaphandre et fermait avec du ciment à prise rapide les lits et les joints sur les deux parements, puis le remplissage s'opérait avec du mortier au moyen d'un tube en tôle de 0^m,08 de diamètre terminé à sa partie inférieure par une manche en toile que l'on introduisait dans les joints ; on s'assurait au moyen d'une lance en fer que le joint avait été rempli et que le mortier avait durci.

Lorsque deux assises formant ensemble une hauteur totale de 1^m.60 avaient été posées, on procédait au coulage du béton à l'intérieur par les procédés ordinaires ; un plongeur, se guidant au moyen d'une règle plombée, allait ensuite régulariser la surface du béton sur la largeur correspondante à la queue des blocs artificiels.

Pour les culées, le parement du béton du côté des terres a été maintenu par des vannages cloués sur les pieux d'échafaudage.

On coulait en moyenne 30 mètres cubes de béton par jour.

Les blocs de la dernière assise, qui devaient émerger dans les basses eaux, portaient des parements en moellon piqué de même hauteur pour tous les blocs. Ils ont pu être posés avec toute la précision nécessaire au raccordement des assises.

Époque et durée des travaux. — Les travaux, commencés en octobre 1864, touchent à leur terme.

Dépense. — La maçonnerie des parements n'a pas coûté sensiblement plus cher qu'un parement en béton coulé derrière un vannage posé jointif au scaphandre, et elle présente en définitive, sous tous les rapports, plus de garanties.

Les maçonneries de la pile et des culées cubant ensemble environ 13.000 mètres cubes ont coûté. . . . 440.000 fr.

La partie mobile du pont a coûté . . . . . 120.000 fr.

Dépense totale. . . . . 560.000 fr.

Les travaux ont été dirigés par MM. Raoulx, ingénieur en chef, et Malbes, ingénieur ordinaire des ponts et chaussées, secondés par M. Planchon, conducteur des travaux hydrauliques.

Les maçonneries ont été exécutées par MM. Barthelon, Michel et Rullier, entrepreneurs, et la partie métallique par MM. Schneider et compagnie, du Creusot.

NEUVIÈME SECTION

TRAVAUX DE LA VILLE DE PARIS.

I

ÉDIFICES MODERNES DE PARIS.

Un album.

Les principaux édifices construits ou restaurés à Paris et dans le département de la Seine depuis l'année 1855, ont donné lieu à une dépense de 159.332.500 fr., non compris les travaux de peinture, de sculpture et vitraux, dont la dépense a été de 6.422.000 fr.

Les architectes chargés de ces travaux sont :

M. Baltard, architecte directeur;

MM. Bailly, Ballu, Duc, Gilbert, architectes en chef;

MM. Calliat, Gancel, Godebœuf, Janvier, Lebouteux, Roger, Uchard, Vaudremer, Vilain, architectes ordinaires;

MM. Lequeux, Naissant, architectes du département;

MM. Constant-Dufeux, Cusin, Davioud, de Mérindol, Hittorff, Magne, Questel, architectes spéciaux.

II

BOULEVARD DE SÉBASTOPOL,

ÉGOUT COLLECTEUR DES QUAIS ET ÉGOUTS DE PARIS.

—

VILLE DE PARIS.

Deux modèles à l'échelle de 0^m,04.
Un album.

Galerie d'égout du boulevard de Sébastopol. — La grande galerie d'égout du boulevard de Sébastopol a été construite de 1855 à 1858 sous une des contre-allées de ce boulevard, depuis le boulevard Saint-Denis jusqu'au quai de la Mégisserie; elle se prolonge en type n° 6 sous le boulevard de Strasbourg jusqu'à la rue du Château-d'Eau, où elle rencontre le collecteur des côteaux de la rive droite.

En temps ordinaire, cette galerie sert de collecteur à la plaine basse connue sous le nom du Marais; en temps d'averse, elle décharge directement en Seine le trop-plein du collecteur des coteaux et rend impossibles les submersions, autrefois si fréquentes, de la vallée de l'ancien ruisseau de Ménilmontant, c'est-à-dire des faubourgs Saint-Martin, Saint-Denis, Montmartre, etc.

En outre, les deux plus grosses conduites de la distribution des eaux d'Ourcq et de sources sont posées dans cette galerie.

Sa longueur est de 1.547 mètres.

Ses dimensions dans œuvre sont les suivantes :

Largeur à la naissance, 5^m,20 ;

Hauteur sous clef au-dessus des banquettes, 3^m,65.

Les banquettes qui règnent de chaque côté de la cunette ont de largeur 1^m,80.

La cunette dont les bords sont garnis de rails a 1^m,20 de largeur ; sa profondeur est de 1^m,30.

La voûte est en plein cintre, sa courbure se prolonge à 1^m,20 au-dessous des naissances jusqu'aux banquettes.

Les maçonneries sont en meulière avec mortier de chaux hydraulique ; leur épaisseur à la clef est de 0^m,50 et de 0^m,90 aux naissances.

Le parement intérieur de l'égout est en meulière smillée.

La cunette et les banquettes sont recouvertes d'un enduit en mortier de ciment de 0^m,03 d'épaisseur.

Les regards placés sur l'axe de la voûte sont espacés de 50 mètres.

Les bouches d'égout qui reçoivent les eaux de la voie publique sont espacées de 100 mètres. Le branchement de bouche, qui est très-court, a 2 mètres de hauteur sous clef et 0^m,80 de largeur à la naissance.

Le mètre linéaire de grande galerie établi avec l'ancienne cunette de 0^m,62 de profondeur revient à 662 francs.

Le nettoiement de l'égout se fait au moyen de deux wagons-vannes. Le wagon-vanne est formé d'un petit châssis portant une vanne mobile sur tourillon ; cette vanne, au moyen d'un treuil, peut être descendue dans la cunette, où elle forme un barrage.

L'eau qui s'accumule en arrière sort avec force par des

ouvertures ménagées à cet effet et chasse les sables et les vases.

Conduites d'eau. — La conduite de la distribution des eaux de source a 1^m,10 de diamètre; celle des eaux de l'Ourcq a 0^m,80. La première est affectée au service privé, la seconde au service public.

Ces grosses artères alimentent les conduites secondaires comme celles des boulevards, des rues de Cléry, Saint-Denis, Turbigo, de Rambuteau, de Rivoli, etc.

Égout construit sous l'autre contre-allée du boulevard de Sébastopol. — Dans toutes les rues qui ont plus de 20 mètres de largeur, on construit un égout sous chaque trottoir afin de diminuer la longueur des égouts particuliers. C'est pour cette raison qu'un deuxième égout est construit sous le trottoir du boulevard opposé à celui sous lequel est établie la grande galerie.

Il est établi d'après le n° 11; il a 1^m,15 de hauteur sous clef et 1^m,50 de largeur aux naissances.

Collecteur général de la rive droite, types n°s 6, 5, 3 et 1. — Ce collecteur s'étend d'abord sous les quais en type n° 6, depuis le canal Saint-Martin jusqu'à la rue Saint-Paul; en type n° 5, depuis là jusqu'au boulevard de Sébastopol; en type n° 3, depuis le boulevard de Sébastopol jusqu'à la place de la Concorde; à partir de ce point, construit en type n° 1, il quitte les quais, traverse la place de la Concorde, suit la rue Royale, le boulevard et la rue Malesherbes, la route d'Asnières, et tombe en Seine au-dessous du deuxième pont d'Asnières.

Il a été construit pendant les années 1857, 1858, 1861 et 1863.

Sa longueur, en type n° 6, est de 700 mètres. En type n° 5, 870; n° 3, 2.140; n° 1, 4.585.

Sa largeur aux naissances, varie de la manière suivante :

Type n° 6, 2^m,50 ; n° 5, 3 mètres ; n° 3, 4 ; n° 1, 5^m.60.

La hauteur sous clef varie de 3^m,60 à 4^m,40.

La largeur de la cunette de 1^m.20 à 3^m,50.

Sa profondeur de 1 mètre à 1^m.35.

Les maçonneries sont en meulières et mortier de ciment.

Le parement intérieur est recouvert d'un enduit mince en mortier de ciment.

La cunette et les banquettes sont enduites comme il est expliqué pour la galerie de Sébastopol.

Le nettoyage de l'égout se fait pour les types n°s 5 et 6 au moyen du wagon-vanne, ainsi qu'il a été dit ci-dessus, et pour les types n°s 1 et 3, au moyen du bateau-vanne, qui se compose d'un bateau construit en tôle selon la forme ordinaire, et d'une vanne mobile ayant le gabarit de la cunette, placée en avant du bateau. Une forte lampe placée sur le bateau éclaire les ouvriers dans leur travail.

Le nettoiement de l'égout s'opère de la manière suivante.

On descend la vanne dans la cunette ; l'eau de l'égout s'accumule en arrière et forme un remou de 0^m,15 à 0^m,30 qui suffit, par la pression qui résulte sur la vanne, pour mettre en mouvement tout l'appareil : les immondices s'accumulent à l'aval, elles formeraient bien vite un barrage qui arrêterait la marche du bateau, si l'eau, en s'échappant avec violence par les vides compris entre la vanne et les parois de la cunette et par de petites ouvertures ménagées à cet effet dans la vanne, n'allongeait les sables et les vases en banc de 60 à 200 mètres de longueur et ne les faisait marcher devant le bateau, absolument comme le vent fait marcher le sable des dunes.

La marche de l'appareil est extrêmement lente, il faut de dix à vingt jours pour parcourir les 8 kilomètres du collecteur général. On augmente la vitesse du nettoiement en augmentant le nombre des wagons et des bateaux selon la saison ; il faut deux ouvriers par appareil.

Afin de pouvoir remonter le bateau on dispose de 600 en 600 mètres des vannes mobiles pour détruire la vitesse de l'eau.

En temps d'averse, les collecteurs se remplissent jusqu'à 2 mètres au-dessus des banquettes.

On dispose des chambres de sauvetage de 200 en 200 mètres ou des escaliers à chaque regard ; les ouvriers se réfugient dans les chambres ou sur le palier de l'escalier en cas d'inondation subite.

Les modèles représentent : 1° la grande galerie d'égout qui est placée sous un des trottoirs du boulevard de Sébastopol ; 2° le collecteur des quais de la rive droite ; 3° une maison du boulevard :

On a placé dans la grande galerie et dans leur véritable position :

Un modèle de wagon-vanne employé au nettoiement de l'égout ;

Les grosses conduites d'eau en tuyaux de fonte de 1^m,10 et 0^m,80 de diamètre, assemblées par des joints à bagues et supportées sur des colonnettes en fonte : deux conduites en tuyaux de fonte de 0^m,10 de diamètre avec chacune une prise d'eau de 0^m,027 desservant, l'une une bouche sous trottoir, l'autre une maison particulière ;

Un branchement d'égout particulier, type n° 12, avec fosse d'aisances à tinette et le tuyau des eaux ménagères.

Ces modèles sont accompagnés d'un album renfermant :

1° La statistique de tous les égouts de Paris avec leurs types dessinés.

Cette statistique indique les égouts construits avant 1800 ; les égouts construits de 1800 à 1831 ; de 1832 à 1839 ; de 1840 à 1847 ; de 1848 à 1849 ; de 1850 à 1855, et de 1856 à 1866, et enfin une récapitulation de tous les égouts construits jusqu'au 31 décembre 1866.

2° Une carte à l'échelle de $\frac{1}{25000}$ des collecteurs de Paris exécutés ou projetés. On a teinté en rose et en jaune les parties de la ville dont les eaux tombent en Seine à l'aval des machines de Chaillot.

3° Une feuille de la statistique des égouts.

4° Une feuille de la statistique des eaux.

5° Les types des principaux ouvrages de l'aqueduc de la Dhuis.

La longueur totale de cet aqueduc est de 130.822 mètres, dont 123.920 mètres en conduite libre, et 16.902 mètres en conduite forcée.

Les travaux des égouts du boulevard Sébastopol et des égouts collecteurs des quais ont été exécutés sous la direction de M. Michal, inspecteur général des ponts et chaussées, directeur du service municipal des travaux publics de la ville de Paris ; par MM. Belgrand, ingénieur en chef du service des eaux et égouts ; Homberg, ingénieur en chef de la voie publique ; Alphand, ingénieur en chef du service des plantations ; Rousselle et Vaissière, ingénieurs ordinaires ; Michel Greyveldinger et Louis Laroque, entrepreneurs.

Les ingénieurs qui ont concouru à la construction des égouts de Paris à partir de 1856 jusqu'au 31 décembre 1865, sont : MM. Michal, inspecteur général des ponts et chaussées. directeur du service municipal des travaux publics; Belgrand. ingénieur en chef: Delaperche, Vaissière. Rousselle, Buffet, Foulard. de Labry. Mahyer. Vandrey. Nouton, Allard, Bernard, Couche. Loche. Rousseau, Grégoire, Darcel. ingénieurs ordinaires des ponts et chaussées.

III

RÉSERVOIR DE MÉNILMONTANT.

—

VILLE DE PARIS.

Un modèle à l'échelle de 0^m,04 par mètre.

Les grands réservoirs de Ménilmontant servent de réceptacle aux eaux de la source de la Dhuis et eaux de la Marne.

Ils sont construits sur les hauteurs de Ménilmontant, dans l'espace de terrain compris entre les rues Saint-Fargeau, de Vincennes, le chemin de Ménilmontant à Rosny et le boulevard.

Ils sont formés de deux réservoirs bien distincts : un réservoir supérieur et un réservoir inférieur.

Le réservoir supérieur est affecté aux eaux de la Dhuis, le réservoir inférieur aux eaux de la Marne.

Les eaux de la Dhuis, affluent du Surmelin, qui se jette dans la Marne, sont déversées dans le réservoir qui leur est propre à l'altitude 107^m,87 au-dessus du niveau de la mer, soit à 81^m,62 au-dessus de l'étiage de la Seine au pont de la Tournelle.

Ces eaux sont amenées dans le réservoir par un aqueduc couvert de 2 mètres de hauteur et 1^m,40 de largeur aux naissances, dont la longueur est de 130 kilomètres.

Les eaux de la Marne sont refoulées dans le réservoir inférieur par les pompes hydrauliques de Saint-Maur. Elles y arrivent à l'altitude 100^m,20 par deux conduites en fonte de 0^m,60 de diamètre.

Le réservoir des eaux de la Dhuis contient 100.000 mètres cubes d'eau; la hauteur d'eau est fixée à 5 mètres. Celui des eaux de Marne contient 31.000 mètres cubes d'eau; la hauteur de l'eau, en raison de l'inclinaison du radier, varie de 1^m,50 au minimum à 4^m,50 au maximum.

Réservoir supérieur. — En plan, ce réservoir affecte une forme demi-circulaire appuyée sur une partie rectangulaire. Le diamètre du cercle qui est 188 mètres forme le grand côté du rectangle dont l'autre dimension est de 42^m,50.

Ce réservoir est divisé en deux compartiments égaux et symétriques par un mur de refend, suivant le rayon qui est perpendiculaire au mur d'enceinte du côté de la rue de Vincennes.

Le réservoir est construit en déblai dans les marnes vertes.

Les fondations des murs de pourtour et du mur de refend traversent toute la couche de ces marnes; elles ont été descendues jusqu'au terrain gypseux, sur lequel elles reposent. En fondation, les murs de pourtour et de la partie du mur de refend qui n'est pas comprise dans le réservoir inférieur, sont évidés par des arcades.

Les murs de pourtour ont 1^m,40 d'épaisseur en couronne. Le fruit extérieur est d'un cinquième pour les murs au-dessus du sol; pour les murs en déblai, le parement extérieur est vertical.

Les parements intérieurs sont verticaux, mais ils se raccordent avec le radier par un solin de 2 mètres de rayon.

Le mur de face du côté de la rue de Vincennes, qui est en partie en élévation, est épaulé par des terres en forme de talus.

Le radier est formé par un système de voûte d'arêtes en plein cintre pour la partie que recouvre le réservoir des eaux de la Marne, en arc de cercle pour les autres parties du réservoir. L'intrados de ces dernières voûtes est appuyé sur les marnes. Ces voûtes ont $0^m,40$ d'épaisseur à la clef ; elles sont supportées par des piliers qui sont espacés de 6 mètres d'axe en axe.

Le réservoir est couvert par une toiture formée de voûtes d'arêtes surbaissées au neuvième.

Les voûtes sont faites de deux rangs de briquettes posées à plat avec mortier de ciment.

Elles reposent sur des piliers carrés ayant $0^m,60$ de côté à la retombée. Ces piliers sont montés à l'aplomb de ceux des fondations du radier.

Les voûtes en briquettes ont environ $0^m,08$ d'épaisseur, chape comprise. Elles sont recouvertes par une couche de terre gazonnée de $0^m,40$ d'épaisseur.

Les conduites de départ ont 1 mètre de diamètre ; elles sont disposées de telle sorte que le service peut être fait isolément par chacun des compartiments ou par l'aqueduc.

La décharge permet de vider les eaux dans le réservoir des eaux de la Marne. Le tuyau de trop-plein, dont l'orifice est placé à 5 mètres au-dessus du radier, dégorge également dans le réservoir inférieur.

Réservoir inférieur. — Le réservoir des eaux de la Marne est placé sous celui des eaux de la Dhuis ; il n'occupe que la partie centrale des soubassements de ce dernier.

Il a la forme d'un rectangle dont la grande dimension, parallèle au mur de façade, a 104 mètres de longueur sur 90 mètres de largeur dans œuvre.

Il est divisé en deux compartiments égaux et symétriques par le mur de refend dont il a été parlé au sujet du réservoir supérieur.

Chaque mur d'enceinte du réservoir est construit dans le milieu et suivant la direction d'une même travée des voûtes qui supportent le radier supérieur.

Ces murs ont 1^m.20 d'épaisseur; leur parement du côté des terres est vertical; à l'intérieur il est également vertical, mais il est raccordé avec le radier par un solin de 2 mètres de rayon.

Leur couronnement constitue une galerie qui permet de circuler librement autour des bassins.

Le radier suit la pente naturelle des marnes blanches du gypse; son épaisseur est de 0^m,30.

Les piliers carrés qui supportent les voûtes ont 1^m,25 de côté à la naissance et 1^m,75 à la base.

Les conduites de refoulement des pompes de Saint-Maur déversent leurs eaux dans une bâche de répartition en communication avec les deux compartiments du réservoir.

La conduite de départ a 0^m.80 de diamètre; elle est disposée de telle sorte que le service peut être fait isolément par chaque compartiment.

Les maçonneries des radiers, les piliers des bassins inférieur et supérieur, les voûtes qui recouvrent le bassin inférieur, sont construits en meulière.

Les murs de pourtour et d'enceinte sont en moellons avec revêtement en meulière.

Tous les parements intérieurs ont été rocaillés en mortier de ciment avant de recevoir l'enduit en même mortier dont l'épaisseur est variable ; elle est de 0,025 au couronnement des murs et de 0,035 à leur base et sur les radiers.

Les réservoirs de Ménilmontant ont coûté 3.640.000 fr.

La capacité totale des réservoirs étant de 131.000 mètres cubes, le mètre cube de capacité revient à 27'.78.

Les travaux de l'aqueduc de la Dhuys ont été exécutés sous la direction de M. Michal, inspecteur général des ponts et chaussées, directeur du service municipal des travaux publics de la ville de Paris, par MM. Belgrand, ingénieur en chef ; Rozat de Mandres, Vallée et Huet, ingénieurs ordinaires des ponts et chaussées. M. Huet a été spécialement chargé du réservoir de Ménilmontant.

DISTRIBUTION DES EAUX
DANS LES HABITATIONS.

—

VILLE DE PARIS.

Quatre coupes à l'échelle de 0^m.10 et cinq dessins de détails.

Les nombreuses canalisations exécutées par la Ville de Paris depuis plusieurs années, les nouvelles quantités d'eau de sources et de Seine qu'elle peut mettre à la disposition de ses habitants, enfin le vaste réseau d'égouts qui s'achève et auquel viennent se souder les branchements particuliers, tout cet immense ensemble de travaux a permis de développer et de perfectionner la distribution des eaux dans les habitations particulières.

Les modèles et dessins exposés font connaître les divers modes de distribution, ainsi que les perfectionnements apportés aux différents appareils en usage, savoir :

1° L'alimentation d'une maison par un seul tuyau venant de la rue et franchissant tous les étages jusqu'aux combles.

A chaque étage existe un robinet à repoussoir destiné aux usages de l'étage. Ce robinet est en communication directe avec le tuyau de la rue.

2° L'alimentation d'une maison par un tuyau venant de la rue, franchissant tous les étages et amenant l'eau directement dans un réservoir d'approvisionnement situé sous les combles.

Le tuyau se termine à l'arrivée dans le réservoir par une soupape ou robinet à flotteur interceptant l'arrivée de l'eau lorsque le réservoir est plein.

Pour faire disparaître plusieurs inconvénients, dont les principaux sont l'excès de pression, les fuites par les orifices mal fermés, le difficile écoulement des eaux inutiles, l'inefficacité de fermeture entre l'égout et la conduite, on a imaginé les appareils suivants.

Le tamis de concession, placé à l'arrivée de l'eau dans la maison, s'oppose à l'introduction des matières étrangères que l'eau tient en suspension et qui peuvent provoquer des fuites aux divers orifices.

Le tamis devient filtre sans pression, lorsque l'eau est de rivière et nécessite une filtration avant d'être employée.

Le distributeur d'étage est une sorte de réservoir dont la capacité est réduite à la plus petite dimension, de manière que l'eau n'y séjournant pas, conserve la température de la conduite de la rue. Sa mission essentielle est d'annuler la pression extérieure et de la réduire à ce qui est reconnu nécessaire entre la position des orifices des robinets de l'étage et le niveau de l'eau dans le distributeur (c'est-à-dire 0^m,60 à 1^m,20).

Le robinet à soulèvement se fermant seul, est composé d'une soupape libre qui retombe sur son siége par son propre poids et par la pression de l'eau, et d'un nez ou déversoir situé au-dessous. C'est en soulevant avec le main ce nez que l'eau peut seulement s'écouler et que la soupape est nécessairement sollicitée à se refermer aussitôt qu'on abandonne le déversoir.

La décharge hydraulique est toujours située au-dessous

de chaque robinet et forme la fermeture du conduit d'évacuation. A l'inverse des dispositions ordinaires, l'eau, au lieu
de pénétrer dans la cuvette hydraulique, autour du périmètre extérieur, se précipite par un orifice central dans
cette cuvette avec une vitesse suffisante pour s'opposer à
l'accumulation des corps en dépôt qui, par suite de négligence, finissent par obstruer les évacuations et provoquent
des inondations.

Ces appareils ont été inventés et exécutés par MM. Fortin-
Hermann.

3° La distribution d'une maison avec réservoir d'approvisionnement placé dans les combles, et desservant les étages au moyen d'un tuyau descendant de ce réservoir et
alimentant chaque étage par l'intermédiaire d'un distributeur d'étage. Ce mode de distribution n'est employé que
dans les maisons où le propriétaire ne veut prendre qu'un
volume d'eau déterminé à la jauge au lieu du volume réglementaire qui correspondrait à la population de la maison.

4° Le type le plus simple et le plus complet d'une distribution par un tuyau venant directement de la conduite de
la rue, franchissant tous les étages jusqu'aux combles, et
alimentant directement à son passage, le distributeur de
chaque étage.

Le détail de la distribution de l'un des étages est indiqué,
comme exemple, dans la coupe relative au type, et comprend un évier de cuisine, un lavabo et un cabinet.

Une semblable installation, soigneusement exécutée, facilitera l'usage de l'eau à tous les étages, et fera disparaître toute crainte de dégradation à l'intérieur des habitations.

V

USINE MUNICIPALE DE SAINT-MAUR.

—

VILLE DE PARIS.

Un modèle à l'échelle de 0^m,05 par mètre.

———

L'usine municipale de Saint-Maur est située à la limite des communes de Saint-Maur et Saint-Maurice (département de la Seine), sur l'emplacement des grands moulins de Saint-Maur, acquis en 1864 par la ville de Paris, de MM. Darblay et Béranger.

Elle est mise en mouvement par une chute de la Marne, dont le régime est réglementé administrativement par l'ordonnance royale du 14 août 1822 et le décret impérial du 9 septembre 1864. Le canal d'amenée prend naissance à 10 mètres en aval de l'ancien canal Saint-Maur à peu près à moitié distance entre le pont et le barrage de Joinville, et se maintient parallèlement à ce canal jusqu'auprès de l'usine, coupant ainsi souterrainement la presqu'île formée par le tour de Marne et créant une chute qui s'élève dans les basses eaux jusqu'à 4^m,10 de hauteur.

La façade d'aval et les deux murs-pignons du bâtiment sont établis sur les anciennes fondations des moulins de Saint-Maur; la façade d'amont a été fondée à 3 mètres en dehors de l'ancien mur, que l'on a dû démolir dans toute sa hauteur.

Les quatre turbines de ces moulins, qui ne présentent pas une puissance suffisante, ont été supprimées et remplacées par un système élévatoire entièrement neuf, qui se compose de :

1° Une turbine, système Fourneyron, de cent chevaux, conduisant deux pompes horizontales à double effet et à pistons plongeurs, qui élèvent l'eau à 36 mètres de hauteur dans le lac de Gravelle pour l'alimentation des lacs et rivières du bois de Vincennes.

L'ascension se fait par une conduite en fonte de 0^m,60 de diamètre et de 1.250 mètres de longueur.

Sous la chute maxima de 4^m,10, la turbine marche à raison de quatre-vingts tours à la minute, réduits par la transmission à seize tours sur les pompes, et le volume d'eau monté au bois de Vincennes est de 13.000 mètres cubes par vingt-quatre heures. Ce volume diminue suivant les variations de la chute : lorsque celle-ci est réduite à 2 mètres, il est encore de 6.000 mètres cubes.

2° Un second système de turbines et pompes, entièrement semblable au premier, sauf le diamètre des pompes, et d'une puissance égale, refoulant l'eau, concurremment avec les quatre roues dont il sera parlé ci-après, dans une conduite en fonte de 0^m,80 de diamètre et de 8.500 mètres de longueur, qui traverse diagonalement le bois de Vincennes, suit la grande avenue de Vincennes et la route militaire jusqu'au delà de la porte de Bagnolet, pour aboutir à l'étage inférieur des réservoirs de Ménilmontant, à 66 mètres au-dessus du niveau de l'aspiration. Ce système peut élever, suivant la hauteur de la chute, de 7.000 à 3.000 mètres cubes par vingt-quatre heures.

3° Quatre roues en fonte de 11^m,60 de diamètre, dites roues-turbines à axe horizontal, du système Gérard.

Chaque roue, faisant de sept à neuf tours par minute, est attelée directement à une pompe horizontale à piston plongeur et à double effet, semblable aux précédentes. Elle produit une force brute de 120 chevaux sous la chute maxima de 4^m,10 et monte aux réservoirs 7.500 mètres cubes par vingt-quatre heures. Ce volume est réduit à 4.000 mètres cubes dans les hautes eaux.

En résumé, les machines, travaillant toutes ensemble, peuvent élever par vingt-quatre heures, au bois de Vincennes, de 13.000 à 6.000 mètres cubes, et aux réservoirs de Ménilmontant, de 37.000 à 19.000: soit en total de 50.000 à 25.000 mètres cubes d'eau.

L'ensemble de ces travaux a été exécuté pendant les années 1864, 1865 et 1866, sous la direction de M. Michal, inspecteur général des ponts et chaussées, directeur du service municipal des travaux publics de la ville de Paris, par MM. Belgrand, ingénieur en chef du service des eaux et égouts; Nouton, ingénieur ordinaire; Louis Laroque, entrepreneur des bâtiments; Fourneyron, auteur des turbines, Gérard, Feray et Claparède, auteurs des pompes et roues-turbines.

VI

VIADUC SOUS RAILS DE L'AVENUE DAUMESNIL.

—

VILLE DE PARIS.

Un modèle à l'échelle de 0ᵐ,04.

Ce viaduc a été construit en 1865, sous le chemin de fer
de Ceinture (rive droite), pour livrer passage à une avenue
de 42 mètres de largeur reliant directement la place de la
Bastille avec la partie récemment créée du bois de Vincennes. Il est à 180 mètres en deçà de l'enceinte fortifiée.

Le programme prescrivait de placer les culées à l'alignement de l'avenue et de n'avoir que deux points d'appui
intermédiaires, sur des colonnes placées en prolongement
de deux lignes d'arbres que sépare un intervalle de 17 mètres. Il fallait, de plus, que le viaduc ne masquât pas la vue
et ne déparât pas une grande voie fréquentée, à certaines
époques de l'année, par la population la plus élégante de
Paris. Mais trois circonstances locales rendaient cette condition d'aspect difficile à remplir : la hauteur du passage
libre ne pouvait être que très-faible par rapport à sa largeur ; le viaduc devait être placé au point le plus bas de
l'avenue, au pied de deux rampes qui aboutissent l'une au
bois de Vincennes, l'autre à la place Daumesnil : enfin,

l'avenue et le chemin de fer se coupaient obliquement, sous un angle de 78°56'.

Deux autres données devaient être prises en considération dans l'établissement d'un pont sur colonnes : la voie de fer présentait une courbe de 1.000 mètres de rayon et une pente de 6^{mm},4 succédant, presque en cet endroit même, à une pente de 8^{mm},9. Un palier fut créé au-dessus du nouveau viaduc. Il y eut, par suite, 7^m,57 de différence de niveau entre le rail intérieur des deux voies et le sol de l'avenue sur l'axe de la chaussée centrale.

L'idée d'un tablier en poutres de tôle se présentait naturellement. Mais les ponts en poutres droites, même avec treillis, sont généralement lourds et laids, surtout quand la hauteur du passage libre est faible par rapport à sa largeur et par rapport à la hauteur des poutres. D'autre part, de minces colonnes n'eussent pas facilement supporté les poussées produites par des arcs métalliques. On chercha à concilier la simplicité de construction, la solidité, l'économie des poutres droites avec la grâce des ponts en arcs. Dans ce but, on substitua aux poutres droites des poutres profilées inférieurement suivant une série de courbes et de contre-courbes qui n'en altèrent pas la continuité. Trois arcs de cercle correspondent aux trois travées du viaduc; quatre renflements, dont la concavité est tournée vers le haut, correspondent aux points d'appui des colonnes et des culées.

Les poutres étant ainsi améliorées dans leur forme générale, on a décoré celles de rive en y appliquant une corniche et des pilastres en fonte. Ces pilastres ont, d'ailleurs, l'avantage d'accuser le mode de construction et de fonctionnement réel des poutres.

Au lieu d'un garde-corps à lisse continue, on a établi au-dessus des poutres de rive une crête en fonte à jour, d'un dessin très-orné, suffisante pour protéger la circulation des garde-lignes, mais rappelant par sa forme le couronnement des grilles de parc. Au centre figure l'écusson de la ville de Paris.

Le viaduc se termine par des murs en aile à base circulaire qui l'encadrent et lui donnent une grande unité de dessin. Des grilles semblables à celles du bois de Vincennes prolongent le parement des culées suivant l'alignement de l'avenue.

Il y a trois poutres et conséquemment six colonnes. Les deux files de colonnes ont été naturellement dirigées parallèlement à l'axe de l'avenue. Par une considération d'aspect et malgré le biais, on a donné la même direction aux pièces de pont. Sur ces pièces de pont s'appliquent des entretoises disposées en triangles, puis quatre longrines en bois de chêne qui supportent des rails à patin du système Vignole.

Les intervalles de ces longrines et des poutres de rive sont occupés par des plaques de fonte qui recueillent les eaux pluviales et les conduisent aux deux extrémités du viaduc. On a, d'ailleurs, recouvert ces plaques de ballast pour augmenter la stabilité de l'ouvrage, diminuer le bruit et la trépidation.

On a peint en couleur de bronze à l'huile électro-magnétique les colonnes, le garde corps et les parties saillantes des poutres de rive.

Vu d'une certaine distance, le viaduc de l'avenue Daumesnil semble n'être qu'un portique à arcades donnant entrée au bois de Vincennes.

Voici les principales dimensions de l'ouvrage :

Longueur totale des poutres. . . . .   44^m,190
Longueur des poutres entre les culées. . . . .   42 ,796
Travée centrale, d'axe en axe des colonnes. . . . .   17 ,322
Travées latérales. . . . .   12 ,737
Hauteur du passage libre au centre de l'avenue. . . . . . .   6 ,826
Hauteur des poutres de rive { au milieu de la travée centrale. . . . .   0 ,760
{ à l'aplomb des colonnes. . . .   1 ,910
(La poutre intermédiaire a 0^m,23 de plus.)
Hauteur de la corniche. . . . .   0 ,425
Flèche des arcs. . . . .   1 ,190
Corde des arcs { travée centrale. . . . .   16 ,100
{ travées latérales. . . . .   11 ,770
Largeur du tablier, d'axe en axe des poutres de rive. . . . .   9 ,000
Espacement des pièces de pont, d'axe en axe. . . . .   1 ,080
Hauteur des colonnes au-dessus du sol. . . . .   5 ,670
Diamètre des colonnes { au fût $\dfrac{0,50 + 0,56}{2} =$ . . . .   0 ,530
{ au niveau du sol. . . . .   1 ,000
{ à la base (circ. inscrite dans l'octogone). . . . .   1 ,400
Épaisseur de la fonte des colonnes, au fût. . . . .   0 ,035
Hauteur de l'écusson au-dessus des poutres de rive. . . .   1 ,500

Les dépenses de la partie métallique du viaduc, non compris les rails, se résument ainsi qu'il suit :

	QUANTITÉS.	DÉPENSES.
Bois de chêne.	27^{mc},05	4.728^f,34
Fers.	127.557^k,90	73.932 ,56
Fonte de 1re classe.	12.472 ,50	6.657 ,35
Fonte de 2e classe.	86.349 ,00	31.776 ,43
Plomb.	1.622 ,00	1.044 ,57
Vis, rondelles, étoupes, mastic, etc. . . .	»	1.285 ,42
Peintures.	»	7.181 ,77
Journées d'ouvriers.	»	2.029 ,63
Total.	»	128.636^f,07

Le projet du viaduc de l'avenue Daumesnil a été fait par

M. Malézieux, ingénieur ordinaire attaché au contrôle de l'exploitation du chemin de fer de Ceinture ; il a été exécuté par le même ingénieur sous la direction de M. Rozat de Mandres, ingénieur en chef des ponts et chaussées au service municipal de la ville de Paris. La partie métallique a été construite par M. M. Joly (d'Argenteuil).

VII

BALAYEUSE MÉCANIQUE.

—

VILLE DE PARIS.

———

Un appareil.

———

La balayeuse mécanique, inventée par M. Tailfer, a été adoptée par la ville de Paris après essais dirigés par M. Michal, inspecteur général des ponts et chaussées et directeur du service municipal ; par M. Homberg, inspecteur général des ponts et chaussées, alors ingénieur en chef de la voie publique à Paris, et par MM. Buffet et Vaissière, ingénieurs ordinaires.

Cet appareil se distingue de ceux présentés jusqu'à ce jour par sa grande simplicité.

Il se compose d'une charrette à deux roues, traînée par un cheval ; un siége est destiné au cocher ; à l'arrière se trouve l'appareil balayeur composé d'un rouleau armé de brins de piazzava. Ce rouleau, de 2 mètres de longueur, est disposé d'une manière inclinée pour rejeter la boue d'un côté de la voiture ; il est supporté à ses deux extrémités par des brancards mobiles indépendants de ceux de la voiture et oscillant autour de l'essieu, ce qui permet au balai de suivre toutes les inégalités du sol ; il est supporté en son milieu par une chaîne suspendue à l'extrémité d'un grand levier, dont l'autre extrémité est manœuvrée par le cocher qui peut, en le déclenchant et en l'enclenchant, abaisser ou relever la brosse pour opérer ou suspendre le travail.

Les brins du rouleau balayeur affectent une forme hélicoïdale ; ainsi la boue recueillie à l'extrémité du rouleau est poussée de pas en pas de l'hélice jusqu'à l'autre extrémité, et elle est rejetée sur la chaussée en forme de cordon continu, lequel est repris par une deuxième voiture et est repoussé parallèlement à environ 1^m,50 plus loin et finalement, après un nombre de passes nécessaires, sur le bord du ruisseau.

Le mouvement est donné au rouleau par une roue d'engrenage conique montée sur une des roues de la charrette, engrenant avec un pignon conique fixé sur un arbre incliné portant une roue dentée qui reçoit une chaîne de Gall sans fin, laquelle communique le mouvement au rouleau en s'engrenant sur une roue identique placée à l'extrémité de son axe.

La vitesse de la balayeuse est celle du pas du cheval, elle balaye une superficie de 5.000 mètres par heure ; avec un bon cheval et un cocher bien au courant, cette surface peut être dépassée.

Le travail moyen d'un homme est 500 mètres par heure, une machine fait donc le travail de dix hommes.

Le prix de revient d'une machine prise à Paris, dans les ateliers de M. Tailfer, est 2.000 francs.

VIII

CYLINDRE COMPRESSEUR A VAPEUR.

—

VILLE DE PARIS.

Un appareil.

Le cylindre compresseur à vapeur, inventé par M. Ballaison, est exploité par MM. Gellerat et compagnie qui en ont perfectionné le mécanisme.

Il se compose de deux cylindres actionnés par une même machine motrice.

Il marche avec une égale facilité en avant et en arrière.

Il se dirige par la convergence des essieux des cylindres et peut tourner dans une courbe de 13 à 14 mètres de rayon.

Il a été adopté pour le cylindrage des empierrements de Paris, à la suite des expériences faites sous la haute direction de M. Michal, inspecteur général des ponts et chaussées, directeur du service municipal, par M. Homberg, inspecteur général des ponts et chaussées, alors ingénieur en chef de la voie publique de Paris, et par M. Allard Saint-Ange, ingénieur ordinaire du même service.

Le cylindrage est rétribué en raison composée du poids de la machine et de la distance utile parcourue.

La tonne kilométrique est payée 0ᶠ.45 le jour et 0ᶠ.50 la nuit.

Les avantages de cet instrument sur ses similaires mus par les chevaux sont :

Économie sur la dépense, rapidité d'exécution, plus grande perfection du travail.

En outre le cylindre à vapeur ne travaille que la nuit.

Les machines en service à Paris se rattachent aux trois types dont voici les éléments :

	NUMÉROS DES TYPES.		
	Nᵒ 1.	Nᵒ 2.	Nᵒ 3.
Poids moyen des machines en ordre de marche....	[illegible]	[illegible]	[illegible]
Diamètre des rouleaux porteurs....	[illegible]	[illegible]	[illegible]
Longueur....	[illegible]	[illegible]	[illegible]
Poids par mètre courant de génératrice....	[illegible]	[illegible]	[illegible]
Vitesse moyenne de marche par heure....	[illegible]	[illegible]	[illegible]
Nombre de tonnes kilométriques....	[illegible]	[illegible]	[illegible]

Les nombreux cylindrages exécutés dans Paris démontrent que le nombre de tonnes kilométriques, nécessaires pour cylindrer 1 mètre cube, est indépendant de l'épaisseur de la couche quand celle-ci varie de 0,05 à 0,25, et qu'il est de 4 à 5 tonnes kilométriques quand le travail est bien conduit.

Par suite, dans une séance de douze heures ou dix heures de marche effective, les machines de la société Gellerat peuvent cylindrer :

Le type nᵒ 1, de 65 à 85 mètres cubes.

Le type nᵒ 2, de 130 à 165 mètres cubes.

Le type nᵒ 3, de 150 à 190 mètres cubes.

Le prix de revient d'une machine est en moyenne de 35.000 francs.

IX

CYLINDRE COMPRESSEUR.

—

VILLE DE PARIS.

—

Un appareil.

—

M. Bouilliant, fondeur-mécanicien, demeurant rue Ober-kampf, n° 62, à Paris, expose un cylindre compresseur destiné à être traîné par des chevaux et se chargeant avec de l'eau.

L'idée de ce cylindre est due à M. Vaissières, ingénieur en chef des ponts et chaussées, attaché au service municipal de la ville de Paris.

Ce cylindre se compose, savoir :

1° D'un rouleau en fonte d'un diamètre de 1^m.60 et d'une largeur de 1^m,20 ;

2° D'un caisson en tôle emboîté dans ce cylindre, supporté par l'axe et pouvant être rempli d'eau ;

3° D'un système tournant pour attelage. Ce système se compose d'une ceinture en fer supportant un fer rond mobile entourant le cylindre, et c'est autour de ce fer rond, au moyen d'un anneau, que tourne le brancard ou la flèche après lesquels sont attelés les chevaux.

Ce rouleau présente sur ceux construits jusqu'à ce jour, les avantages suivants :

1.° Une plus grande légèreté pour le transport à vide d'un point à un autre ;

2° Une durée plus longue que les rouleaux à caissons en bois, puisque sa construction ne comporte que fonte, tôle et fer ;

3° Sa longueur n'étant que 3 mètres, tandis que celle des anciens rouleaux est de 5 mètres, il est d'une manœuvre plus facile dans les rues à grande circulation ;

4° Chargement et déchargement très-faciles, car quand on a, comme à Paris, à sa disposition de l'eau sous pression, il suffit pour charger, d'établir par un tuyau de cuir une communication entre le caisson et une bouche d'eau.

De même pour le déchargement, il n'y a qu'à établir une communication semblable avec une bouche d'égout.

Le nouveau cylindre de M. Bouilliant pèse, tout chargé, de 8 à 9 tonnes, et satisfait dans les meilleures conditions possibles à toutes les exigences d'un cylindrage ayant les chevaux pour moteurs.

X

PROMENADES ET PLANTATIONS DE LA VILLE

DE PARIS.

—

VILLE DE PARIS.

—

1° Un album du bois de Boulogne;
2° Un album des squares antérieurs à 1862, et du bois de Vincennes;
3° Un album des nouveaux squares, des avenues de l'Empereur et de l'Impératrice et du parc des Buttes-Chaumont;
4° Plan en relief du parc des Buttes-Chaumont;
5° Modèle des appareils de déplacement de la fontaine du Châtelet;
6° Dessins et modèles du pont métallique du canal Saint-Denis.

—

SQUARES.

Square de la tour Saint-Jacques. — Ce square, d'une superficie de 5.786 mètres carrés, est établi au carrefour de la rue de Rivoli et du boulevard de Sébastopol, et bordé, d'autre part, par la rue Saint-Martin et l'avenue Victoria: il tire son nom du monument qu'il renferme.

La tour Saint-Jacques, située au centre, dont la construction remonte à 1508, est élevée de 52 mètres et domine une grande partie de la capitale.

Les travaux de jardinage que l'on voit aujourd'hui ont été exécutés en 1856. Les dépenses se sont élevées à la somme de 141.700 francs, pour les travaux de jardinage et plantations proprement dits.

Square des Innocents. — Ce square, construit en 1859 et 1860, sert d'entourage à la fontaine des Nymphes. Construite en 1550, par Pierre Lescot, et décorée par Jean Goujon, cette fontaine a subi, en 1860, une restauration complète.

La superficie intérieure du square des Innocents est de 1.957^{mq},71, dont 233^{mq},84 pour la fontaine, 1.113^{mq},34 pour les pelouses et massifs, 610^{mq},53 pour les allées sablées.

Les dépenses d'établissement du square se sont élevées à la somme totale de 291.581^f,78, dont 178.513^f,92 pour les travaux d'architecture.

Square du Temple. — Le square du Temple, exécuté en 1857, sur l'emplacement de l'ancien palais de ce nom, se compose de trois pelouses principales, dont l'une renferme une pièce d'eau surmontée d'un rocher artificiel. La surface intérieure est de 7.524^{mq},44.

La dépense totale de construction a été de 148.581^f,72.

Square Vintimille. — Le square Vintimille, établi au centre de la place de ce nom, ne présente qu'une étendue peu considérable : sa superficie est de 778^{mq},07.

Les dépenses faites pour la transformation et la restauration de ce petit jardin se sont élevées à la somme de 13.500 francs.

Square Sainte-Clotilde. — Ce square est situé sur la place Bellechasse, devant la nouvelle église Sainte-Clotilde, élevée, il y a quelques années, dans le style architectural du xiiie siècle.

Le peu d'étendue de cette promenade rendait nécessaire l'adoption de dispositions fort simples, ne pouvant nuire en rien à l'aspect du monument situé en arrière. La surface intérieure du square est de 1.738^m,59, dont 1.279 mètres carrés en pelouses et massifs et 459^{mc},59 en allées sablées.

Le prix d'établissement du square Sainte-Clotilde a été de 32.220 francs.

Square Louvois. — Ce square a été établi en 1859, sur l'ancienne place Louvois, au milieu de laquelle s'élève la fontaine Visconti.

Cette place était déjà garnie de plantations qui ont été respectées.

La surface enclavée par la grille est de 1.776^m,07, dont 857^{mc},60 sont occupés par les pelouses et massifs, 113^{mc},68 par la fontaine et 815^{mc},79 par les allées sablées.

Les frais de transformation de la place en square ont été de 55.645^f,45.

Square de la chapelle expiatoire de Louis XVI. — Ce square, situé entre le nouveau boulevard Haussmann et les rues d'Anjou, Boissy-d'Anglas et Neuve-des-Mathurins, entoure la chapelle expiatoire élevée en 1825, sur l'emplacement du cimetière où furent inhumés les restes de Louis XVI et ceux de la reine Marie-Antoinette.

Sa superficie totale est de 6.165^{mc},22, dont 4.044 mètres carrés seulement sont livrés au public.

La dépense a été de 183.000 francs.

Les travaux ont été exécutés dans le courant de l'année 1865.

Square de Belleville. — Au centre de l'ancienne place des fêtes de Belleville, plantée de tilleuls taillés en berceau, existait un espace vide de 85 mètres de longueur sur 50 de largeur. C'est cet emplacement que l'on a transformé en jardin, en vallonnant le terrain, et en y plantant des fleurs et des arbustes.

La surface totale de ce square est de 1 hectare 12 ares 73 centiares.

Exécutés pendant l'année 1861, les travaux ont coûté une somme totale de 19.908^f,61.

Square Montholon. — Le square Montholon, situé au carrefour de la rue du même nom et de la rue Lafayette, a été établi en 1863.

Il se compose d'une pelouse centrale, en cuvette, ornée au fond d'un rocher qui laisse échapper une nappe d'eau dans un petit bassin.

La superficie totale de ce square est de 4.302^{mq},33. Les dépenses d'établissement se sont élevées à la somme de 185.000 francs.

Square de Montrouge. — Le square de Montrouge a été établi sur la place existant devant la nouvelle mairie de cette commune annexée.

Il se compose :

1° D'un jardin proprement dit, de forme quadrangulaire, clos par une grille en fer, et orné de trois pelouses plantées, dans l'une desquelles se trouve un groupe en bronze ;

2° De deux plateaux plantés de chaque côté du square, devant les bâtiments des écoles.

La surface totale de cette promenade est de 71 ares 34 centiares.

Les travaux, exécutés pendant les années 1862 et 1863, ont coûté 101.472^f,39, non compris la grille de clôture.

Square des Arts et Métiers. — Le square des Arts et Métiers est établi sur un terrain situé entre le boulevard de Sébastopol et la rue Saint-Martin. Il se compose principalement d'une plantation régulière de marronniers, disposés de manière à présenter, au centre, une avenue conduisant à la principale porte d'entrée du Conservatoire des Arts et Métiers, d'où le square tire son nom.

Deux bassins, entourés de gazon, ornés au milieu d'effets d'eau, de quatre figures assises, dues au ciseau des sculpteurs Ottin et Gumery, sont situés dans les allées latérales de la plantation.

Une statue de la Victoire, de Crauck, y a été érigée récemment.

Ce square est terminé. Il mesure 4.112^{mq},82 de surface; et la dépense totale s'est élevée à 320.000 francs.

Square des Batignolles. — Le square des Batignolles, établi sur l'ancienne place de l'Église de cette commune, est le plus vaste et le plus pittoresque des squares dont on a doté le nouveau Paris. Sa contenance est de 1 hectare 50 ares, non compris les larges contre-allées plantées, extérieures à la grille d'enceinte. Sa forme est celle d'un rectangle. Une longue pelouse en pente, entourée d'une allée circulaire, plantée d'arbres de choix, et arrosée par un ruisseau à cascades, surgissant de terre au-dessous d'une éminence, qui repose sur des roches aux formes singulières: tel est l'aspect d'ensemble de cette promenade.

La dépense totale d'établissement s'est élevée à la somme de 155.071^f,75. Les travaux, commencés en 1862, ont été terminés dans l'année 1863.

PARCS.

Parc de Monceaux. — Cette promenade, créée en 1861 par l'administration municipale de la ville de Paris, est une des plus vastes parmi celles qui ornent l'intérieur de la capitale. Elle occupe, en partie, l'ancien domaine de Monceaux, dont l'origine remonte au milieu du siècle dernier.

Deux grandes voies carrossables, ouvertes en ménageant autant que possible les plantations anciennes, traversent le parc dans toute son étendue et forment le prolongement des boulevards qui viennent y aboutir. Des grilles monumentales décorent les entrées de ces voies.

La superficie du parc de Monceaux est d'environ 10 hectares 76 ares, dont 6",6234 pour les pelouses proprement dites, 2",3223 pour les massifs d'arbres ou arbustes, 0",1492 pour la rivière et 1",6631 pour les allées.

La dépense totale de transformation et d'aménagement du parc a été de 1.190.000 francs.

Les travaux, commencés au mois de janvier 1861, étaient à peu près terminés le 13 août suivant.

Parc des buttes Chaumont. — Le parc des buttes Chaumont est établi sur l'emplacement de l'ancienne voirie de Montfaucon, et de carrières à plâtre ouvertes au pourtour. Il forme un triangle curviligne, d'une superficie de 22 hectares, compris entre la rue de Crimée, et deux boulevards courbes reliant Belleville à la rue de Puebla. Avant la création du parc, le terrain coupé par le chemin de fer de ceinture et par la rue Fessard n'offrait à la vue que des monticules de terre glaise d'une aridité complète, et des excavations profondes constituant de véritables précipices.

On songea à utiliser cette vaste superficie, si accidentée,
pour en faire une promenade publique, en y traçant des
allées, et en y ajoutant l'eau et la verdure qui leur man-
quaient.

Pour obtenir ce résultat dans la partie la plus voisine du
centre de Paris, on a dû prononcer plus fortement un système de vallées, tracer des allées suivant les pentes, régulariser le sol, y répandre de la terre végétale, faire les
semis et les plantations nécessaires. Les travaux d'amélioration n'ont eu une très-grande importance, sur ce point,
que parce qu'il a fallu raccorder le parc, dans presque tout
son parcours, avec le boulevard de ceinture, ouvert en tranchée de 17 mètres de profondeur.

L'autre portion des buttes, où se trouvaient la tranchée
ouverte pour le chemin de fer de ceinture et les carrières
à plâtre, et qui forme aujourd'hui la partie la plus pittoresque du parc, a exigé des travaux considérables. La ligne
des falaises, qui présente, dans son ensemble, un front
vertical de près de 35 mètres d'élévation, était heureusement mouvementée par un grand promontoire surplombant
les terrains inférieurs anciennement exploités. On a détaché
ce promontoire de la masse, de manière à en faire un rocher
dominant à pic un lac qui l'environne de tous côtés.

Ce lac est alimenté par deux ruisseaux qui parcourent
les deux vallons du parc. L'un de ces ruisseaux sort de la
base du mur de soutènement du boulevard supérieur, et
tombe à travers une vaste grotte, en formant une cascade
de 32 mètres d'élévation. Ce mur et cette grotte ont été
établis pour maintenir les terrains voisins de Belleville, qui
glissaient dans les excavations creusées pour les carrières.
Les marnes qui surmontaient la pierre à plâtre sur une
épaisseur de 15 mètres environ, et dont les talus, presque

verticaux, se dégradaient sous les influences atmosphériques, ont été généralement tranchées suivant des pentes permettant au sol de se soutenir, et de recevoir la terre végétale nécessaire aux plantations. Sur la pointe du promontoire, où il importait de conserver une grande masse surplombant les eaux, un revêtement en maçonnerie, imitant les rochers de la base, maintient ces terrains peu consistants.

Un pont suspendu, de 65 mètres de portée, jeté au-dessus du lac et de l'allée qui l'entoure, relie cette portion du parc à l'autre, évitant aux promeneurs de longs détours.

Un grand nombre d'allées carrossables, de 7 mètres de largeur, et dont les pentes ne dépassent pas 6 centimètres par mètre, permettent aux voitures de parcourir toute l'étendue du parc, malgré les différences énormes de niveau qu'il présente.

Des sentiers, dont les pentes n'excèdent pas 10 centimètres par mètre, mais qui exigent parfois des escaliers, permettent aux piétons de prendre des raccourcis entre les allées à voitures, et de s'élever jusqu'aux sommets du parc.

Quatre ponts ont été établis pour franchir les bas-fonds : une passerelle en treillis de fer, sur le chemin de ceinture; un pont en maçonnerie et en plein cintre de 12 mètres d'ouverture, construit à 20 mètres au-dessus d'une route et d'un petit bras du lac, le pont suspendu de 65 mètres de portée, déjà cité; et un pont biais en arc de cercle, de 18 mètres d'ouverture, exécuté en fer sur culées en maçonnerie.

Les eaux qui alimentent les cascades et les conduites de distribution d'eau pour l'arrosage, sont refoulées par une machine spéciale, du canal de l'Ourcq dans un réservoir situé le long du boulevard supérieur qui entoure le parc.

Le parc des buttes Chaumont étant entouré de voies spacieuses, est clos par des grilles, afin qu'aucun obstacle ne vienne en masquer la vue. En outre, partout où cela a été possible, on a disposé le jardin de manière à le faire dominer par ces boulevards. Le boulevard haut a dû même être soutenu en terrasse, sur une section où il domine le parc presque à pic, par un escarpement de 35 mètres de hauteur.

Quant à l'extrémité du parc qui avoisine Paris. elle est au contraire beaucoup plus élevée que les boulevards, et son niveau a été calculé de manière à y conserver la vue du panorama de la capitale, par-dessus les maisons qui seront édifiées sur ces voies de ceinture.

Les travaux, entrepris dans les premiers mois de l'année 1864, sont aujourd'hui presque entièrement exécutés.

La dépense des travaux des ponts et chaussées et de jardinage, s'élèvera approximativement à la somme de 2.936.760ᶠ.56.

La dépense des travaux d'architecture comprenant un restaurant de premier ordre, deux de second ordre, huit maisons de gardes, une maison de garde double. une rotonde, la grille de clôture, s'élèvera à la somme de 475.859ᶠ,80.

La dépense totale sera donc de 3.422.620ᶠ,36.

BOIS.

Bois de Boulogne. — On trouve dans l'album des promenades de Paris. un plan général du bois de Boulogne, dans un album spécial. quarante feuilles de dessin des diverses constructions du bois et soixante vues photographiques prises en différents points de la promenade.

Le bois de Boulogne a été cédé par l'État à la Ville de Paris, en vertu d'un décret du 13 juillet 1852.

La superficie entièrement en forêts, avec quelques routes droites, était, à l'époque de la cession, de 676 hectares; mais, par suite d'acquisitions d'une part et de ventes de parties se trouvant en dehors d'un périmètre régulier, la surface a été portée à 873 hectares, ainsi répartis :

Forêt.	434 hectares.
Pelouses.	273 —
Ruisseaux et pièces d'eau.	30 —
Routes et allées.	107 —
Massifs d'arbustes, fleurs, pépinières. . .	29 —
Total semblable.	873 hectares.

La longueur totale des allées est de 95 kilomètres, celle des ruisseaux de 9 kilomètres, et celle de la canalisation d'eau pour l'alimentation des lacs et l'arrosement des routes et pelouses, de 80 kilomètres.

Le volume des eaux employées par jour, en été, pour l'arrosement, est de 7.000 mètres cubes, et celui des eaux employées à l'alimentation des lacs et cascades, de 8.000 mètres cubes.

Les dépenses se sont élevées à 16.206.253^f,50, mais la Ville a vendu pour 10.401.483^f,84 de terrains et a reçu de l'État une subvention de 2.110.313^f,27, ce qui a réduit à 3.694.255^f,94 les dépenses à sa charge.

L'entretien du bois est fait par 140 cantonniers des routes, 46 jardiniers, 3 fontainiers et 50 gardes forestiers.

Les dépenses annuelles s'élèvent à 628.000 francs.

La transformation du bois de Boulogne a été entreprise en 1853 et terminée en 1855.

Bois de Vincennes. — L'album des promenades de Paris

renfermé un plan général du bois de Vincennes et huit vues photographiques de ce bois.

Le bois de Vincennes a subi une transformation analogue à celle du bois de Boulogne. On a acquis, pour la réunir à la promenade, la partie des plaines de Bercy et de Saint-Mandé comprise entre les anciennes limites du bois et le mur d'enceinte des fortifications de Paris. La nouvelle promenade, comme le bois de Boulogne, commencera désormais aux portes de Paris.

Les travaux, entrepris en 1858, sont terminés.

Les pièces d'eau du bois de Vincennes sont alimentées et l'arrosage est fait au moyen des eaux de la Marne, élevées par une turbine placée dans la chute des moulins de Saint-Maur.

La surface totale du bois est de 876 hectares. Cette surface est divisée ainsi qu'il suit :

Forêt.	370 hectares.
Massifs d'arbres et d'arbustes.	55 —
Prairies dont 172 hectares affectés aux exercices militaires.	375 —
Routes.	56 —
Pièces d'eau et rivières.	20 —
Total semblable.	876 hectares.

La longueur totale des routes et allées est de 70.053 mètres; celle de la canalisation d'eau forcée de 27.460 mètres et celle des ruisseaux de 9.960 mètres.

Le volume journalier des eaux de la Marne servant à l'arrosement et à l'alimentation des lacs, rivières et cascades est de 15.000 mètres cubes.

Les dépenses faites s'élèvent à 5.695.000 francs.

AVENUES.

Avenue de l'Impératrice. — Afin de mettre le centre de Paris en relation avec le bois de Boulogne, par une voie d'accès large et directe, un décret impérial prescrivit la rectification de la route départementale se dirigeant du rond-point de l'Étoile vers la porte du bois de Boulogne, dite porte Dauphine. La moitié des dépenses était supportée par l'État; les terrains en bordure sur la voie nouvelle devaient être clos par une grille en fer d'un modèle uniforme : une zone de 10 mètres de largeur, cultivée en jardin d'agrément, devait être ménagée entre cette grille et les bâtiments à construire, et enfin aucun genre de commerce et d'industrie ne pouvait être exercé sur ces terrains.

L'avenue fut ouverte entièrement sur l'emplacement des propriétés particulières expropriées à cet effet.

Sa longueur totale est de 1.200 mètres, sa largeur totale est de 122 mètres.

Elle se compose d'une chaussée centrale de 16 mètres de largeur, de deux larges allées latérales de 12 mètres chacune, de deux larges zones gazonnées, garnies de plantations d'arbres et d'arbustes précieux, comprenant la collection de toutes les espèces acclimatées à Paris, et enfin de deux chaussées de 9 mètres de largeur chacune, longeant les grilles des propriétés riveraines.

Les dépenses d'établissement se sont élevées à la somme de 542.991ᶠ,18.

En outre, la ville a dépensé une somme de 105.000 fr. pour les semis et plantations de cette avenue, pour l'élargissement du pont du chemin de fer d'Auteuil, et enfin pour le drainage général de l'allée des cavaliers.

Avenue de l'Empereur. — L'avenue de l'Empereur commence au quai de Billy, en face du pont de l'Alma, et aboutit au bois de Boulogne, vers la porte de la Muette.

Sa longueur totale est de 2.400 mètres.

Sa largeur est de 40 mètres ainsi décomposés :

Deux trottoirs bitumés de 6 mètres de largeur le long des propriétés.

Deux chaussées de 9 mètres, et une contre-allée cavalière de 10 mètres, occupant le milieu de la voie.

La partie de cette avenue, qui s'étend entre la grille de la Muette et la place du Roi-de-Rome, a été exécutée en 1862. De la rue du Petit-Parc, comprise dans ce parcours, à la place du Roi-de-Rome, les travaux ont donné lieu à des déblais considérables, dont la hauteur a atteint 10 mètres. Dans toute cette partie, les propriétaires doivent conserver, le long de la voie, une zone de servitude de 10 mètres, close par une grille d'un modèle uniforme, et cultivée en jardin d'agrément, et les habitations ne peuvent être le siège d'aucune industrie, ni d'aucun commerce.

La partie comprise entre la place du Roi-de-Rome et le quai de Billy a été entreprise et terminée en 1866. La pente de 0^m.027 par mètre, qu'il a fallu lui donner, a exigé, entre le boulevard du Roi-de-Rome et la place de Chaillot, des déblais de 2 mètres en moyenne de hauteur, puis de cette place au pont de l'Alma, des remblais considérables atteignant jusqu'à 11 mètres de hauteur.

Entre la place de Chaillot et le pont de l'Alma, le côté tourné vers Chaillot sera seul bordé de maisons. Le côté qui regarde la Seine, supporté par un vaste mur de soutènement, forme terrasse d'où la vue s'étend sur le cours du fleuve et les coteaux de Meudon.

Les terrains sur lesquels ce mur de soutènement est établi sont des alluvions de la Seine, qui ont rendu le travail de construction très-délicat, par suite de leur peu de consistance. Le procédé qui a paru offrir le plus de garanties en exigeant la moindre dépense, a consisté à répartir la pression sur une vaste surface. A cet effet on a formé une aire spacieuse en béton, sur laquelle s'élevait un mur presque aussi large. Ce mur était évidé sur les deux faces par chambres formant, du côté apparent, une arcature qui supportait une plate-bande d'arbustes permettant à l'œil de voir par dessus sans plonger dans les propriétés voisines, et du côté des remblais, deux étages de chambres, afin que le poids des terres reposant sur les voûtes, vînt s'ajouter à celui du mur pour contre-balancer le mouvement de déversement produit par la poussée des remblais.

La portion du mur existant au droit des dépendances de la pompe à feu de Chaillot avait une hauteur trop minime pour qu'il fût nécessaire de continuer le même système de construction. Cependant pour agrandir les dépendances de cet établissement, et pour dérober aux promeneurs la vue d'amas de charbon, on a continué sur une plus petite échelle les évidements de la portion principale du mur, de manière à former sous le trottoir des soutes à charbon. Cette partie du mur est surmontée d'une grille de clôture garnie de lierres destinés à dissimuler en partie la cour et les bâtiments de la pompe à feu, que la nouvelle voie coupe en écharpe.

Ce mur a été exécuté en entier en mortier pilonné, dit aggloméré Coignet. Les arcades apparentes ont seules un parement en meulière, pour donner plus de variété à l'aspect de ce mur qui n'a pas moins de 360 mètres de longueur.

La dépense totale de l'établissement de l'avenue de l'Empereur s'élève à la somme de 2.333.203ᶠ,74.

FONTAINE DU CHATELET.

C'est sur l'emplacement de l'ancien Châtelet que la fontaine du *Palmier* a été érigée, en l'honneur des victoires du premier Empire. Commencée en 1806, elle ne fut achevée qu'en 1818. Mais la position que cette fontaine occupait ne répondait à aucun axe de symétrie, soit des rues, soit des édifices environnants; de plus, sa vasque, par suite des remaniements de terrain effectués dans ce quartier, avait été enterrée d'un mètre environ. On a dû, par ces divers motifs, déplacer ce monument, d'une certaine valeur artistique et décorative, et l'exhausser en même temps.

Aujourd'hui, la fontaine du Palmier est dans l'axe de la Chambre des notaires, qui est en même temps l'axe du nouveau pont au Change; et aussi dans l'axe des maisons construites entre l'avenue Victoria et le quai.

Sa hauteur totale, qui était de 18 mètres, a été portée à 22 mètres, par l'accroissement du soubassement.

Bien que le déplacement en bloc d'un monument entier ne fût pas une chose toute nouvelle, cependant le système adopté pour la translation de la fontaine du Palmier est sans précédents, et mérite une description détaillée.

Translation. — L'emplacement occupé par la fontaine a été fouillé pour l'installation du plateau ou patin supportant la colonne et nécessaire à la traction. Il a été ensuite pratiqué dans le soubassement de la colonne et au même niveau, trois percements traversant de part en part et deux entailles latérales de mêmes dimensions dans lesquelles ont été introduites cinq barres de fer de $0^m,12$ d'équarrissage destinées à supporter tout le poids du monument.

Il a été ensuite procédé à la construction du *plancher-*

glissoire fixe sur lequel devait se mouvoir le patin en charpente supportant la colonne. A cet effet, parallèlement à l'axe général du chemin de translation, à droite et à gauche, trois cours de longrines ont été établis ; l'ensemble de ces longrines a formé le *plancher-glissoire* auquel on avait donné une pente de 0^m,04 par mètre.

Un plateau ou patin ayant la forme d'un octogone, composé de pièces en chêne, a été construit. La partie carrée du milieu de ce patin, située immédiatement sous le soubassement de la colonne, a été formée avec des madriers en chêne de 0^m,10 d'épaisseur. Ces madriers supportaient les cinq solives en fer dont il a été fait mention.

Pour garantir la colonne de tout mouvement d'oscillation pendant la translation, elle a été entourée d'une charpente formée de quatre poteaux cormiers, reliés dans leur hauteur par quatre rangs de moises et maintenus par des contre-fiches. La colonne, enveloppée dans cet appareil en charpente, était en outre enserrée par trois systèmes d'étrésillons s'appuyant d'une part sur les poteaux cormiers et de l'autre sur huit madriers qui enveloppaient hermétiquement le fût.

Pour la traction de tout le système, il a été établi sous le patin carré du milieu, trois cours de longrines en chêne munies chacune de vingt galets, lesdits se mouvant sur un chemin ferré composé de plates-formes en chêne armées d'un fer à double T, posé à plat et recevant les galets dans sa concavité.

De cette façon, le système de la charpente était complétement établi. Pour le mettre en mouvement, quand le soubassement a été entièrement sapé, quatre moufles de traction ont été amarrées à quatre poteaux. Ces moufles correspondaient à quatre cabestans, dont deux à huit bras et à vingt-quatre hommes et deux à quatre bras et à huit hommes. La manœuvre a été faite dans l'espace de dix-huit minutes et à l'aide de soixante hommes.

Exhaussement. — Le travail de la traction horizontale terminé, il s'agissait d'opérer celui de la traction verticale. Pour enlever la colonne avec sa charpente enveloppante (80.000 kilogrammes environ), il fallait avant tout relier d'une façon intime le plateau au patin avec l'appareil vertical. Pour atteindre ce but, huit boulons de suspension partant du deuxième rang de moises vinrent traverser le patin sous lequel ils furent arrêtés par des plates-bandes; en outre, à chaque poteau cornier, deux boulons-harpons vinrent encore relier le patin avec ces derniers.

Pour enlever l'appareil, il fallait supprimer une partie de son échafaudage; on supprima donc les huit grandes contre-fiches, et le patin octogone fut réduit à la partie carrée du milieu. On laissa seulement dépasser les abouts des pièces de charpente formant le dessus de ce patin de 0^m.12, pour que ces abouts pussent servir de guides ou glissoirs pour la traction verticale. Un nouvel appareil fixe, servant pour ainsi dire de fourreau au premier, fut établi. Il était composé de quatre poteaux verticaux de 29^m,50 servant de conducteurs aux guides ou glissoirs dont il vient d'être parlé. Ces quatre grands poteaux reposaient sur un nouveau patin en charpente horizontal fixe, scellé sur massifs en maçonnerie, parfaitement étrésillonnée. Ils étaient reliés verticalement entre eux par quatre rangs de moises avec trois croix de Saint-André sur chaque face, et au sommet par deux chapeaux assemblés aux abouts de deux moises; ils étaient en outre consolidés par quatre contre-fiches d'angle de 17^m,20 de long posées diagonalement, et huit autres de 9^m,81 disposées deux à deux dans les plans des faces.

Des contre-fiches intérieures partant du dernier rang de
moises et appuyées contre les quatre poteaux d'angle sou-
tenaient la chaise du faîte de l'échafaudage qui était destiné à recevoir les amarres de dix demi-paires de moufles.
Tel était le nouveau système pour l'enlèvement de la colonne.

L'amarrage et l'enlèvement avaient été ainsi disposés :

Aux pieds des poteaux et sur chacune des quatre faces,
on avait fixé deux longrines dites *palonniers*, parfaitement
étrésillonnées et consolidées pour résister aux efforts de la
traction.

Pour enlever le monument avec sa première charpente,
les prises avaient été faites en quatorze endroits différents,
savoir : quatre au sommet des poteaux cormiers, les autres
sur le deuxième rang de moises.

L'équipement complet était composé ainsi qu'il suit :

Quatre calicornes, ou gros câbles pourvus d'une âme en
fil de fer, étaient fortement amarrées à chacun des poteaux
cormiers de l'échafaudage mobile et se réunissaient en un
même point où étaient attachées les deux principales paires
de moufles du centre, qui étaient amarrées en deux points
distincts au faîtage. Les câbles de ces moufles étaient mis
en jeu par deux cabestans principaux à huit bras et dix-huit
hommes.

Dix autres cabestans à quatre bras et à huit hommes ré-
pondaient aux dix demi-paires de moufles équipées sur le
deuxième rang de moises de l'échafaudage mobile. Tous
les câbles des douze paires de moufles venaient s'enrouler
sur les arbres des cabestans, au moyen de douze poulies
de retour.

Pour soulager les cabestans quand l'opération du montage
a été commencée, on a fait usage de huit crics à double noix

reposant sur les palonniers et agissant sur le premier rang
de moises de la charpente mobile.

Au fur et à mesure que le monument s'élevait, il était
calé sur un système de chaises ou pièces de sapin de 0^m,15
d'équarrissage, et comme il était prudent que le calage suivît
le mouvement ascensionnel, on plaçait des coins que des
hommes poussaient dans l'intervalle de la hauteur d'une
chaise.

La manœuvre de cette difficile opération, commencée à
sept heures du matin, le 19 mai 1858, a été achevée à quatre
heures trente-sept minutes de la même journée au moyen
de 136 hommes. Il a fallu neuf heures trente-sept minutes
pour élever la colonne à 3^m,50 de hauteur.

La dépense totale de l'opération s'est élevée à 25.000 fr.

PONT DU CANAL SAINT-DENIS.

Pour relier les deux tronçons de la route Militaire coupée
par le canal Saint-Denis à la Villette, on a établi sur ce canal
un pont de 42 mètres d'ouverture. Par suite de circonstances locales, ce pont est légèrement biais. En y comprenant sa chaussée en cailloutis de 0^m,30 d'épaisseur, la
chappe en bitume de 0^m,02, ce pont n'a que 0^m,64 d'épaisseur : ce qui donne 0^m,32 pour les fermes à la clef.

Les retombées et la clef sont articulées de manière à forcer
la courbe des pressions à passer toujours par trois points
connus et à détruire dans les diverses parties de l'arc et du
longeron, les différences de pressions qui se produisent dans
les ponts continus et qui proviennent des tassements et des
changements de température. Ce mode de construction
rend de plus le montage très-simple. On pose les plaques
de fonte des retombées, puis on enlève avec une chèvre

chacun des deux demi-arcs ; on les fait reposer sur les tourillons des retombées, et l'on abaisse les deux extrémités de la clef jusqu'à ce qu'elles soient en face l'une de l'autre. On engage l'arc de la clef dans le vide préparé à cet effet ; puis au moyen des coins des retombées, on règle la hauteur de telle sorte que tous les intrados se dégauchissent bien. On évite ainsi la construction de cintres qui auraient été très-gênants pour la navigation du canal et le garage des bateaux stationnant devant l'octroi.

Le pont, aujourd'hui achevé, a un aspect d'extrême légèreté. Il a parfaitement résisté aux épreuves réglementaires.

Exécution des travaux. — Tous les travaux du service des promenades et plantations dépendent du service municipal des travaux publics, à la tête duquel est placé M. Michal, inspecteur général des ponts et chaussées. Ils sont dirigés par M. Alphand, ingénieur en chef des ponts et chaussées, ayant sous ses ordres MM. Darcel et Grégoire, ingénieurs ordinaires des ponts et chaussées; Davioud, architecte en chef, et Barillet, jardinier en chef de la ville de Paris.

DIXIÈME SECTION

OBJETS DIVERS

I

PROFIL GÉOLOGIQUE DE PARIS A BREST.

MINISTÈRE DE L'AGRICULTURE, DU COMMERCE ET DES TRAVAUX PUBLICS.

Deux albums.

La France possède aujourd'hui un nivellement topographique excellent. Sur tout le territoire de l'Empire, on trouve des repères dont le nombre, déjà considérable, augmente chaque jour, et qui donnent la hauteur du lieu par rapport à un plan commun, le niveau de la mer à Marseille.

Ces repères, auxquels on rapporte les projets de détail, seraient encore plus utiles si l'on pouvait y joindre la détermination des assises minérales du sol. Le profil géologique des chemins de fer de Paris à Brest présente un spécimen de ce travail complémentaire.

Le premier volume donne l'itinéraire direct qu'on suit sur le réseau de l'Ouest, par Chartres, le Mans, Laval,

Rennes, Saint-Brieuc, Morlaix. On traverse la Beauce, le Perche, le Maine, la Bretagne. Le deuxième volume fait ligne de retour sur le réseau d'Orléans : de Brest, on se dirige vers Châteaulin ; on touche Quimper, Vannes et Nantes. On remonte le Val de la Loire dans sa plus riche partie, entre Angers, Saumur et Tours. On rentre à Paris par Vendôme et les plateaux, après avoir exploré la côte Sud de Bretagne, reconnu l'Anjou et la Touraine et coupé la Beauce sur son plus grand diamètre. Au terme de ce voyage circulaire de 1.400 kilomètres, on a parcouru toute l'échelle géologique ; car on est parti du fond du bassin moderne de Paris, et l'on ne s'est arrêté qu'à l'Océan, aux granits de Bretagne, les plus vieux témoins de notre sol.

A l'appui des successions de couches viennent des renseignements auxiliaires. Presque partout, la première nappe des eaux souterraines a été sondée dans les puits, et figure au profil. Les carrières exploitées ont aussi été relevées et introduites à la légende ; parfois les exploitations elles-mêmes ont été représentées, et l'on remarquera la coupe du bassin houiller de Chalonnes. Enfin, à l'égard de la surface, lorsqu'il y avait des aptitudes culturales, elles ont été signalées. La statistique a été appelée à l'aide de la géologie.

Ce travail est dû à MM. Triger, ingénieur civil ; Delesse, ingénieur en chef des mines ; Jille, ingénieur en chef des ponts et chaussées ; Thoré, ingénieur ordinaire, et Guillier, conducteur.

II

NIVELLEMENT GÉNÉRAL DE LA FRANCE.

—

MINISTÈRE DE L'AGRICULTURE, DU COMMERCE ET DES TRAVAUX PUBLICS.

Trois volumes de texte et un atlas.

Objet du travail. — Dans le courant de l'année 1857. M. Bourdaloue, qui s'était fait connaître par des travaux remarquables de nivellement, proposa d'exécuter le nivellement général de la France continentale, en prenant pour type un travail qu'il avait fait pour le département du Cher.

Ce nivellement général devait consister nécessairement : 1° à déterminer, par des opérations de haute précision, les altitudes d'un certain nombre de points fondamentaux, par rapport à un repère unique ; 2° à partir ensuite de ces points pour effectuer des nivellements de détail, de manière à atteindre toutes les parties du sol de la France.

Il s'agissait surtout de rendre plus faciles et plus sûres les opérations relatives à l'établissement des voies de communication, au nivellement des cours d'eau, aux études de drainage et d'irrigation. Pour atteindre ce but, il fallait que le nivellement proposé fît connaître les altitudes du sol d'une manière très-détaillée et avec une très-grande exactitude ; car des renseignements généraux, tels que ceux que fournit la carte de l'état-major, d'ailleurs si remarquable, mais dressée pour d'autres besoins, ne pouvaient suffire. Dans ces conditions, l'entreprise projetée devait entraîner des dépenses considérables.

L'administration, après s'être convaincue de l'utilité du travail proposé, reconnut qu'il convenait d'en confier l'exécution à M. Bourdaloue, qui, par ses travaux antérieurs, sa capacité et son désintéressement, présentait toutes les garanties désirables pour entreprendre une opération de cette nature.

La première partie de cette entreprise, destinée à fixer les points de repère fondamentaux, a été commencée dans les derniers jours du mois de septembre 1857 et terminée à fin de l'année 1862. La carte d'ensemble jointe à l'atlas indique la situation de ce nivellement au 31 mars 1862.

Mode d'exécution. — Des repères métalliques invariables ont été placés de distance en distance sur les lignes formant le *réseau des lignes de base*, à raison d'un repère par kilomètre, en moyenne. Les différences de niveau entre ces repères ont été déterminées de proche en proche, au moyen de nivellements de précision. On s'est astreint à réitérer ces nivellements de manière à avoir au moins six déterminations de chacune de ces différences de niveau ; et quand il n'y avait pas un accord satisfaisant, on multipliait davantage ces déterminations, jusqu'à ce que toute incertitude eût disparu.

L'opération est faite au moyen de niveaux dits *d'ingénieur*, à lunette et à bulle d'air, en procédant par visées horizontales. Les instruments employés, construits sous la direction de M. Bourdaloue, sont d'une grande précision et d'un emploi facile. Le niveau est toujours placé à égale

distance des deux points de visée. On emploie des mires,
dites *parlantes*, qui permettent au niveleur de lire lui-même
la cote. Chaque cote est constatée par deux lectures et deux
inscriptions indépendantes l'une de l'autre.

Le contrôle de ce travail général est confié à un ingénieur des ponts et chaussées, résidant à Paris, auquel les
registres ou carnets d'observations sont adressés à la fin de
chaque journée. Cet ingénieur s'assure, soit par des visites
faites sur les lieux, soit par l'examen attentif des résultats
obtenus, que tout se passe régulièrement.

Les nivellements faits jusqu'à présent sur les lignes de
base embrassent un développement d'environ 10.000 kilomètres. Il faut joindre à ces lignes le cours du Rhône, depuis le lac de Genève jusqu'à la Méditerranée, et celui de la
Loire, depuis Briare jusqu'à l'Océan, qui avaient été auparavant l'objet de nivellements exécutés par M. Bourdaloue.

On a rapporté d'abord les altitudes à un plan horizontal
provisoire ; lorsque l'opération a été suffisamment avancée,
on a reconnu que le niveau moyen de la mer est loin d'être
le même pour tous les points du littoral, et l'on a choisi le
niveau moyen de la mer à Marseille pour le plan unique de
comparaison du nivellement général de la France. Une décision dans ce sens a été prise le 13 janvier 1860, par
M. le ministre de l'agriculture, du commerce et des travaux
publics.

Dans l'état actuel de l'opération, on peut admettre que
les altitudes déterminées dans toute l'étendue de la France
sont exactes à moins de *trois centimètres*. Ce degré de précision peut paraître extraordinaire ; mais quand on examine
tous les détails du travail de M. Bourdaloue, quand on voit
la concordance qui existe entre les résultats partiels des
opérations de repère à repère, quand on se rend compte des

précautions prises pour qu'aucun doute ne soit possible sur la précision obtenue, on demeure convaincu qu'elle est bien réelle. C'est le travail topographique le plus étendu qui ait été exécuté avec ce degré de précision.

L'ingénieur en chef des ponts et chaussées chargé du contrôle de cette opération est M. Breton (P. Émile).

III

AQUARIUM D'EAU DOUCE.

MINISTÈRE DE L'AGRICULTURE, DU COMMERCE ET DES TRAVAUX PUBLICS.

Exposition dans le parc.

L'aquarium d'eau douce construit dans le jardin réservé, avec le concours d'une subvention importante du ministère de l'agriculture, du commerce et des travaux publics, a pour objet de montrer vivantes les principales espèces de poissons comestibles habitant les eaux douces de la France, par analogie avec ce qui se pratique dans l'exposition des animaux de boucherie et de basse-cour.

L'aquarium est peuplé par les soins de l'établissement gouvernemental de pisciculture de Huningue, qui y expose en même temps son outillage. On y voit aussi des spécimens d'échelles destinées à faire franchir aux poissons les chutes des barrages.

Le service de la navigation de la Loire (3ᵉ section) a été appelé à seconder l'établissement de Huningue pour fournir les espèces qui ne se trouvent pas dans la région de l'est de la France.

Tel qu'il est conçu, l'aquarium, en laissant voir les poissons sans que ceux-ci aperçoivent le spectateur, ne présente pas seulement un intérêt de curiosité : il offre également un moyen d'étudier les mœurs, les habitudes d'alimentation et la reproduction de ces animaux. Il constitue donc un appareil propre à favoriser les progrès de la science, et il est susceptible à ce titre de concourir à l'extension de l'alimentation publique.

La forme de grotte couverte de terrassements et de plantations, animée au dedans comme au dehors par des eaux courantes, est motivée par le besoin de conserver une fraîcheur convenable dans les bacs contenant les sujets les plus remarquables. Des rivières et bassins extérieurs sont destinés aux espèces qui peuvent demeurer exposées à une température plus élevée.

Le projet, étudié sous la direction de M. Alphand, ingénieur en chef des ponts et chaussées, chargé du service des plantations et des promenades de la Ville de Paris, est l'œuvre de M. L. Bétencourt, artiste à Boulogne-sur-Mer, qui s'est inspiré en outre des connaissances pratiques dont le programme lui a été tracé par M. Coumes, inspecteur général des ponts et chaussées.

L'exécution matérielle de la grotte, formée de maçonneries de briques et ciment de Portland, a été confiée par la Commission impériale à M. Émile Millot, entrepreneur à Paris. M. Bétencourt a néanmoins conservé le rôle le plus actif pour la partie artistique et notamment pour la construction des roches artificielles suivant un procédé de son invention.

IV

TRAVAUX DES ÉLÈVES

DES ÉCOLES IMPÉRIALES D'ARTS ET MÉTIERS.

—

MINISTÈRE DE L'AGRICULTURE, DU COMMERCE ET DES TRAVAUX PUBLICS.

Machines motrices et machines outils exécutées par les élèves.
Ouvrages et documents relatifs à leur instruction.
(Classes 53, 54 et 90.)

Les écoles impériales d'arts et métiers, dont la fondation remonte au Consulat, sont aujourd'hui au nombre de trois, établies dans les villes de Châlons-sur-Marne, Angers et Aix. Elles admettent chaque année un peu plus de 300 élèves, qui, pendant un séjour de trois ans, reçoivent l'instruction théorique et pratique nécessaire pour devenir contre-maîtres dans l'industrie, et dont un grand nombre sont même devenus ingénieurs et chefs d'établissements importants.

L'Exposition offre divers spécimens des travaux entièrement exécutés par les élèves dans les exercices d'atelier qui forment une des parties essentielles de l'enseignement.

Ces travaux sont répartis entre les classes 53, 54 (travaux d'atelier) et 90 (objets d'instruction).

Classe 53. *Machines motrices.*

École d'Angers. — Une Machine à vapeur de la force de 20 chevaux à cylindre horizontal, à détente (système Meyer), variable à la main, à condensation.

Le cylindre a double enveloppe, l'une en fonte, l'autre en bois. La vapeur passe entre le cylindre et l'enveloppe en fonte pour se rendre dans la boîte à tiroir.

Les trois pompes, alimentaires, à eau froide, à air (ces deux dernières à double effet), sont réunies et coulées d'une seule pièce avec le condenseur. Elles sont actionnées par une seule bielle passant sous le cylindre et recevant le mouvement de la crosse du piston, par l'intermédiaire d'un balancier vertical.

Les pompes et le condenseur sont exposés séparément.

École d'Aix. — Une machine à vapeur, horizontale, de la force de 14 chevaux, avec détente au quart de la course, sans condensation. (Dans le Midi, le manque d'eau fait préférer ce système pour bien des localités.)

École de Châlons. — Une machine à vapeur, horizontale, de la force de 8 chevaux, à détente variable par glissières (système Meyer), à condensation ou à échappement libre, à volonté. La détente est réglée à la main.

La pompe à air, a double effet, et la pompe alimentaire, à simple effet, sont mues par une même bielle et placées à l'un des deux côtés du cylindre.

Le cylindre à vapeur, avec son enveloppe également en fonte, est coulé d'une seule pièce (comme exercice de fonderie).

La vapeur, sortant du cylindre, va chauffer l'eau d'alimentation.

Classe 54. Machines-outils.

Châlons. — Le porte-outil, seulement, d'une machine à raboter dont le banc a 1ᵐ.85 de largeur et 6 mètres de longueur.

Le porte-outil est fixe, à double chariot, par conséquent à double travail, au besoin. Quand le rabotage ne se fait que par un outil, la vitesse du tablier est double, au retour, de celle qu'il a dans la période de travail.

(La machine entière ne peut être exposée, faute d'emplacement.)

Châlons. — Un tour à boulons ou tour à fileter, à banc triangulaire.

Angers. — Un tour à fileter de 1 mètre de largeur et 4ᵐ.30 de longueur.

Angers. — Une ou deux peloteuses pour filatures de chanvre et corderies. Industrie locale à Angers.

Aix. — Une raboteuse ou machine à raboter à petite course. Son outil est fixe.

Classe 90. Instruction.

Décret du 29 décembre 1865 sur l'organisation des écoles d'arts et métiers.

Règlement des écoles d'arts et métiers.

Notice sur ces écoles, avant le décret de 1865, par M. Lebenne.

Dessins. — Un portefeuille contenant la collection des dessins pendant les trois années d'instruction à l'école de Châlons.

Un portefeuille contenant la même collection de l'école d'Angers.

Un portefeuille contenant la même collection de l'école d'Aix.

Ces collections sont, en moyenne, de 80 dessins.

1re année : Ornements et architecture, épures de géométrie, quelques premiers éléments de machines, lever de bâtiment, lavis élémentaires à l'encre de Chine.

2e année : Épures nombreuses de géométrie descriptive et plans cotés, quelques organes de machines, épures de cinématique, un dessin de topographie.

3e année : Machines et éléments de machines (projets cotés et calculés), comprenant les machines à vapeur, les roues hydrauliques, quelques machines-outils; enfin un ou deux dessins de nivellement et de topographie et un ou deux lavis de machine en couleur.

Croquis. — Petit cahier de croquis cotés pris sur machines, aux ateliers.

Petits croquis d'épures, pris aux leçons.

Écriture. — Exercices d'écriture.

Cahier de comptabilité.

Collection de livres classiques. — Arithmétique de Jariez et autre.

Géométrie de Bobillier.

Algèbre de Bobillier.

Cours de géométrie descriptive de M. Aubré (méthode Théodore Olivier).

Cinématique de M. le général Morin.

Leçons de mécanique industrielle par M. Guy.

Applications sur le cours de mécanique par M. Bujard.

Applications sur le cours de physique par M. Bujard.

Aide-mémoire de mécanique.

Cours élémentaire de dessin (1re année) par M. Pesetti.

Grammaire française par MM. Alix et Lavau.

Exercices grammaticaux par les mêmes.

Méthode élémentaire pour la tenue des livres par M. Bourcq.

Programmes des cours et des travaux, et tous autres documents qui paraîtront utiles.

Travaux pratiques. — Quelques-unes des pièces du commencement d'apprentissage dans les ateliers, modèles (travail du bois), fonderie, forges et ajustage.

Nous mentionnerons ici, comme application des travaux des élèves à l'*art du fondeur*, une pièce qui ne peut être apportée à l'Exposition ; c'est la statue, en bronze, du duc de Larochefoucauld-Liancourt (1) érigée sur la place publique de Liancourt (Oise).

Cette statue, de $2^{m}.80$ de hauteur, a été coulée d'un seul jet et avec un succès complet, le 10 août 1861, à la fonderie de l'école d'Angers (M. Biesse, chef d'atelier et ancien élève), sur le modèle de l'artiste sculpteur, M. Maindron, qui fut aussi ancien élève de cette école.

1, M. de Larochefoucauld-Liancourt, l'un des bienfaiteurs, et l'on pourrait dire l'un des fondateurs des écoles d'arts et métiers, en fut gratuitement l'inspecteur général de 1806 à 1821.

FIN.

TABLE DES MATIÈRES

1re SECTION. — ROUTES ET PONTS.

Pages.

I. Pont Napoléon à Saint-Sauveur (Hautes-Pyrénées).   3
II. Pont tournant de Brest.   7
III. Pont d'Albi sur le Tarn. 13
IV. Arche d'expérience en maçonnerie exécutée dans les carrières de Sampes (Seine-et-Marne 21
V. Appareil de décintrement au moyen du sable. 27
VI. Pont de Tilsitt sur la Saône, à Lyon. 30
VII. Ponts de Paris. 39
VIII. Rectification de la route impériale n° 119 par la grotte naturelle de l'Arize ou du Mas-d'Azil (Ariège). 54
IX. Carte des routes impériales et départementales de France, indiquant le nombre des colliers attelés qui parcourent journellement chacune des parties de ces routes. 58

2e SECTION. — SERVICE HYDRAULIQUE : RIVIÈRES.

I. Réservoir du Furens (Loire). 60
II. Travaux d'assainissement et de mise en valeur des landes de la Gironde. 69
III. Échelle à saumons sur la rivière de Vienne, à Châtellerault. . . 74

3e SECTION. — NAVIGATION INTÉRIEURE : RIVIÈRES.

I. Barrage de Martot sur la Seine (Seine-Inférieure). 80
II. Barrages à hausses mobiles construits sur la Seine en amont de Paris. 89

544 TABLE DES MATIÈRES.

Pages.

III.   Hausses automobiles du barrage de Saint-Martin, sur l'Yonne.   93
IV.   Barrages de la Marne.   97
V.   Travaux d'endiguement de la Seine maritime.   113
VI.   Travaux d'amélioration des passes de la Garonne maritime.   125
VII.   Nivellement sur les deux rives de la Loire entre Briare et Nantes.   135
VIII.   Carte des voies navigables de l'empire français, de la Belgique
        et des provinces de la rive gauche du Rhin.   142

4ᵉ SECTION. — Navigation intérieure : Canaux.

I.   Pont-canal sur la rivière d'Albe.   144
II.   Déversoir-siphon du réservoir de Mittersheim (canal des houil-
        lères de la Sarre).   152
III.   Portes d'écluse du canal de Saint-Maurice (Seine).   159

5ᵉ SECTION. — Travaux maritimes.

I.   Digues du port de Marseille.   162
II.   Écluse de barrage du port de Dunkerque avec ses portes bus-
        quées et valets, et son pont tournant.   176
III.   Guideaux servant à diriger les chasses pour le redressement de
        la passe extérieure du chenal de Dunkerque   188
IV.   Port de Saint-Nazaire.   196
V.   Écluse de la citadelle au Havre.   216
VI.   Port de commerce de Brest (port Napoléon).   220
VII.   Préservation des bois contre les ravages des tarets, et atelier
        de créosotage du port des Sables-d'Olonne.   241

6ᵉ SECTION. — Phares et balises.

I.   Mémoire sur l'éclairage et le balisage des côtes de France. . .   245
II.   Phare des Roches-Douvres.   246
III.   Tourelle de feu de port.   251
IV.   Phare des Triagoz.   252
V.   Phare de la Banche.   257
VI.   Phare de la Nouvelle-Calédonie.   264
VII.   Phare du Créac'h (île d'Ouessant).   266
VIII.   Phare de Contis.   269
IX.   Phare du cap Spartel (Maroc).   271

Pages.

X.   Phare du Grand-Rouveau. 276
XI.   Phare de la Croix. 278
XII.   Feu flottant de Ruytingen. 281
XIII.   Phares électriques. 291
XIV.   Éclairage électrique des phares de la Hève. 302
XV.   Appareil de premier ordre à feu scintillant. 307
XVI.   Appareil de feu de port alimenté à l'huile de schiste. 309
XVII.   Appareil catoptrique à feu scintillant. 310
XVIII. Types de bouées en tôle. 312
XIX.   Bouée-bateau. 319
XX.   Bouée-balise. 322
XXI.   Tour-balise de l'écueil le Bavard. 324
XXII.   Balise d'Antioche. 329
XXIII. Signaux pour les temps de brume. 331

7ᵉ SECTION. — CHEMINS DE FER.

I.   Viaduc de Morlaix (chemins de fer de Rennes à Brest). 334
II.   Viaduc métallique de Busseau-d'Ahun. 340
III.   Viaduc métallique de la Cère. 345
IV.   Pont sur la Loire, près Chalonnes. 349
V.   Pont sur le Scorff, à Lorient. 356
VI.   Viaduc sur l'Aulne, près Port-Launay. 363
VII.   Viaducs en charpente métallique. 372
VIII.   Pont-viaduc sur la Seine, au Point-du-Jour. 376
IX.   Tunnel d'Ivry. 390
X.   Appareil de perforation mécanique. 402
XI.   Pont de la place de l'Europe. 409

8ᵉ SECTION. — TRAVAUX HYDRAULIQUES ET BATIMENTS CIVILS
DES ARSENAUX MARITIMES.

I.   Port de Cherbourg. Fondation et soubassement du fort Chava-
        gnac. 422
II.   Port de Brest. Double forme de radoub du Salou. 430
III.   Port de Lorient. Application de l'eau comprimée à la manœu-
        vre des vannes d'une forme de radoub. 434
IV.   Port de Lorient. Pont et quais du Caudan, sur le Scorff. . . . 438
V.   Port de Toulon. Grand appareil de transbordement et de mâ-
        tage. 444
VI.   Port de Rochefort. Fort Boyard. 453

Pages

VII. Port de Cherbourg. Établissement des subsistances. 460
VIII. Port de Brest. Appareil de construction et de réparation des
machines et chaudières à vapeur. 466
IX. Port de Cherbourg. Déblais de roches. 470
X. Port de Toulon. Pont tournant. 474

9ᵉ SECTION. — TRAVAUX DE LA VILLE DE PARIS.

I. Édifices modernes de Paris. 479
II. Boulevard de Sébastopol. Egouts de Paris. 480
III. Réservoir de Ménilmontant. 487
IV. Distribution des eaux dans les habitations. 492
V. Usine municipale de Saint-Maur. 495
VI. Viaduc sous rails de l'avenue Daumesnil. 498
VII. Balayeuse mécanique de M. Tailfer. 503
VIII. Cylindre compresseur à vapeur. 505
IX. Cylindre compresseur. 507
X. Promenades et plantations de la ville de Paris :
    1° Squares 509
    2° Parcs. 514
    3° Bois. 517
    4° Avenues. 520
    5° Fontaine du Châtelet. 523
    6° Pont du canal Saint-Denis. 527

10ᵉ SECTION. — OBJETS DIVERS.

I. Profil géologique de Paris à Brest. 529
II. Nivellement général de la France. 531
III. Aquarium d'eau douce. 533
IV. Travaux des écoles d'arts et métiers. 537

FIN DE LA TABLE DES MATIÈRES.

ERRATA.

———

Pont Napoléon, a Saint-Sauveur. — Page 5, ligne 30 en descendant, *au lieu de* : 0,005. *lire* : **0,0015.**

Pont tournant de Brest. — Page 12, ligne 24 en descendant, *au lieu de* : Rousseau, Ingénieur ordinaire, *lire* : **De Carcaradec** et Rousseau, Ingénieurs ordinaires.

Ponts de Paris. — Pont d'Arcole. — Page 44, ligne 20 en descendant, *ajouter* **M. Darcel, Ingénieur ordinaire.**

Idem. Pont de Solférino. — Page 50, ligne 4 en descendant, *au lieu de* : de Lagallisserie, Ingénieur en chef, *lire* : de Lagallisserie **et Féline-Romany,** Ingénieurs en chef.

Réservoir de Furens. — Page 68, ligne 8 en descendant, *au lieu de* : excepté la prise d'eau, *lire* : *excepté la prise d'eau,* **et le canal de dérivation exécutés avant le départ de M. Conte-Grandchamp.**

Travaux d'amélioration de la Garonne. — Page 127, ligne 16 en descendant, *au lieu de* : mouillage du pont de Bordeaux, *lire* : *mouillage du* **port** *de Bordeaux.*

Idem. Page 132, ligne 28 en descendant, *au lieu de* : qui lui est indispensable, *lire* : *qui* **leur** *est indispensable.*

Pont canal sur la rivière d'Albe. — Page 144, *ajouter au titre* : **Canal des houillères de la Sarre. — Un modèle à l'échelle de 0ᵐ,04. — Un album.**

Idem. Page 149, ligne 11 en descendant, *au lieu de* : situées sur les piles, *lire* : situées sur les piles **et sur les culées.**

Déversoir-siphon du réservoir de Mittersheim. — Page 156, ligne 10 en descendant, *au lieu de* : la pression, *lire* : **la vitesse.**

Idem. Ligne 20 en descendant, *au lieu de* : 0,05, *lire* : **0,05.**

DIGUES DU PORT DE MARSEILLE. — Page 163, ligne 22 en descendant, *au lieu de :* le petit port, *lire :* **le port.**

IDEM. Page 170, ligne 14 en descendant, *au lieu de :* les blocs actuels sont immergés, *lire :* les blocs **naturels de 3ᵉ et 4ᵉ catégorie sont immergés.**

ÉCLUSE DE LA CITADELLE AU HAVRE. — Page 217, ligne 19 en descendant (épaisseur maxima des culées), *au lieu de :* 11,50, *lire :* **11,65.**

IDEM. Page 218, ligne 7 en descendant, *au lieu de :* 17,50, *lire :* **17,68.**

IDEM. Page 218, ligne 8 en descendant, *au lieu de :* 1,90, *lire :* **2,08.**

IDEM. Page 219, ligne 24 en descendant, *au lieu de :* 3.468,340 fr., *lire :* **3.755.225ᶠ,71.**

PORT DE COMMERCE DE BREST. — Page 224, ligne 28 en descendant, *au lieu de :* fermes, *lire :* **formés.**

IDEM. Page 236, ligne 32 en descendant, *au lieu de :* au-dessous du zéro, *lire :* **au-dessus** du zéro.

PHARE DES ROCHES-DOUVRES. — Page 246, ligne 4 en descendant, *au lieu de :* modèle en grandeur d'exécution dans le parc, *lire :* **édifice** dans le parc.

IDEM. Page 250, ligne 4 en descendant, *au lieu de :* assemblé, *lire :* **uni.**

IDEM. Page 250, ligne 4 en descendant, *au lieu de :* avec, *lire :* **à.**

FEU FLOTTANT DE RUYTINGEN. — Page 284, ligne 24 en descendant, *au lieu de :* arrimées, *lire :* **arrimés.**

IDEM. Page 288, ligne 15 en descendant, *au lieu de :* d'un tempête, *lire :* **d'une** tempête.

PHARES ÉLECTRIQUES. — Page 301, ligne 42 en descendant, *au lieu de :* équivant, *lire :* **équivaut.**

APPAREIL DE PREMIER ORDRE À FEU SCINTILLANT. — Page 307, ligne 18 en descendant, *au lieu de :* 5°, *lire :* **6°.**

Paris. — Imprimé par E. TRUNOT et Cᵉ, rue Racine, 26.